国家级一流专业建设配套教材
普通高等教育机械类专业基础课系列教材

画法几何及机械制图学习指导

（第2版）

曾　红　主编

北京理工大学出版社
BEIJING INSTITUTE OF TECHNOLOGY PRESS

内 容 简 介

本书为与《画法几何及机械制图（第2版）》配套使用的习题集，为了便于学生学习，本书对每章学习的内容、题目的类型进行了归纳和总结，并配合典型题例的解题示例对解题的方法和思路进行了详细的解答。本书共分12章，主要包括：制图的基本知识与技能；点和直线；平面；投影变换；立体及其表面交线；组合体的视图；机件常用的表达方法；轴测投影图；零件图；标准件和常用件；装配图；计算机绘图基础。

本书配有丰富的数字化教学资源，主要包括各章习题的三维实体模型和部分习题的解题指导微课视频。学生可以通过手机等移动设备扫描书中的二维码以观看和操作教学资源。

本书可供高等院校机械类及近机类专业的学生学习“画法几何及机械制图”课程时配合相应教材使用。

图书在版编目（CIP）数据

画法几何及机械制图学习指导 / 曾红主编. — 2版. — 北京：北京理工大学出版社，2022.7
ISBN 978-7-5763-1469-4

Ⅰ. ①画… Ⅱ. ①曾… Ⅲ. ①画法几何-高等学校-教学参考资料②机械制图-高等学校-教学参考资料 Ⅳ. ①TH126

中国版本图书馆CIP数据核字（2022）第118387号

出版发行 / 北京理工大学出版社有限责任公司
社　　址 / 北京市海淀区中关村南大街5号
邮　　编 / 100081
电　　话 / （010）68914775（总编室）
（010）82562903（教材售后服务热线）
（010）68944723（其他图书服务热线）
网　　址 / http：//www.bitpress.com.cn
经　　销 / 全国各地新华书店
印　　刷 / 唐山富达印务有限公司
开　　本 / 787毫米×1092毫米　1/16
印　　张 / 14.5
字　　数 / 286千字
版　　次 / 2022年7月第2版　2022年7月第1次印刷
定　　价 / 42.00元

责任编辑 / 江　立
文案编辑 / 李　硕
责任校对 / 周瑞红
责任印制 / 李志强

主编简介

曾红，教授，任职于辽宁工业大学机械工程与自动化学院，教育部工程图学教学指导分委员会东北地区工作委员会委员，辽宁省工程图学学会常务理事。

获评“辽宁省教学名师”“辽宁省优秀教授”。辽宁省精品课、省级一流课程“画法几何与机械制图”负责人，机械设计制造及其自动化国家综合试点改革专业、辽宁省向应用型转型示范专业负责人，辽宁省机械工程虚拟仿真实验示范中心负责人。

主持“机械制图立体化教学模式的改革与实践”“实施多维协同教学资源建设，构建工程图学课程‘四混’的教学模式”等项目，获辽宁省教学成果二等奖 4 项；主持“工程制图虚拟仿真实验室”项目，获辽宁省教育软件竞赛一等奖；主编《画法几何及机械制图》教材，获辽宁省优秀教材奖。

多次获得省、市级科技进步奖项，被评为锦州市青年科技先锋，锦州市首批市级后备学术和技术带头人。近 5 年完成了省部市级项目 8 项、横向科研项目 6 项。主持《画法几何及机械制图》等 14 部教材和教学软件的出版工作，发表学术论文 40 余篇。

前　言

“画法几何及机械制图”是一门实践性很强的技术基础课，学生在学习过程中须通过大量的作业练习，才能掌握其基本理论、基本知识、基本技能，提高空间的想象力和创造力。根据编者多年的教学实践，不少学生在学习本课程时存在“课堂听得懂，教材能看懂，独立作题难”的情况。编者总结多年的教学经验编写了本书，旨在帮助学生克服学习课程的困难，开拓解题的思路，提高解题的能力。本书第1版自2014年7月出版发行以来，被多所院校采用。

本书与曾红主编的《画法几何及机械制图（第2版）》（简称教材）配套使用，也可以配合其他机械制图教材使用。本书共分12章，每章主要包括内容概要、类型题归纳、典型题例的解题示例和练习题。内容概要是对教材对应章节的基本概念、基本理论和基本方法进行归纳总结，以便学生掌握课程内容的重点、难点；类型题归纳是对学习和考试中涉及的类型题进行归纳分类；典型题例的解题方法及示例是通过典型题例介绍解题或画图的分析方法、作图步骤及注意事项，引导学生解题；最后给定练习题目，让学生自主练习。

根据第2版教材内容的变化，本书第2版增加了计算机绘图基础的练习题。为契合学生工程应用能力的培养，本书第2版在第1章、第6章和第9章增加了尺寸标注逐级练习，强化了零件的综合表达练习，以及零件图和装配图的读图练习。

本书第2版丰富了数字化教学资源，内容包括：教师备课用习题答案、各章习题的三维实体模型和部分习题的解题指导微课视频。三维电子模型分手机版和电脑版，这些模型可以实现不同角度的浏览、视图的切换、任意面的动态剖切以及装配件的爆炸视图、装配、工作原理仿真等功能，有助于学习者了解模型的结构，建立三维与二维图形之间空间转换的关系，帮助学生克服解题过程中空间想象的困难，弥补低年级学生设计和工艺知识的不足。解题指导微课视频和图形的三维模型可通过手机等移动设备扫描书中的二维码进行浏览和操作，其他教学资源可通过北京理工大学出版社获取。

本书由曾红担任主编，参加本书编写工作的有：曾红（第1章、第4章、第5章、第11章），胡亚彬（第2章），晋伶俐（第3章、第10章），贺奇（第6章），张玉成（第7章），于晓丹（第8章），高秀艳（第9章、第12章）。

书中配套的微课资源（扫描二维码观看）由陈鸿飞、曾红、刘淑芬设计制作，刘淑芬、吕吉、邢驰、孙旭滨参加了教材部分图形绘制和立体化教学资源的制作工作。

胡建生老师在本书的编写过程中提供了大量帮助，在此表示感谢！

作为教学改革的尝试性成果，本书难免会有不足之处，编者殷切希望广大读者对书中不妥之处提出批评和改进意见。编者联系方式：zenghong316@126.com

编　者

2022 年 4 月

三维模型使用说明

目　录

第 1 章　制图的基本知识与技能

一、内容概要

1. 目的要求

本章主要对国家标准《机械制图》中“图纸幅面和格式”、“比例”、“字体”、“图线”和“尺寸标注”等有关规定以及几何图形的基本作法进行练习。要求学生：

（1）掌握国家标准中图幅、图幅格式、常用比例、写字要求及字形、图线宽度等基本内容。

（2）正确使用绘图工具画斜度、锥度、正六边形、椭圆等基本图形。

（3）了解国家标准中关于尺寸标注的一系列规定，基本掌握直线、圆、圆弧、角度、球面、对称机件、板状零件等基本图形要素的尺寸标注方法。

（4）能正确地对平面图形进行尺寸和线段分析，正确选择基准，完整地标注定位尺寸及定形尺寸，掌握相连两线段间两圆心和切点共线的几何关系；能准确求出切点及圆心，按已知线段、中间线段、连接线段的顺序光滑连接。

2. 重点难点

（1）国家标准《机械制图》的有关规定。

（2）正确使用绘图工具绘制正多边形、椭圆等基本图形。

（3）平面图形的尺寸分析与线段分析。

二、题目类型

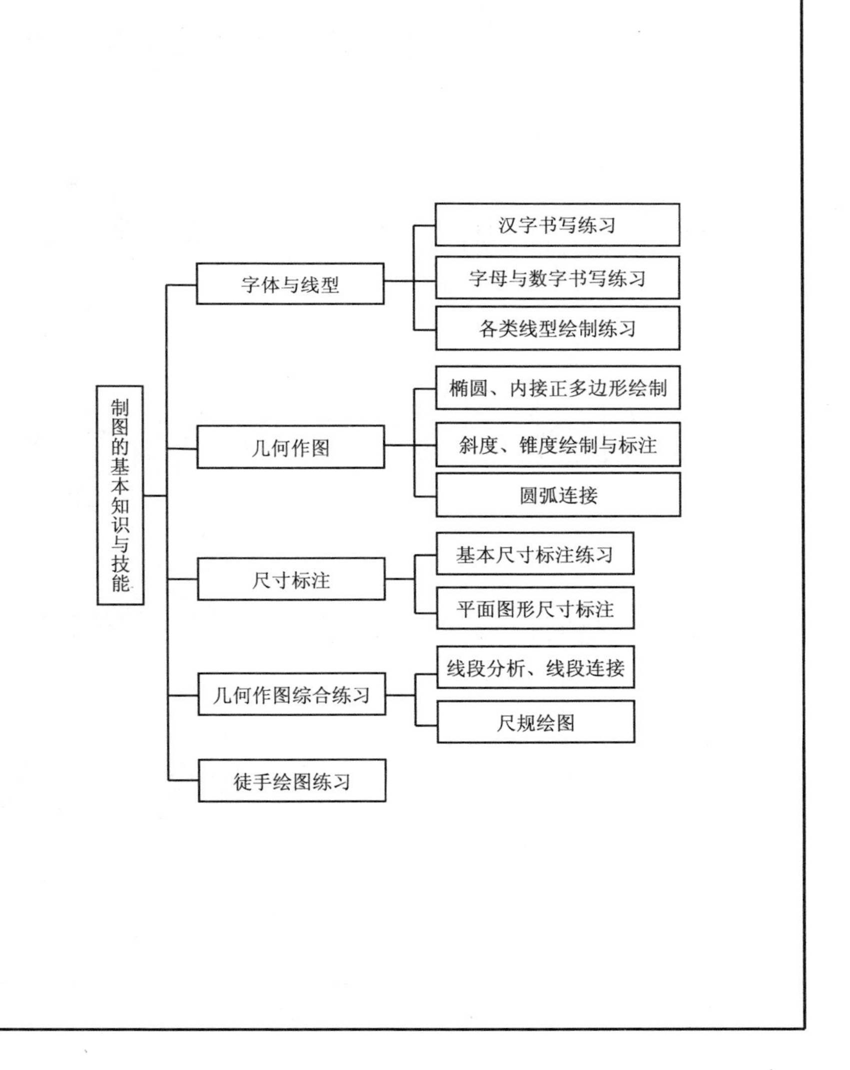

三、习题　习题1-1　字体

机械工程制图标准大学院校系专业班级标题栏正

投影主俯仰斜视向前后左右半剖面其余调质倒棱

比例材料零件序号基本知识密封热处理锐边润滑

螺栓螺母螺柱螺钉垫圈平键销齿轮滚动轴承端盖壳体端盖蜗轮杆

零部件测绘装配钻孔硬度铸铁钢板扳手底座减速器辽宁工业大学

专业：　班级：　姓名：　学号：

习题 1 – 2　字体

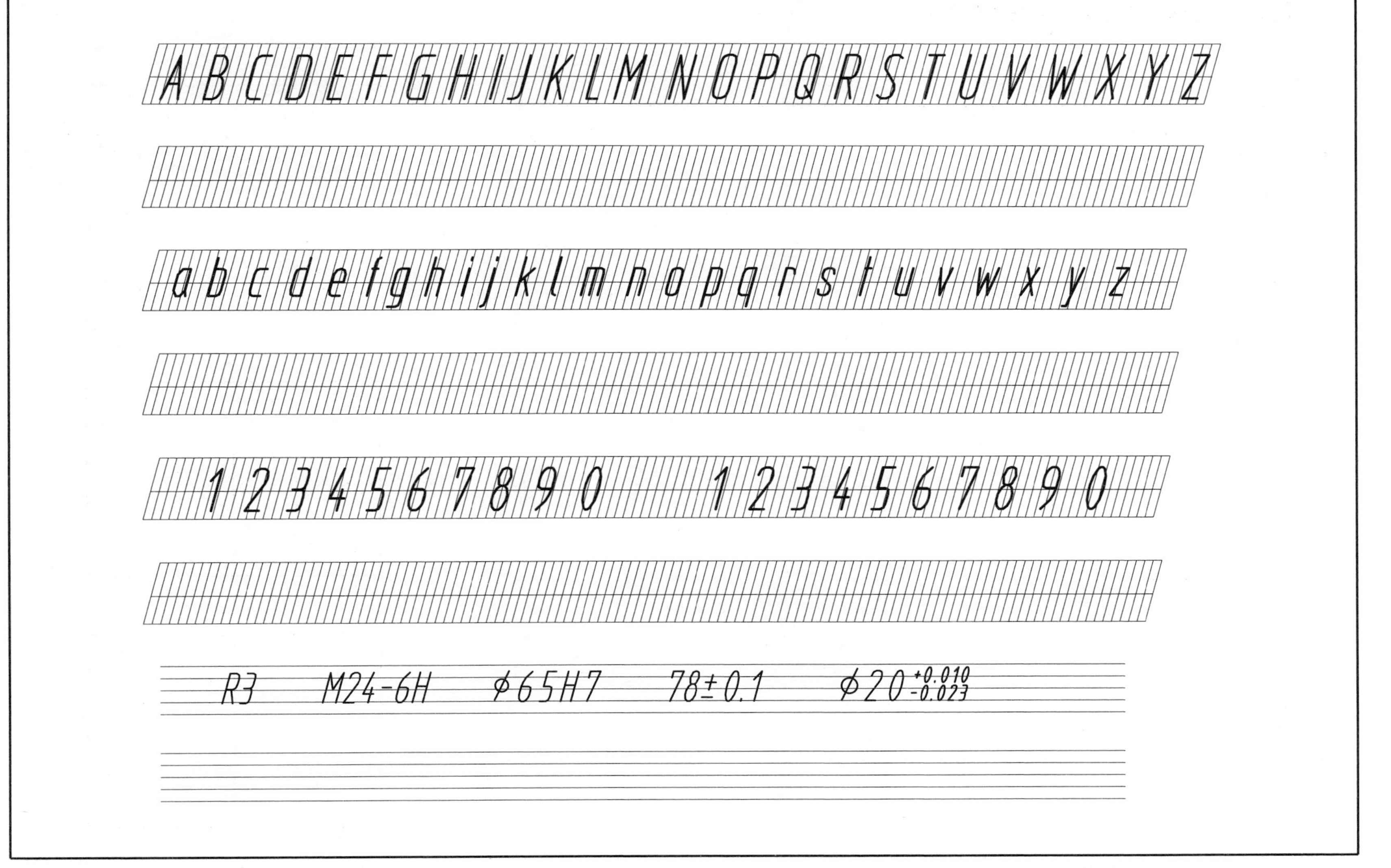

专业：　　班级：　　姓名：　　学号：

习题 1－3　图线

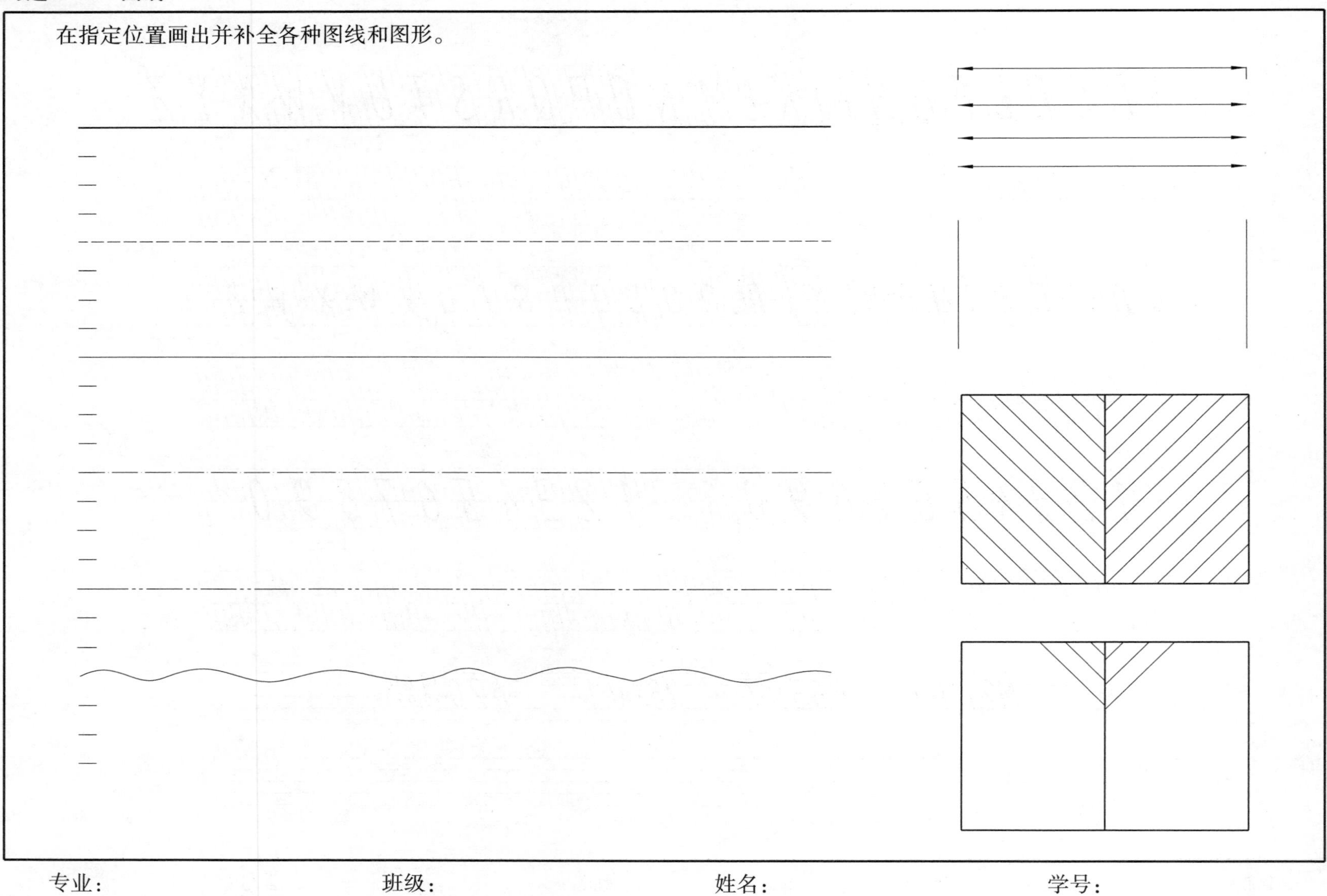

在指定位置画出并补全各种图线和图形。

专业：　　　　班级：　　　　姓名：　　　　学号：

习题1－4　比例、圆内接正多边形

（1）参照下图，按照1∶2、2∶1的比例在指定位置画出图形，并标注尺寸。

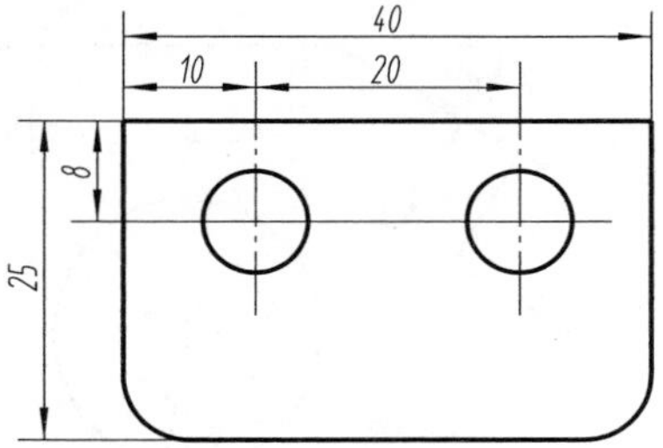

40
10　20
8
25

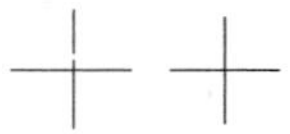

1:2

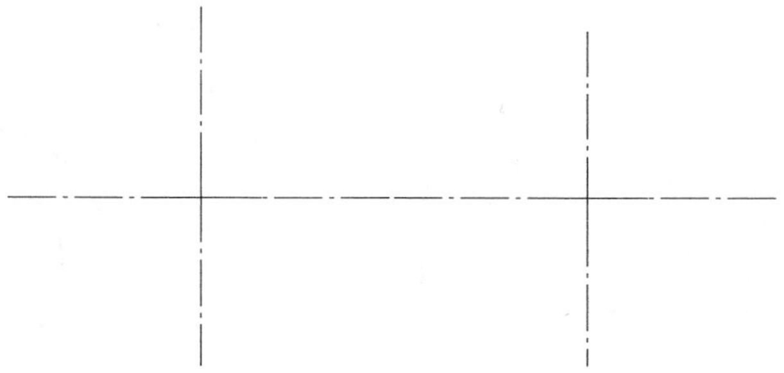

2:1

（2）尺寸注法练习，分析图形特点，注出下列各图的尺寸，数值在图上量取并取整。

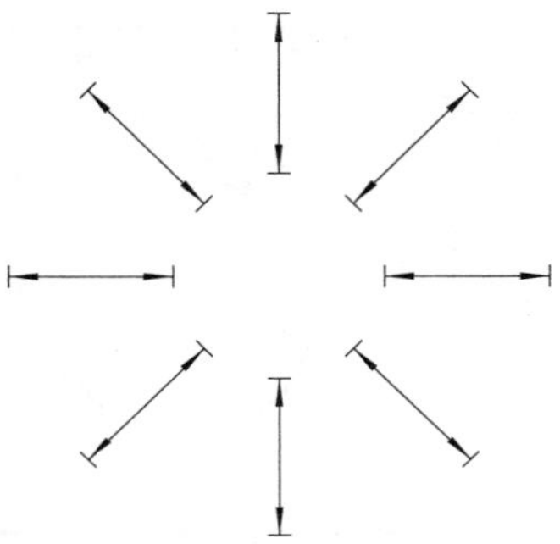

标注各方向尺寸（数字均为14）

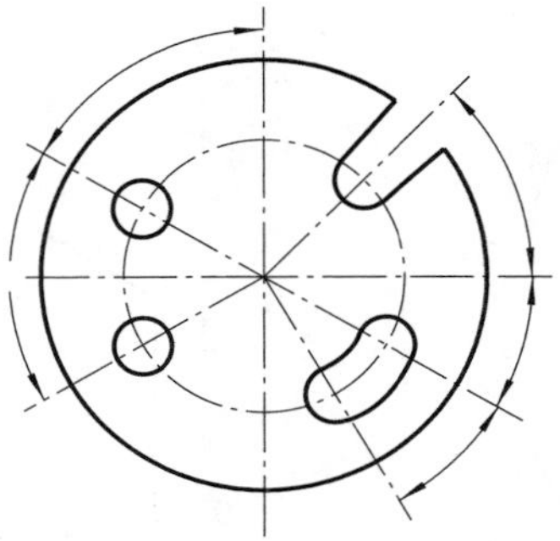

标注角度尺寸

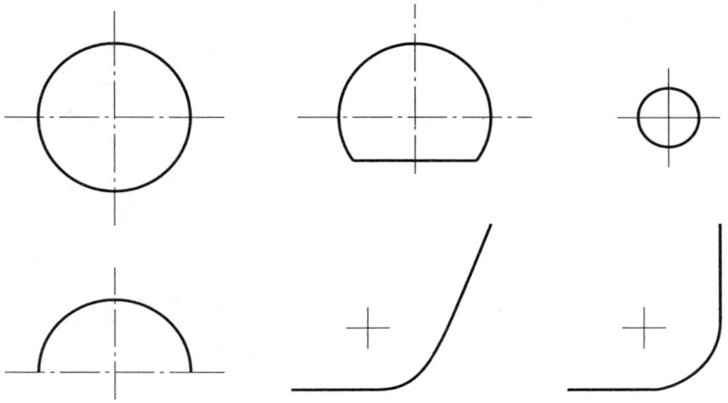

标注圆和圆弧尺寸

专业：　　班级：　　姓名：　　学号：

习题1－5 尺寸标注改错

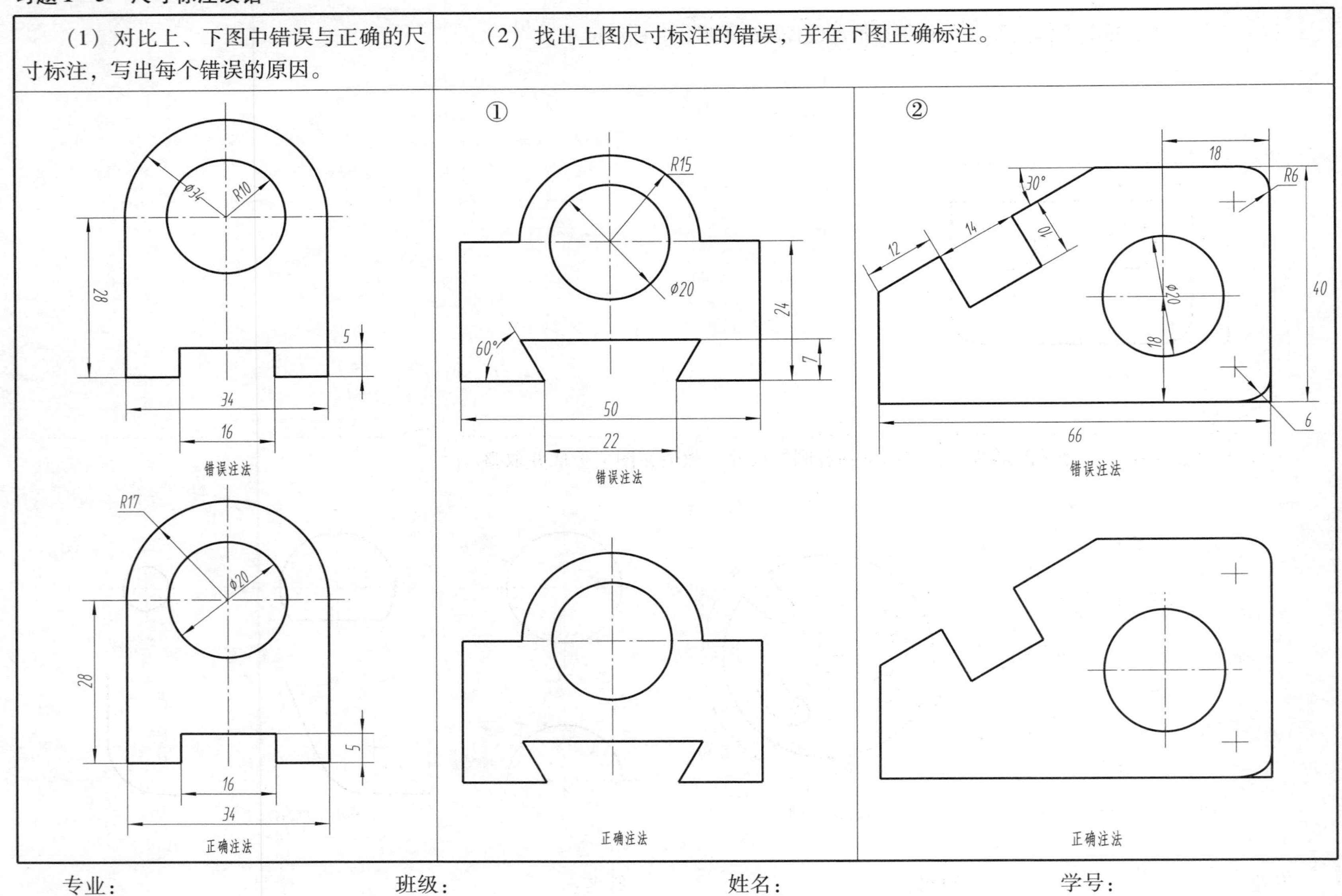

专业： 班级： 姓名： 学号：

习题 1－6　尺寸标注

（1）在下列平面图形上标注箭头和尺寸数值。（直接在图中量取，圆整为整数）

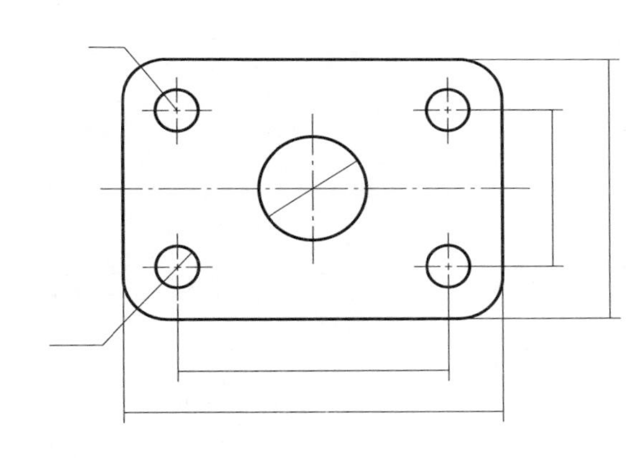

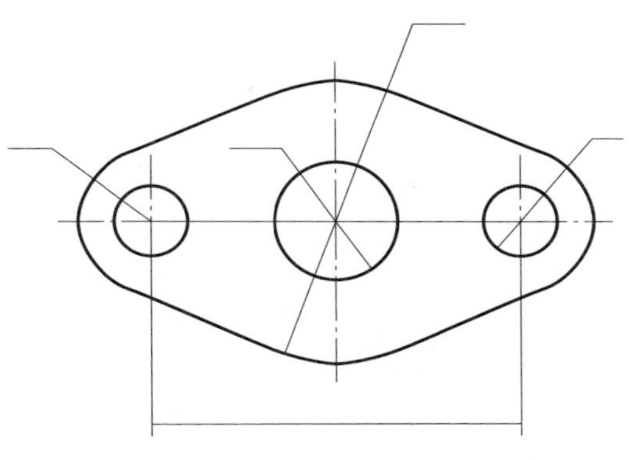

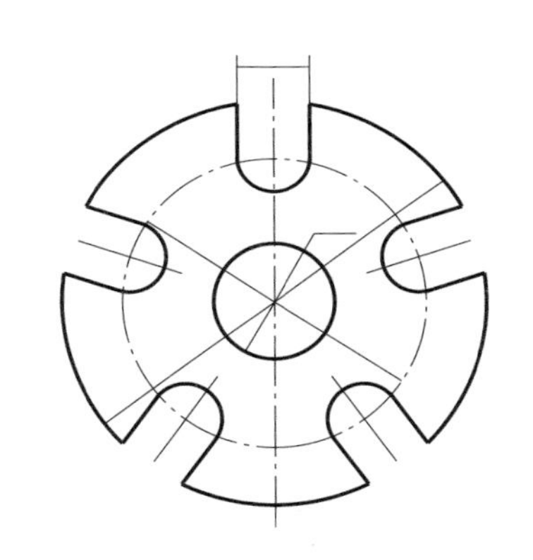

（2）标注下列平面图形的尺寸。（直接在图中量取，圆整为整数）

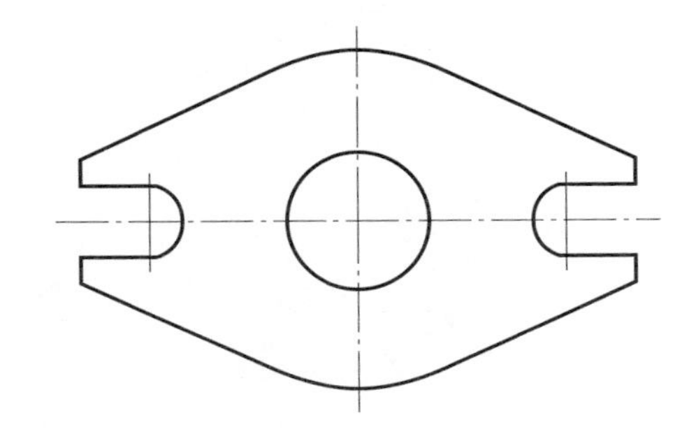

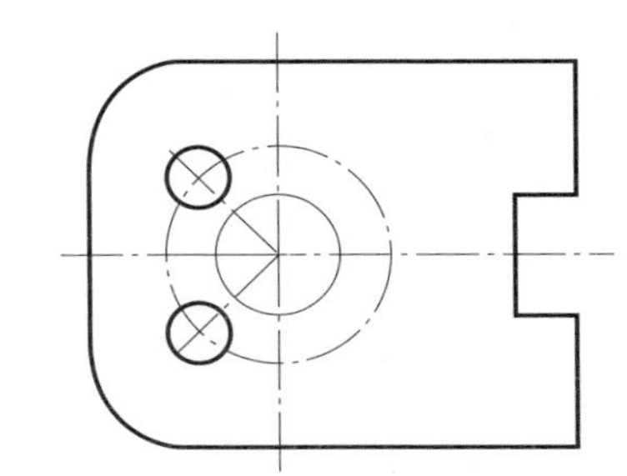

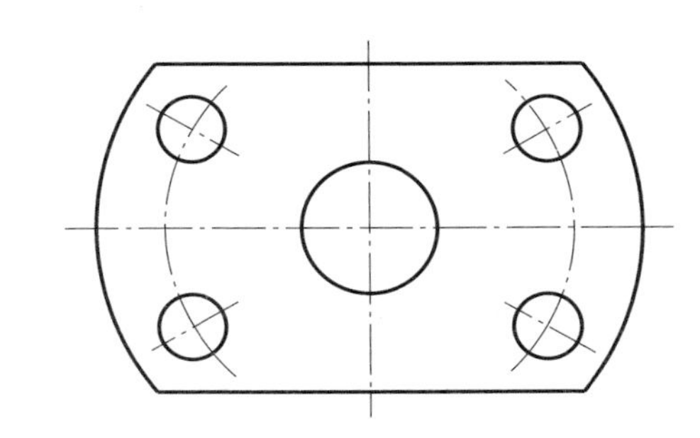

专业：　　　　班级：　　　　姓名：　　　　学号：

习题 1 –7　几何作图

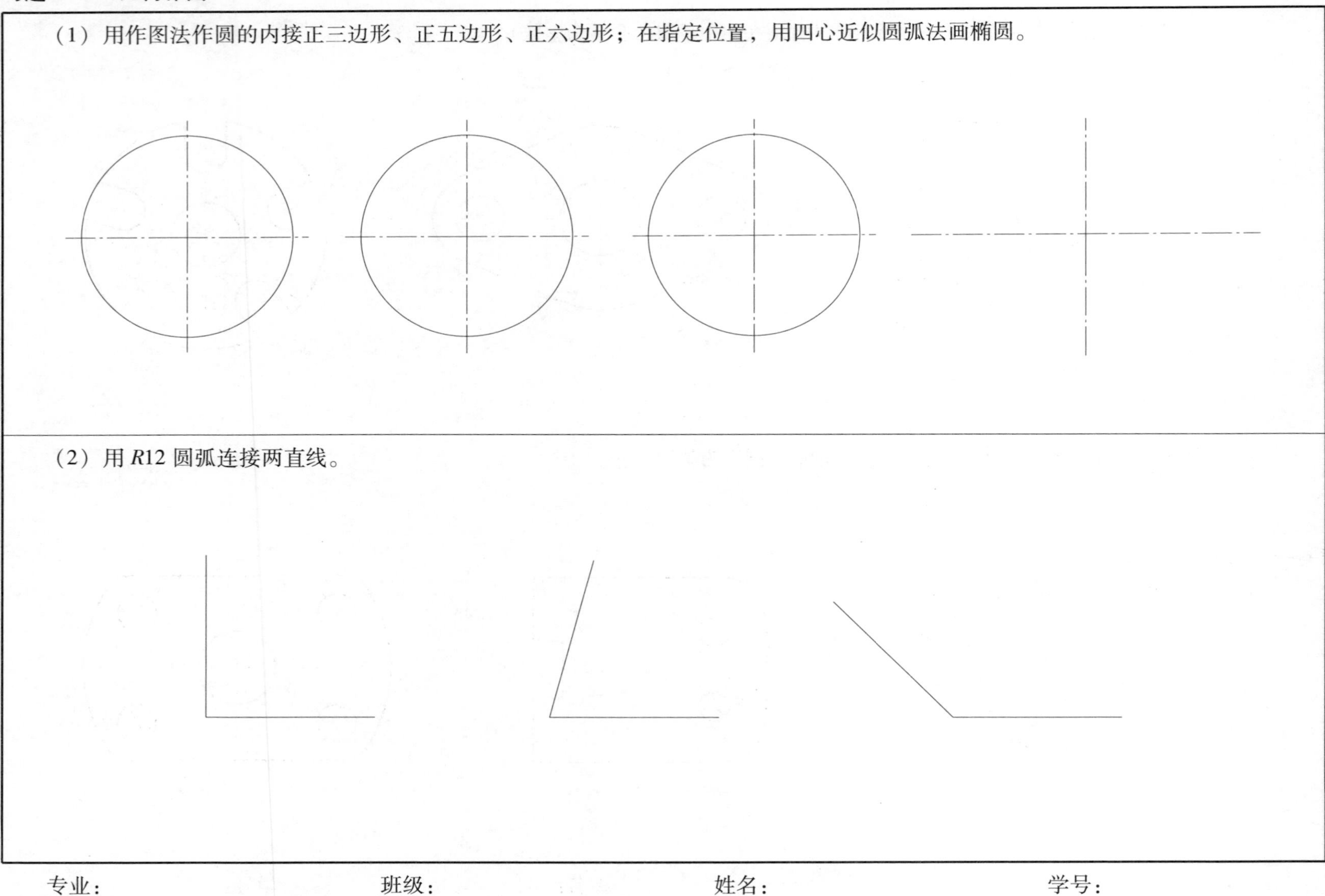

（1）用作图法作圆的内接正三边形、正五边形、正六边形；在指定位置，用四心近似圆弧法画椭圆。

（2）用 *R*12 圆弧连接两直线。

专业：　　　　　　班级：　　　　　　姓名：　　　　　　学号：

习题 1－8　斜度和锥度

（1）按规定的斜度，参照左侧图形补画右侧图形所缺的图线，并标注尺寸。

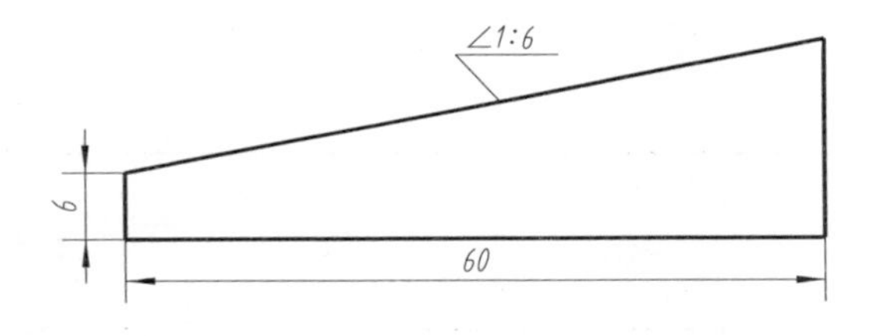

（2）按规定的锥度，参照左侧图形补画右侧图形所缺的图线，并标注尺寸。

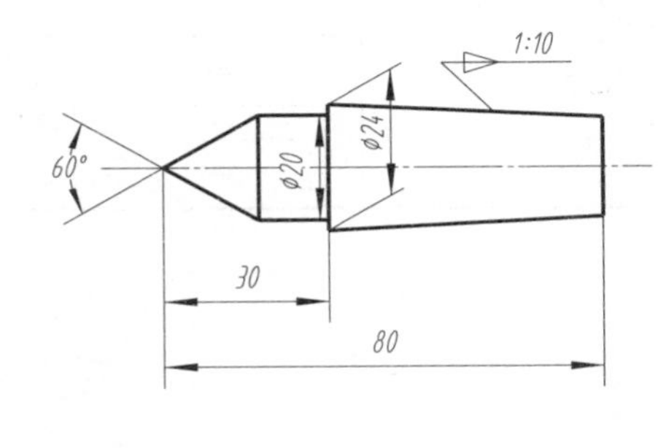

专业：　　　　班级：　　　　姓名：　　　　学号：

习题1－9 尺规几何作图

（1）作业目的。

①掌握尺规作图的基本方法，提高绘图技能。

②熟悉国标中对尺寸标注的相关规定。

（2）内容和要求。

①在 A3 图纸上按照 1∶1 比例画出图例所示的平面图形，图名为几何作图。

②图形的尺寸正确，线型粗细分明、光滑匀称，字体工整，图面整洁，布局合理。

③图纸幅面、标题栏等均按照规定尺寸。

④所有文字均打格书写。

（3）作图步骤。

①对平面图形的尺寸和线段进行分析。

②布图，画作图基准线。

③画底稿（底稿线要细而轻），先画已知线段、中间线段，最后画连接线段。

④检查底稿，修正错误，擦掉多余图线。

⑤依次描深图线，标注尺寸，填写标题栏。

（4）注意事项。

①分清已知线段、中间线段和连接线段。定形尺寸和定位尺寸齐全的线段为已知线段；只有定形尺寸和一个方向的定位尺寸，另一个方向的定位尺寸须根据几何作图的方法画出的线段为中间线段；只有定形尺寸而无定位尺寸，定位尺寸要根据与其相邻的两个线段的连接关系才能画出的线段为连接线段。

②图形布置要匀称，留出标注尺寸的位置。先依据图纸幅面、绘图比例和平面图形的总体尺寸大致布图，再画出作图基准线，确定每个图形的具体位置。

（5）图例。

①

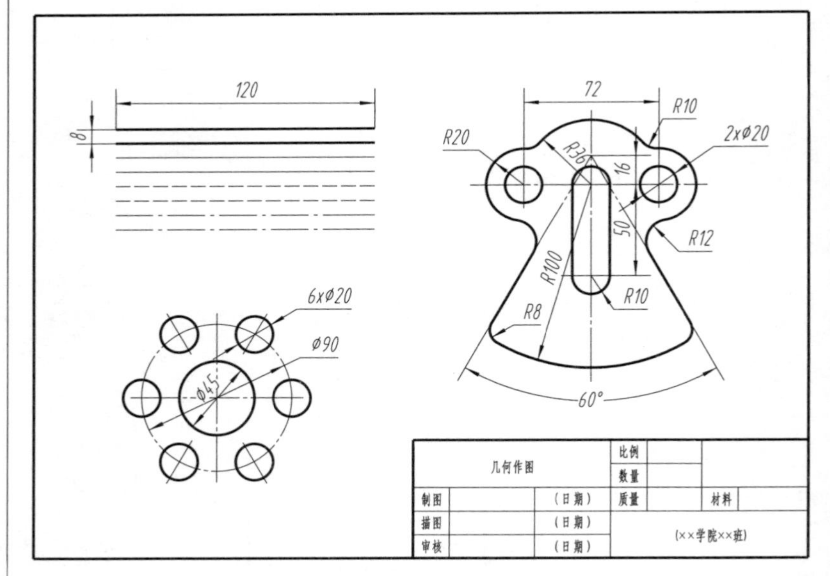

专业： 班级： 姓名： 学号：

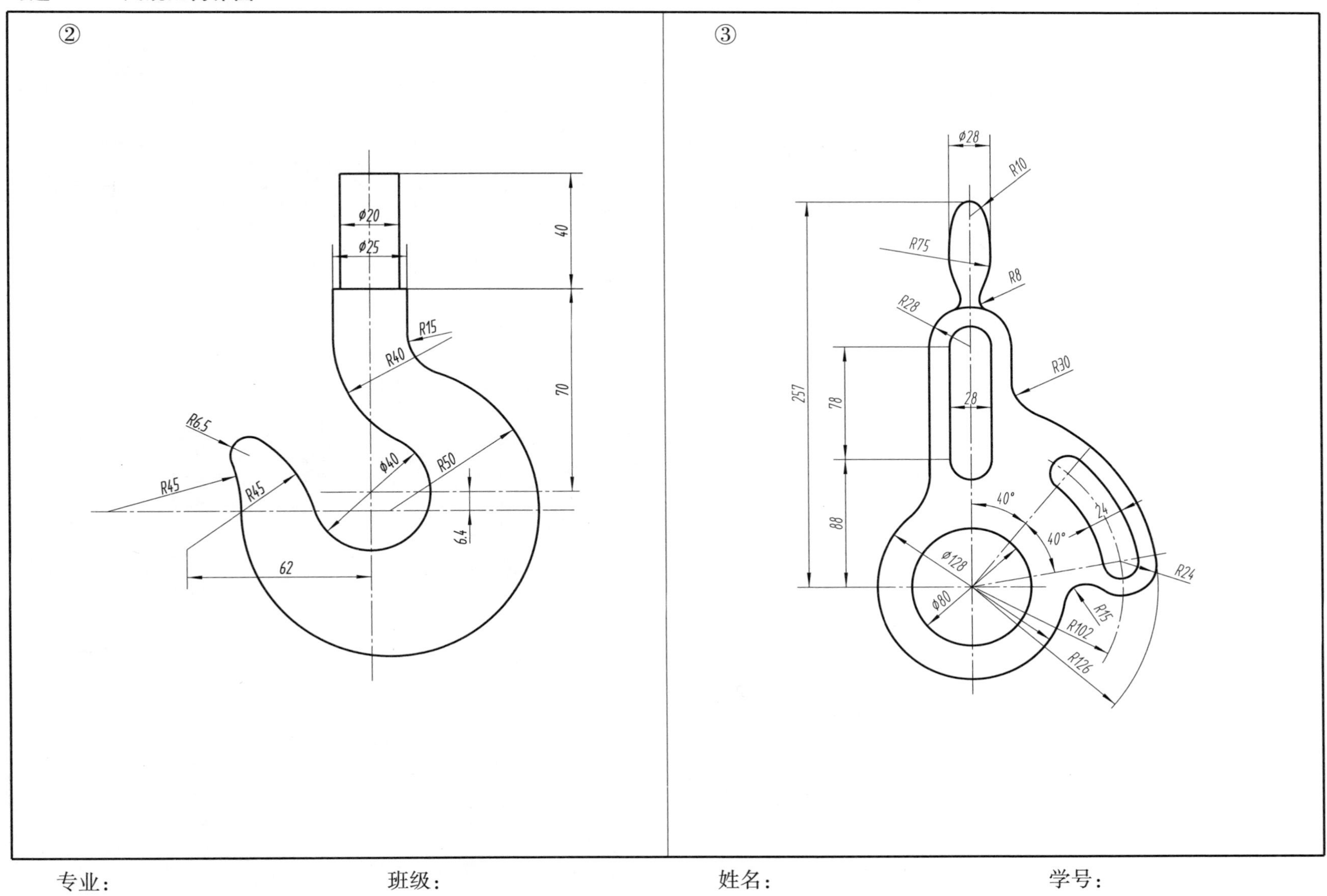
②
φ20
φ25
40
70
R15
R40
R6.5
R45
R45
φ40
R50
6.4
62
③
φ28
R10
R75
R8
R28
R30
257
78
28
88
40°
40°
24
φ128
φ80
R24
R15
R102
R126

专业：　　　　班级：　　　　姓名：　　　　学号：

习题 1－10　徒手画出下列图形，比例为 1∶1，不注尺寸

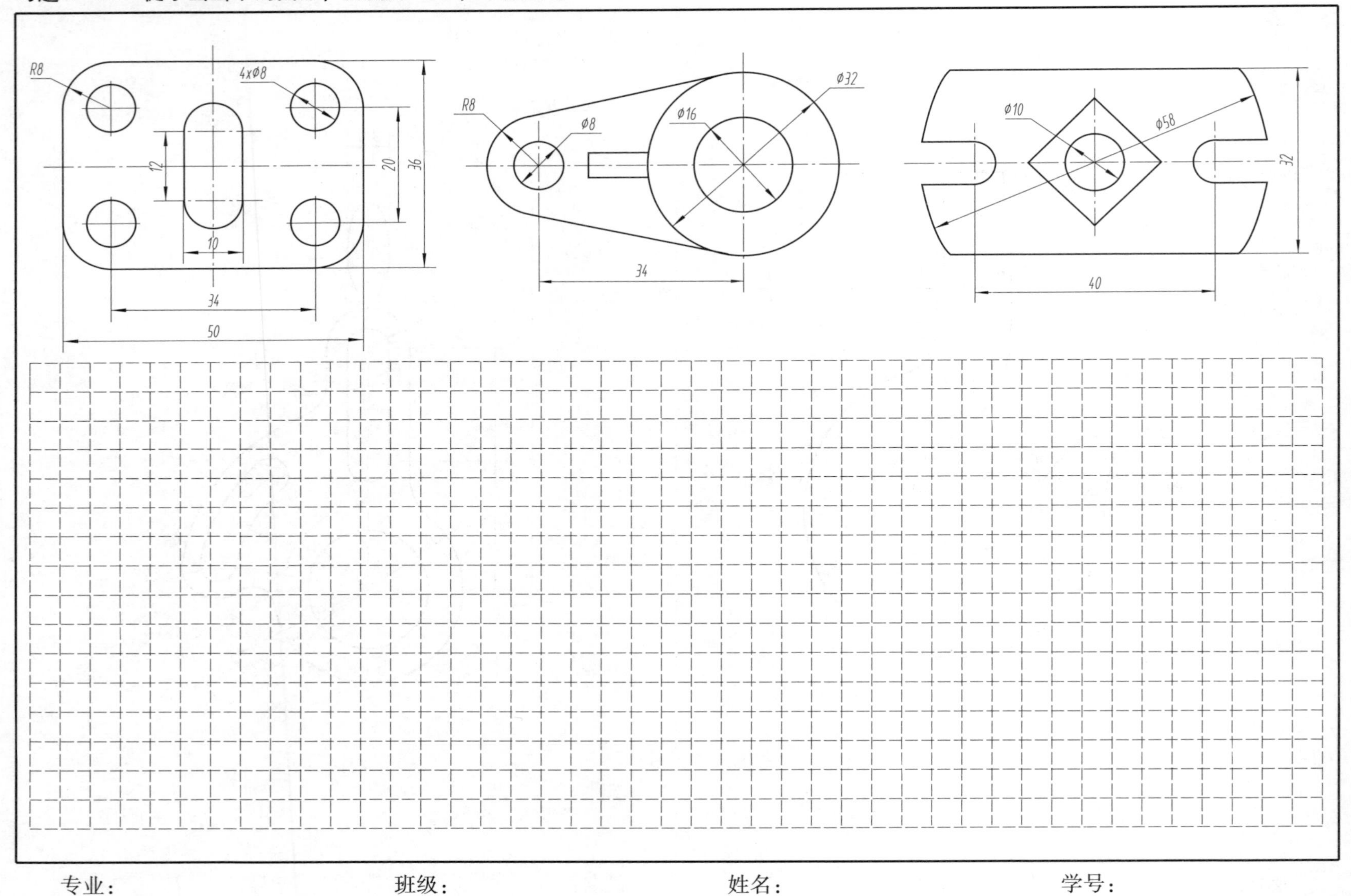

专业：　　　　班级：　　　　姓名：　　　　学号：

第 2 章　点和直线

一、内容概要

1. 目的要求

三视图的形成及规律是组合体画图、读图的前提，点和直线是构成立体的重要几何元素，这些都是学习本门课程的基础和入门知识。从三面投影体系的建立开始，要求学生能够熟练掌握点、直线的投影规律，由易而难，应注意点的空间位置与其投影之间的对应关系，着重掌握由空间点绘制其投影图和由投影图想象出点的空间位置的方法，以及由点的两个投影求作第三投影的作图要领。

在各种位置直线的投影特性中，应着重掌握投影面平行线和投影面垂直线的投影特性，为加深理解，可用铅笔模拟空间直线，反复练习，建立起直线的空间概念。

2. 重点难点

（1）三视图的投影规律。

（2）点在三投影面体系中的投影规律。

（3）两点的相对位置。

（4）各类直线的投影特性。

（5）点与直线、直线与直线的相对位置。

二、题目类型

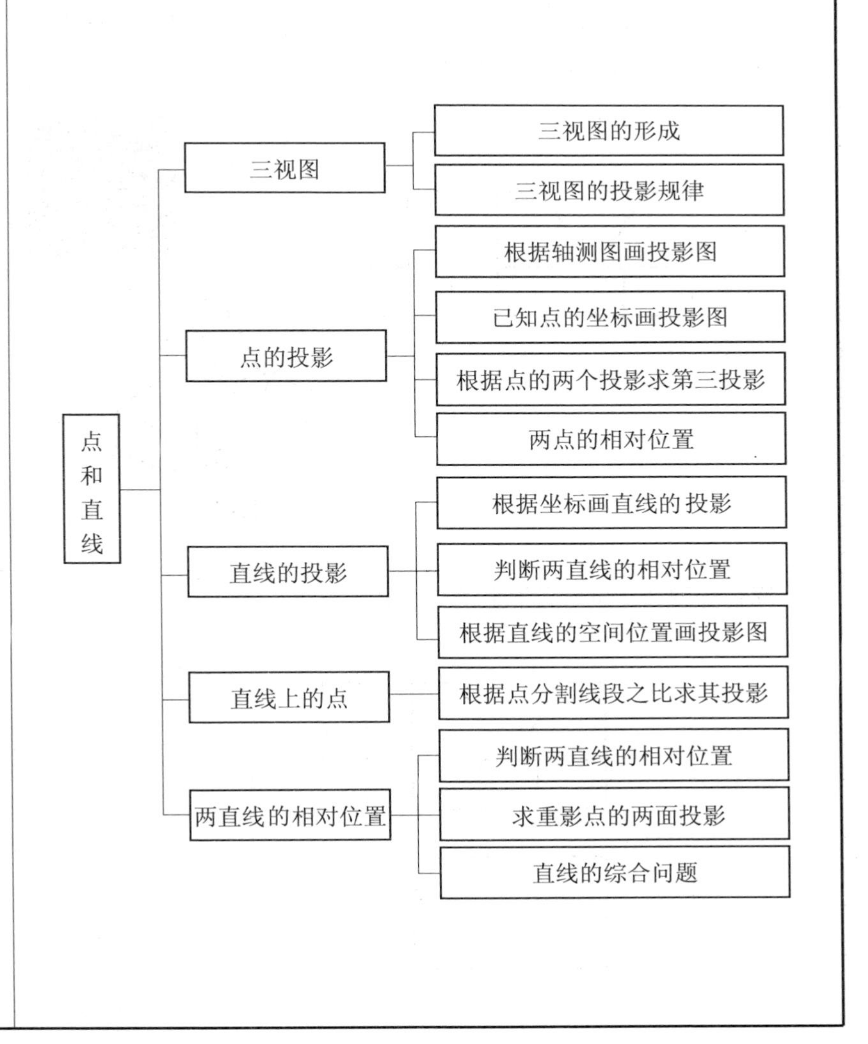

三、示例及解题方法　例 2－1　三视图示例

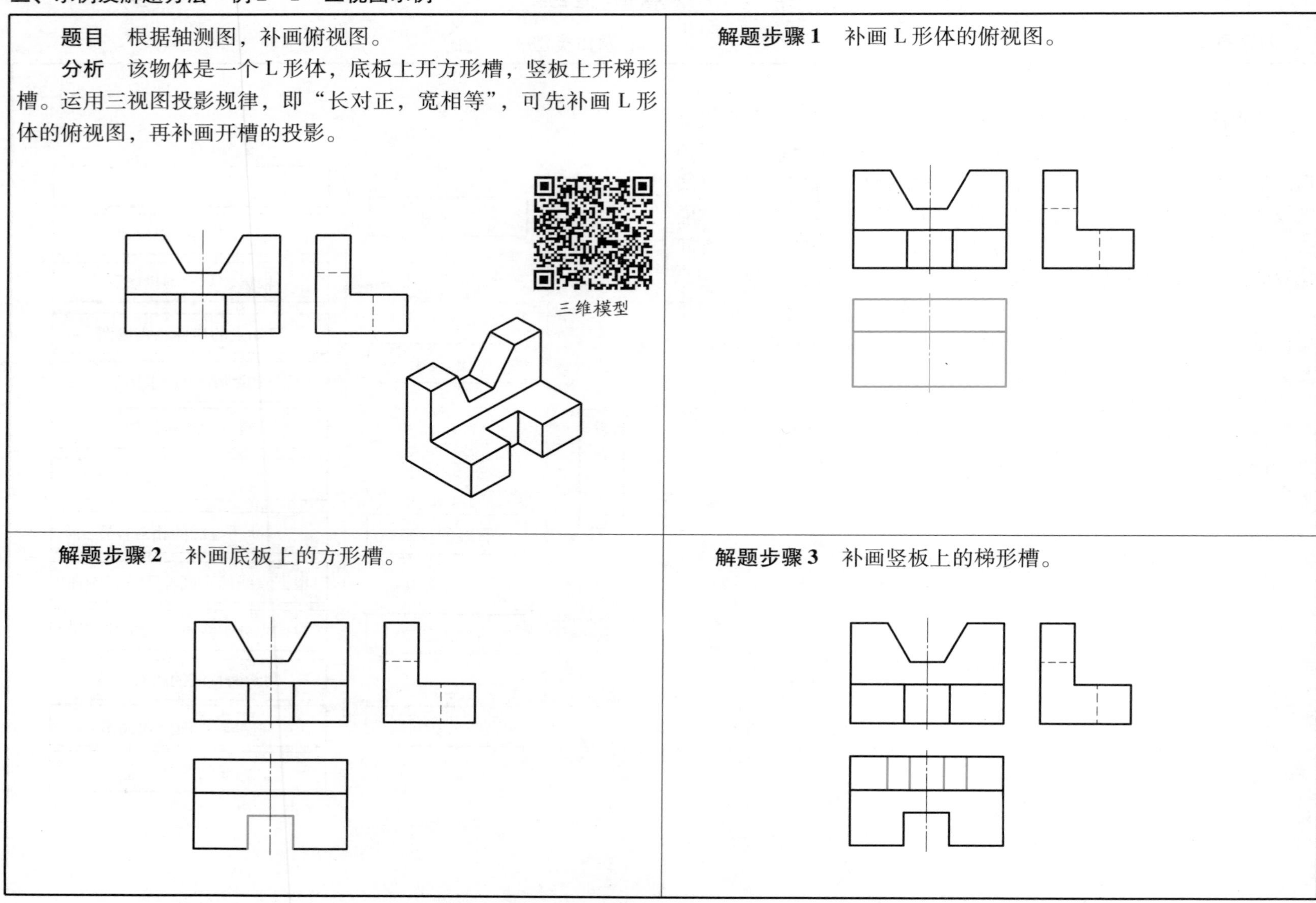

例 2-2　根据点的两个投影求第三投影示例

题目　指出下图中的错误并改正。

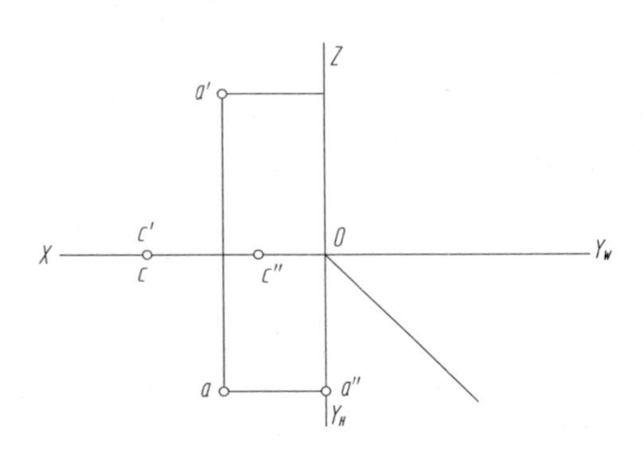

分析　由 a'、a 的 X、Y、Z 坐标均不为 0，得点 A 在空间位置上，因此 a'' 不应在轴上；由 c、c' 得点 C 在 X 轴上，因此 c'' 应在原点处。

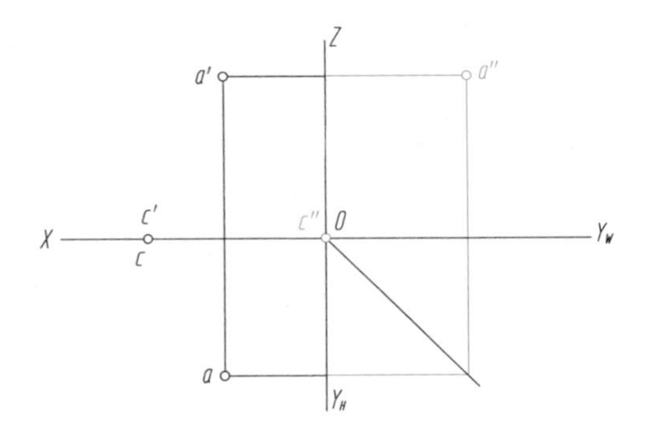

题目　指出下图中的错误并改正。

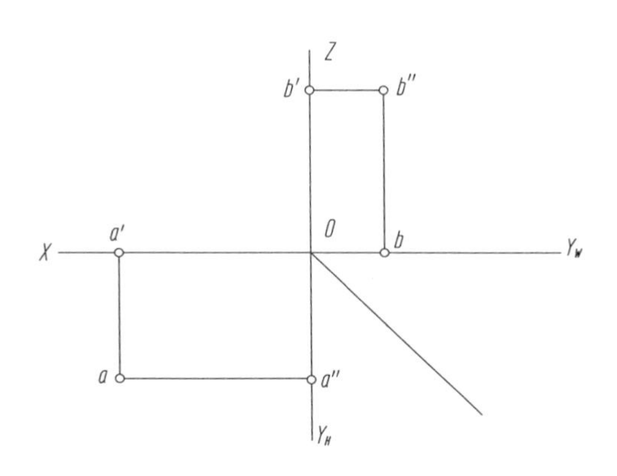

分析　由 a、a' 可知点 A 在 H 面上，a'' 应在 Y 轴上，但题中 a'、a'' 不符合点的投影规律，a'' 应在 Y_W 轴上；由 b'、b'' 得点 B 在 W 面上，b 应在 Y_H 轴上。

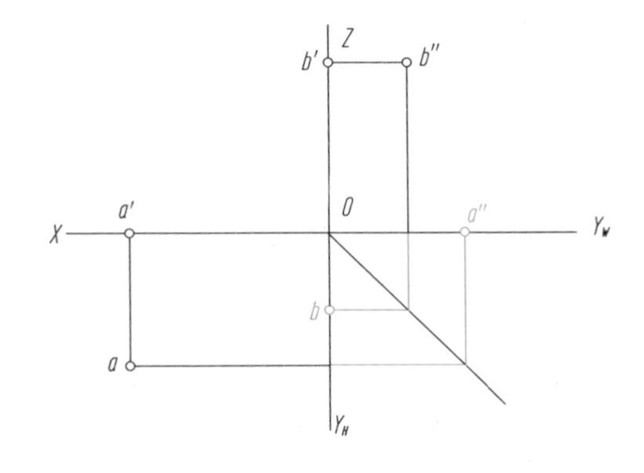

例 2-3　两点的相对位置示例

题目　已知点 B 距点 A 为 15，点 C 与点 A 是对 V 面的重影点，点 D 在点 A 的正下方 15 处，求各点的三面投影。

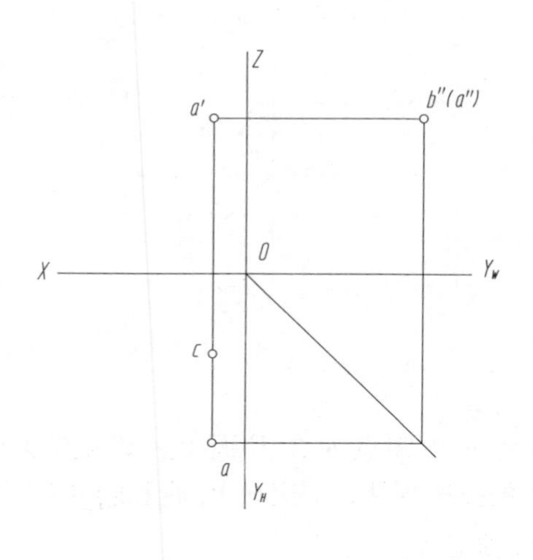

分析

（1）侧面投影 a''、b''重合为一点，A、B 两点在垂直于侧面的同一投影线上，且点 B 距点 A 为 15，又因 a''不可见，故可知 B 在左、A 在右。

（2）因点 A 与点 C 是对 V 面的重影点，a、c 在同一投影线上，故正面投影 a'、c'重合，又因 a 在前、c 在后，故 a'可见、c'不可见。

（3）点 D 在点 A 的正下方 15，即 A、D 两点为对水平投影面的重影点，且因 A 在上、D 在下，故 a 可见，d 不可见。

作图步骤

（1）过 a'向左作投影连线在相距 15 处确定 b'，过 b'向下作垂直线，与从 a 向左作的投影连线延长并相交，确定该点为 b。

（2）在 a'处确定 c'为不可见，根据点的投影规律求 c''。

（3）在 a'下方沿投影连线另取 15，确定 d'，在水平投影 a 处确定 d 为不可见（d），知二求三可求 d''。

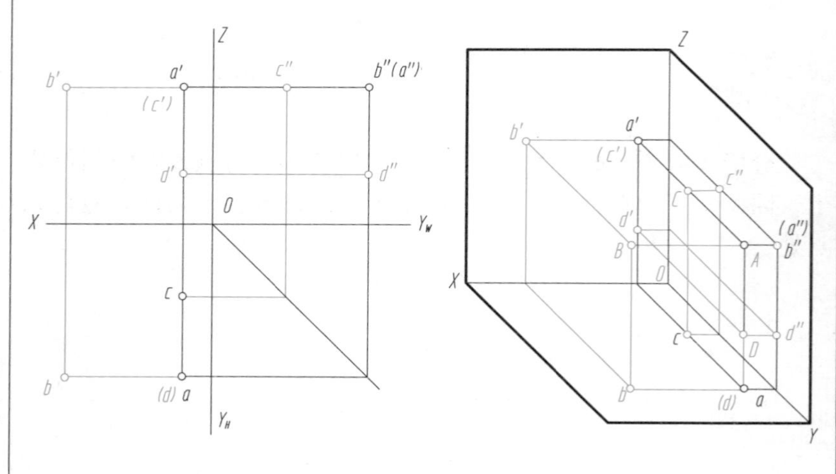

例 2-4　直线上点的投影示例

题目　在直线 CD 上求一点 K，使点 K 与 V、H 面的距离之比为 1∶2。

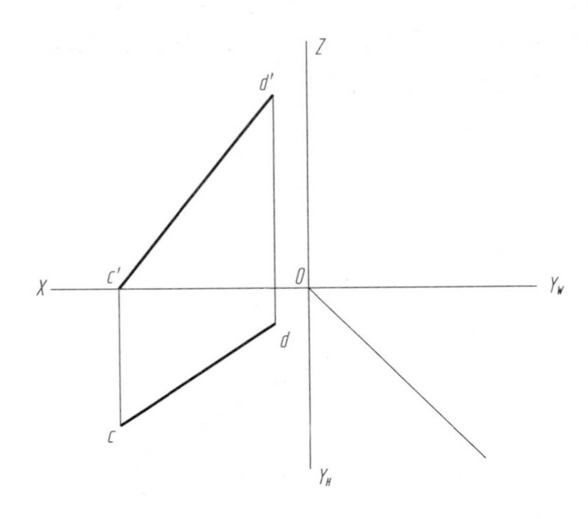

分析　可先作出直线 CD 的侧面投影，因点到投影面的距离反映点的坐标，故可由已知条件中点 K 与 V、H 面的距离之比知道点 K 的 Y、Z 坐标之比为 1∶2，因为只有侧面投影能同时反应空间点的 Y、Z 坐标，故可在 W 面上过原点 O 作出反映该坐标比例的一条射线与 CD 的侧面投影相交，交点即是点 K 的侧面投影，最后根据直线上点的从属性作出点 K 的另两面投影。

作图步骤

（1）根据图中的 cd、$c'd'$ 作出 $c''d''$。

（2）在 Y_W 轴上作一个等量单位得到点 1，在 Z 轴上作两个等量单位得到点 2，过该两点分别作出 Y_W、Z 轴的平行线并得到一交点 3，过原点 O 和交点 3 作出一条射线与 $c''d''$ 相交，交点即为 k''。

（3）根据 k'' 作出 k、k'。

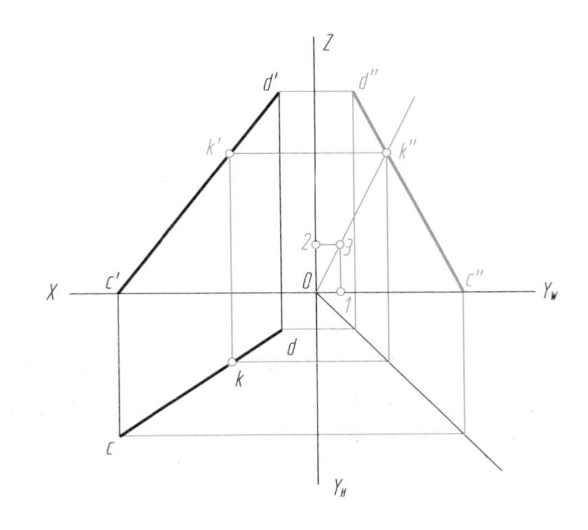

例 2-5　直线的综合问题示例

题目　线段 CM 是等腰△ABC 的高，点 A 在 H 面上，点 B 在 V 面上，作出△ABC 的投影。

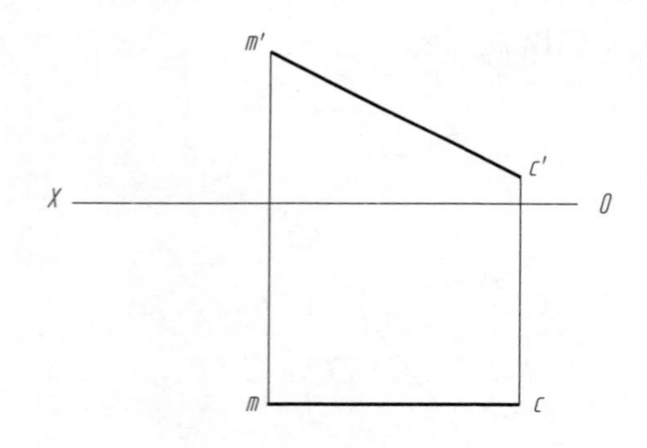

分析　设△ABC，以 AB 为底边，过中点 M 作 AB 的中垂线。根据直角投影定理，$AB \perp CM$，且 CM 为正平线，故正面投影反映直角。又因点 A 在 H 面上，点 B 在 V 面上，故 a'、b 均在 X 轴上。

作图步骤

（1）过 m' 作 $c'm'$ 的垂线，延长并交在 X 轴上得 a'。

（2）取 $b'm' = a'm'$ 得 b'。

（3）过 b' 作投影连线垂直于 X 轴并交 X 轴得 b。

（4）过 bm 连线并延长，再过 a' 向下作投影连线与 bm 延长线交于 a，最后连线得△ABC 的投影。

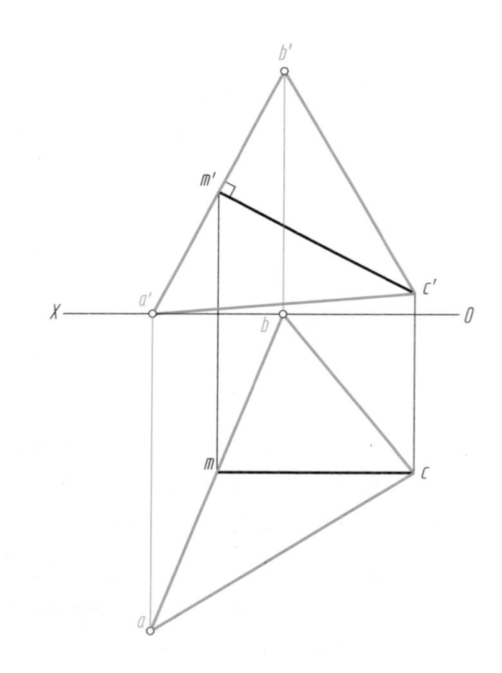

例 2－6　两直线相对位置示例

题目　作任意一直线与已知 AB、CD、EF 三直线相交。

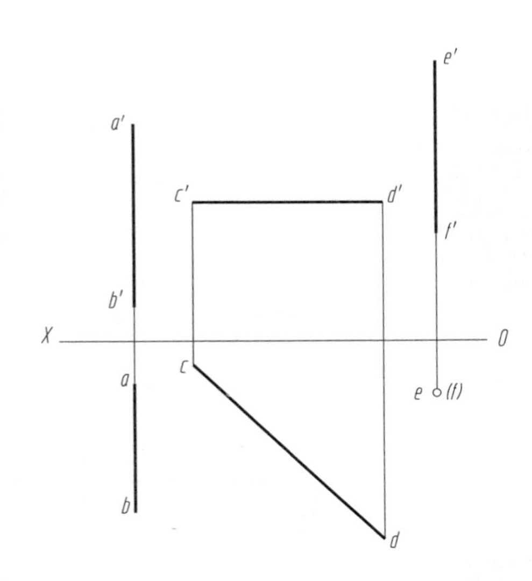

分析　三直线中 EF 为铅垂线，其 H 面的投影积聚为一点，与 EF 相交的直线，其水平投影必经过此点，故所求直线的水平投影是过 ef 与 AB、CD 的水平投影相交的直线，只要求出该线与 ab、cd 的交点，连线即为所求直线的正面投影。所作直线与 CD 的交点可以直接求出，与 AB 的交点则需用定比分割的方法求得。

作图步骤

（1）过点 e（f）任意引一条直线与 ab、cd 交于 m、n。

（2）用定比分割的方法求出 m'。

（3）利用点 n 在直线上的投影求 n'。

（4）求 p'，连 $m'n'$并延长至 $e'f'$相交于 p'；则 mnp、$m'n'p'$即为所求。

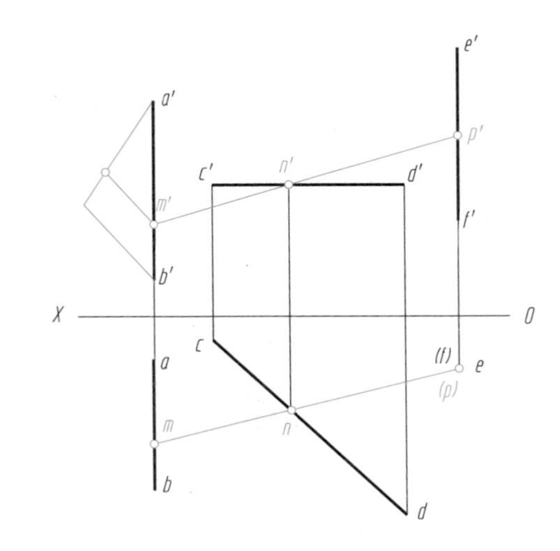

四、习题　习题 2－1　三视图：观察物体的三视图，找出其相应的轴测图，并在“○”内填写对应的序号

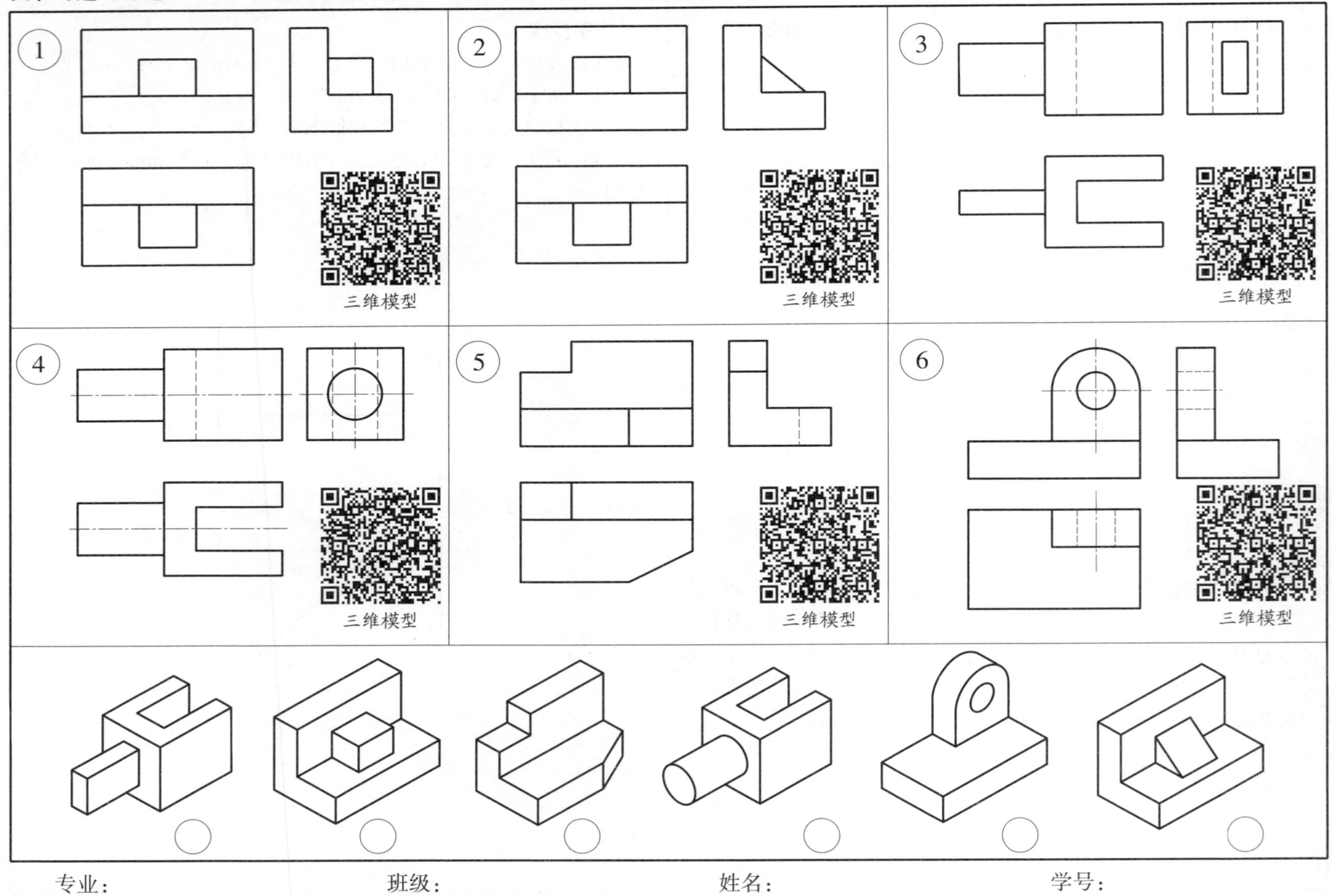

专业：　　　　班级：　　　　姓名：　　　　学号：

习题 2－2　参照轴测图，补画视图中所缺的图线

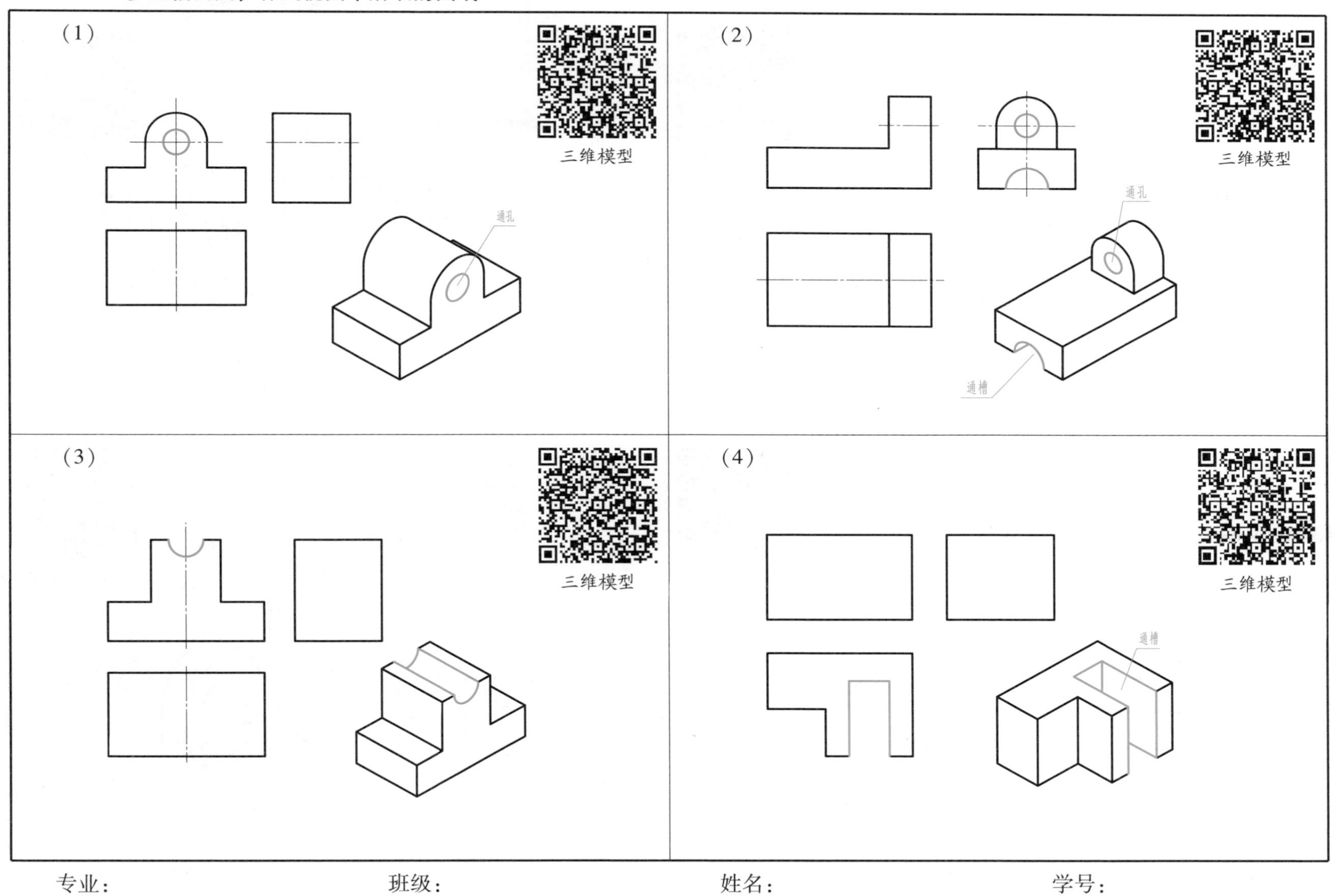

专业：　　　　班级：　　　　姓名：　　　　学号：

习题 2-3　根据轴测图补画第三视图

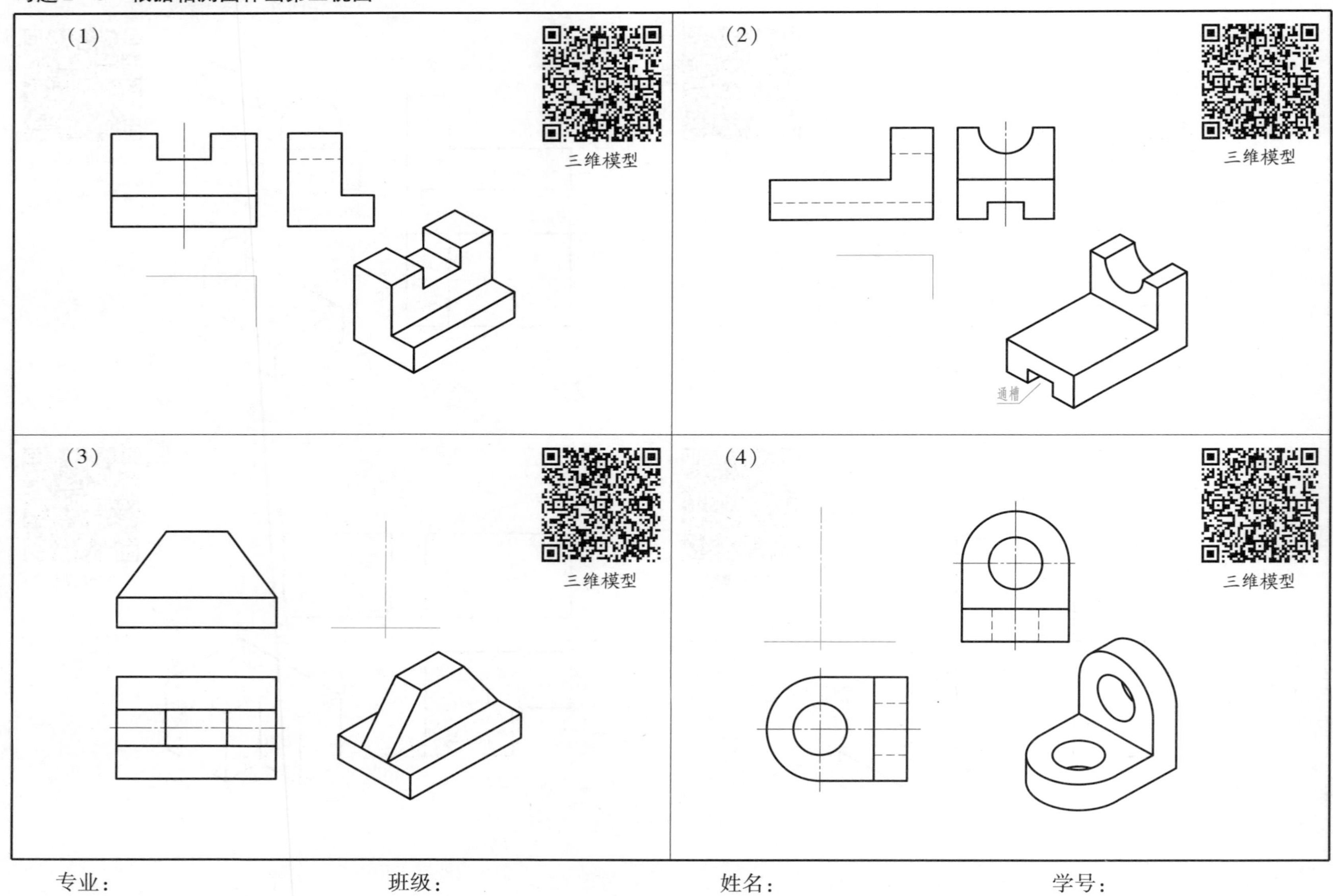

专业：　　　　　　班级：　　　　　　姓名：　　　　　　学号：

习题 2 – 4 点的投影

（1）已知点 A 的坐标为（20，15，20），点 B 的坐标为（30，0，10），作出它们的三面投影图和直观图。

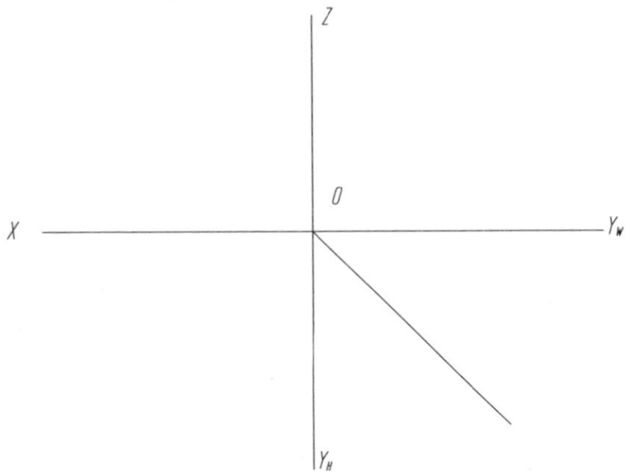

Z
O
X
Y_W
Y_H

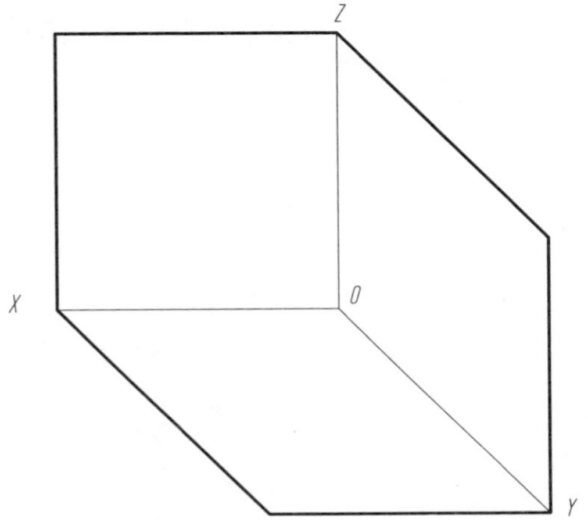

Z
X
O
Y

（2）已知 A、B、C 三点的两面投影，作出它们的第三投影。

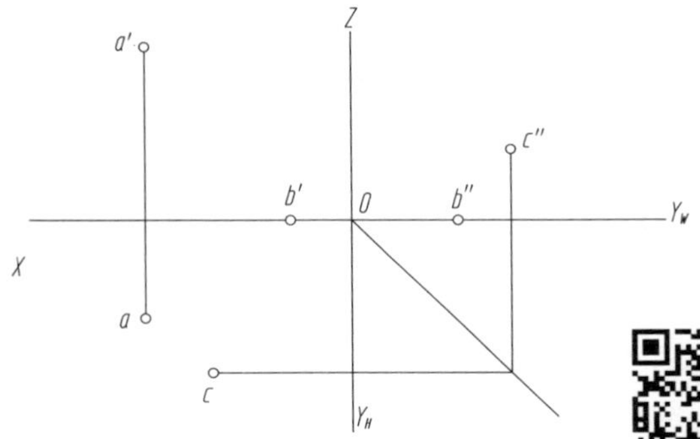

Z
a'
c''
b'
O
b''
Y_W
X
a
c
Y_H

解题指导

（3）点 A 在 Y 轴上，点 B 距 V 面 20，点 C 距 H 面 20，补全各点的三面投影。

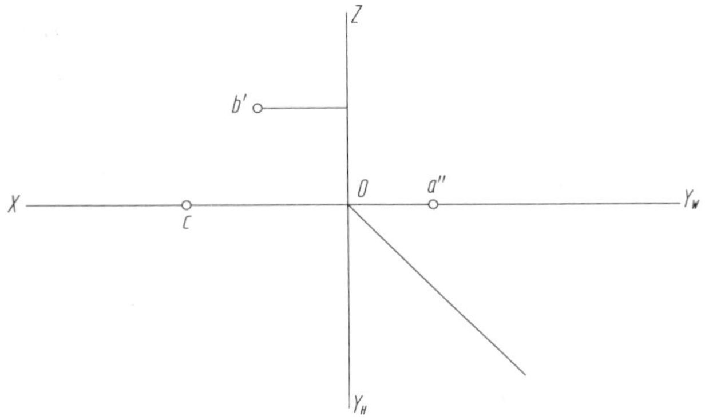

Z
b'
X
O
a''
Y_W
c
Y_H

专业： 班级： 姓名： 学号：

习题 2-5　点的投影

（1）根据 A、B、C 三点的轴测图，作出它们的投影图（从轴测图上准确量取坐标）。

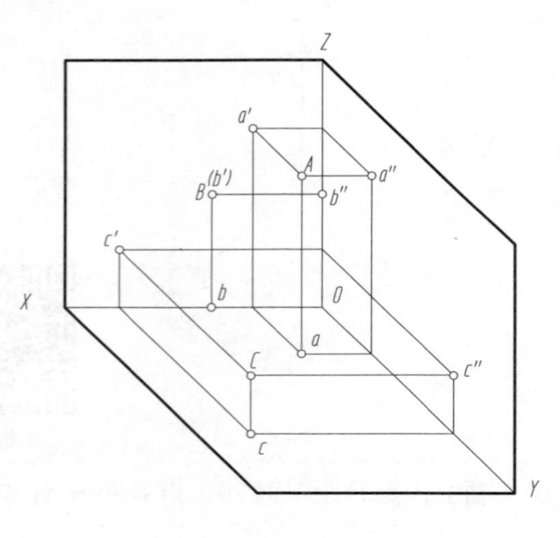

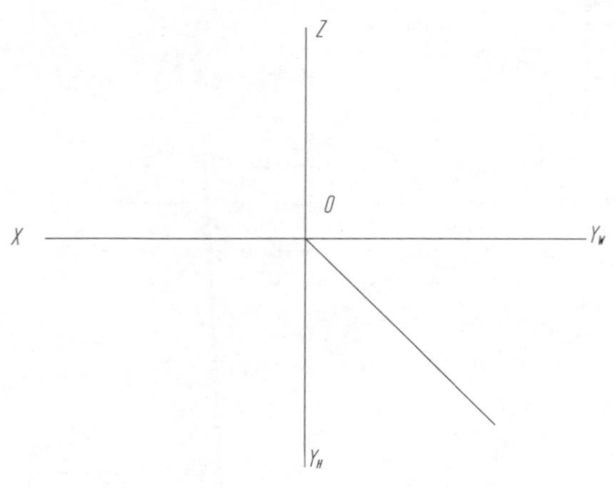

（2）已知点 B 对点 A 在 X、Y、Z 方向的相对坐标为（-10，+5，-10）；点 C 对点 A 的相对坐标为（10，-5，5）。作出 B、C 两点的三面投影。

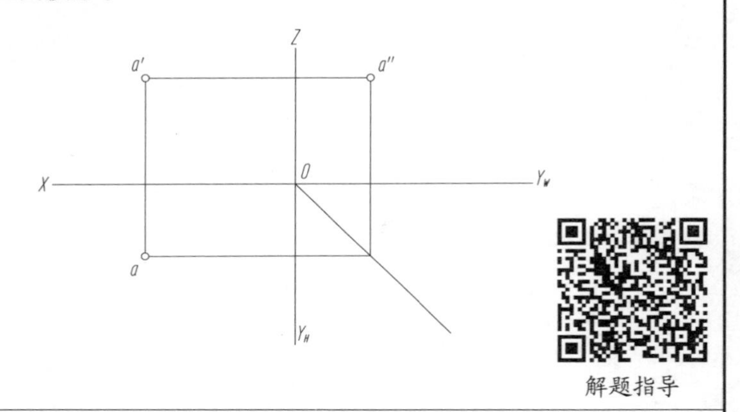

解题指导

（3）已知 A、B 两点的正面投影是一对重影点，点 B 在点 A 的正前方 10 处，作出 A、B 两点的三面投影。

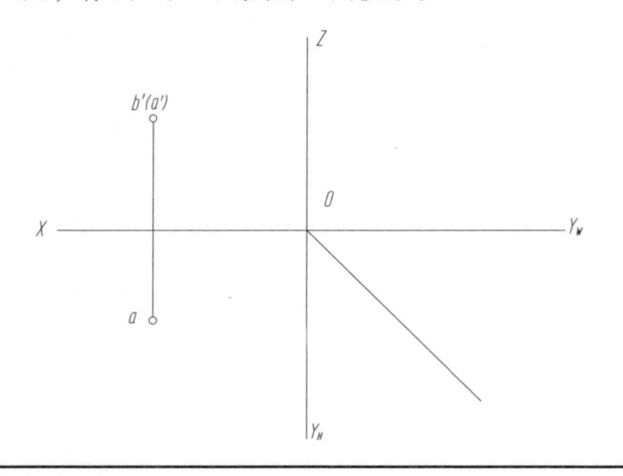

专业：　　　　班级：　　　　姓名：　　　　学号：

习题 2－6　直线及直线上点的投影

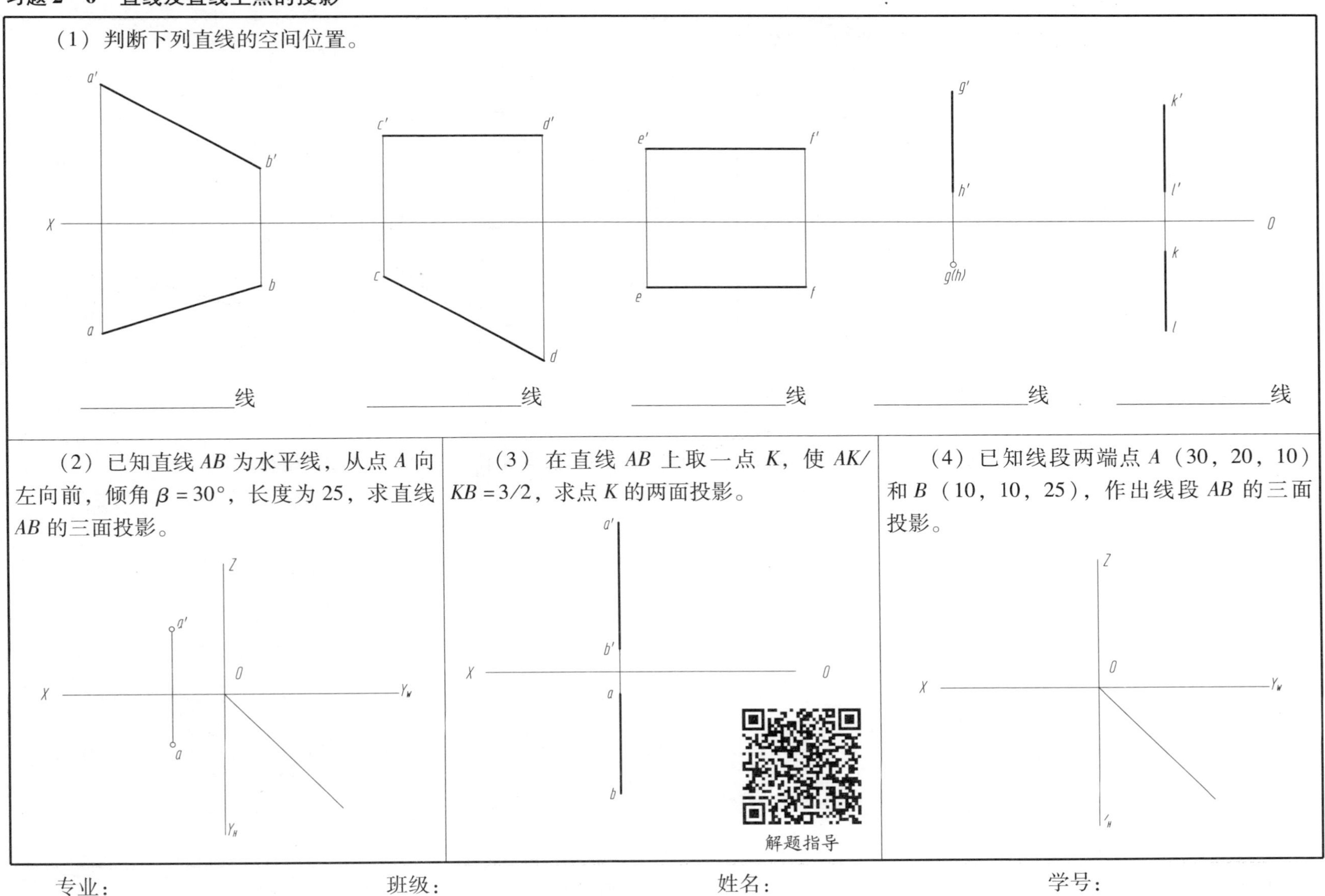

（1）判断下列直线的空间位置。

（2）已知直线 *AB* 为水平线，从点 *A* 向左向前，倾角 $\beta=30°$，长度为 25，求直线 *AB* 的三面投影。

（3）在直线 *AB* 上取一点 *K*，使 $AK/KB=3/2$，求点 *K* 的两面投影。

（4）已知线段两端点 *A*（30，20，10）和 *B*（10，10，25），作出线段 *AB* 的三面投影。

专业：　　　　班级：　　　　姓名：　　　　学号：

习题 2－7　两直线的相对位置

（1）判断 *AB* 和 *CD* 两直线的相对位置（平行、相交、异面）。

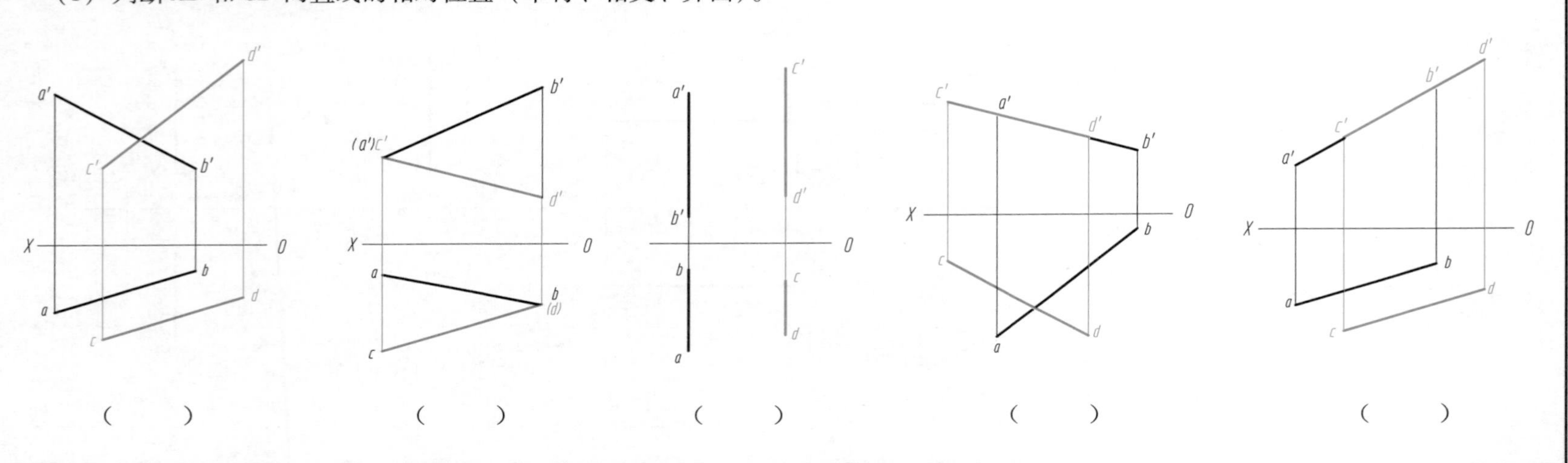

（　　）　　（　　）　　（　　）　　（　　）　　（　　）

（2）过点 *C*（10，20，25）作出直线 *CD* 的三面投影，使 *AB*∥*CD*。

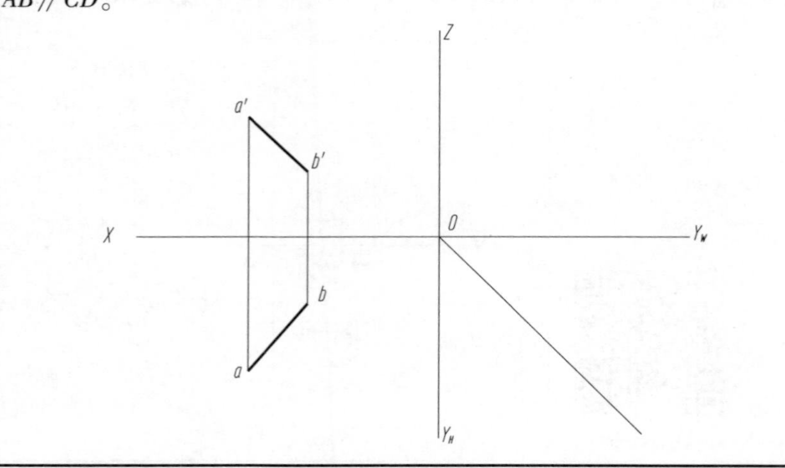

（3）过点 *K* 作一条水平线与 *AB* 相交。

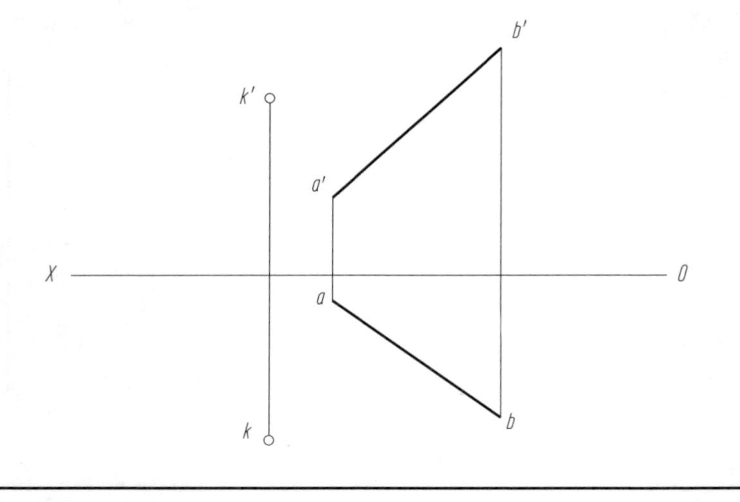

专业：　　　　班级：　　　　姓名：　　　　学号：

习题 2 -8　两直线的相对位置

（1）过点 C 作出一条侧平线 CD 与 AB 相交，已知 CD 实长为 25。

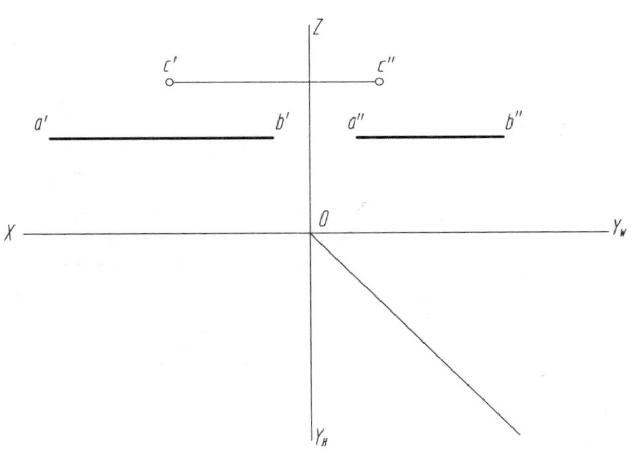

（2）标注出各重影点的正面、水平投影。

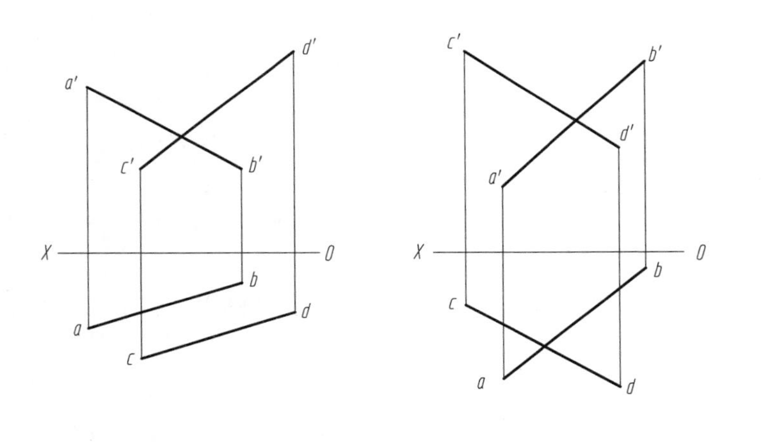

（3）作正平线 EF 距 V 面 15，并与直线 AB、CD 相交（点 E、F 分别在直线 AB、CD 上）。

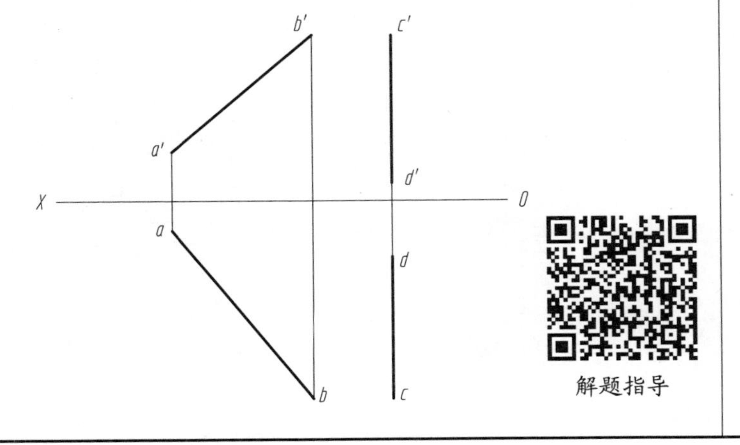

（4）作一直线 KL 与 AB、CD 均相交，且使 KL 上各点到 H 面的距离均为 20。

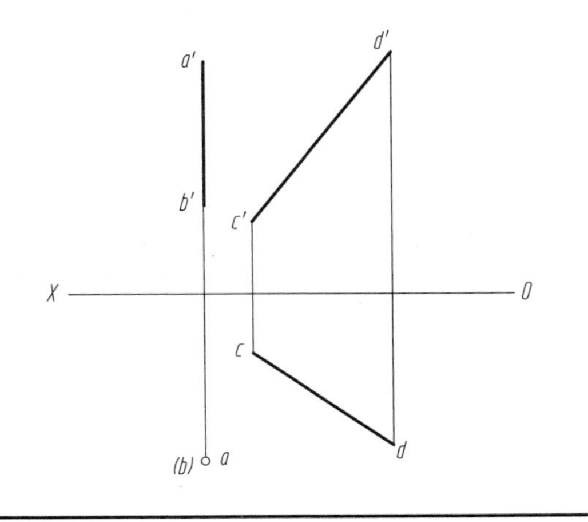

专业：　　　　　　班级：　　　　　　姓名：　　　　　　学号：

第 3 章　平面

一、内容概要

1. 目的要求

平面是物体表面的重要组成部分，通过本章的学习，学生应进一步建立空间构思、空间想象、空间解题能力，掌握图示、图解各类平面问题的基本方法。尤其在解难度较大的提高题时，要有较强的空间分析和图解能力，具备扎实的平面、立体几何的知识。

（1）平面的投影作图是点和直线的投影作图的综合，这 3 种元素是互相依存（从属关系）且可相互转化的。其中，平面上取点和取线的作图是图示和图解作图的重要基础之一，学生必须掌握“定点先定线”“作线先找点”的原理。

（2）必须掌握平面对一个投影面的投影，用模型（如书本）演示对投影面的 3 种相对位置及其投影特征，要注意区分投影面平行面和投影面垂直面的概念，抓住积聚性投影的特性是判断平面之间相互位置的一个重要手段。

（3）在相交问题中，可见性问题只存在于投影重叠部分，各投影的轮廓总是可见的，交点和交线也总是可见的，而且是可见与不可见的分界点、分界线。

2. 重点难点

（1）各类位置平面的投影特性。

（2）平面内取线、取点。

（3）直线与平面、平面与平面的相对位置。

二、题目类型

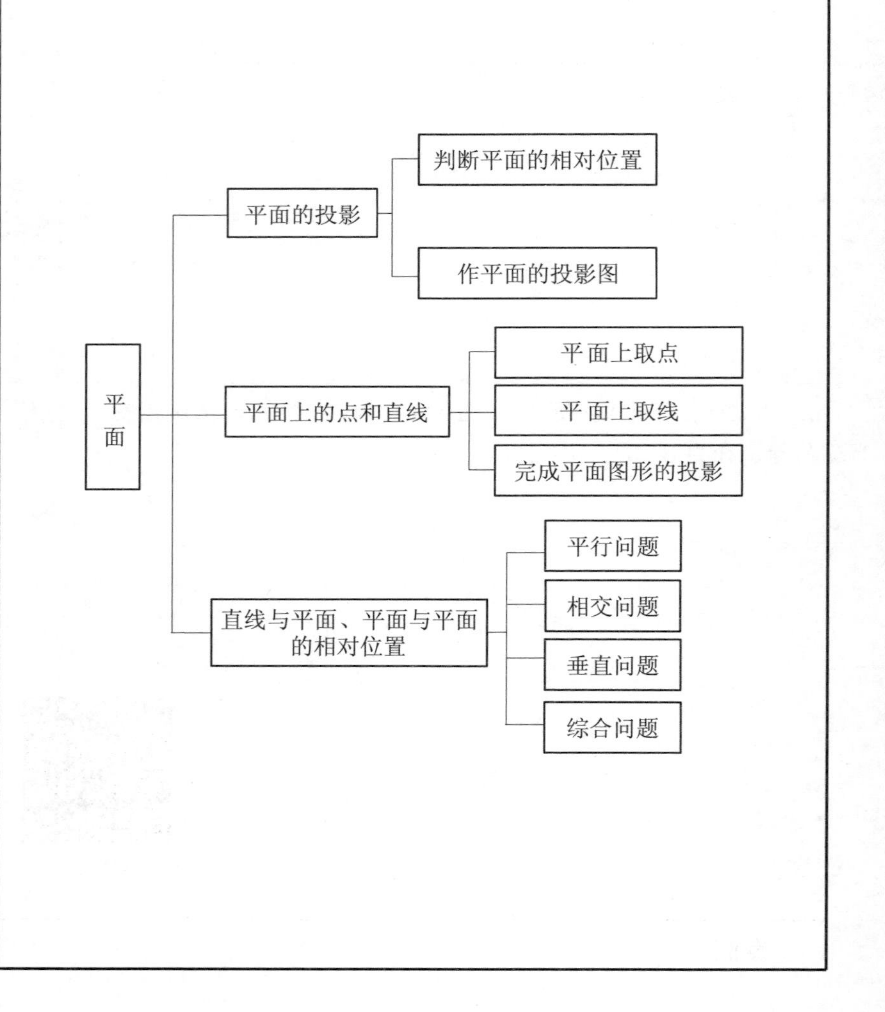

三、示例及解题方法　例3－1　平面上的点和直线示例

题目　已知五边形 $ABCDE$ 的水平投影及两邻边的正面投影，完成其正面投影。

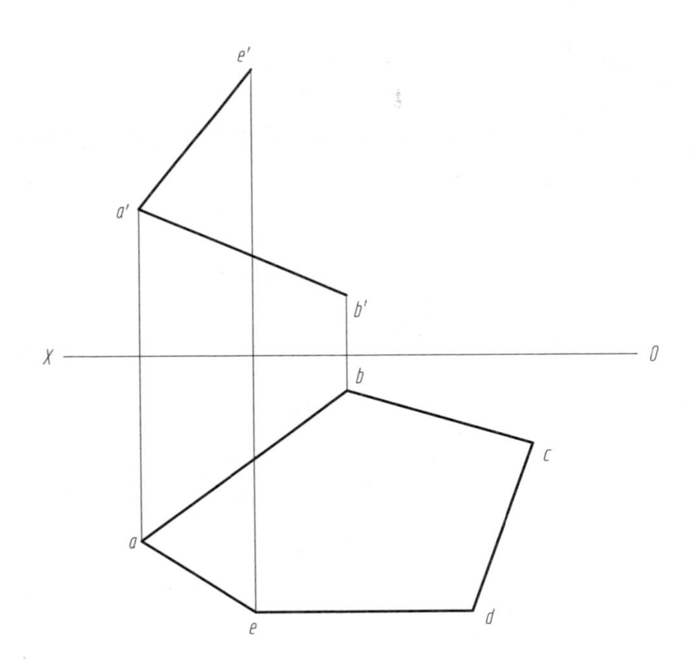

分析　已知五边形其中两边的正面投影 $a'b'$、$a'e'$，由两条相交直线确定一个平面，因此五边形正面投影确定。D、C 是平面上的点，应用平面上取点的作图方法。一直线经过平面上的两个点，则此直线一定在该平面上；如点在平面内的任一直线上，则此点一定在该平面上。连接五边形的已知点作辅助线，从而完成全图。

作图步骤

（1）连 be，连 ac、ad 交 be 于点1、2；

（2）连 $b'e'$，自点1、2引投影连线与 $b'e'$ 交于点 $1'$、$2'$；

（3）连 $a'1'$、$a'2'$ 并延长，与过 c、d 的投影连线交于 c'、d'；

（4）连 $b'c'$、$c'd'$、$d'e'$，即完成五边形 $ABCDE$ 的正面投影。

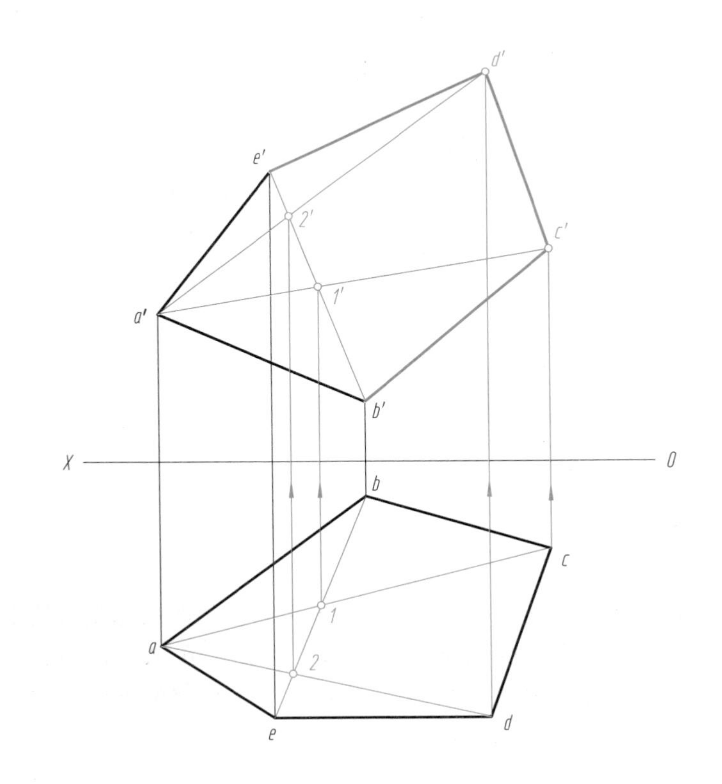

例 3－2　平面上的点和直线示例

题目　由点 E 作一平面 EFG 与平行两直线 AB、CD 所确定的平面平行。

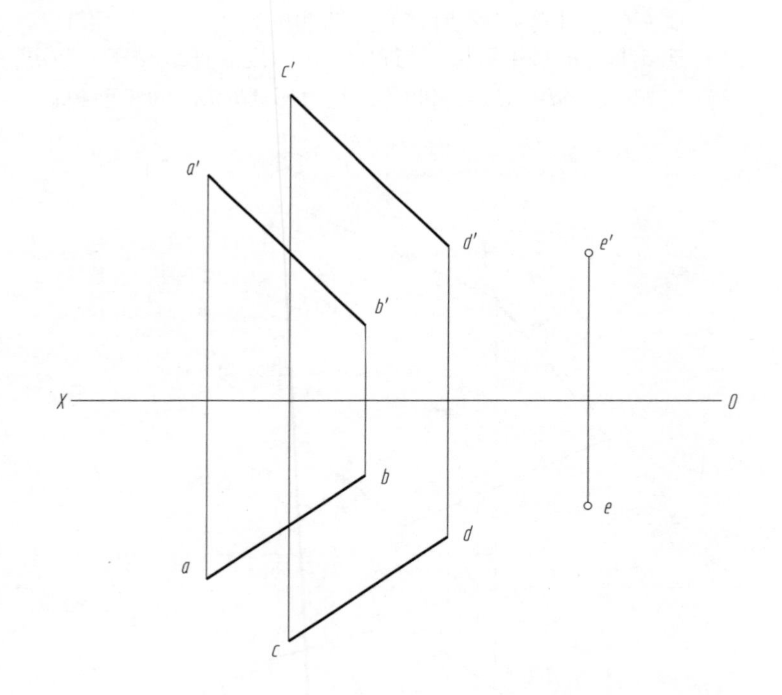

分析　两平面的平行条件是：一个平面上的两条相交直线对应平行于另一个平面上的两条相交直线。因此，在平行两直线 AB、CD 所确定的平面内作相交两直线，再过 E 作相交两直线与之对应平行，即可作出满足条件的平面。

作图步骤

（1）连 bd、$b'd'$。

（2）过 e 作 $ef /\!/ cd$，$eg /\!/ bd$。

（3）过 e' 作 $e'f' /\!/ c'd'$，$e'g' /\!/ b'd'$。

（4）连 fg、$f'g'$。

即得与平行两直线 AB、CD 所确定的平面平行的平面 EFG。

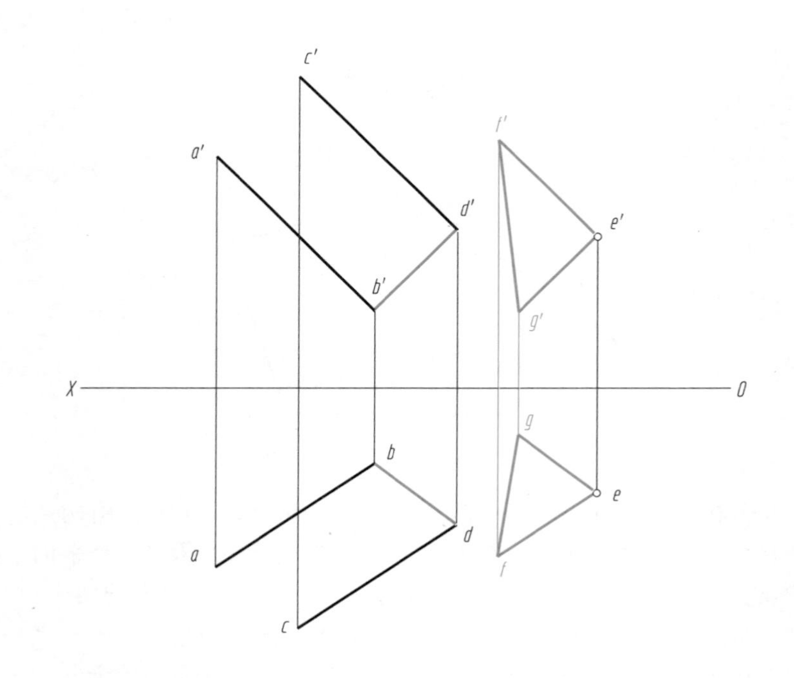

例 3－3　直线、平面与平面的相对位置示例

题目　已知矩形 $ABCD$ 一个边 AB 的两面投影及邻边 AD 的正面投影，完成矩形的两面投影。

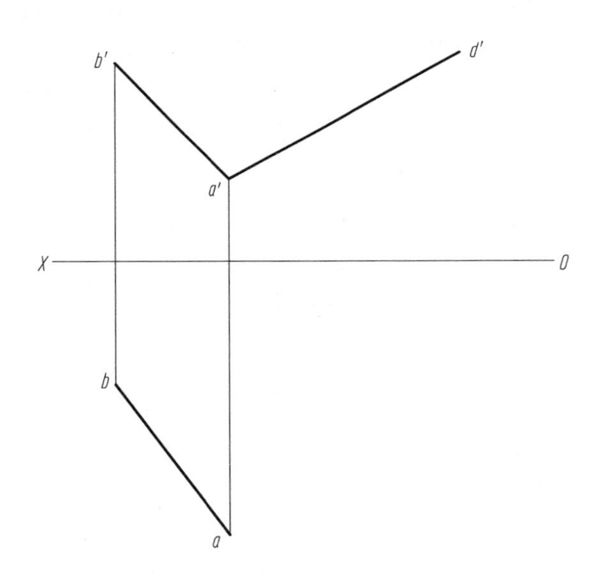

分析　矩形的邻边相互垂直，对边互相平行，其任一边均在邻边的垂线上。

作图步骤

（1）根据对边相互平行的特性，则同面投影相互平行，作 $c'd'$ // $a'b'$，$b'c'$//$a'd'$得出矩形的正面投影。

（2）过点 A 作直线 AB 的垂直面，此面用与直线 AB 垂直的水平线和正平线表示。由点 A 作水平线垂直于直线 AB，其正面投影 $a'1'$平行于 OX 轴，水平投影 $a1$ 垂直于 ab；作正平线垂直于直线 AB，其水平投影 $a2$ 平行于 OX 轴，正面投影 $a'2'$垂直于 $a'b'$，矩形边 AD 必在此垂面上。

（3）作 AD 的水平投影，连 $1'2'$交 $a'd'$于 k'，连 12 与过 k'的投影连线交于 k，连 ak 与过 d'的投影连线交于 d，连 ad。

（4）作矩形的水平投影。在水平投影上，由点 d 作 dc // ab，由点 b 作 $bc \perp ab$，即得矩形的两面投影。

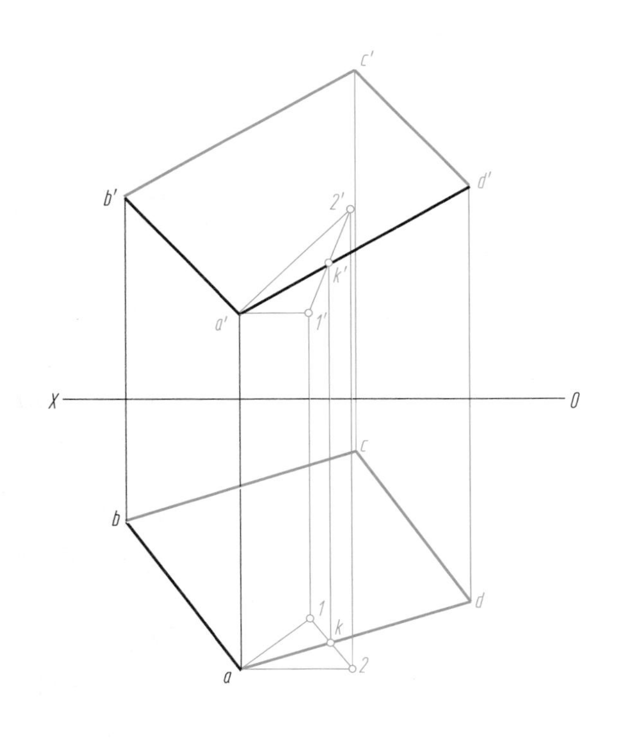

例 3－4　直线、平面与平面的相对位置示例

题目　由点 K 作一平面垂直于△ABC 平面，并平行于直线 DE。

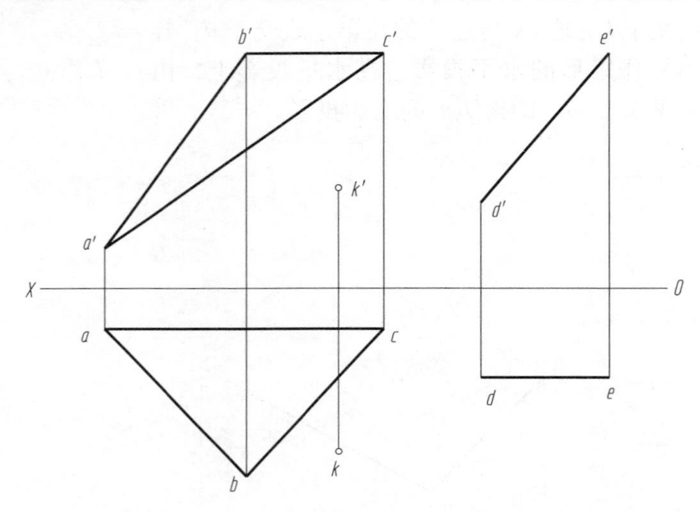

分析

（1）用相交两直线 KF、KG 表示平面，如果直线 KF 垂直于△ABC 平面，直线 KG 平行于直线 DE，则 FKG 平面垂直于△ABC 平面，又平行于直线 DE。

（2）由点 K 作直线 KF 垂直于△ABC 平面，再由点 K 作直线 KG 平行于直线 DE，KF、KG 相交两直线所构成的平面即为所求。

作图步骤

（1）过点 K 作直线 KF 垂直于△ABC。△ABC 的 BC 边的正面投影 $b'c'$平行于 OX 轴，则 BC 为水平线；AC 边的水平投影 ac 平行于 OX 轴，则 AC 为正平线。根据直角投影定理，直线 KF 的正面投影 $k'f'$垂直于 $a'c'$，其水平投影 kf 垂直于 bc。

（2）过点 K 作直线 KG 平行于直线 DE，其正面投影 $k'g'$平行于 $d'e'$，水平投影 kg 平行于 de。

（3）相交两直线 KF、KG 构成一平面，因为该平面上的直线 KF 垂直于△ABC，直线 KG 平行于直线 DE，所以 FKG 平面既与△ABC 平面垂直，又与 DE 直线平行。

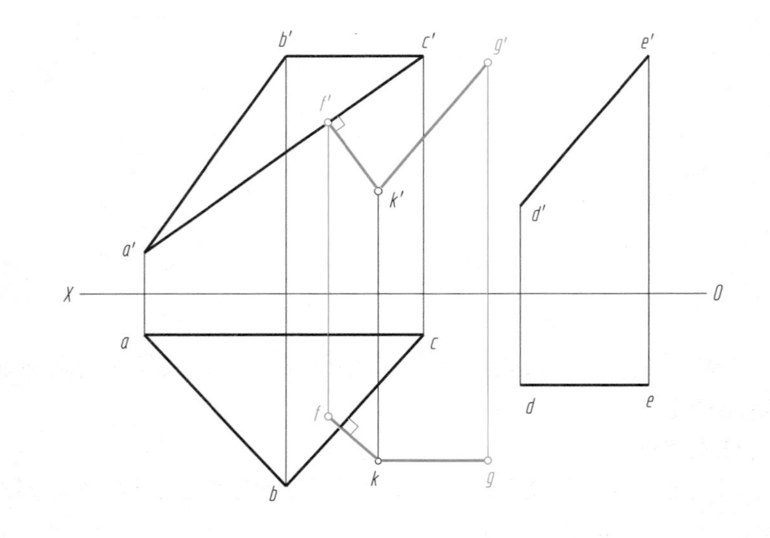

四、习题　习题 3-1　平面的投影

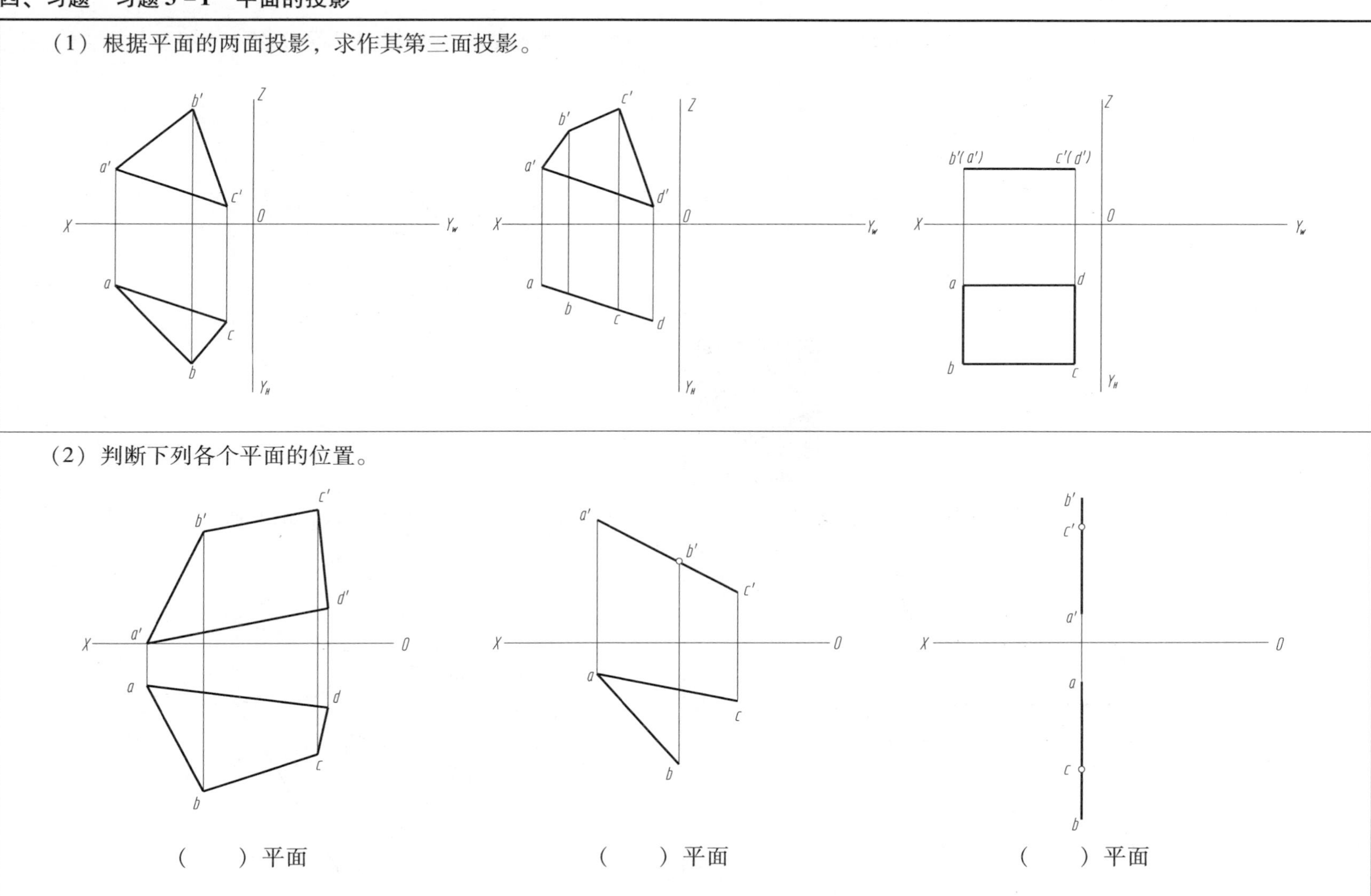

专业：　　　　班级：　　　　姓名：　　　　学号：

习题 3－2　平面上取点、取线

（1）试判断点 D 与点 F 是否在△ABC 平面内。

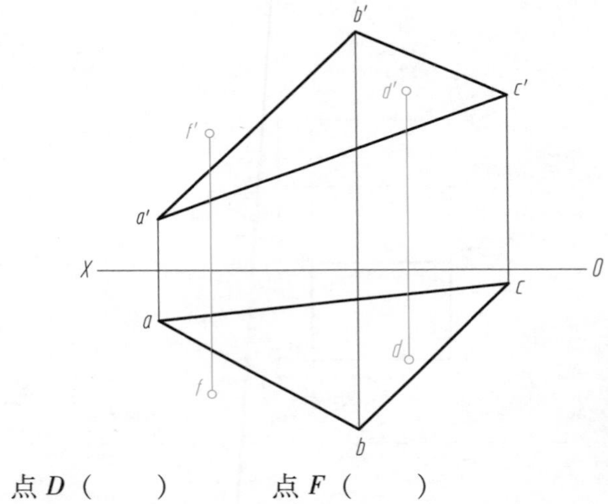

点 D（　　）　　　点 F（　　）

解题指导

（2）已知△ABC 平面内点 K 与点 L 的一个投影，求它们的另一投影。

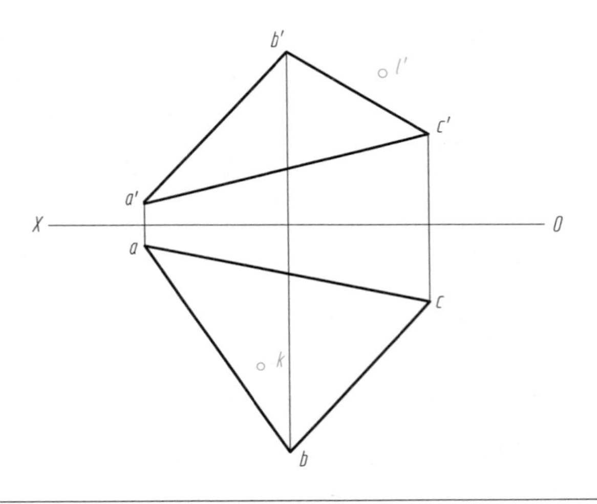

（3）△EFG 在平行四边形 $ABCD$ 所在的平面上，求作△efg。

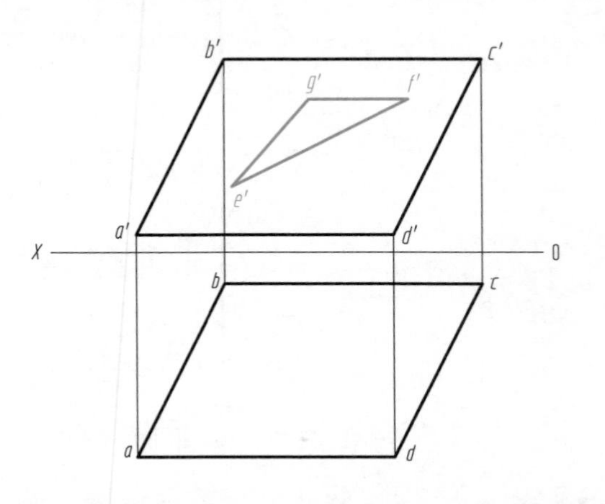

（4）在△ABC 平面上作正平线，距 V 面 20；作水平线，距 H 面 15。

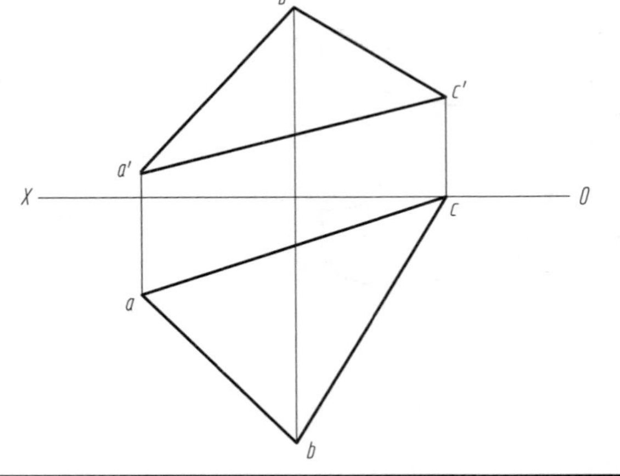

专业：　　　　班级：　　　　姓名：　　　　学号：

习题 3-3　平面上取点、取线

（1）在△ABC 内找一点 K，距 H 面 20，距 V 面 15，求其两面投影。

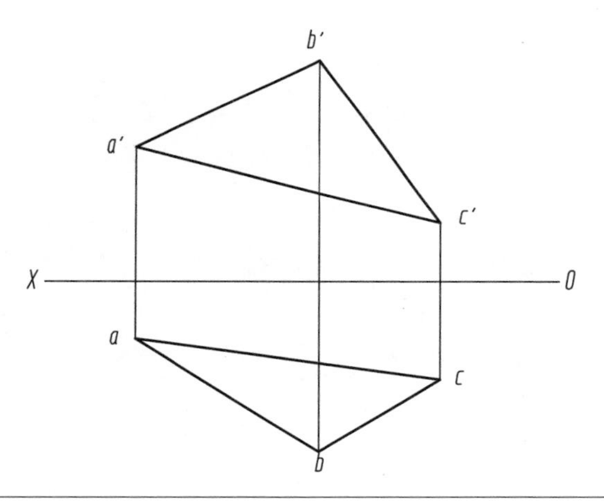

（2）完成平面图形 $ABCDE$ 的水平投影。

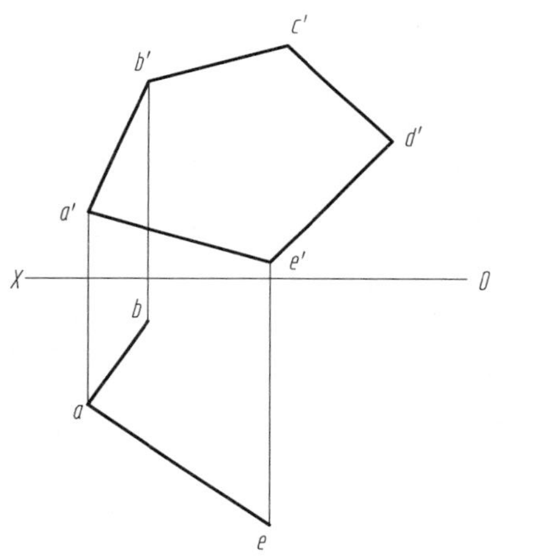

解题指导

（3）完成平面图形 $ABCDEF$ 的正面投影。

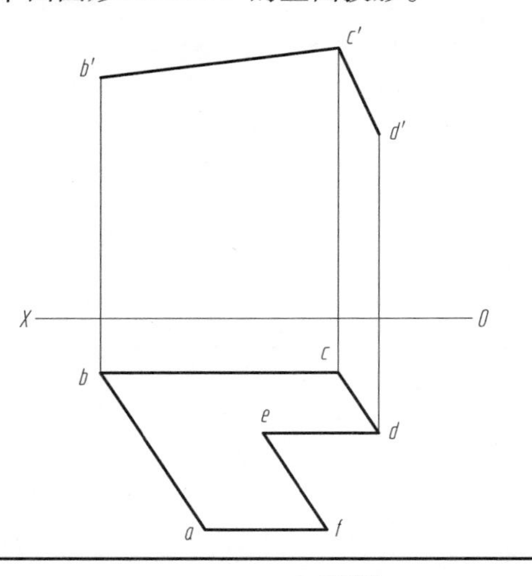

（4）完成平面图形 $ABCDE$ 的两面投影。

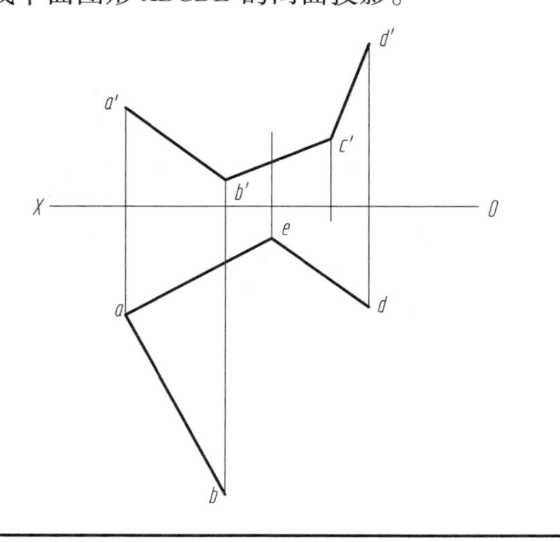

专业：　　　　班级：　　　　姓名：　　　　学号：

习题 3－4　直线与平面、平面与平面的相对位置

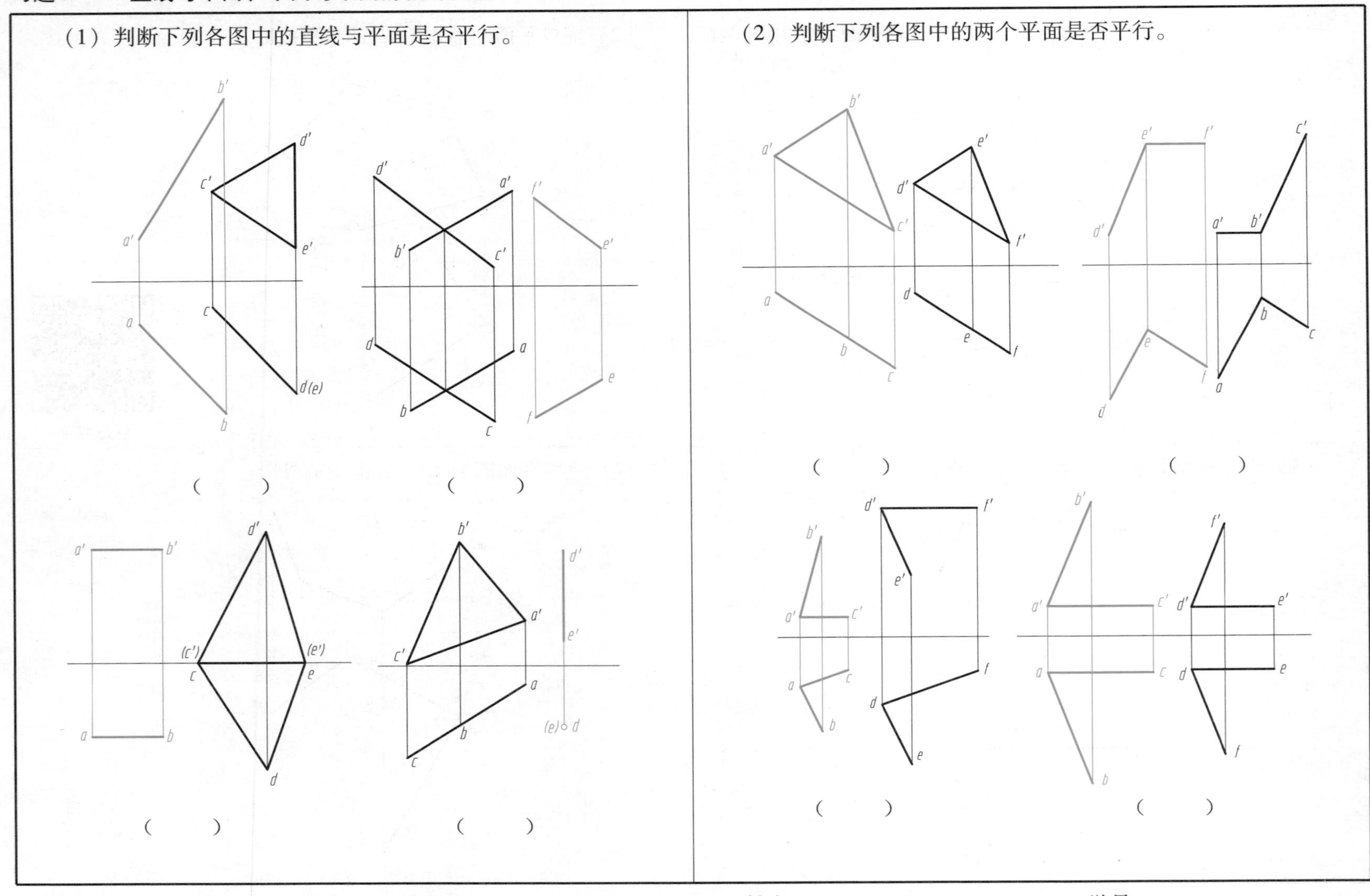

专业：　　　　　　　　班级：　　　　　　　　姓名：　　　　　　　　学号：

（1）过点 K 作正平线 KL 平行于 $\triangle ABC$，求直线 KL 的两面投影。

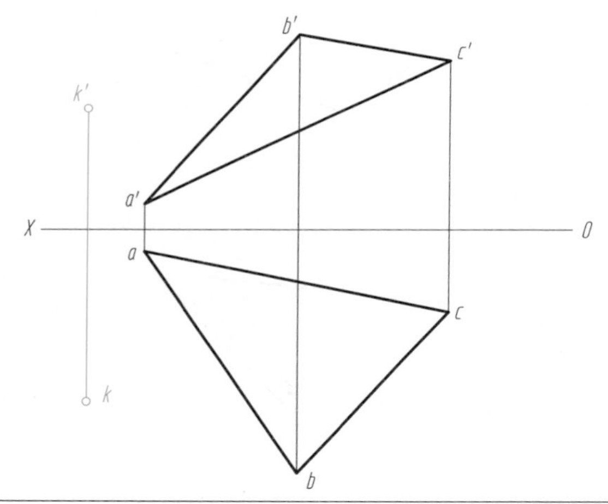

（2）过点 K 作一平面平行于直线 AB，求该平面的两面投影。

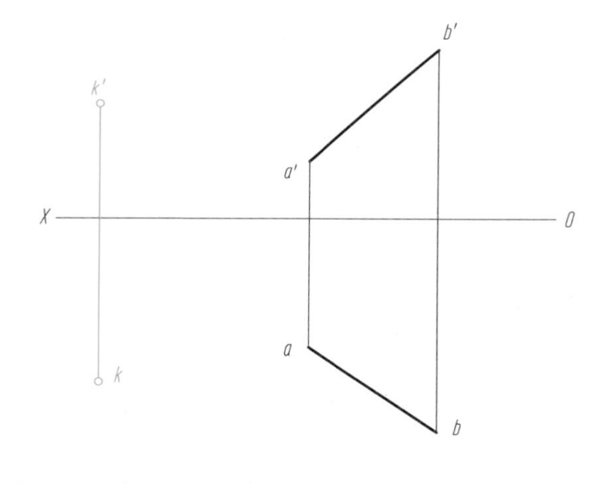

（3）过点 K 作一平面平行于 $\triangle ABC$，求该平面的两面投影。

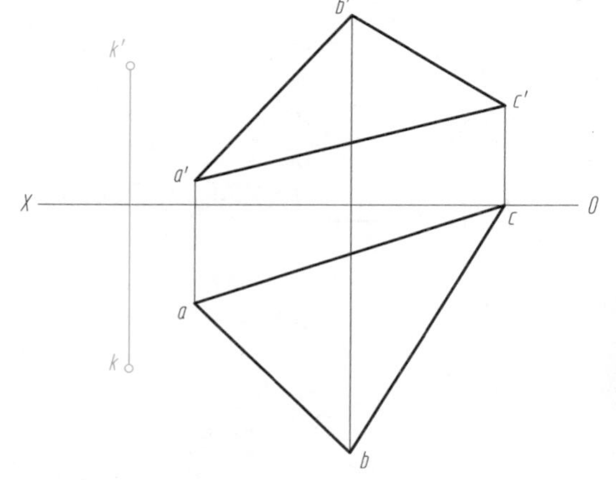

解题指导

（4）已知 $AB /\!/ CD$，其确定的平面平行于 $\triangle EFG$，完成该平面的投影。

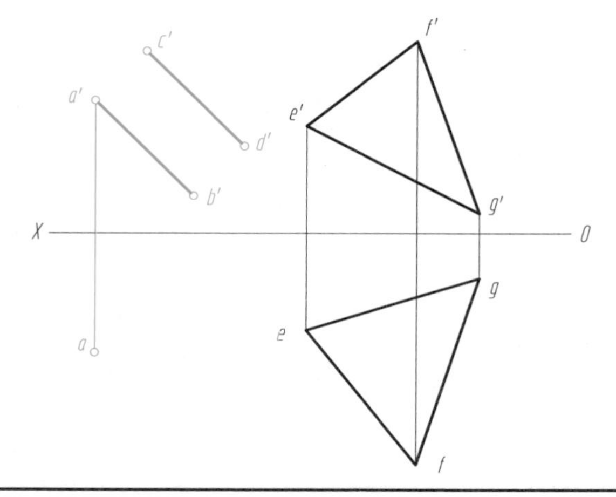

专业：　　　　班级：　　　　姓名：　　　　学号：

习题 3-6　直线与平面、平面与平面的相对位置

（1）求直线 *EF* 与平面 *ABC* 的交点，并判断可见性。

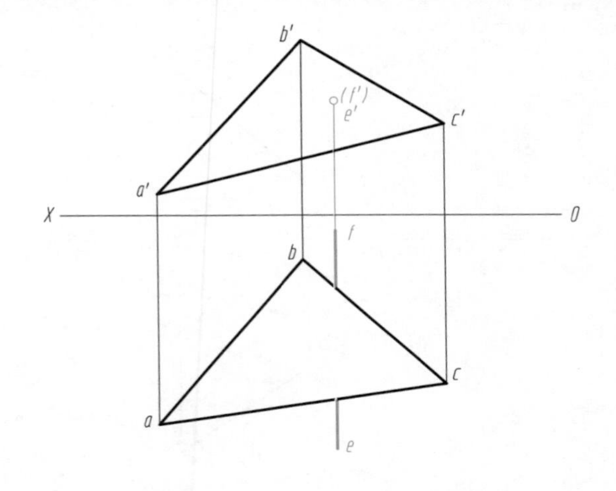

（2）求直线 *EF* 与平面 *ABC* 的交点，并判断可见性。

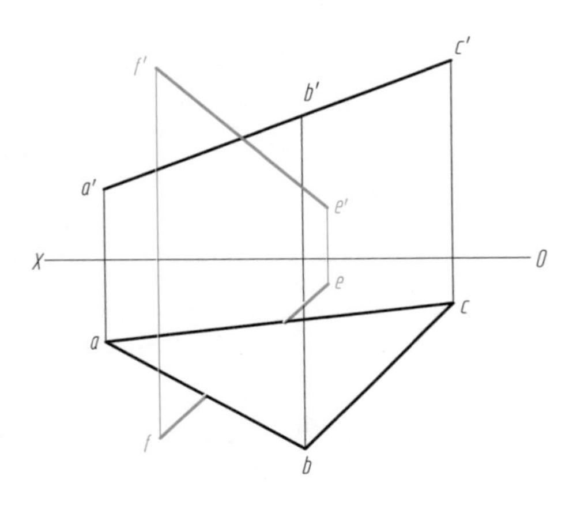

（3）求两个平面 *ABC*、*DEFG* 的交线，并判断可见性。

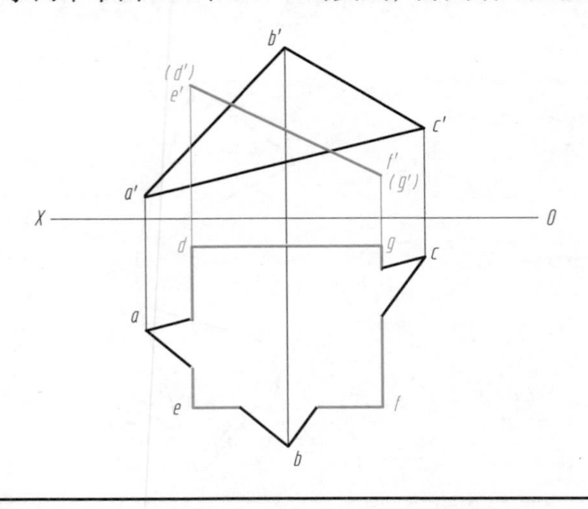

（4）求两个平面 *ABCD*、*EFG* 的交线，并判断可见性。

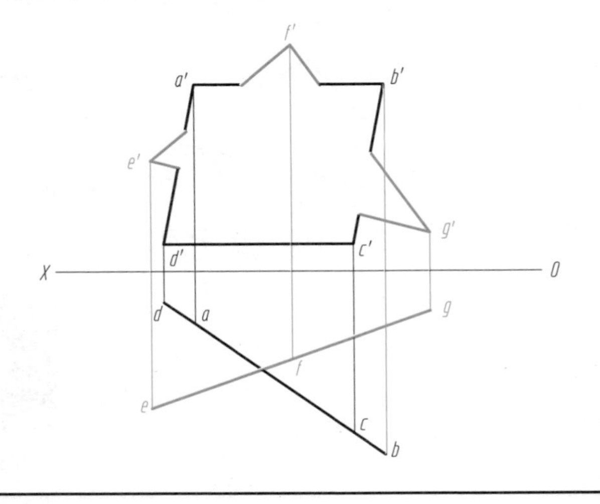

专业：　　　　　　　班级：　　　　　　　姓名：　　　　　　　学号：

习题 3-7 直线与平面、平面与平面的相对位置

（1）过点 E 作平面 ABC 的垂线 EF，求其两面投影。

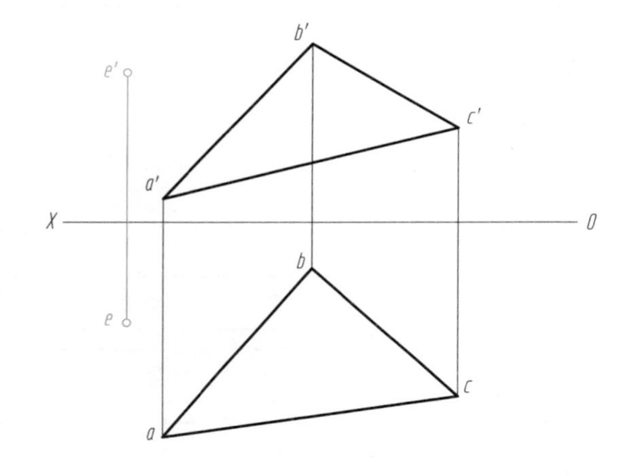

（2）过点 A 作一平面垂直于直线 AB，求其两面投影。

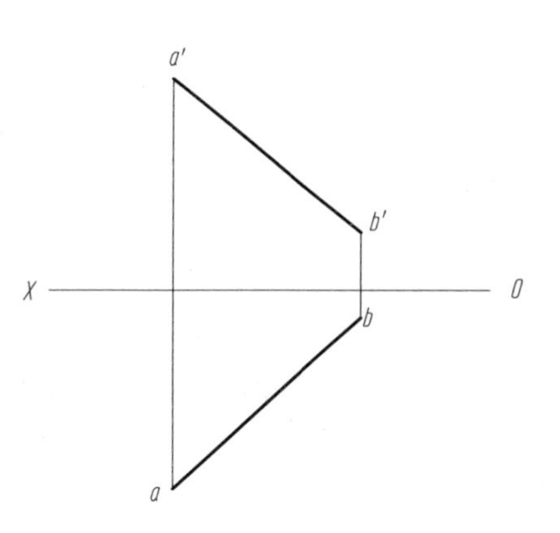

（3）过点 K 作一平面 KLM 同时垂直于△ABC 和 H 面，求其两面投影。

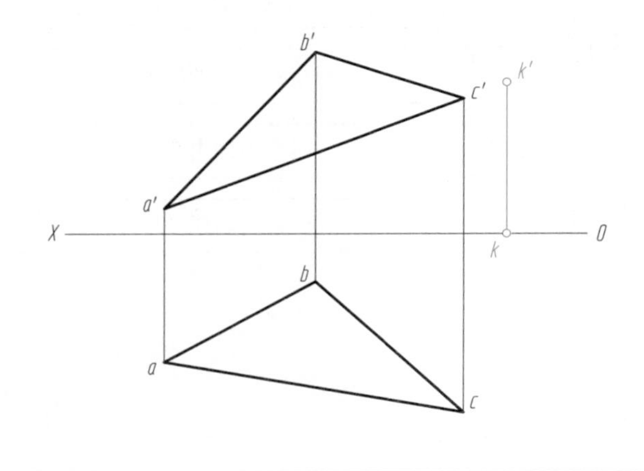

（4）过点 D 作一直线 DE 平行于△ABC 且垂直于 FG，求其两面投影。

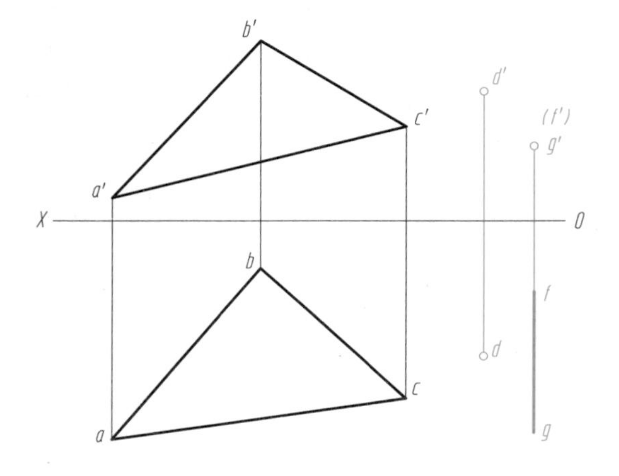

专业： 班级： 姓名： 学号：

第 4 章　投影变换

一、内容概要

1. 目的要求

换面法是改变空间几何元素与投影面的相对位置，使空间几何元素和投影面处于特殊（有利于解题）位置，从而解决空间几何要素的定位与度量问题的方法。学生应掌握换面法中的 4 个基本问题。

（1）投影变换的步骤：

①分析题意，明确已知和所求。

②将几何元素放到空间中，分析它们的位置关系及有利于解题的投影关系。

③拟定换面程序。

④换面作图。

投影变换的原理和基本作图虽然并不难，但用投影变换解决空间问题却不容易，因此需要通过学习具体解题示例，加深对投影变换原理和基本作图的理解，灵活运用投影变换解决实际问题。

（2）在换面法中必须注意：由于新投影面必须垂直于原投影体系中的某一投影面，故在两次换面时，V、H 面（或 H、V 面）必须交替地进行交换。

2. 重点难点

（1）换面原则。

（2）点的换面规律。

（3）换面法中的 4 个基本问题。

二、题目类型

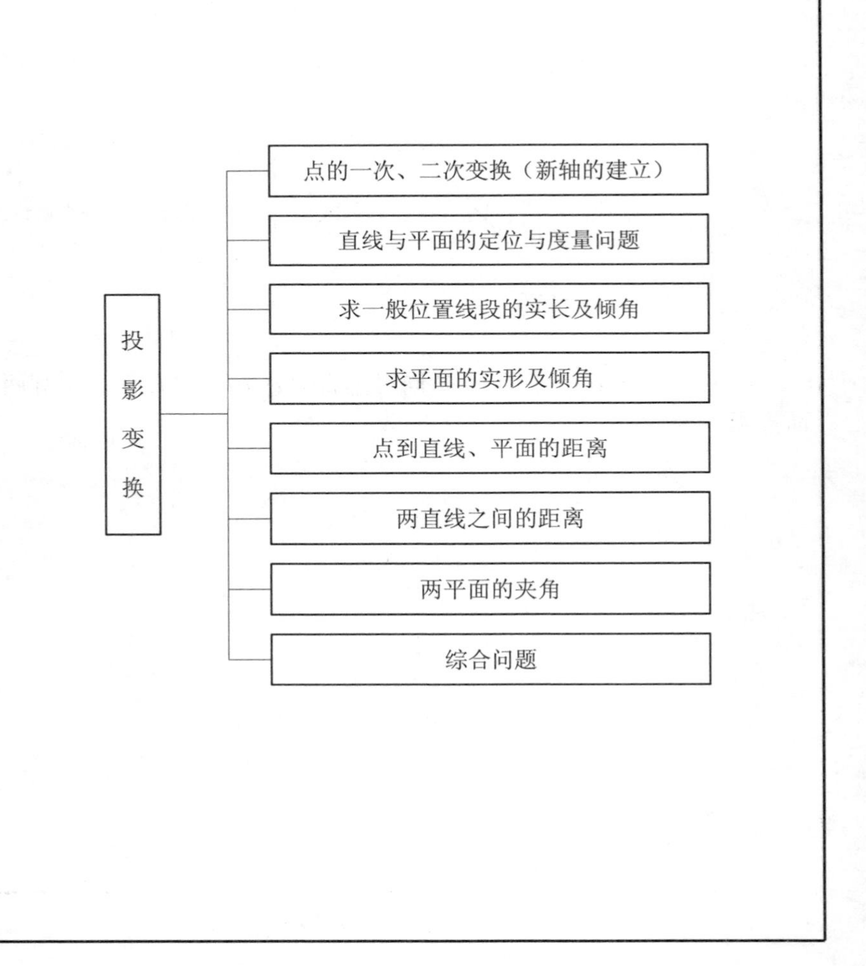

三、示例及解题方法　例 4－1　直线与平面的定位与度量问题示例

题目　过点 A 作直线 AM 与直线 CD 垂直相交，求其两面投影。

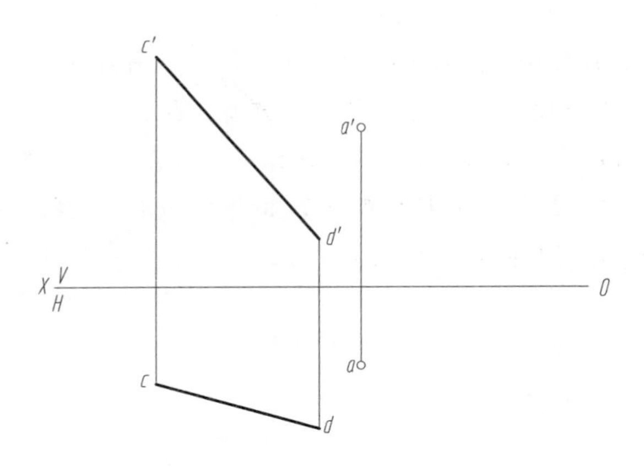

分析　根据直角投影定理，当两条直线垂直相交，其中有一条是投影面的平行线，则两直线在该投影面上的投影垂直。因此，可建立一个新投影面，使两直线中的一条在新投影体系中变为投影面平行线，则在该投影面上反映直角。

作图步骤

(1) 作 $O_1X_1 /\!/ cd$，求出 $c_1'd_1'$ 和 a_1'。

(2) 过 a_1' 作 $a_1'm_1' \perp c_1'd_1'$。

(3) 过 m_1' 作 O_1X_1 的垂线交 cd 于 m。

(4) 过 m 作 OX 的垂线交 $c'd'$ 于 m'。

(5) 用粗实线连接 $a'm'$ 和 am，即为所求直线 AM 的两面投影。

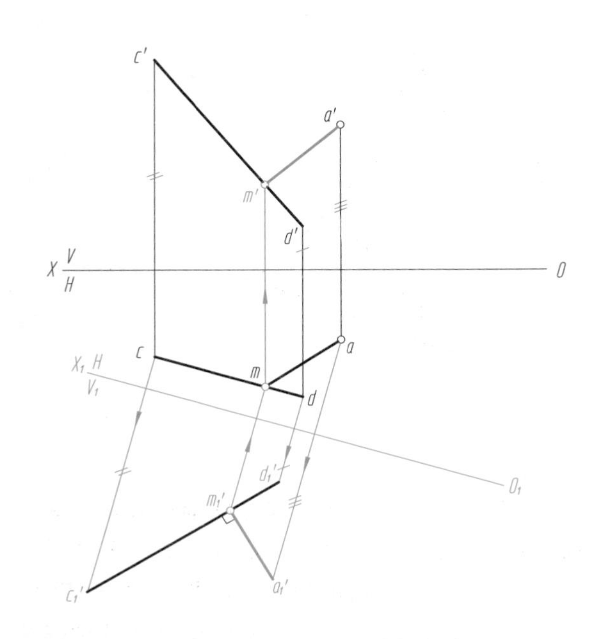

例 4-2　点到直线、平面的距离示例

题目　已知△ABC 的两面投影及点 D 的正面投影，设点 D 到△ABC 平面的距离为 8，求点 D 的水平投影。

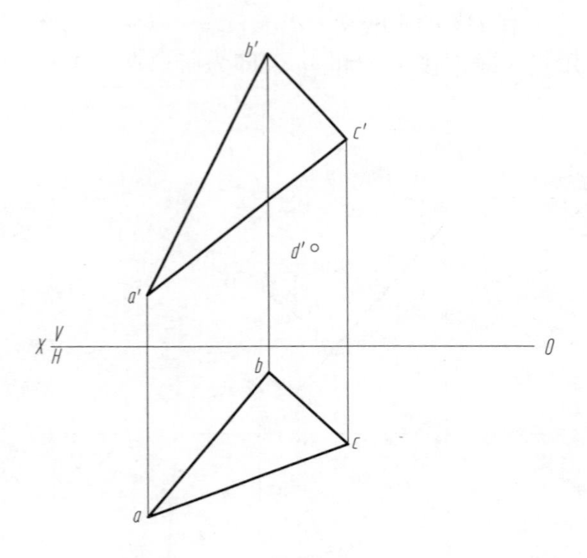

分析　求点 D 的水平投影 d 也就是确定点 D 的 Y 坐标，而点 D 的空间位置必然在平行于已知面△ABC 且距离为 8 的平面内，因此应首先作出与△ABC 平行且相距为 8 的辅助平面 P_1 和 P_2，然而只有将它们变换为投影面的垂直面，才能反映出这种平行关系。

作图步骤

（1）在△ABC 上作正平线 EC，其投影为 $e'c'$、ec。

（2）作 X_1 轴垂直于 $e'c'$，即用 H_1 面代替 H 面，建立 V/H_1 投影体系，将△ABC 变换为 H_1 面的垂直面。

（3）作出△ABC 在 H_1 面上的投影 $a_1b_1c_1$，并作出与 $a_1b_1c_1$ 平行且相距为 8 的辅助平面 P_{1H1} 或 P_{2H1}（用迹线表示）。

（4）由 d' 作垂直于 X_1 轴的投影线，与 P_{1H1} 及 P_{2H1} 相交得交点 d_{11} 及 d_{21}，此两点即为所求点 D 在 H_1 面上的投影，再按点的投影规律可确定所求点 D 的水平投影 d_1 及 d_2。

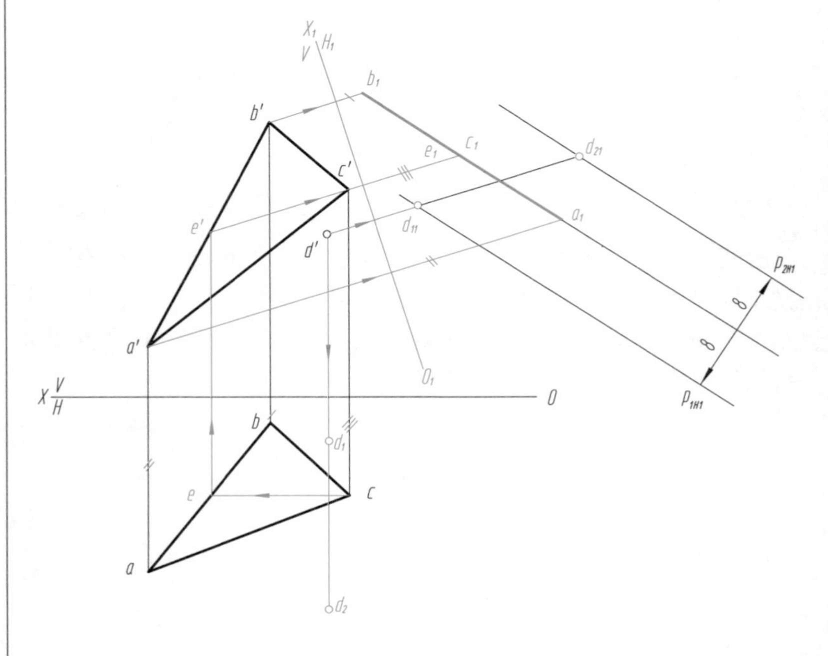

例 4-3　综合问题示例

题目　直线 EF 平行于 $\triangle ABC$ 平面，且它们之间的距离为 L，EF 在 $\triangle ABC$ 的左前上方，试完成 EF 的正面投影。

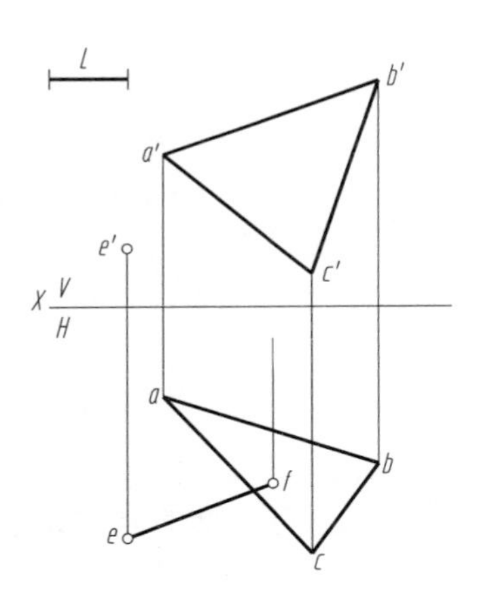

分析　若直线平行于平面，当平面垂直于投影面时，直线与平面的积聚投影平行，并且该投影反映直线与平面的距离。因此，将平面变换为投影面的垂直面。

作图步骤

(1) 在 $\triangle ABC$ 平面上作水平线 AD，其中 $a'd' /\!/ X$ 轴。

(2) 作 $O_1X_1 \perp ad$。

(3) 作 $\triangle ABC$ 的新投影直线 $c_1'a_1'b_1'$。

(4) 作直线 $c_1'a_1'b_1'$ 的平行线 $e_1'f_1'$，距离为 L。

(5) 按照新、旧投影的变换关系，求出 $e'f'$ 并连线。

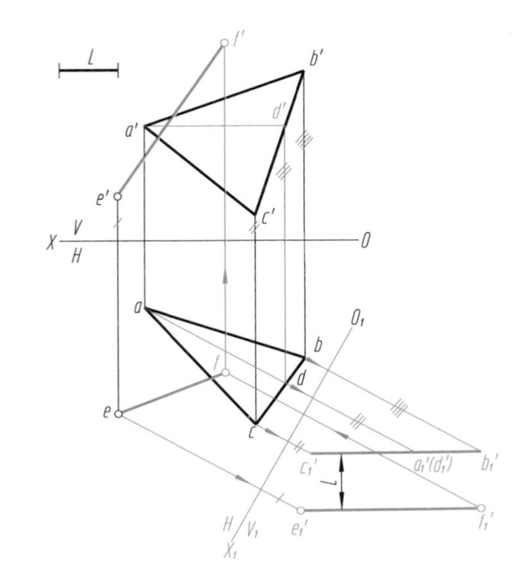

(1) 求点 A 的新投影。

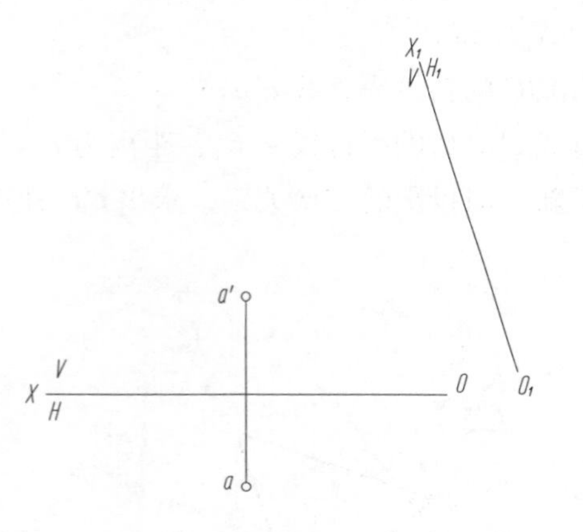

(2) 求新投影轴 O_1X_1 和 O_2X_2。

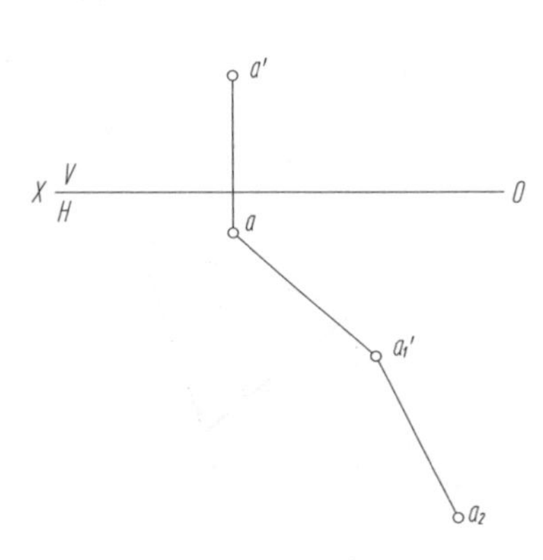

(3) 已知点 K 在 CD 上，$CK=12$，用换面法求点 K 的投影。

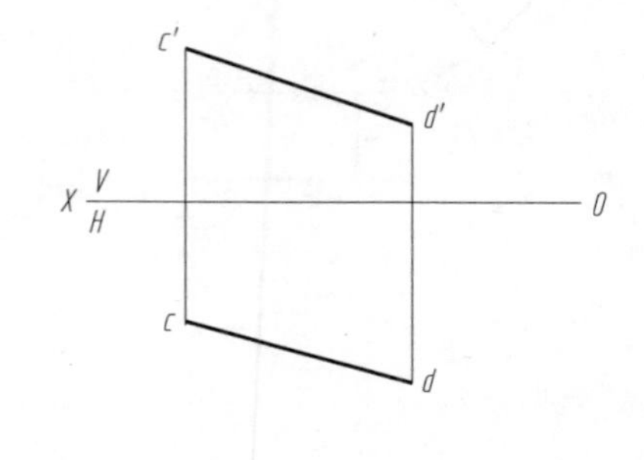

解题指导

(4) 求线段 AB 的实长及对 V 面的倾角 β。

a′

b′

X V/H O

a

b

专业：　　　　班级：　　　　姓名：　　　　学号：

习题 4－2　投影变换

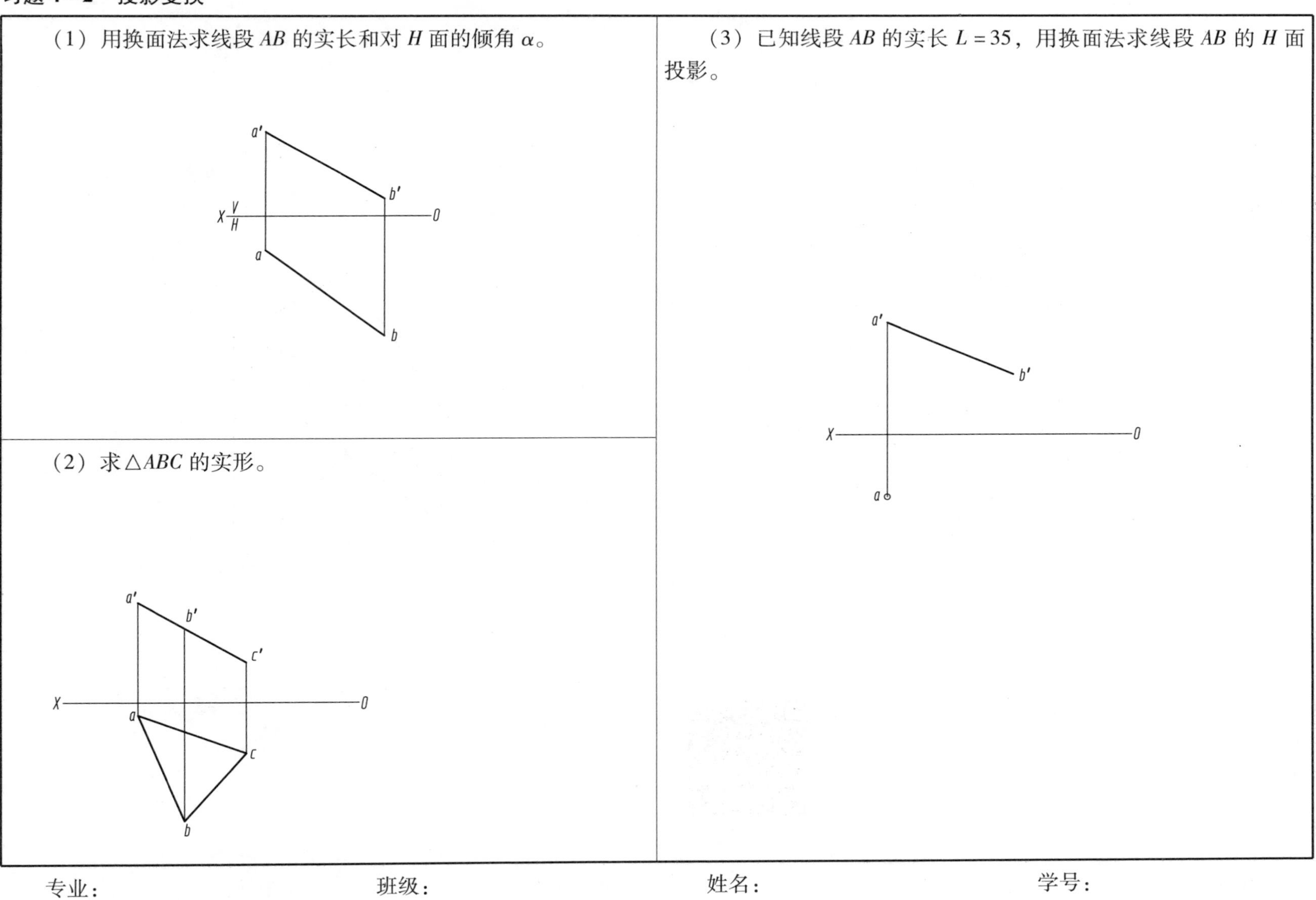

（1）用换面法求线段 AB 的实长和对 H 面的倾角 α。

（2）求△ABC 的实形。

（3）已知线段 AB 的实长 $L=35$，用换面法求线段 AB 的 H 面投影。

专业：　　班级：　　姓名：　　学号：

（1）求点 M 到平面 DEF 的距离 MN（投影和实长）。

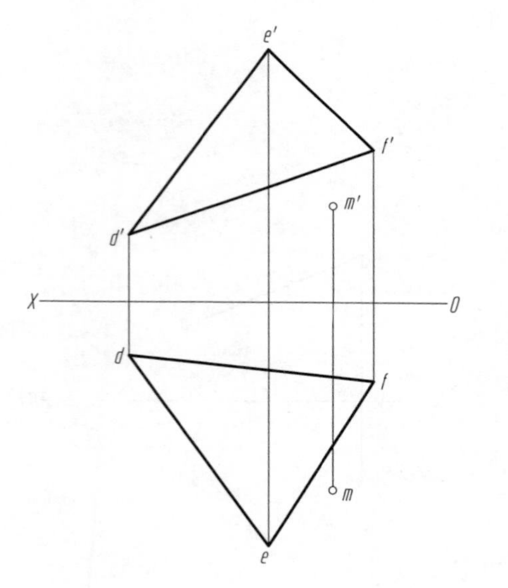

解题指导

（2）分别求出△ABC 对 H 面和 V 面的倾角。

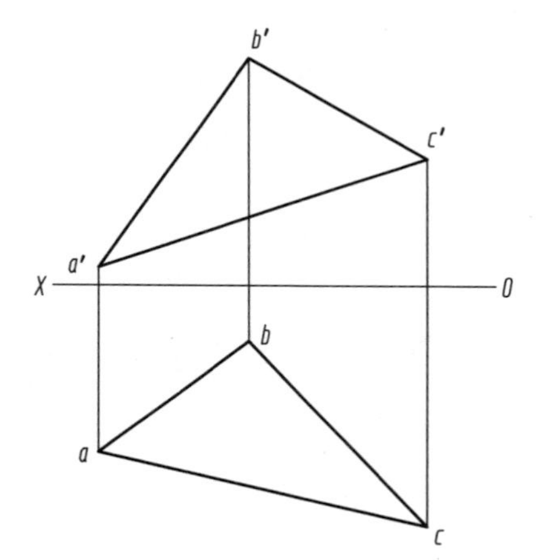

专业：　　班级：　　姓名：　　学号：

习题 4－4 投影变换

（1）求作等边△ABC 的水平投影。

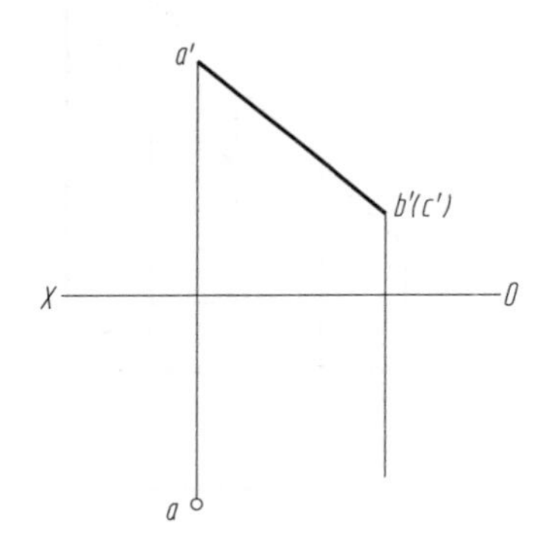

（2）已知点 D 到平面 ABC 的距离为 15，求作点 D 的正面投影。

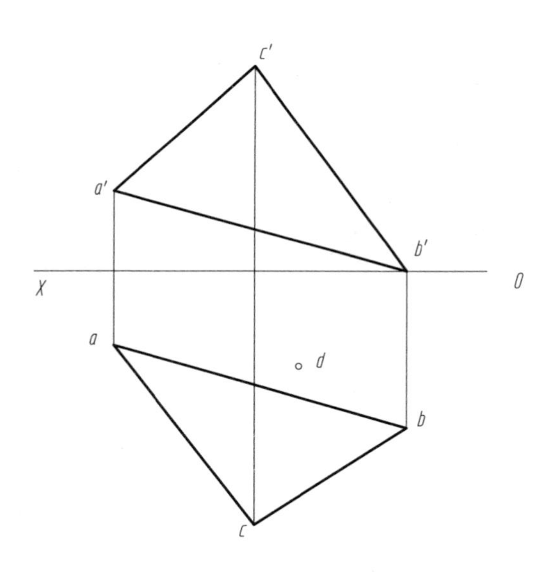

解题指导

专业： 班级： 姓名： 学号：

（1）用换面法求圆柱被正垂面截切后截面的实形。

X O

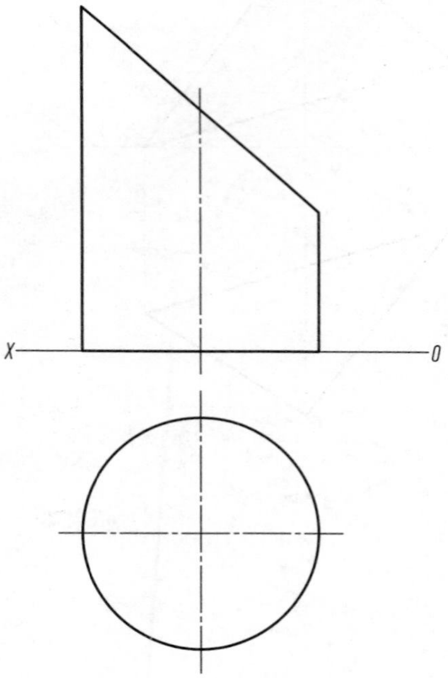

（2）用换面法求正六棱柱被正垂面截切后截面的实形。

X O

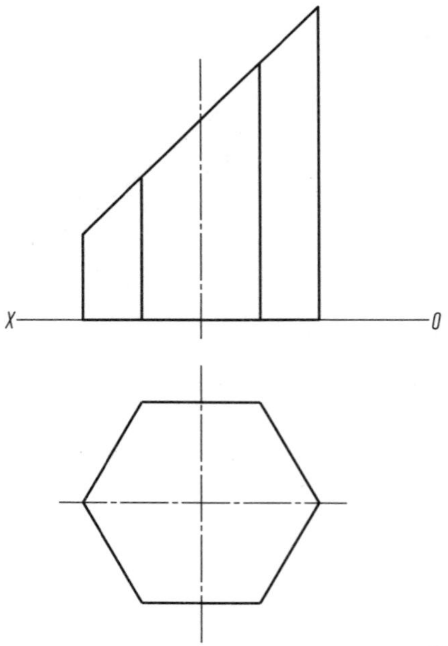

三维模型

专业： 班级： 姓名： 学号：

第 5 章　立体及其表面交线

一、内容概要

1. 目的要求

本章以基本立体（平面立体和曲面立体）投影及其表面取点为基础，研究平面与立体相交求截交线、两立体相贯求相贯线的作图方法。学生学习时从立体的表面取点入手，熟练掌握积聚性法、素线法和纬圆法等方法求截交线；熟练掌握表面取点法和辅助平面法求相贯线。

（1）本章是在学习了点、线、面投影的基础上，分析立体的投影和立体表面取点的方法，学生应熟悉棱柱、棱锥、圆柱、圆锥、圆球、圆环三面投影的特性，并掌握其表面取点的方法。

（2）掌握典型立体被不同位置平面截切形成截交线的基本性质，因为它既是求解截交线的基础，同时也是用辅助平面法求相贯线的基础。

（3）作图前首先要进行形体及投影分析，求截交线时重点分析截平面和基本几何体的相对位置以及截交线的几何形状；求相贯线时应通过分析两立体的几何性质和两立体之间的相互位置，确定相贯线的形状。

（4）求截交线要从切口入手，求相贯线要从圆（圆柱有积聚性投影）入手。在作图过程中必须先作出特殊点，再适当求一定数量的一般点（4 ~ 6 个），才能使截交线、相贯线的投影更为准确。

2. 重点难点

（1）立体表面取点。

（2）用表面取点法作截交线。

（3）用辅助平面法作两立体的相贯线。

二、题目类型

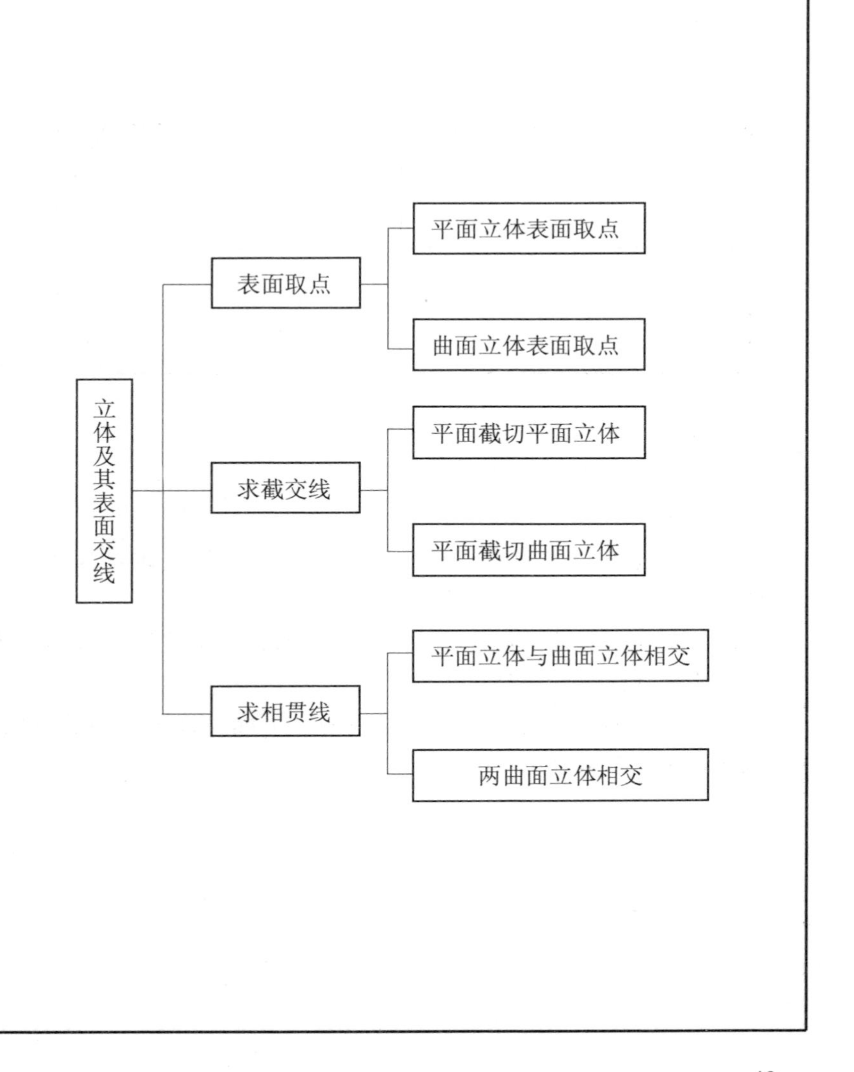

三、示例及解题方法　例 5－1　平面立体表面取点示例

题目　作出六棱柱的水平投影，以及它表面上 A、B、C 三点的三面投影。

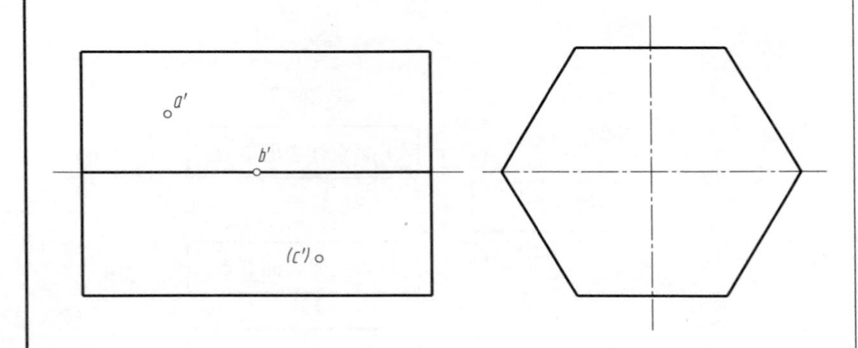

分析

(1) 根据 a'的可见性和位置，可以看出：点 A 在六棱柱的前上棱面上，该面为侧垂面，有积聚性。

(2) b'在六棱柱的最前棱线上，该棱线的侧面投影积聚为一个点，利用点在线上的原理可求解。

(3) c'不可见，故 C 点在六棱柱的后下面，该平面为侧垂面，在侧面投影有积聚性。

作图步骤

(1) 根据“长对正，宽相等”，作出六棱柱的水平投影。

(2) 过 a'作投影连线交侧面投影的前上棱面（斜线）于 a''，知二补三求 a，可见。

(3) 过 b'作投影连线交水平投影于最前方的棱线于 b，并可见，侧面投影交于一点 b''。

(4) 过 c'作投影连线交侧面投影后下棱面（斜线）于 c''，知二补三求 c，不可见。

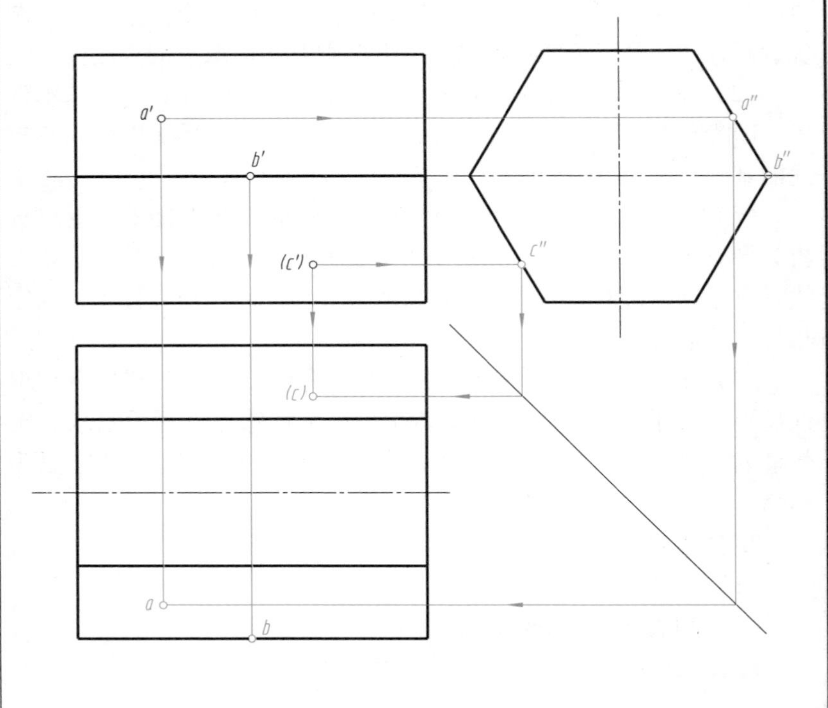

例 5－2　平面截切曲面立体示例

题目　作出圆柱体被截切后的侧面投影。

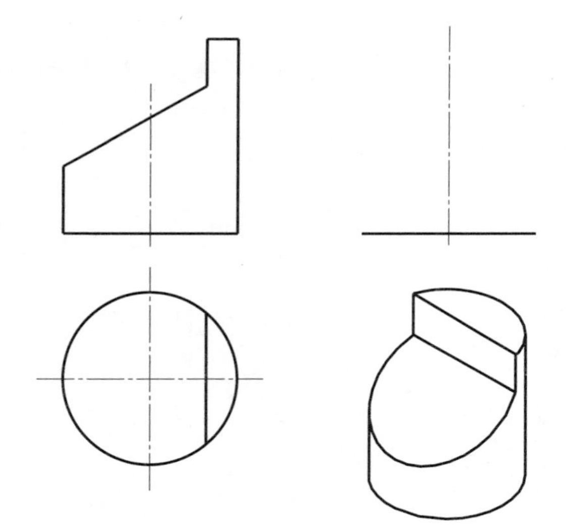

三维模型

分析

（1）正垂面截切圆柱体，截交线为椭圆弧和直线围成的图形，正面投影积聚为一直线段，与 P_V 重合，水平投影为一段圆弧，在圆柱面的水平投影上，侧面投影为椭圆弧。

（2）侧平面截切圆柱体，截交线为矩形，正面投影和水平投影积聚为直线，侧面投影反映实形。

作图步骤

（1）先画出圆柱体没被截切之前的侧面投影。

（2）正垂面截切产生的截交线为椭圆弧，先从正面投影入手，标记所有特殊点 A、B、C、D、E 和一般点 F、G，在水平投影上求出相应点的第二投影，知二补三求其侧面投影。

（3）侧平面截切后的截交线为矩形，正面和水平投影已知，标记 4 个顶点 B、B_1、C_1、C，知二补三求其侧面投影为一矩形。

（4）求出两截平面的交线。

（5）依次光滑连接各点，并判别可见性。

（6）整理轮廓线，在 E、D 两点上方截掉最前和最后轮廓线，完成截切圆柱体的侧面投影。

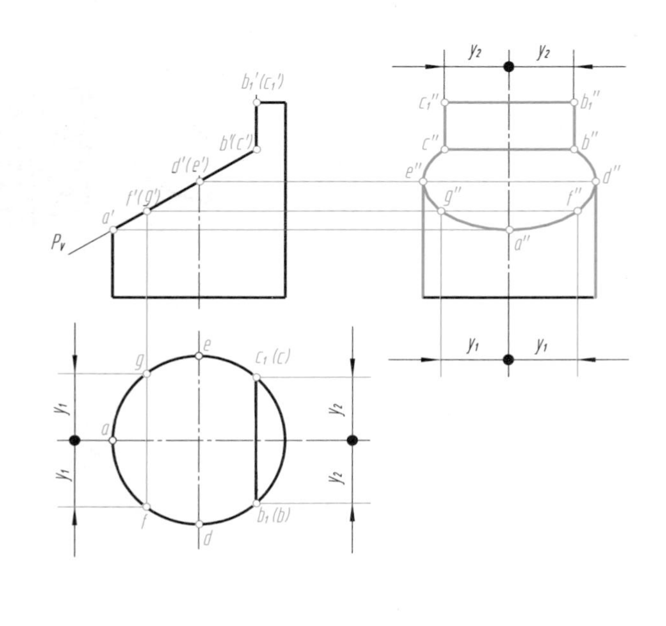

例 5-3　平面截切曲面立体示例

题目　完成圆锥体被截切后的水平投影和侧面投影。

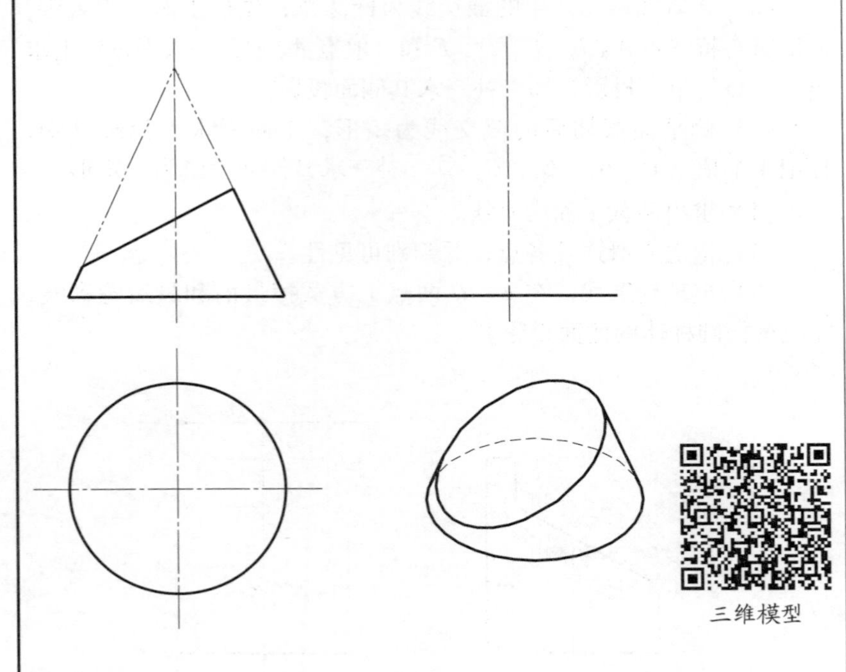

分析

正垂面截切圆锥体的截交线为椭圆，正面投影已知，水平投影和侧面投影待求，体现类似性。

作图步骤

（1）先补画圆锥没被截切之前的侧面投影。

（2）在截交线已知的正面投影（斜线上）确定 6 个特殊点 A、B、C、D、E、F 的投影，再根据表面取点的方法求其余两投影。

（3）在正面投影（斜线上）确定两个一般点 M、N 的投影，再根据表面取点的方法求其余两投影。

（4）判别可见性，光滑连线。

（5）整理轮廓线。

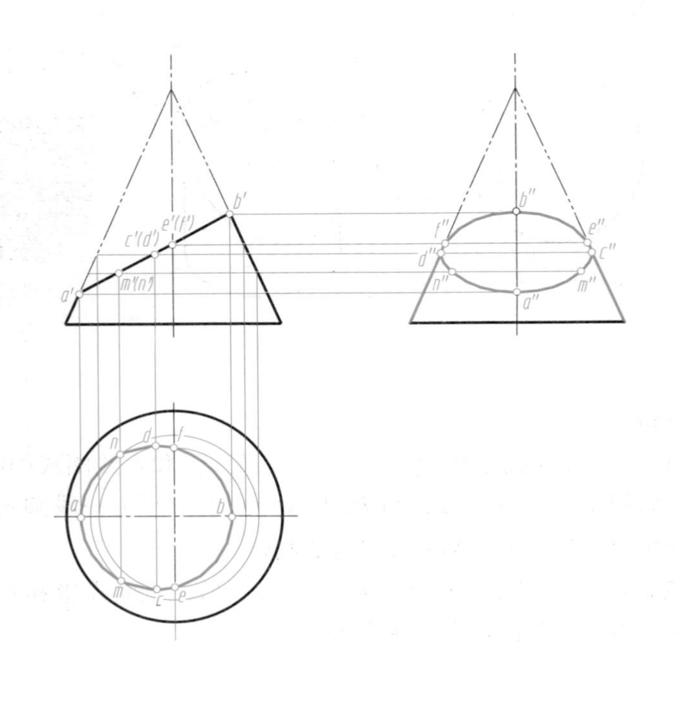

例 5 –4　两曲面立体相交示例

题目　作出圆柱与圆锥正交的正面投影和水平投影。

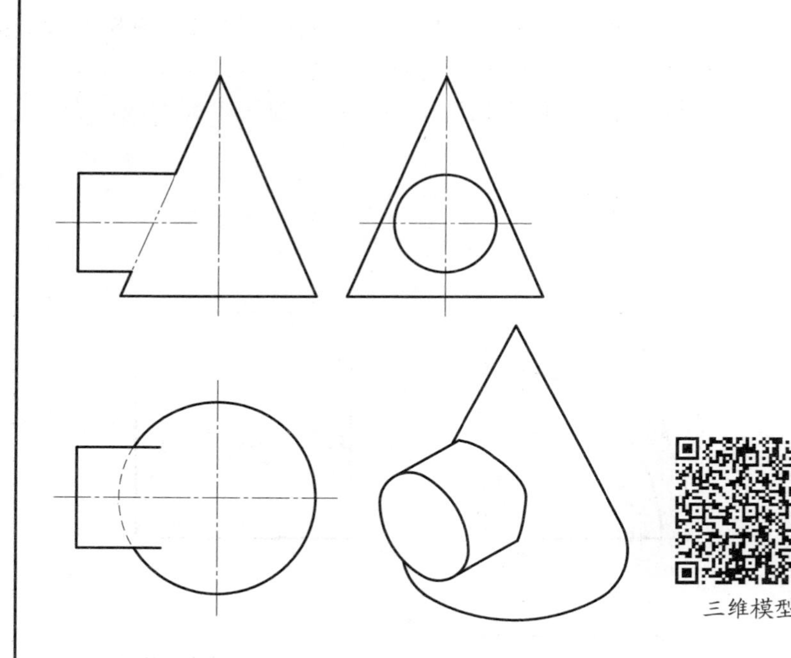

三维模型

分析　圆柱与圆锥轴线正交，相贯线是一封闭的空间曲线，因为两形体前后对称，所以相贯线前后对称。相贯线的侧面投影重合在圆柱积聚的圆周上，正面和水平投影待求。用表面取点法和辅助平面法均可。

作图步骤

（1）求特殊点：从整圆入手，确定 4 个特殊点 1、6、4、5（最高、低、前、后），4、5 两点利用辅助水平面 P_V 来求，另外在正面投影中过两轴线的交点作圆锥素线的垂线，过垂足作辅助水平面 Q_V 求得 2、3 两个最右点。

（2）在特殊点之间作辅助水平面 S_V 求得两个一般点。

（3）判别可见性，光滑连线。正面投影可见与不可见部分重合，画粗实线。水平投影 1、2、3、4、5 可见，其余不可见。

（4）整理轮廓线。水平投影中圆柱的最前和最后轮廓线画至 4、5 两点。

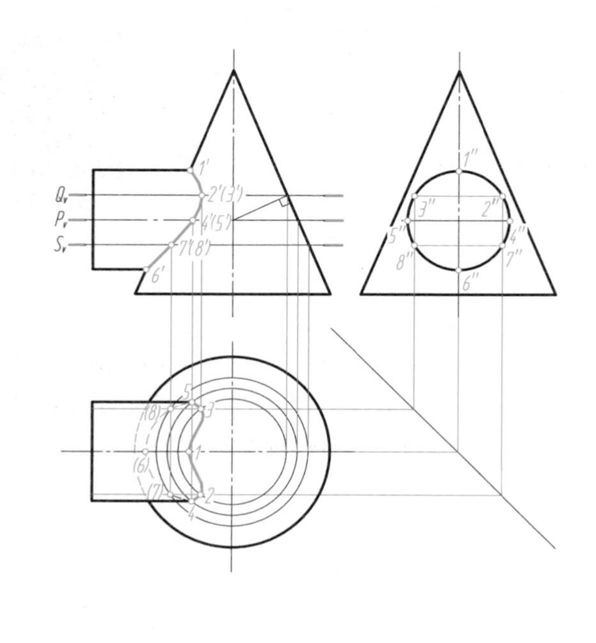

例 5－5　两曲面立体相交示例

题目　作出圆台与部分球体相贯线的三面投影。

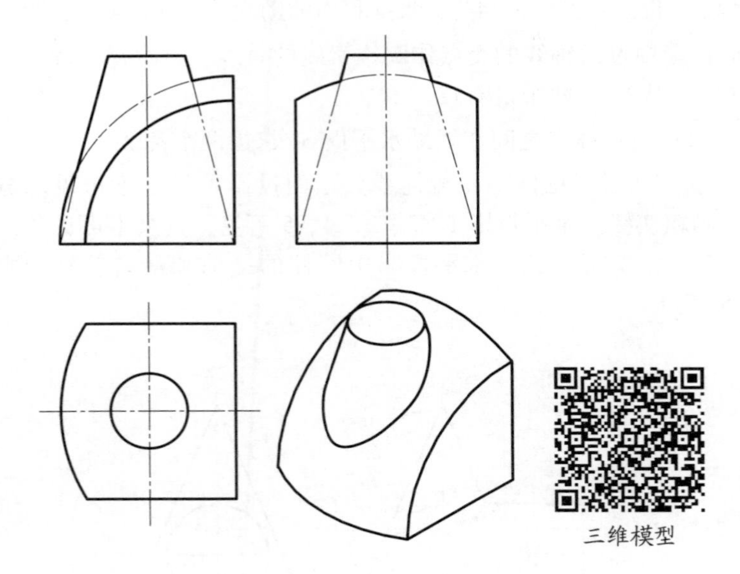

分析　圆台在圆球体的左上方，两个形体前后对称，相贯线是一封闭空间曲线且前后对称，由于两相贯体无积聚性，因此，相贯线的三面投影都未知。除最高点和最低点外所有点只能用辅助平面法，作一系列的水平面和一个通过圆锥轴线的侧平面。

作图步骤

（1）求特殊点：最高点 1 和最低点 2 的三面投影可直接求得。圆锥台前后轮廓素线上的两个点 3、4 利用通过轴线的侧平面 P_V 可求得。

（2）求一般点：在最高与最低点之间作辅助水平面 Q_V 求得一般点 5、6。

（3）判别可见性、光滑连线。水平投影均可见，画粗实线，侧面投影 3、5、2、6、4 可见，其余不可见。

（4）整理轮廓线。侧面投影中圆锥台的前后轮廓素线画至 3、4 两点。

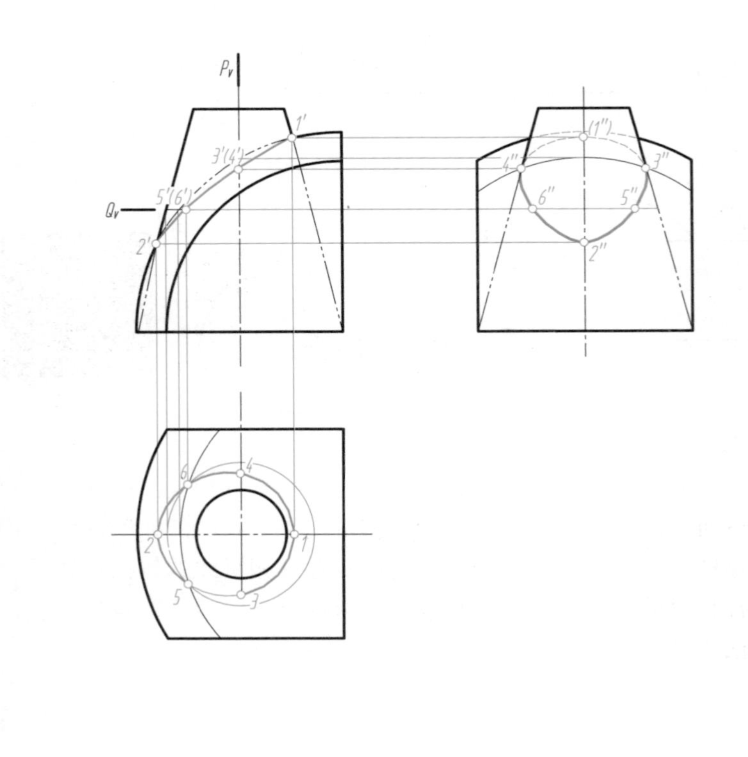

四、习题　习题 5－1　指出下列几何形体的名称并补画第三视图

（1）

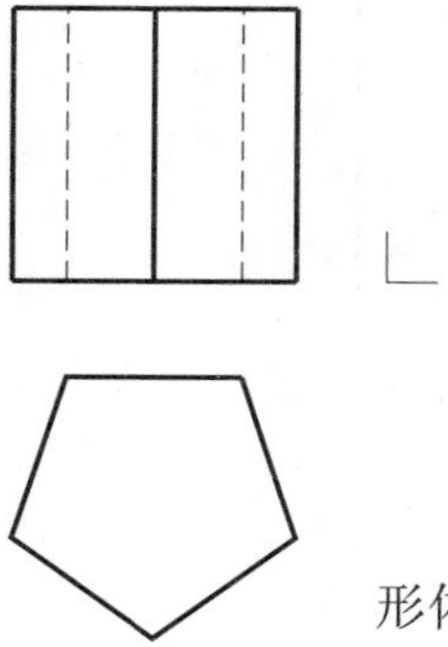

形体是 ________

（2）

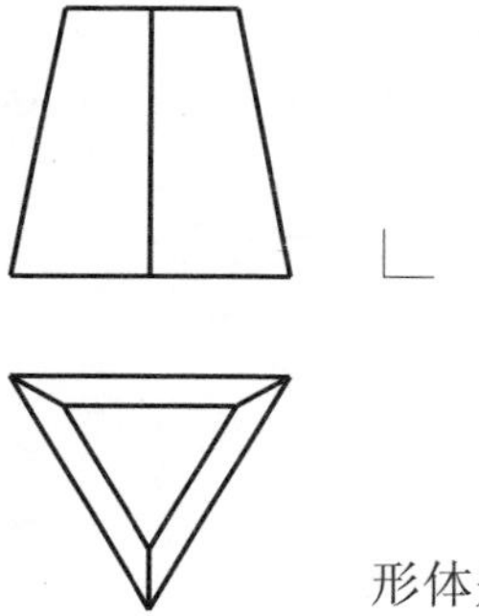

形体是 ________

（3）

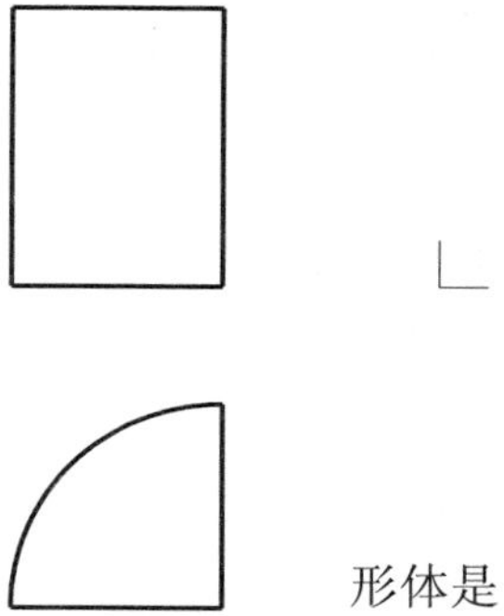

形体是 ________

（4）

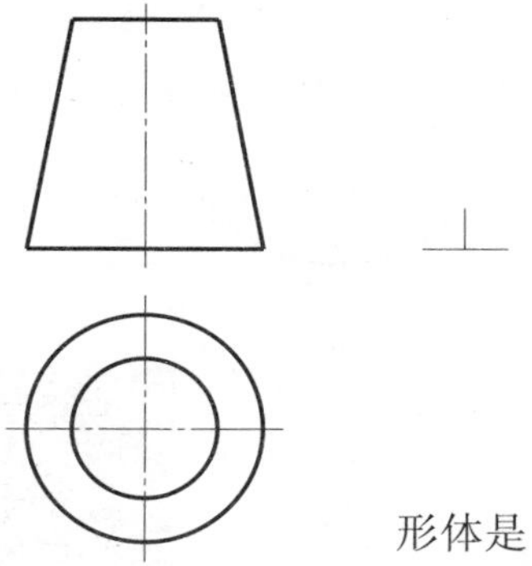

形体是 ________

（5）

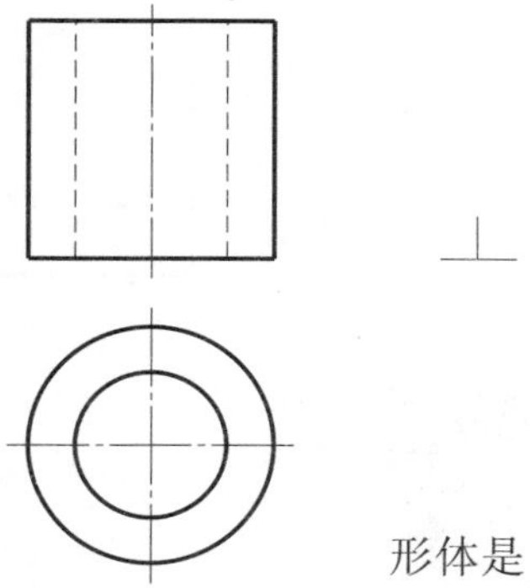

形体是 ________

（6）

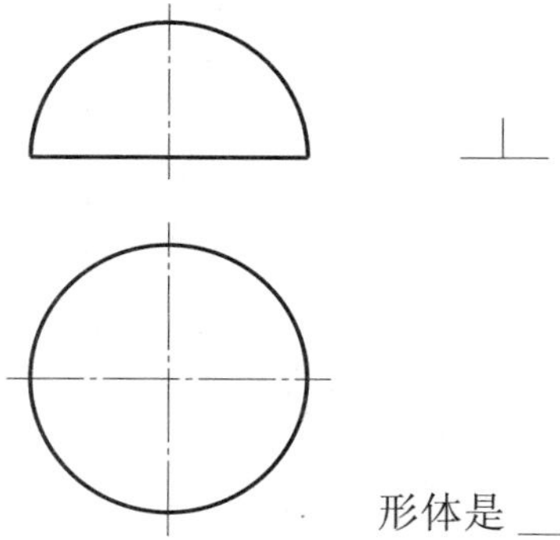

形体是 ________

专业：　　　　班级：　　　　姓名：　　　　学号：

习题 5－2　补全立体表面点的投影

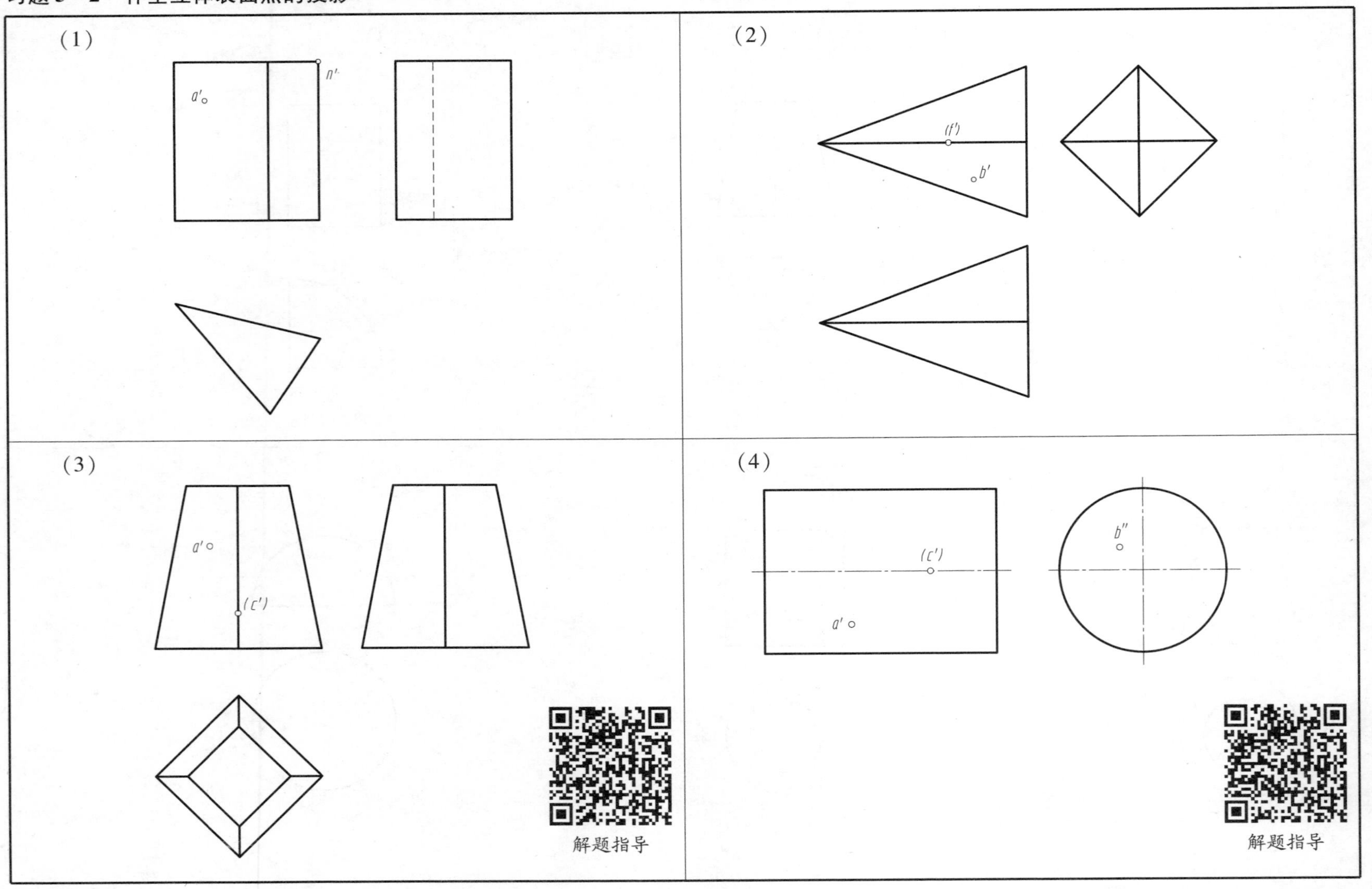

专业：　　　　　　班级：　　　　　　姓名：　　　　　　学号：

习题 5－3　补全立体表面点的投影

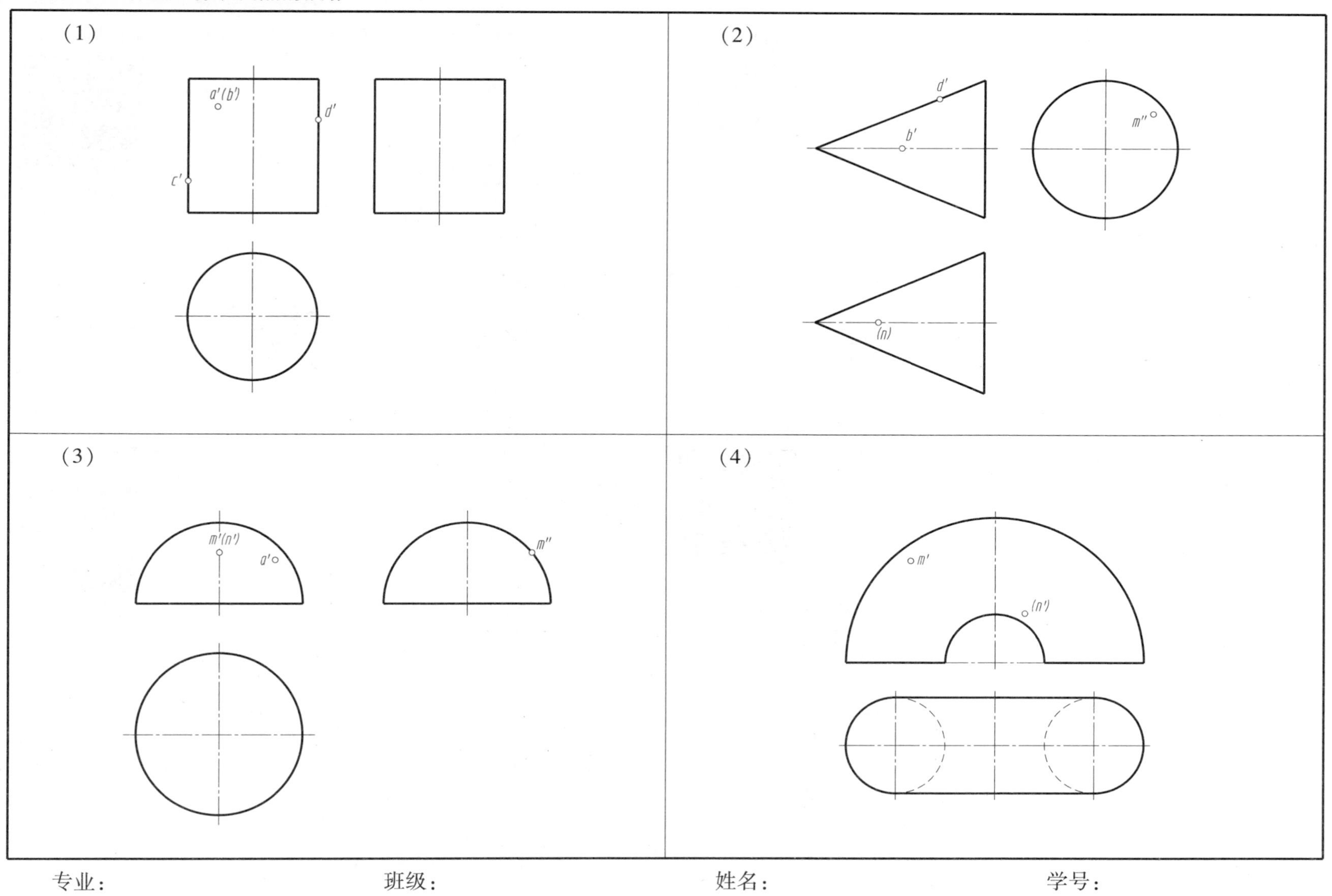

专业：　　　　　　班级：　　　　　　姓名：　　　　　　学号：

习题 5－4　平面与立体相交

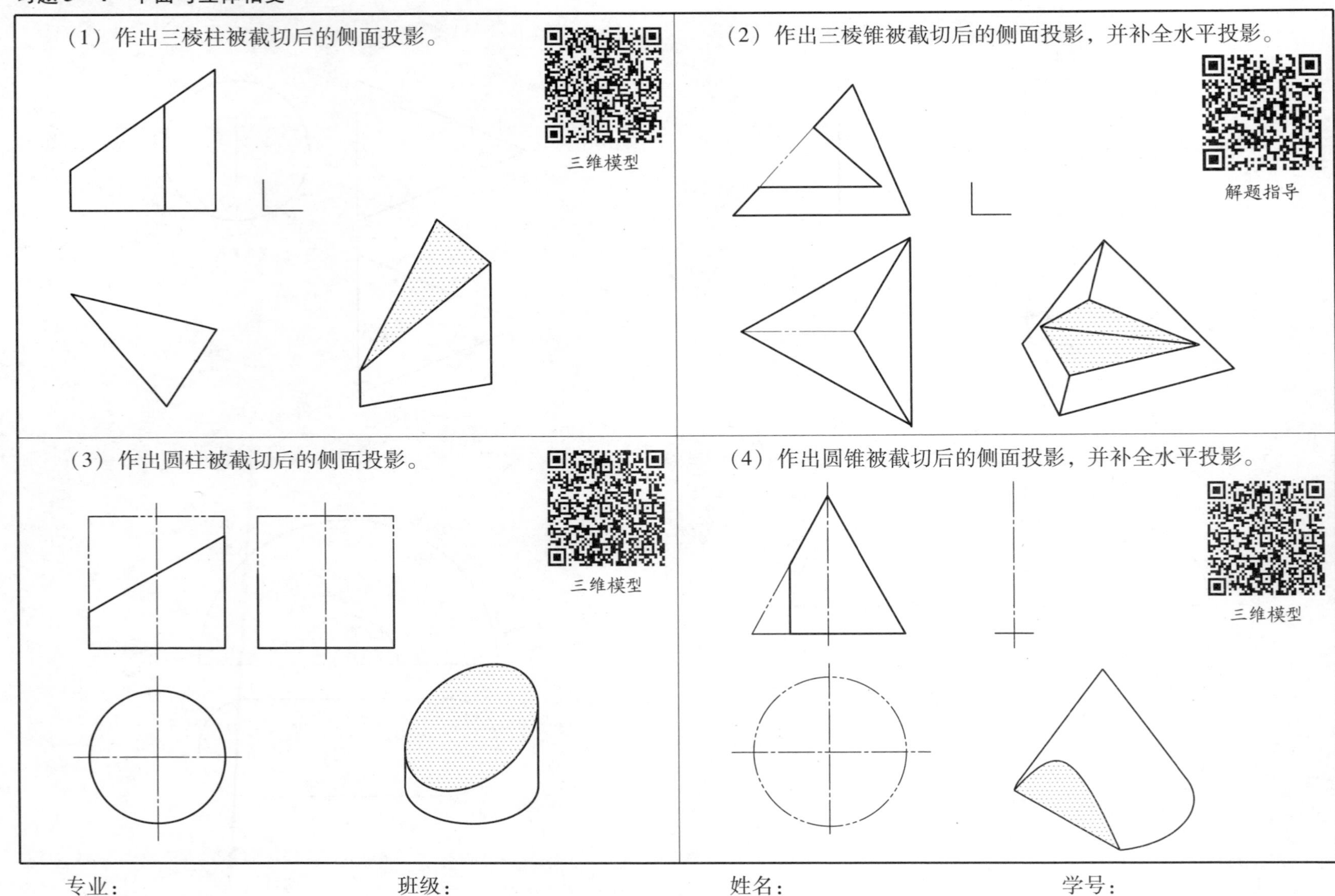

习题5－5　平面与立体相交

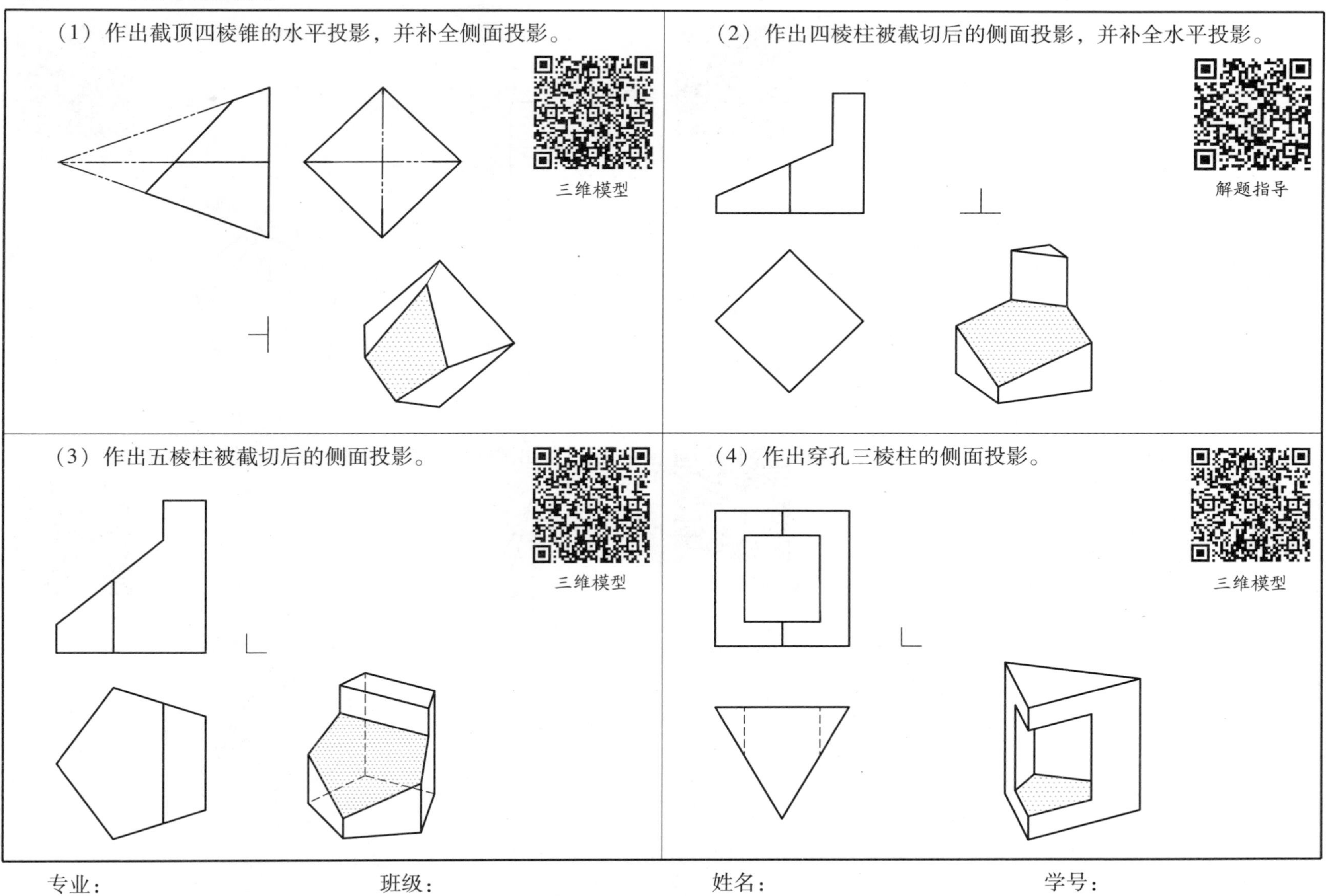

专业：　　　　班级：　　　　姓名：　　　　学号：

习题 5－6　平面与立体相交

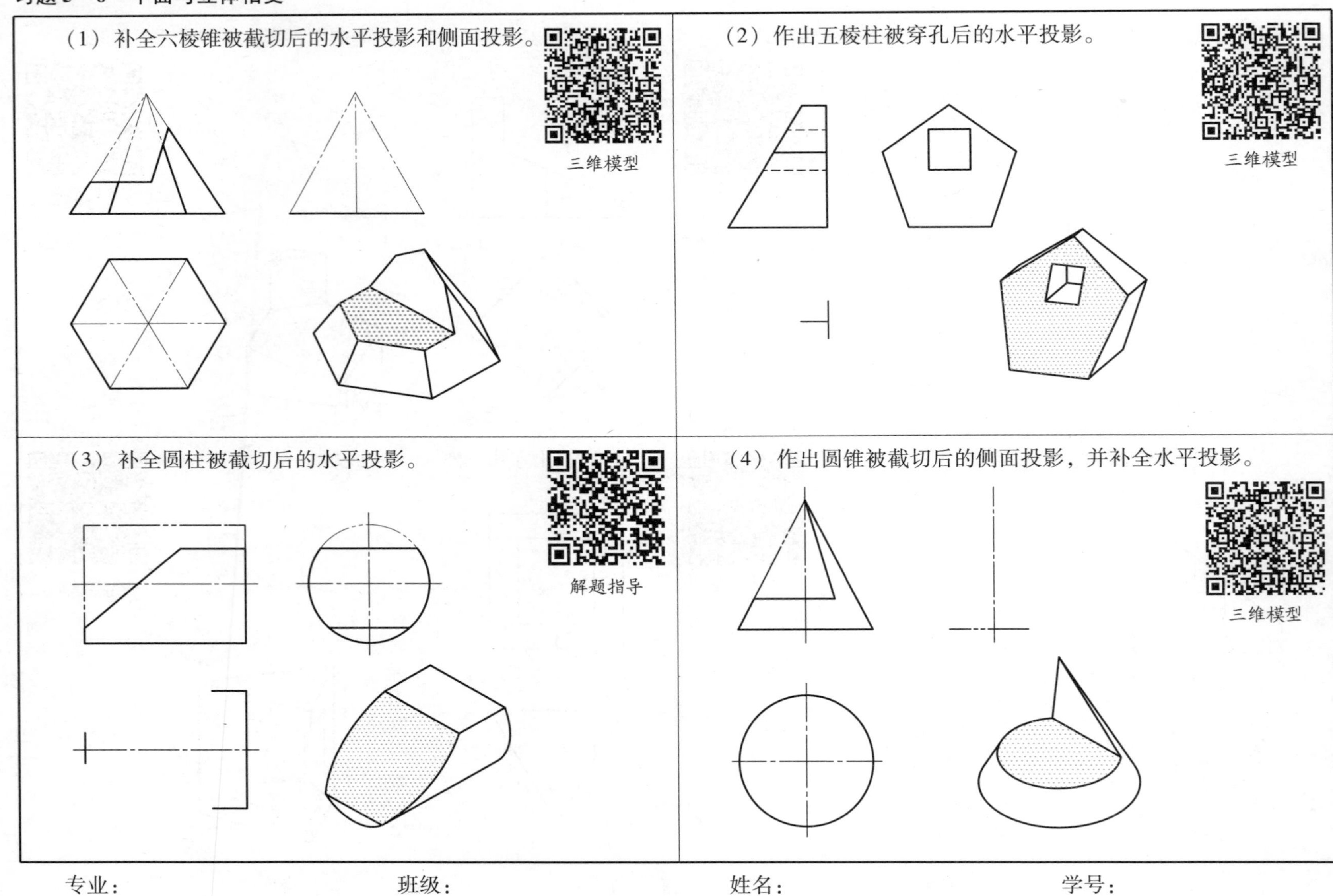

习题 5－7　平面与立体相交

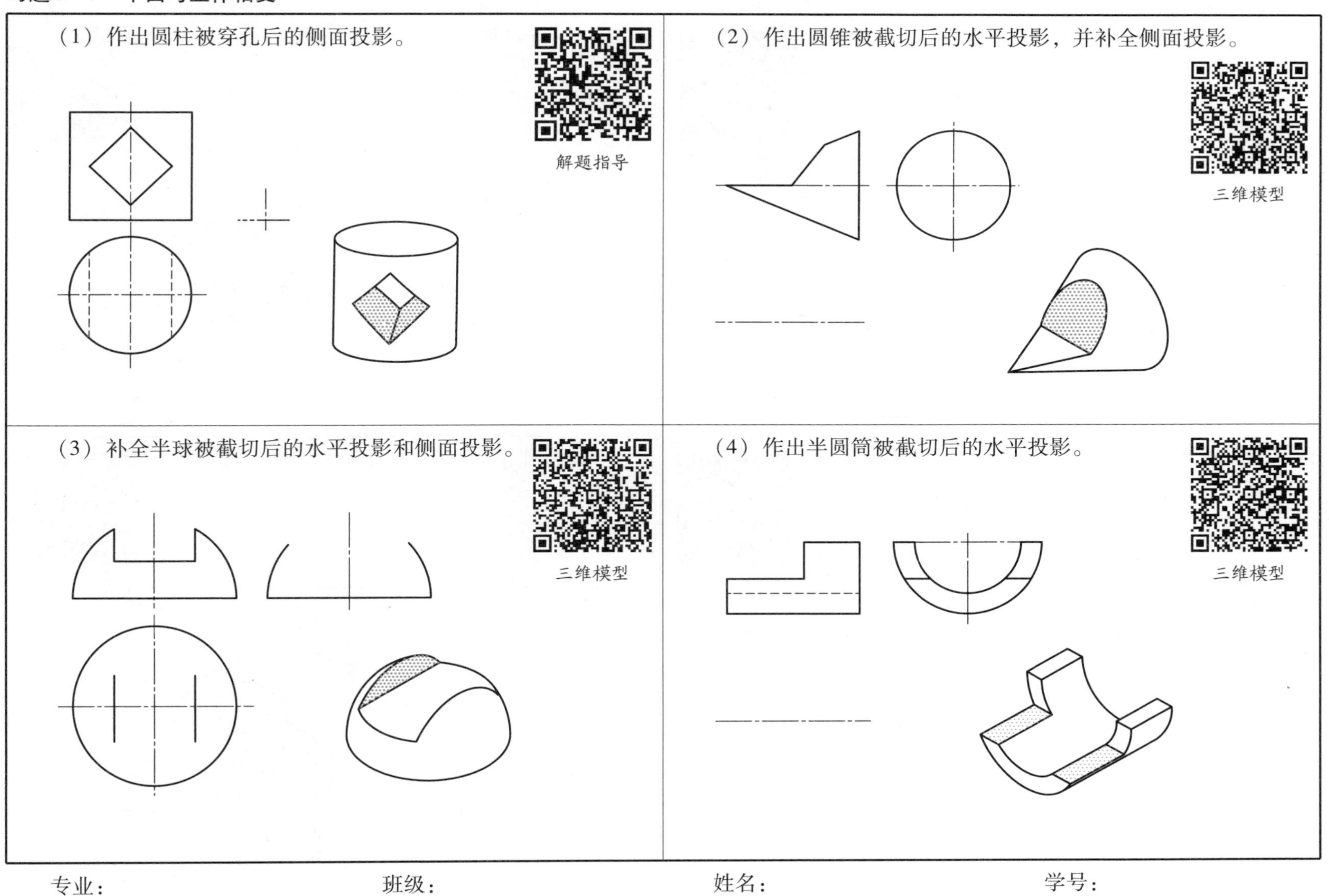

专业：　　　　　　班级：　　　　　　姓名：　　　　　　学号：

习题 5-8　平面与立体相交

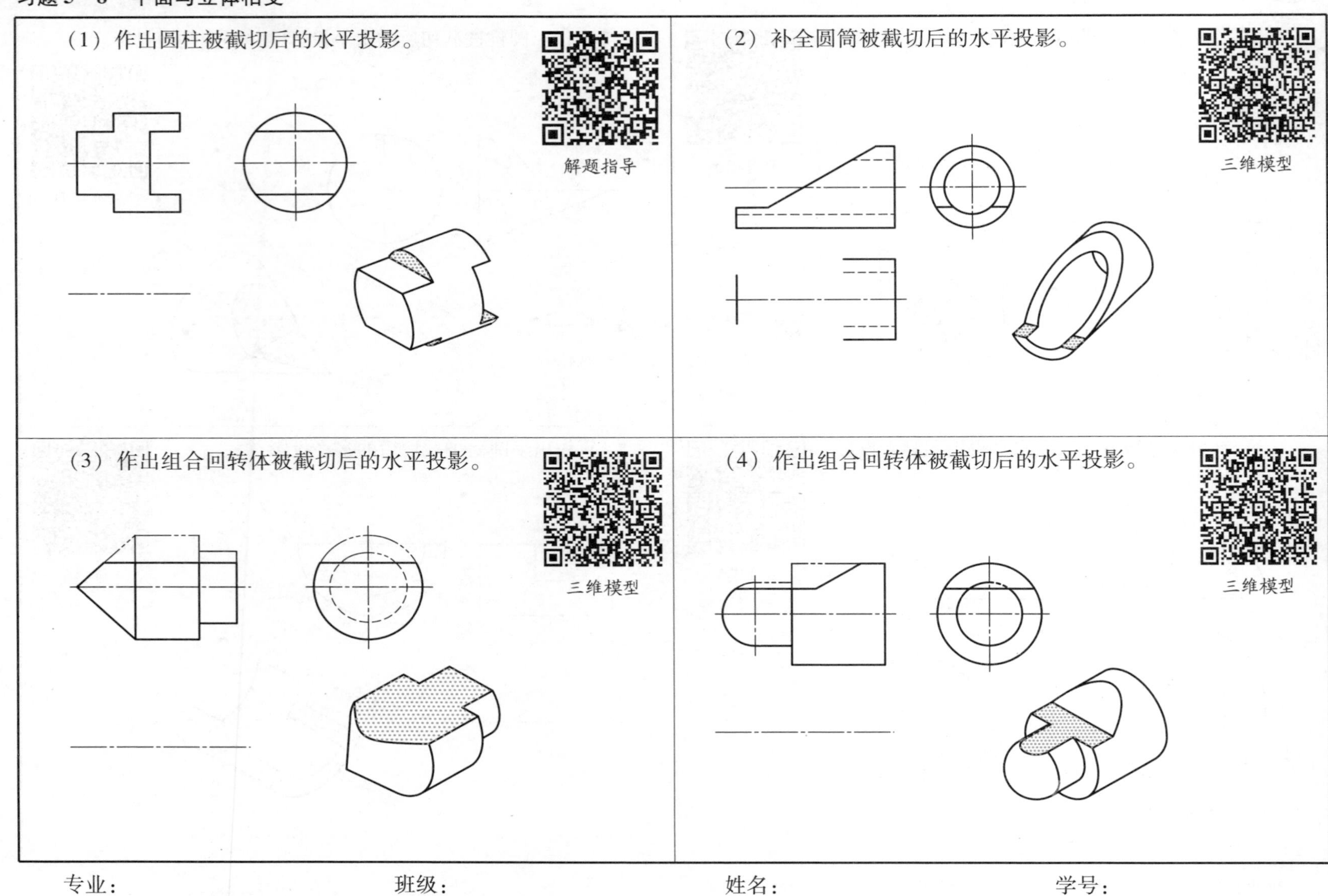

专业：　　　　班级：　　　　姓名：　　　　学号：

习题 5－9　两曲面立体相交：用简化画法补全相贯线的投影

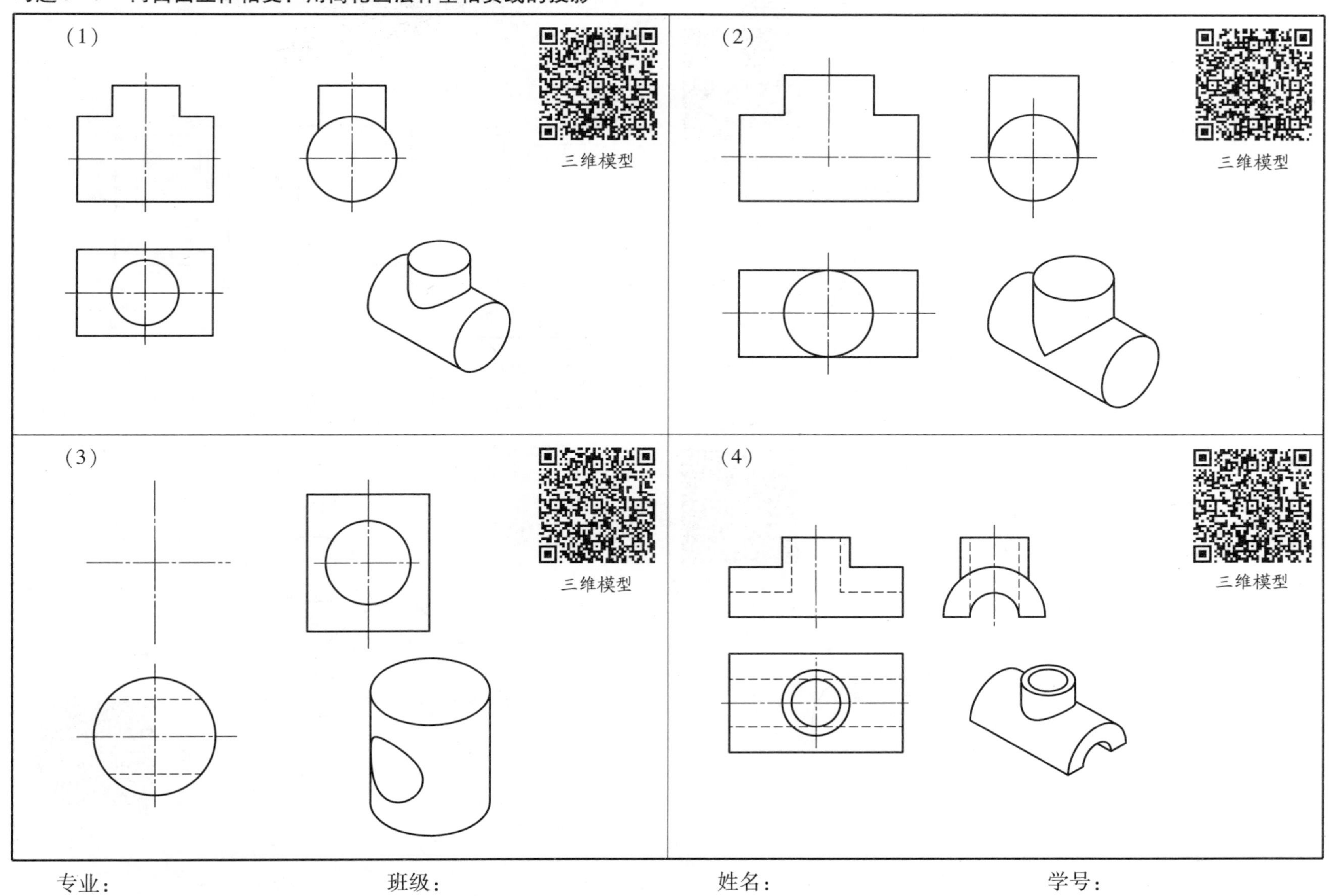

专业：　　　　　班级：　　　　　姓名：　　　　　学号：

习题 5－10　两曲面立体相交：用简化画法补全相贯线的投影

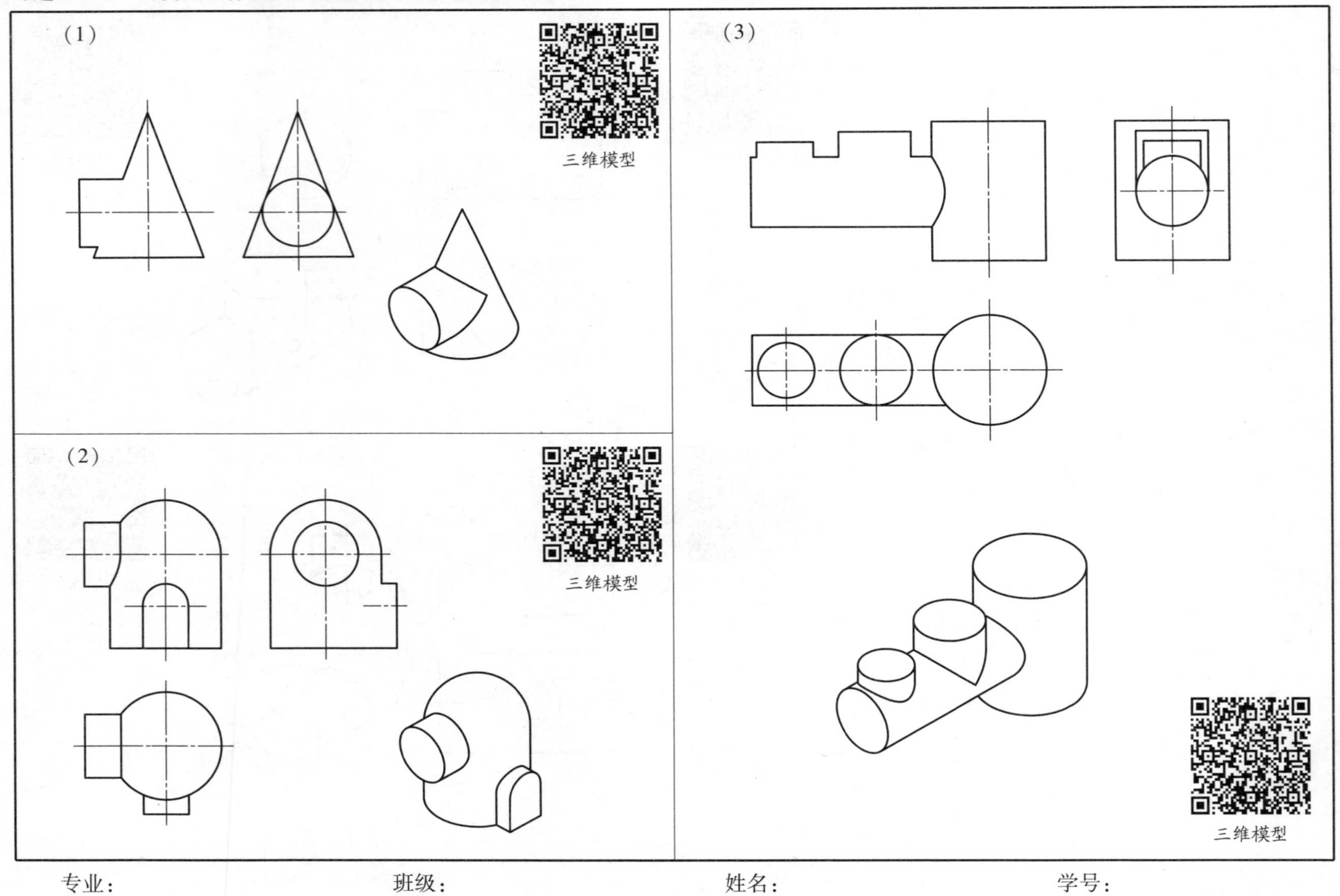

专业：　　班级：　　姓名：　　学号：

习题 5－11　选择正确的左视图，在（　）内打“√”

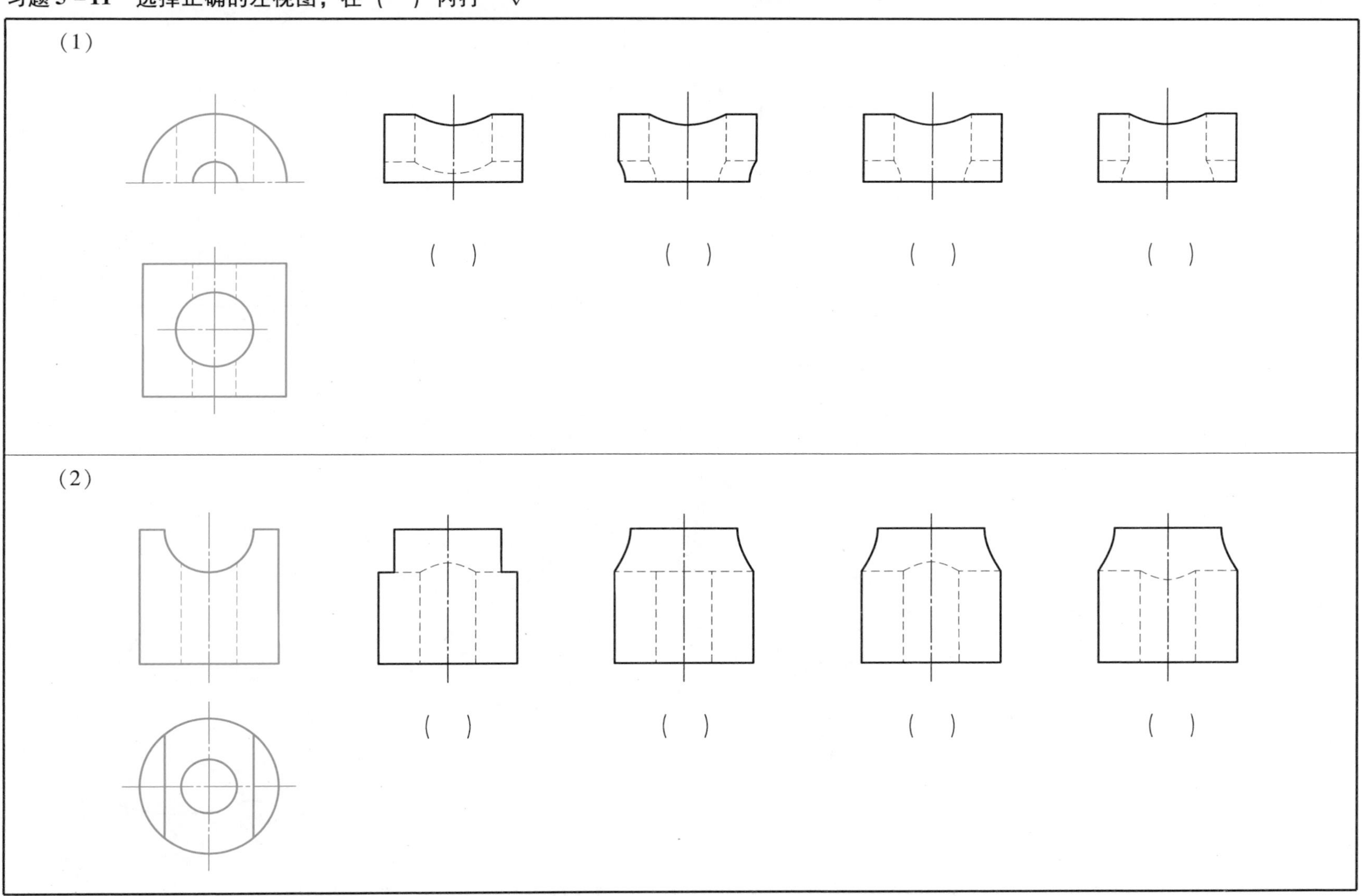

专业：　　　　班级：　　　　姓名：　　　　学号：

习题 5－12　两曲面立体相交：准确求出相贯线的投影，保留作图线

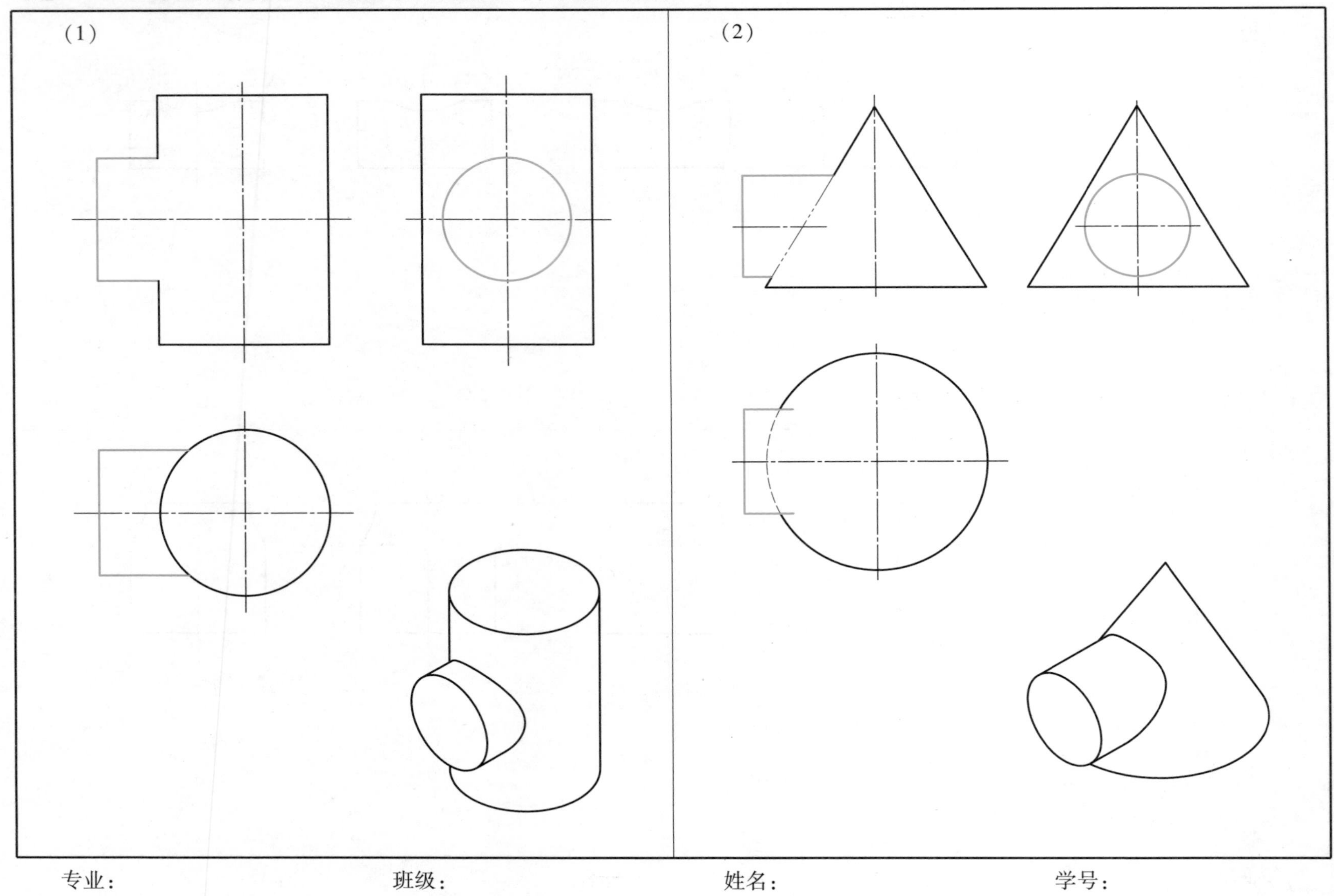

专业：　　　　　　班级：　　　　　　姓名：　　　　　　学号：

第 6 章　组合体的视图

一、内容概要

1. 目的要求

本章以组合体为对象，研究其三视图的画法、看图方法和尺寸标注方法。遵循三视图投影规律，借助形体分析的概念与方法，将复杂的组合体结构分析成若干简单形体来处理它们的三视图绘制、阅读以及尺寸标注，从而使这些复杂的工作简单化。同时，引入线面分析方法，对于形体分析特征不是很明显的物体，通过分析视图上的图线和封闭线框可能代表的含义构思物体的空间形状。尺寸标注用于表示物体结构的大小，国家标准《机械制图》中的相关规定要得到贯彻。通过绘制和阅读组合体视图的训练，将使以前各章节知识内容获得应用，同时也为学习后续课程及将来绘制零件图打下基础。这种承上启下的作用，决定了本章内容的重要性。要求学生：

（1）熟练掌握形体分析的概念，了解组合体的组合形式及其投影特征，并能在画组合体视图、看组合体视图及组合体视图的尺寸标注中熟练应用形体分析的方法。

（2）熟练运用三视图投影规律，掌握画组合体视图的步骤和方法。

（3）要求能够完整、正确、清晰地标注组合体的尺寸。

（4）在看组合体视图过程中，以形体分析为主，结合线面分析，将复杂的组合体简化，逐步想象出整个组合体的形状。

2. 重点难点

（1）用形体分析法画组合体三视图。

（2）用形体分析法和线面分析法看组合体视图。

（3）按国家标准正确、完整、清晰地标注组合体尺寸。

二、题目类型

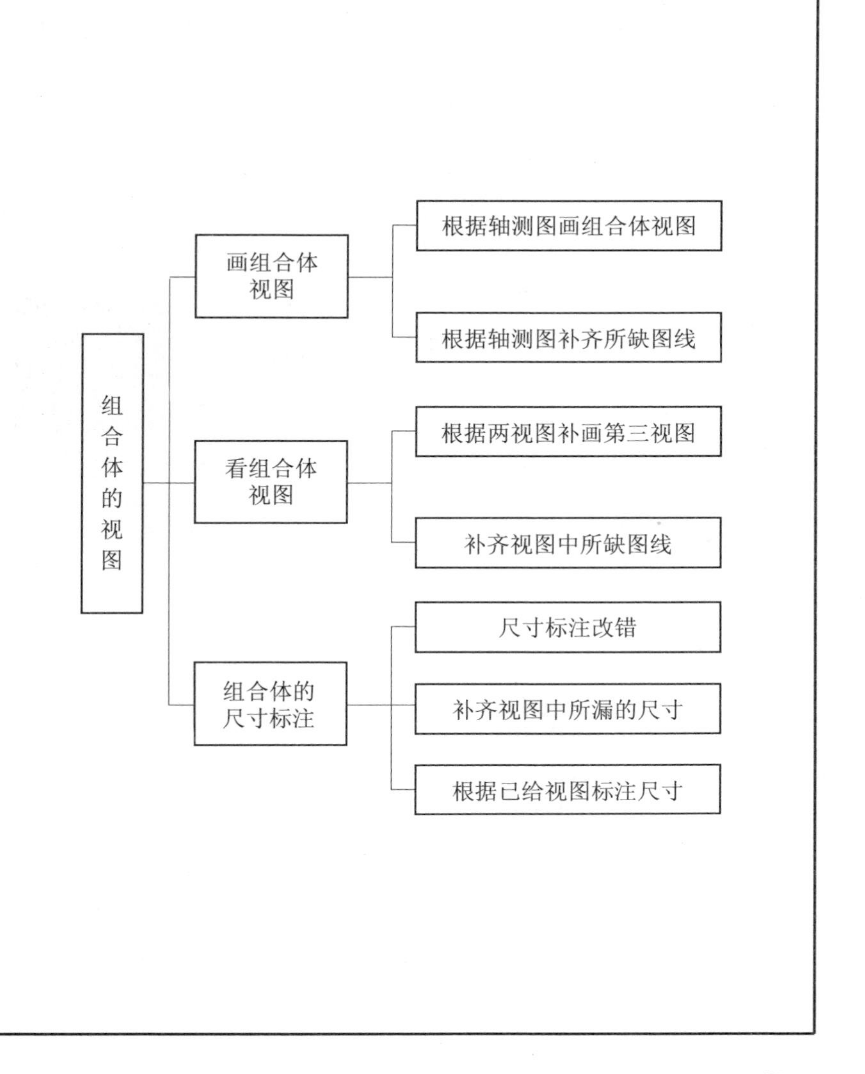

三、示例及解题方法　例 6－1　根据轴测图画组合体视图示例

题目　根据已给视图，补画主视图。

形体分析　此题应将物体分解成一些基本体，然后逐个画出各基本体视图。物体由两相贯空心圆筒、水平板、竖板组成。

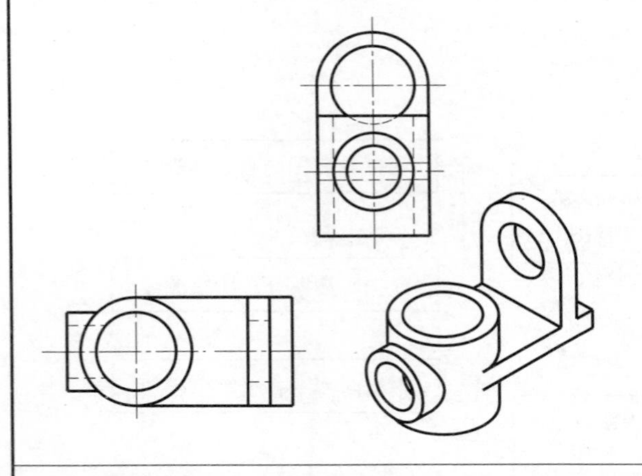

三维模型

解题步骤 1　补画两空心圆柱主视图。

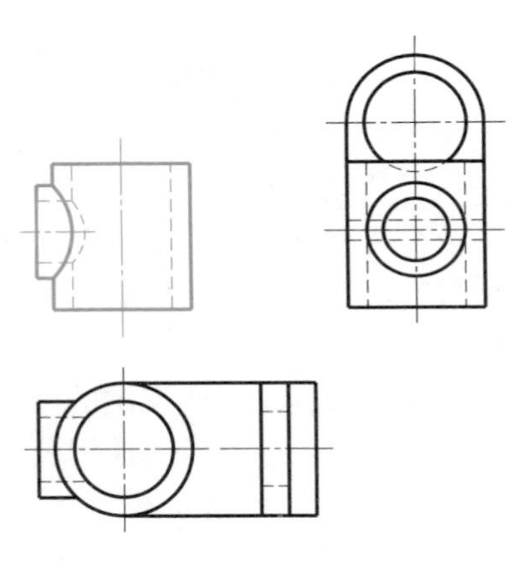

解题步骤 2　补画水平板主视图，注意相切处画法。

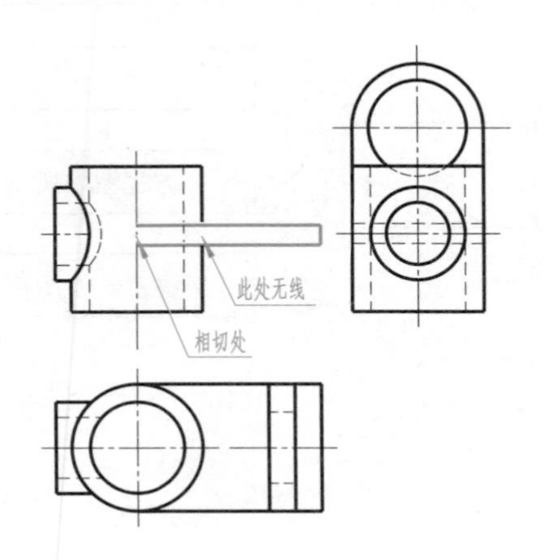

解题步骤 3　补画竖板主视图，注意水平板的侧面和竖板的侧面共面，两板分界处无线。

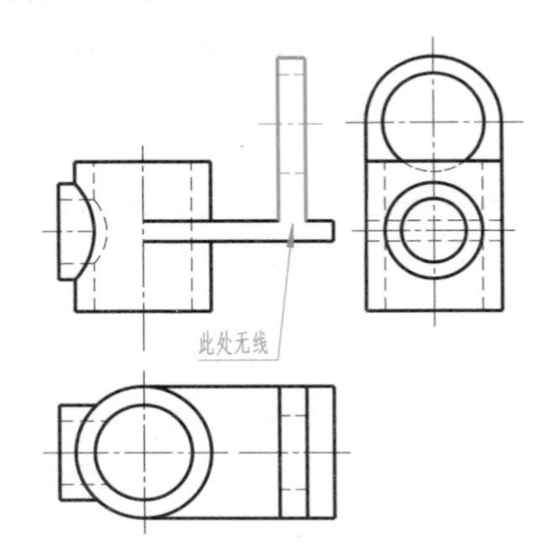

例 6－2　补齐视图中所缺的图线示例

题目　补齐视图中所缺的图线。

形体分析　为防止错画、漏画，应进行形体分析。物体由空心圆柱和底板两部分组成，底板前面与圆柱相切。

三维模型

解题步骤 1　分析圆柱视图，补画所漏图线。

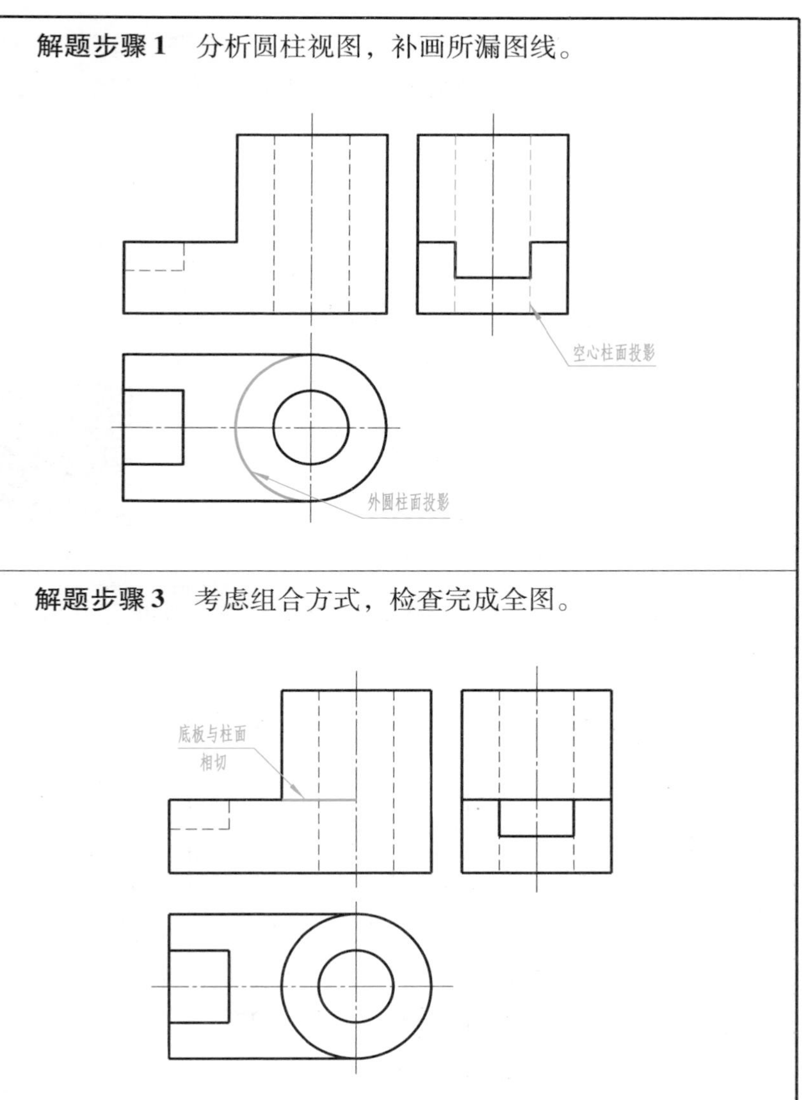

解题步骤 2　分析底板视图，补画所漏图线。

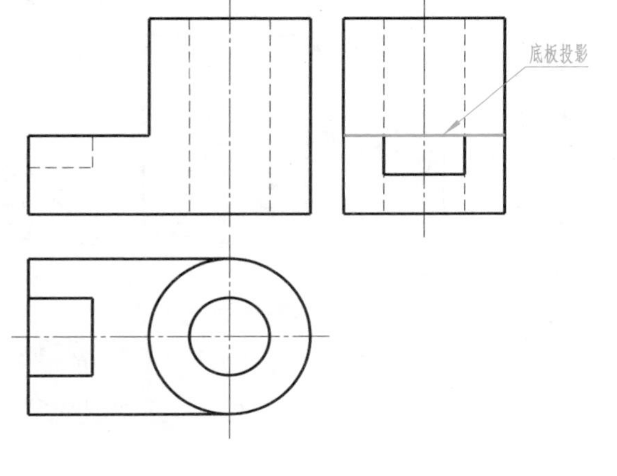

解题步骤 3　考虑组合方式，检查完成全图。

例 6-3　根据两视图补画第三视图示例

题目　根据两视图想象出零件形状，并补画另一视图。

形体分析　该组合体是由半圆柱经切割而成的，应按形体分析的步骤画出各部分截交线的投影并完成左视图。

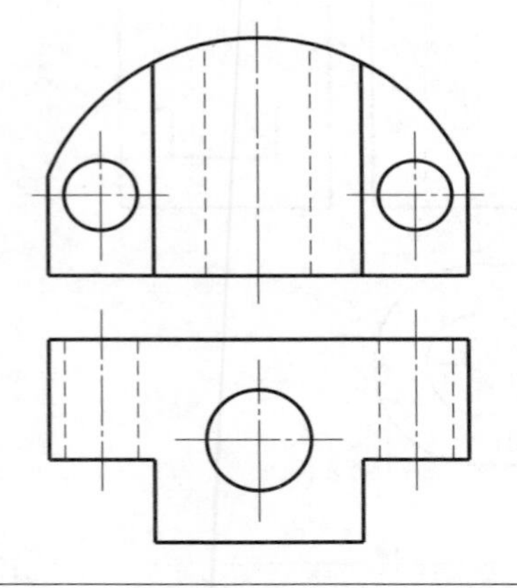

三维模型

解题步骤 1　画出被两个侧平面切割的半圆柱的左视图。

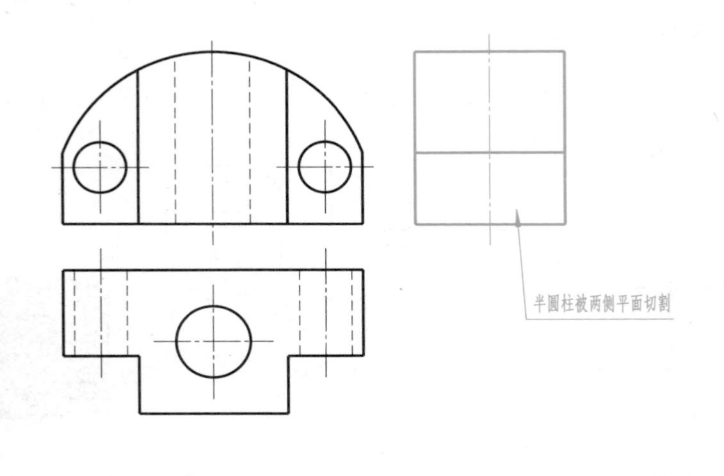

解题步骤 2　在半圆柱左前、右前方切割，作出截交线的左视图。

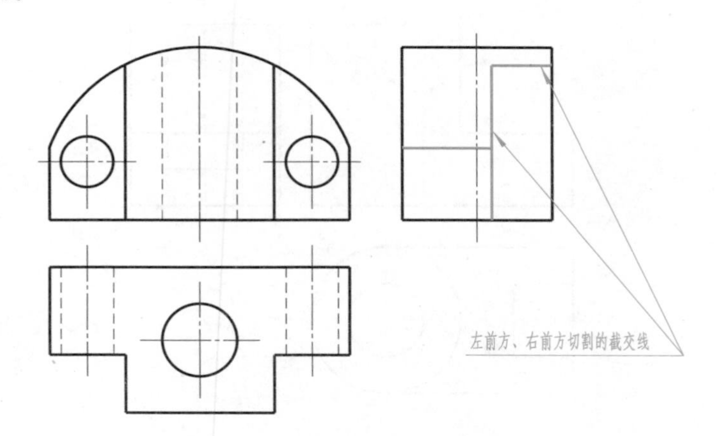

解题步骤 3　在半圆柱上穿孔，完成左视图。

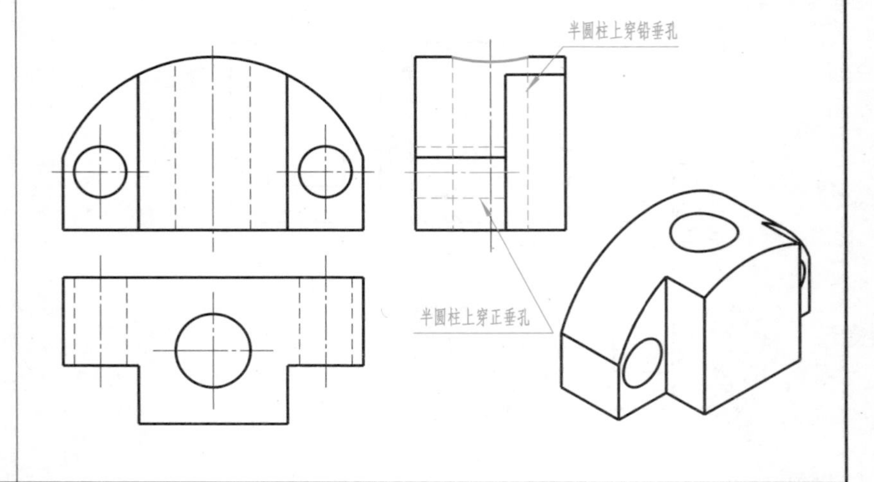

例 6 - 4　根据已给视图标注尺寸示例

题目　由视图想出零件形状，并标注尺寸，尺寸值从图上量取。

形体分析　该组合体由圆柱、长圆柱及连接板组成。

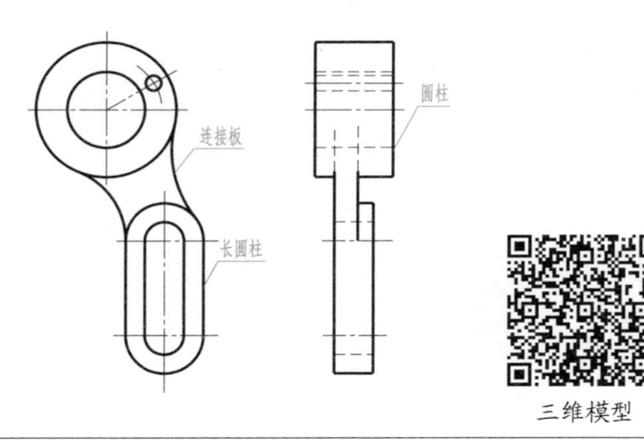

三维模型

解题步骤 1　标注圆柱尺寸。

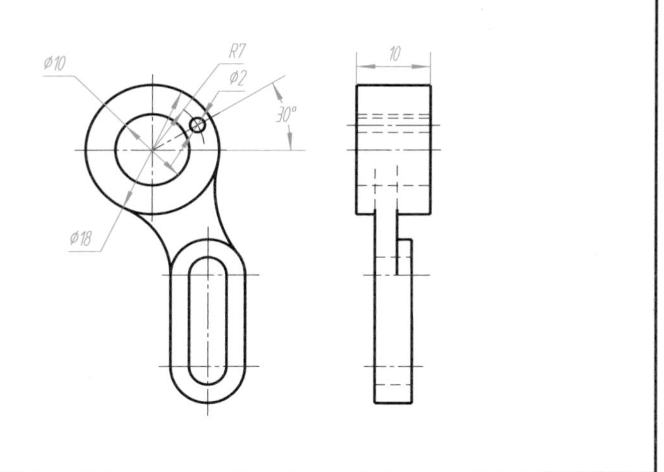

解题步骤 2　标注长圆柱及连接板尺寸。

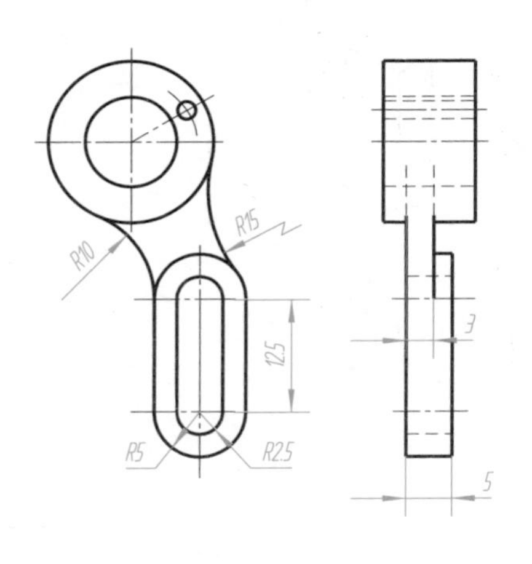

解题步骤 3　标注各基本形体的定位尺寸，完成全部标注。

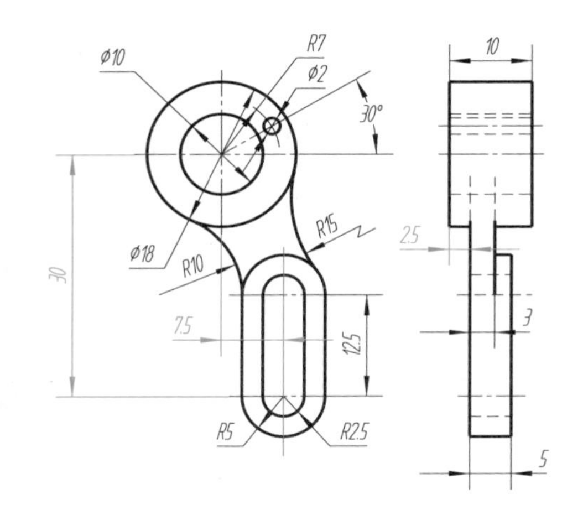

四、习题　习题 **6－1**　根据轴测图按 **1∶1** 比例画出三视图，不注尺寸

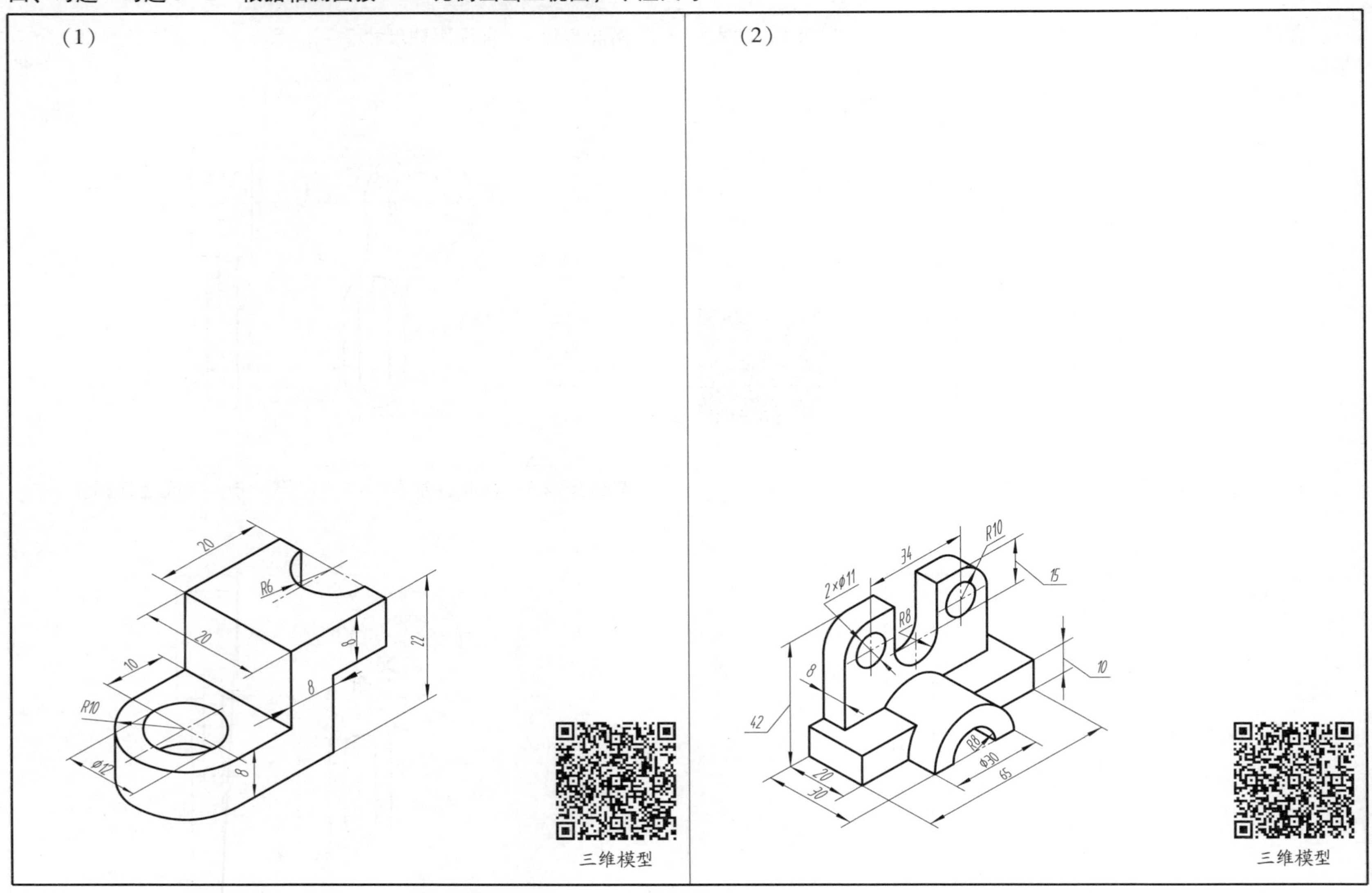

专业：　　班级：　　姓名：　　学号：

习题 6－2　根据轴测图按 1∶1 比例画出三视图，不注尺寸

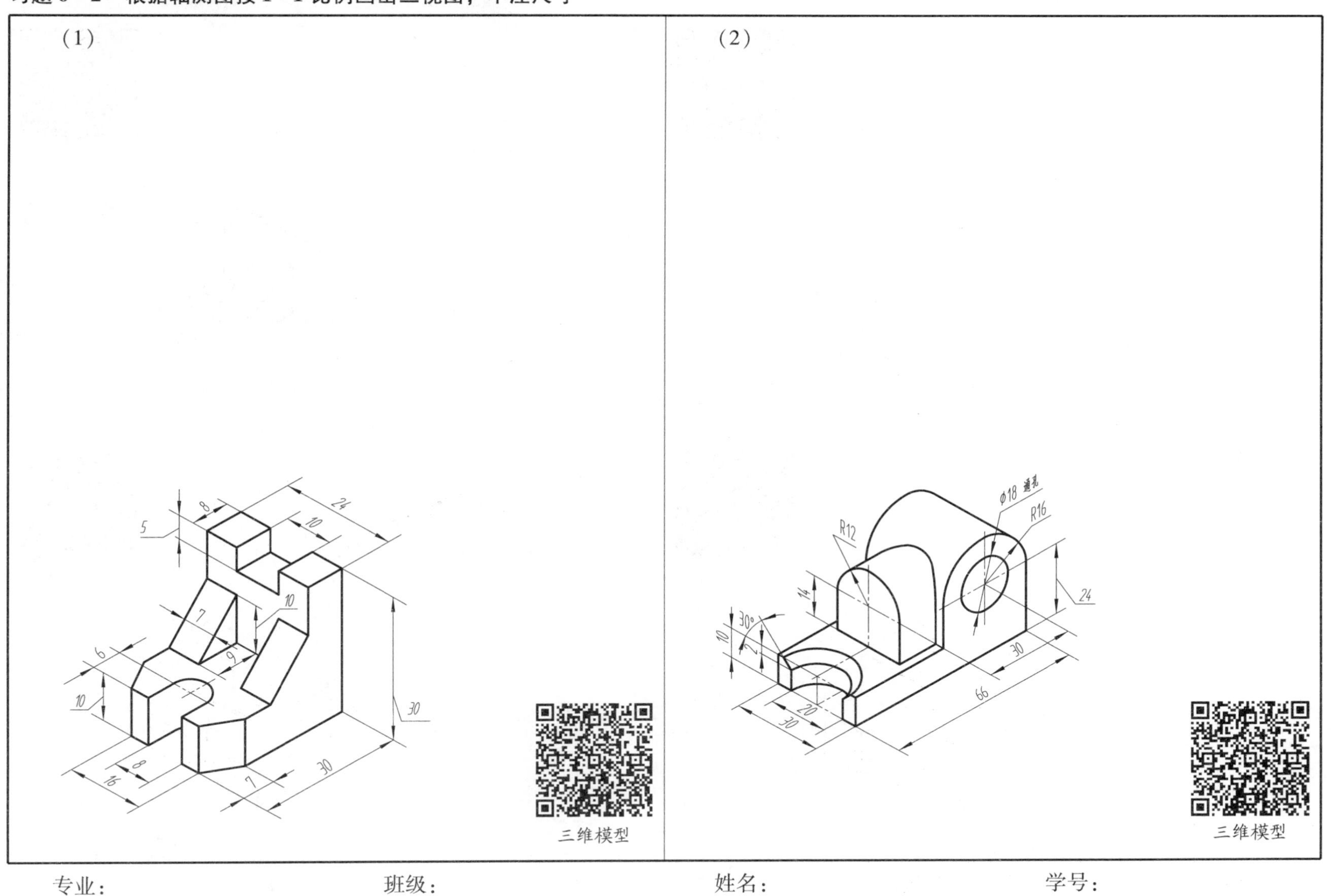

专业：　　班级：　　姓名：　　学号：

习题 6－3 根据轴测图画组合体三视图

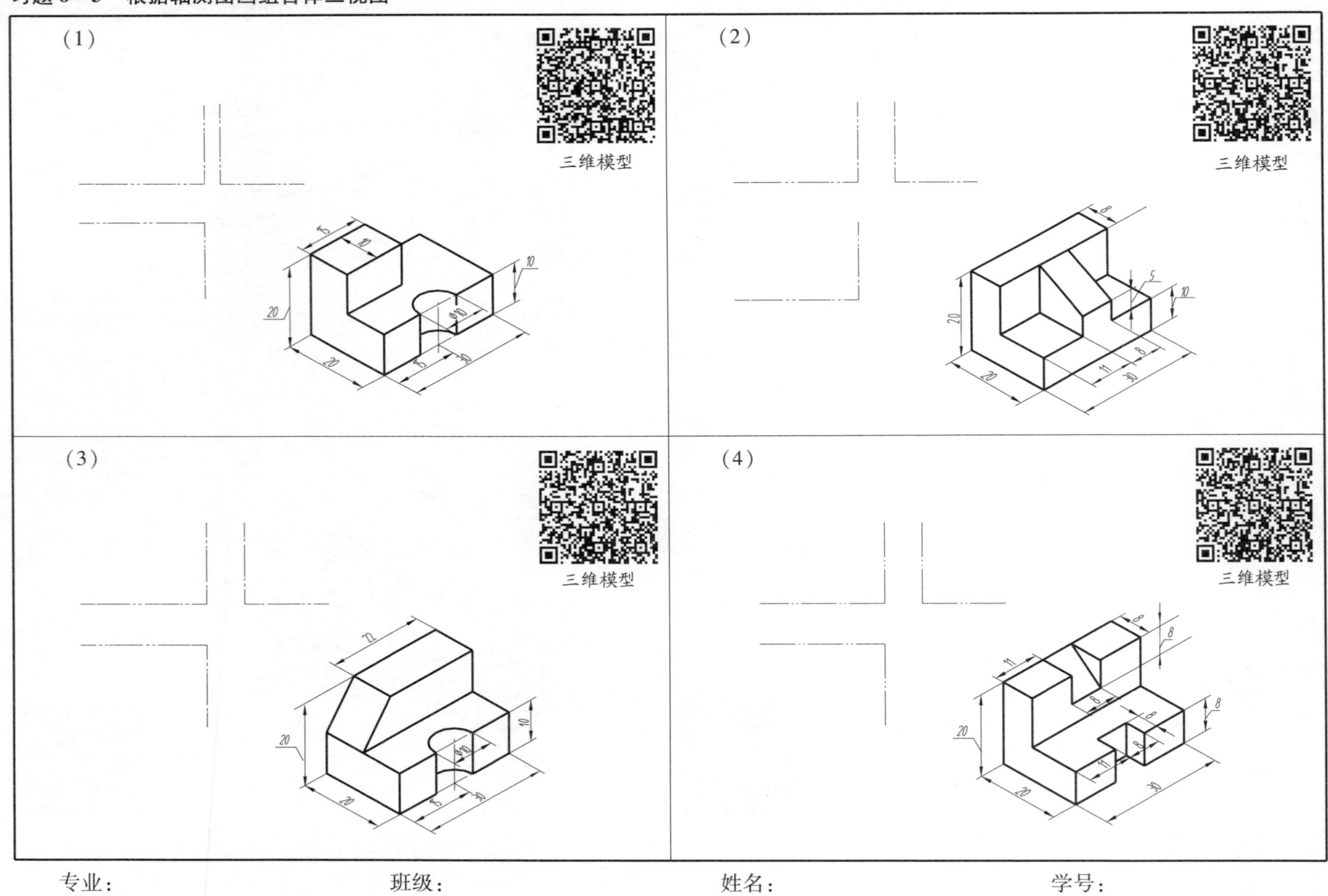

专业： 班级： 姓名： 学号：

习题 6-4　判别图中指定线框的相对位置，在（　）内将对应的字打“√”

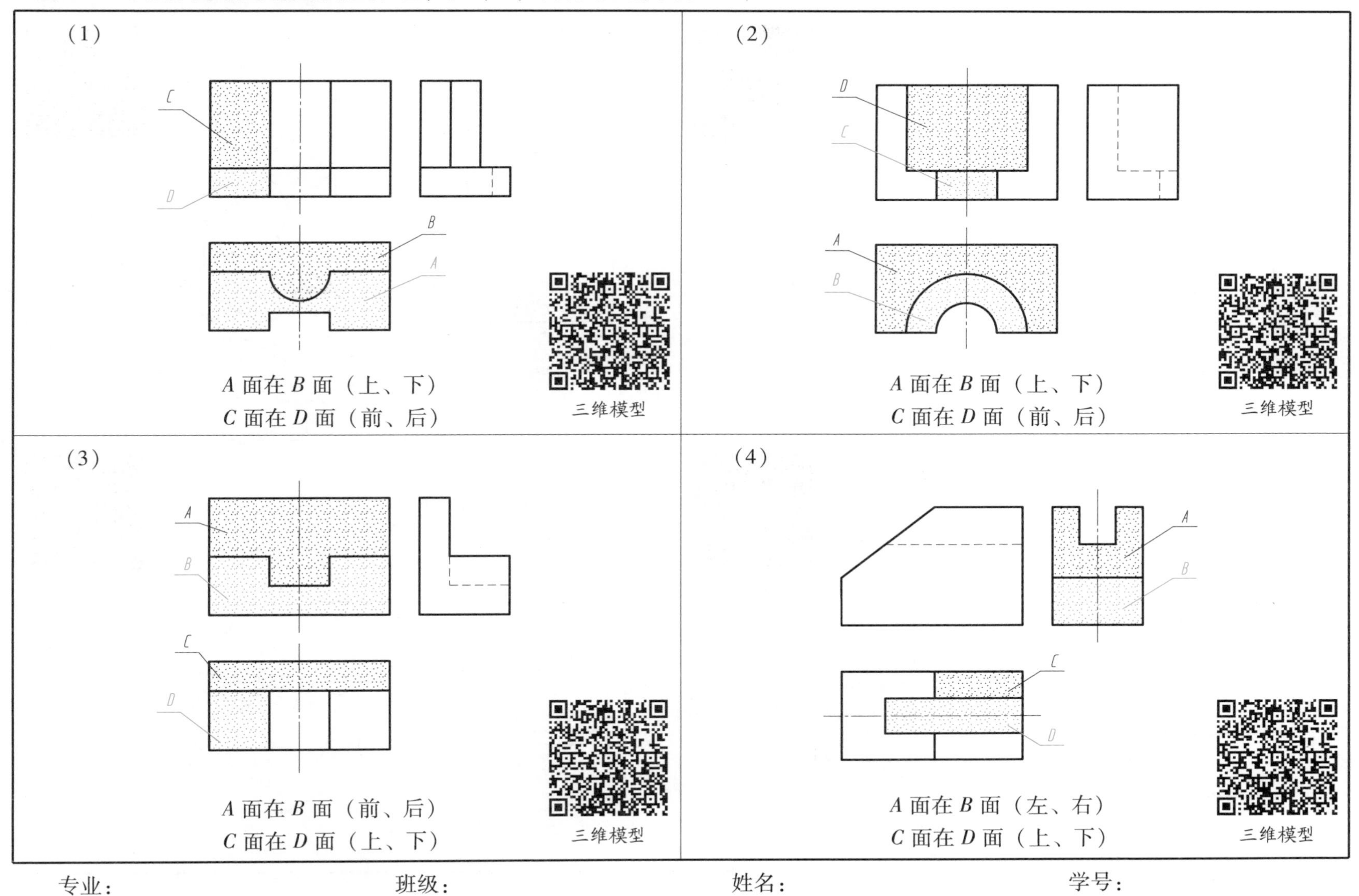

专业：　　　　　　班级：　　　　　　姓名：　　　　　　学号：

习题 **6－5** 根据轴测图补齐视图中所缺的线条

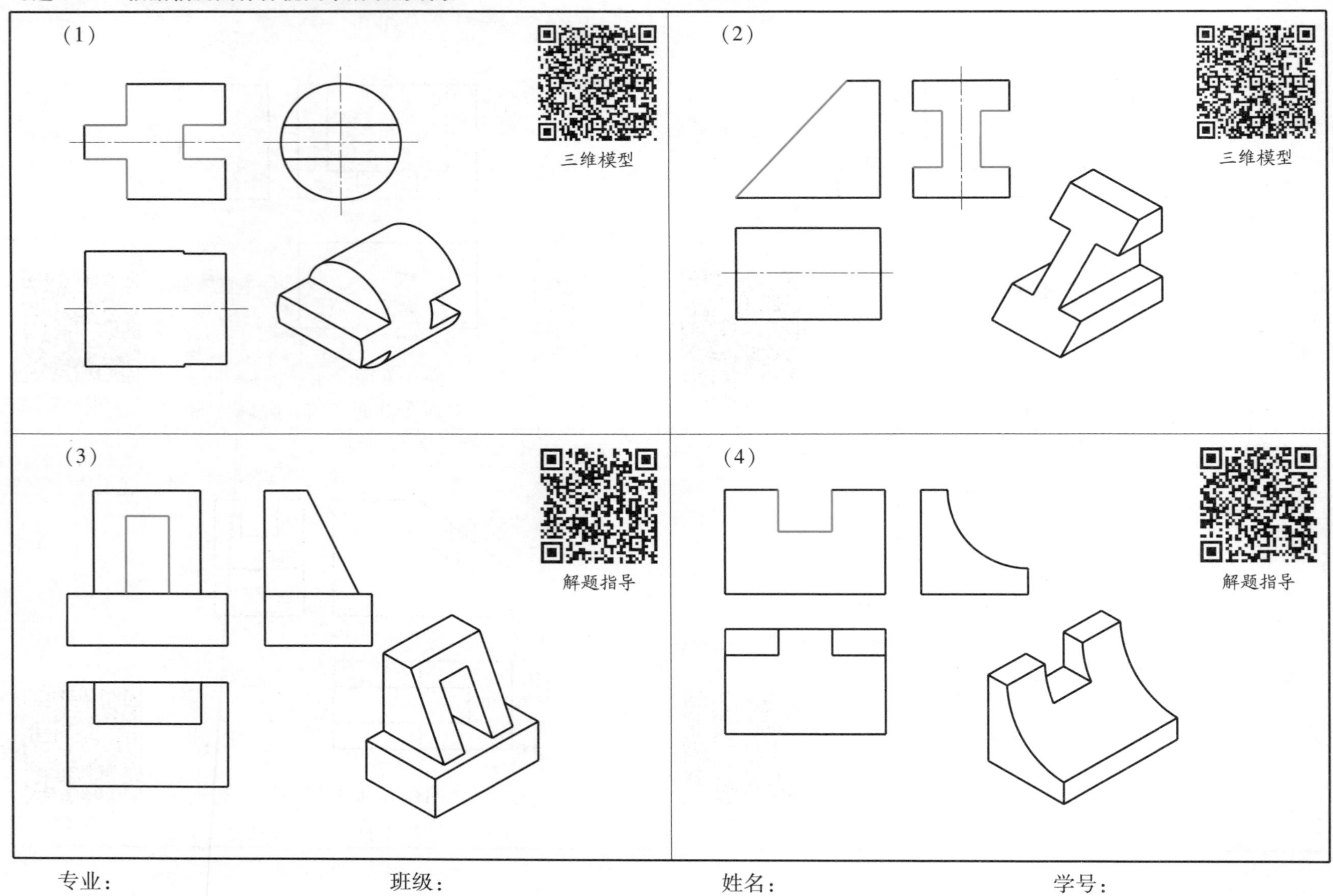

专业： 班级： 姓名： 学号：

习题 6－6　根据轴测图补齐视图中所缺的线条

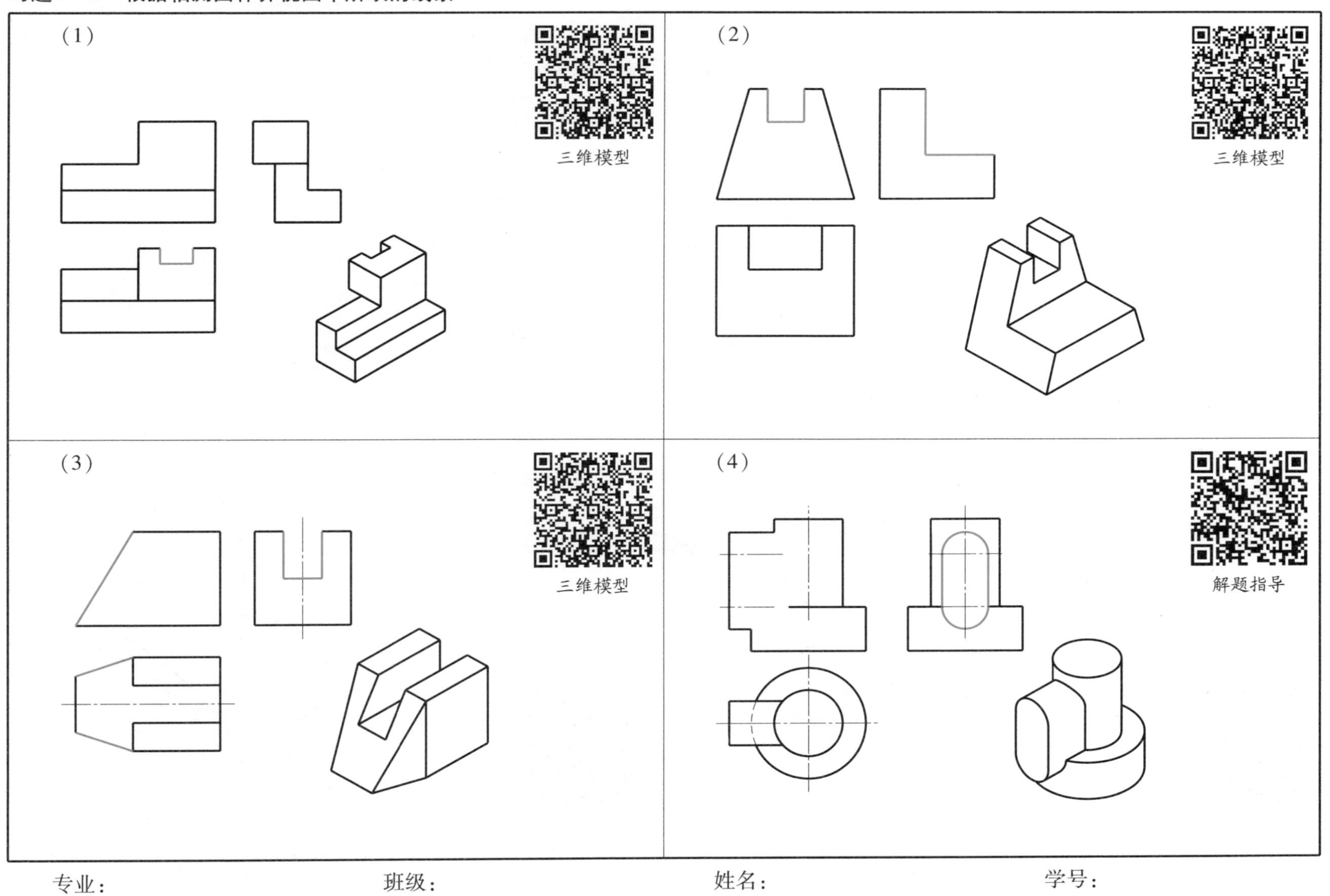

专业：　　班级：　　姓名：　　学号：

习题 6－7　由轴测图画三视图

（1）由已知轴测图完成三视图。

（2）由轴测图和主视图，完成俯、左视图（宽度方向尺寸在轴测图上按 1∶1 量取）。

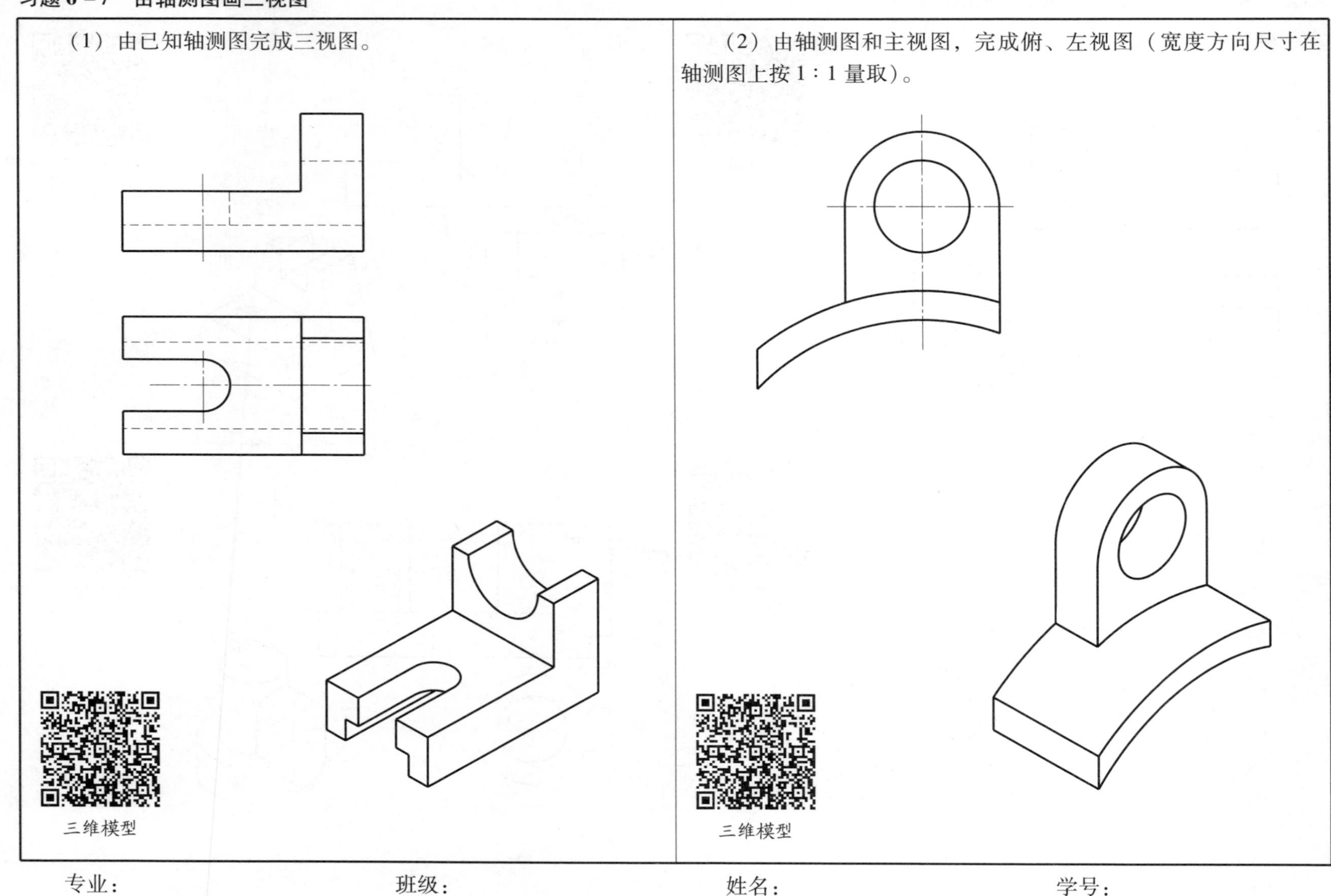

专业：　　　　班级：　　　　姓名：　　　　学号：

习题 6－8　由轴测图画三视图

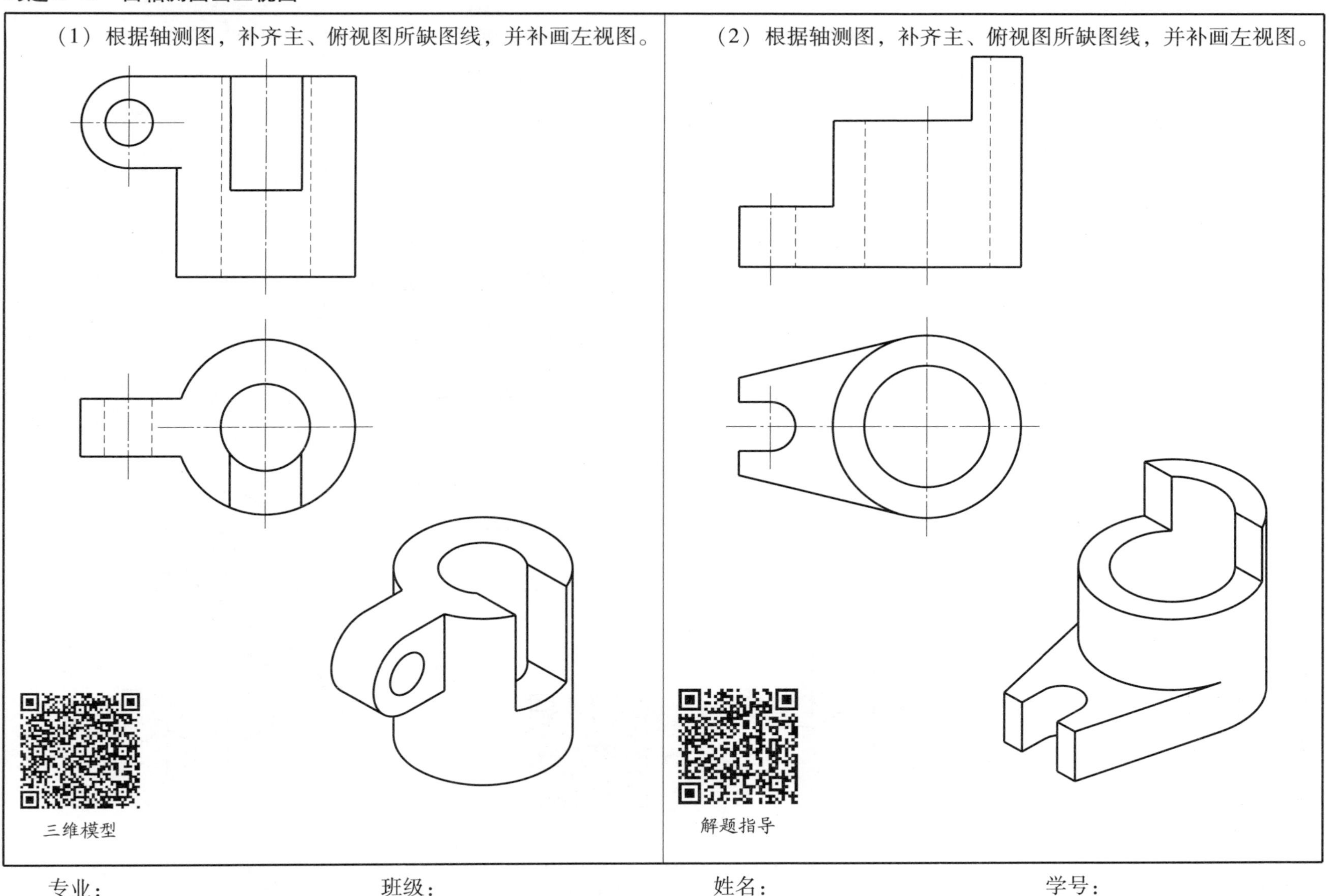

专业：　　班级：　　姓名：　　学号：

习题 6 – 9　由轴测图画三视图

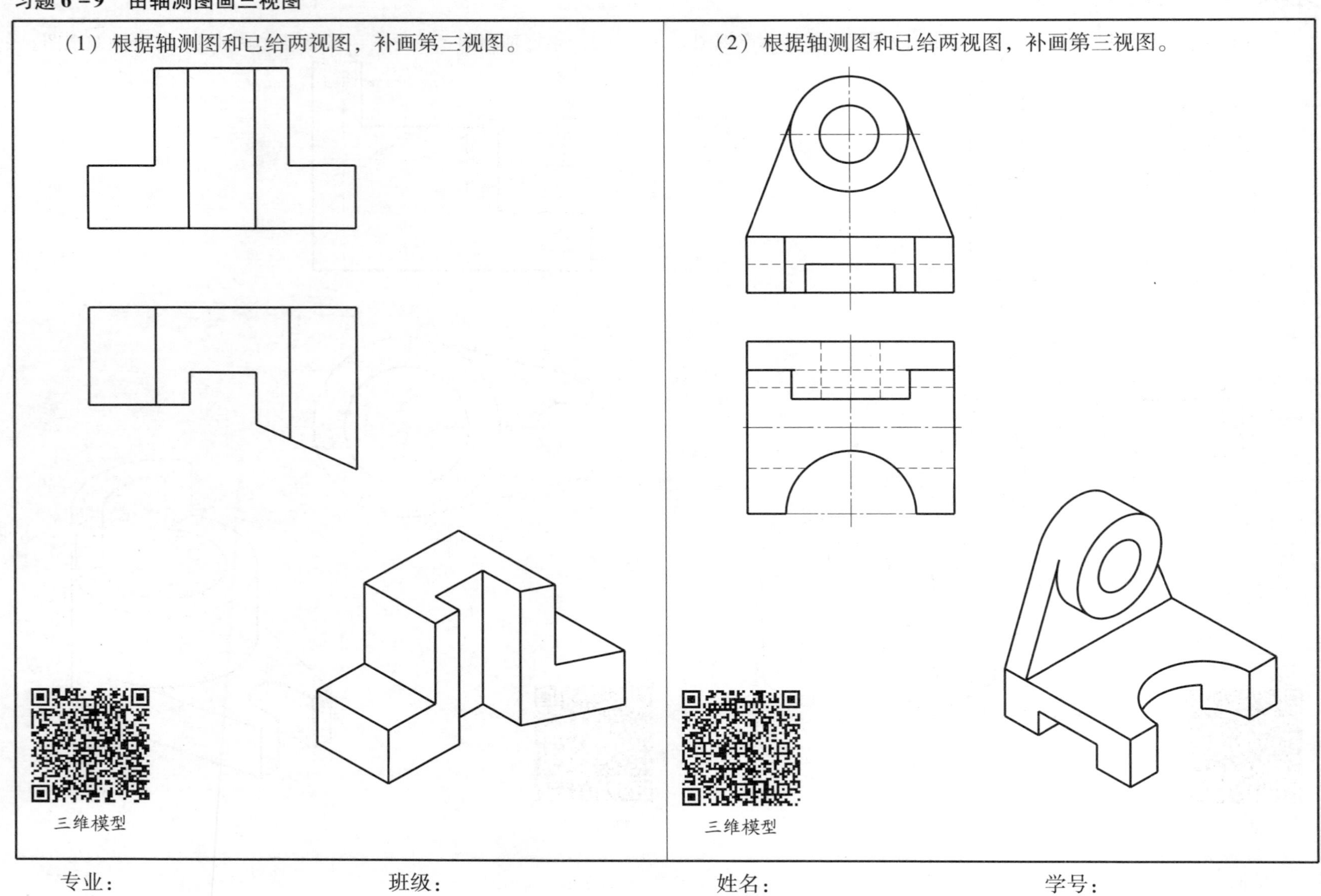

专业：　　　　班级：　　　　姓名：　　　　学号：

习题 6 – 10　由轴测图画三视图

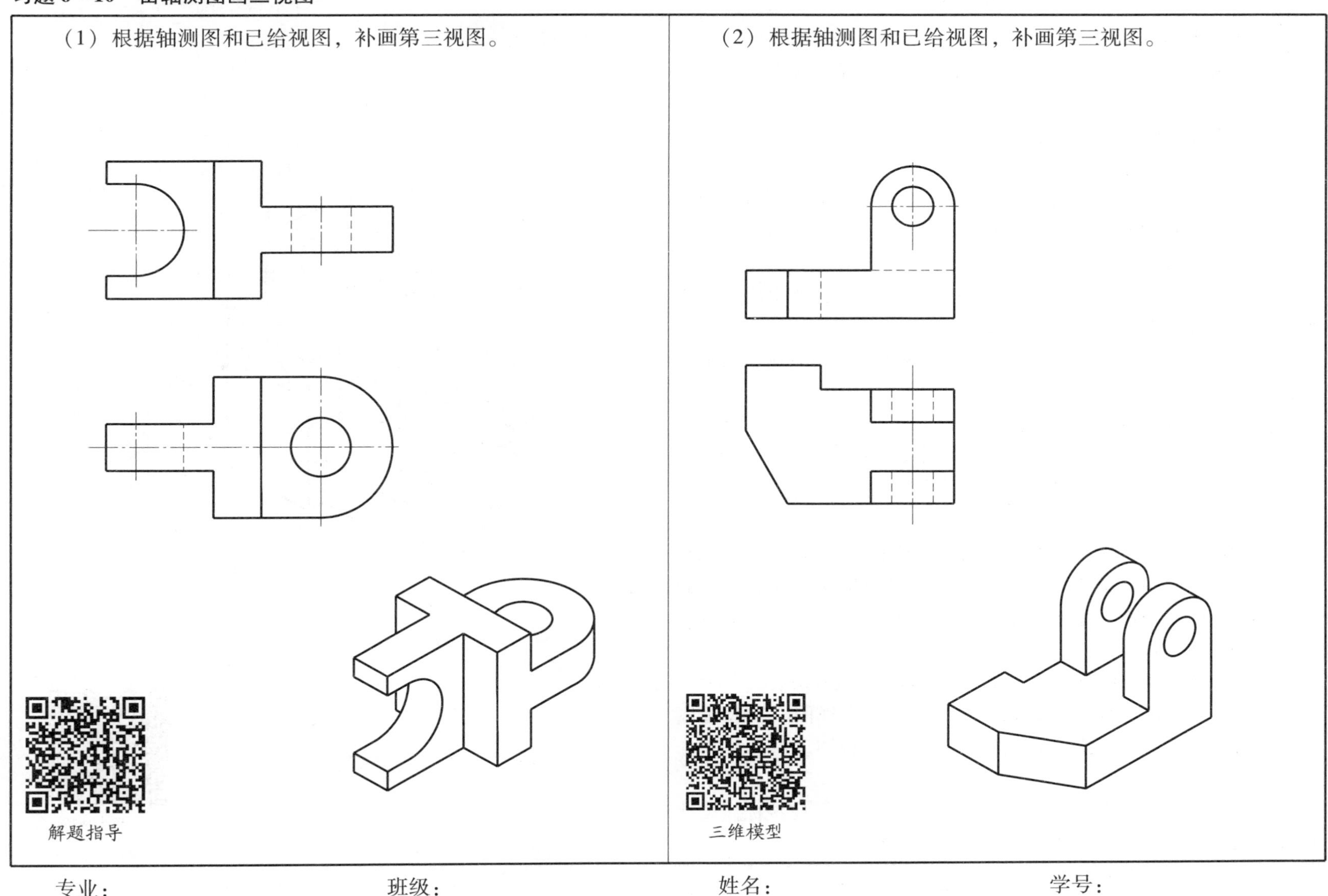

专业：　　　　班级：　　　　姓名：　　　　学号：

习题 6－11　根据轴测图画三视图并标注尺寸

（1）作业目的。

①掌握根据组合体模型（或轴测图）画三视图的方法，提高绘图技能。

②熟悉组合体视图的尺寸注法。

（2）内容和要求。

①根据组合体模型（或轴测图）画三视图，并标注尺寸。

②用 A3 或 A4 图纸，自己选定绘图比例。

（3）作图步骤。

①运用形体分析法理清组合体的组成部分，以及各组成部分之间的相对位置和组合关系。

②选取主视图的投射方向。所选的主视图应能明显地表达组合体的形状特征。

③画底稿（底稿线要细而轻）。

④检查底稿，修正错误，擦掉多余图线。

⑤依次描深图线；标注尺寸；填写标题栏。

（4）注意事项。

①图形布置要匀称，留出标注尺寸的位置。先依据图纸幅面、绘图比例和组合体的总体尺寸大致布图，再画出作图基准线（如组合体的底面或顶面、端面的投影，对称线和中心线等），确定 3 个视图的具体位置。

②正确地运用形体分析法。要按组合体的组成部分，一部分一部分地画。每一部分都应按其长、宽、高在 3 个视图上同步画底稿，以提高绘图速度。切忌先画出一个完整的视图，再画另一个视图。

③标注尺寸时，不能照搬轴测图上的尺寸注法，应按标注尺寸的要求进行。所注的尺寸必须完整、布置清晰。

（5）图例。

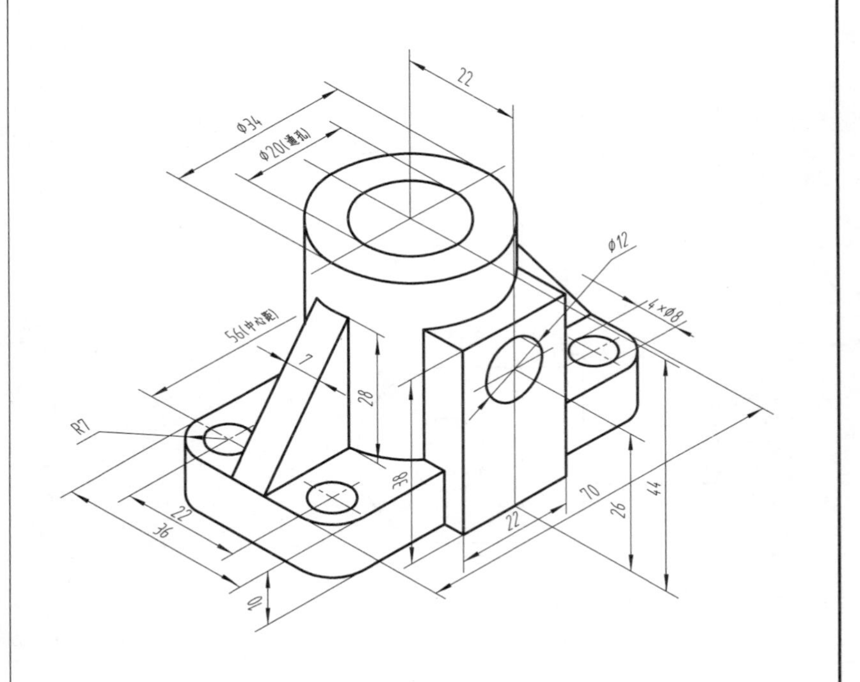

三维模型

专业：　　　　班级：　　　　姓名：　　　　学号：

习题 6－12　看图练习：看懂各组视图，在习题 6－13 中找出对应的轴测图，并将其编号填写在“○”内

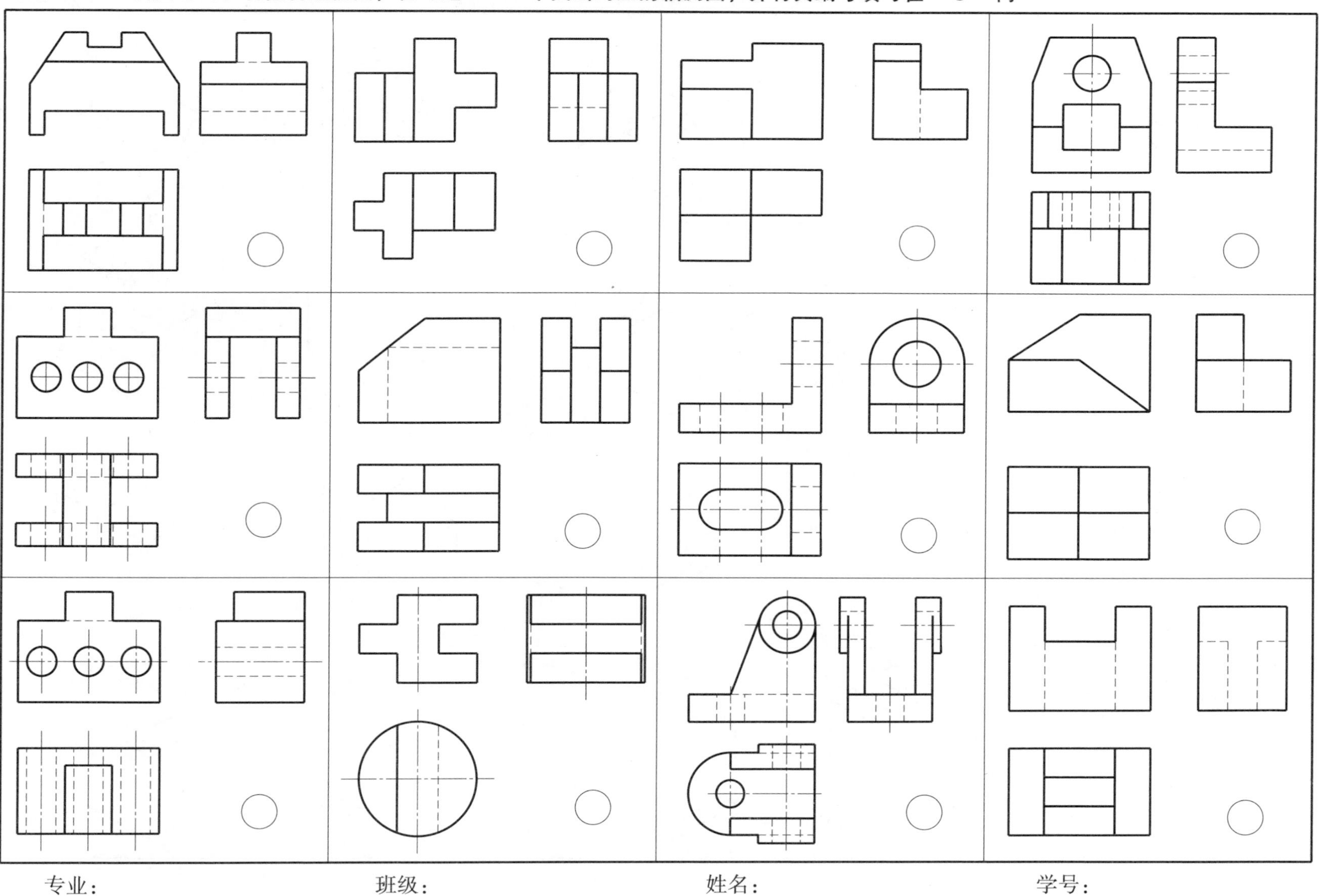

专业：　　　　　　　　班级：　　　　　　　　姓名：　　　　　　　　学号：

习题 6－13　看图练习：根据习题 6－12 上的各组视图，找出相对应的轴测图

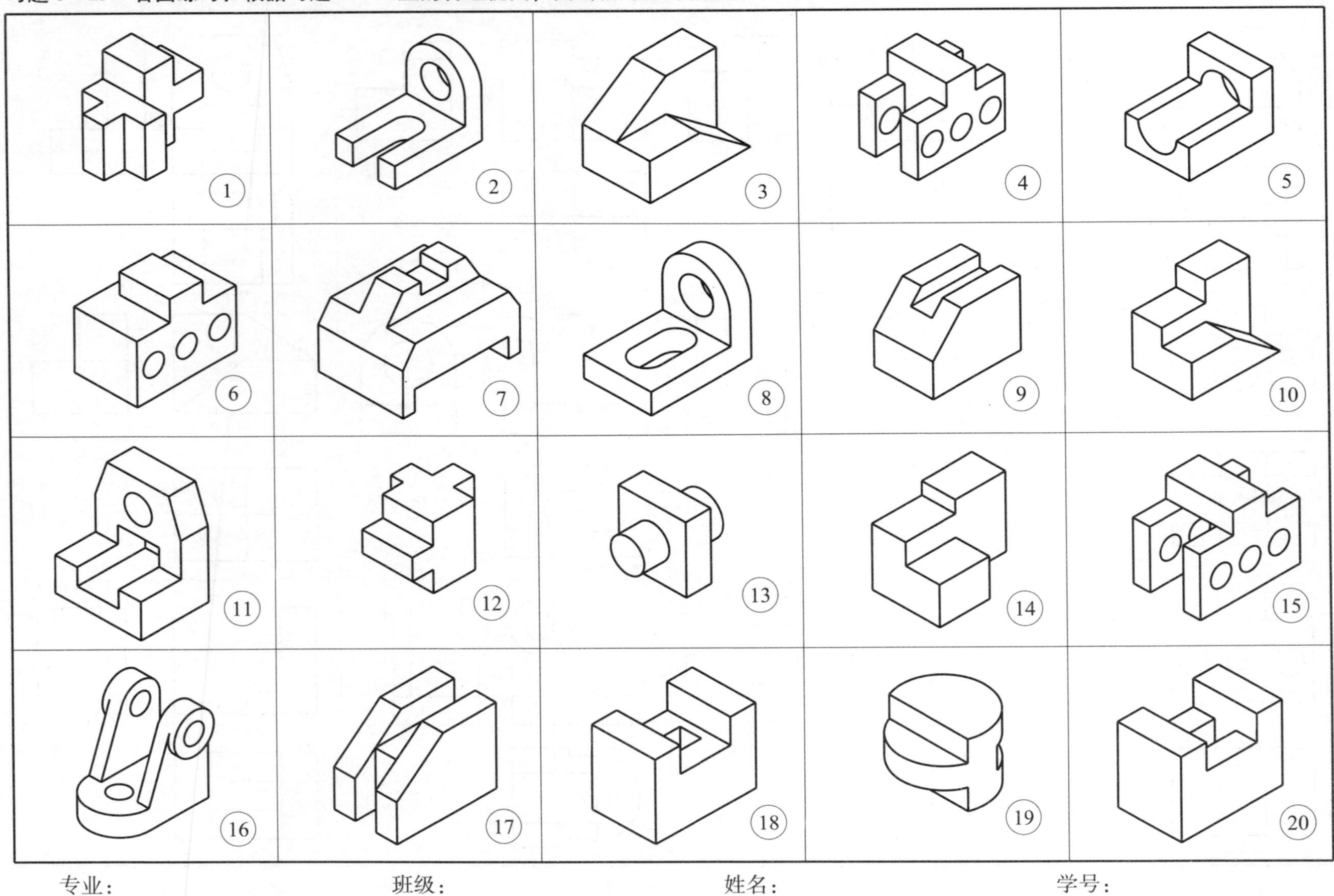

专业：　　　　　　班级：　　　　　　姓名：　　　　　　学号：

习题 6－14　看图练习：根据两视图想出零件形状，并补画出另一视图

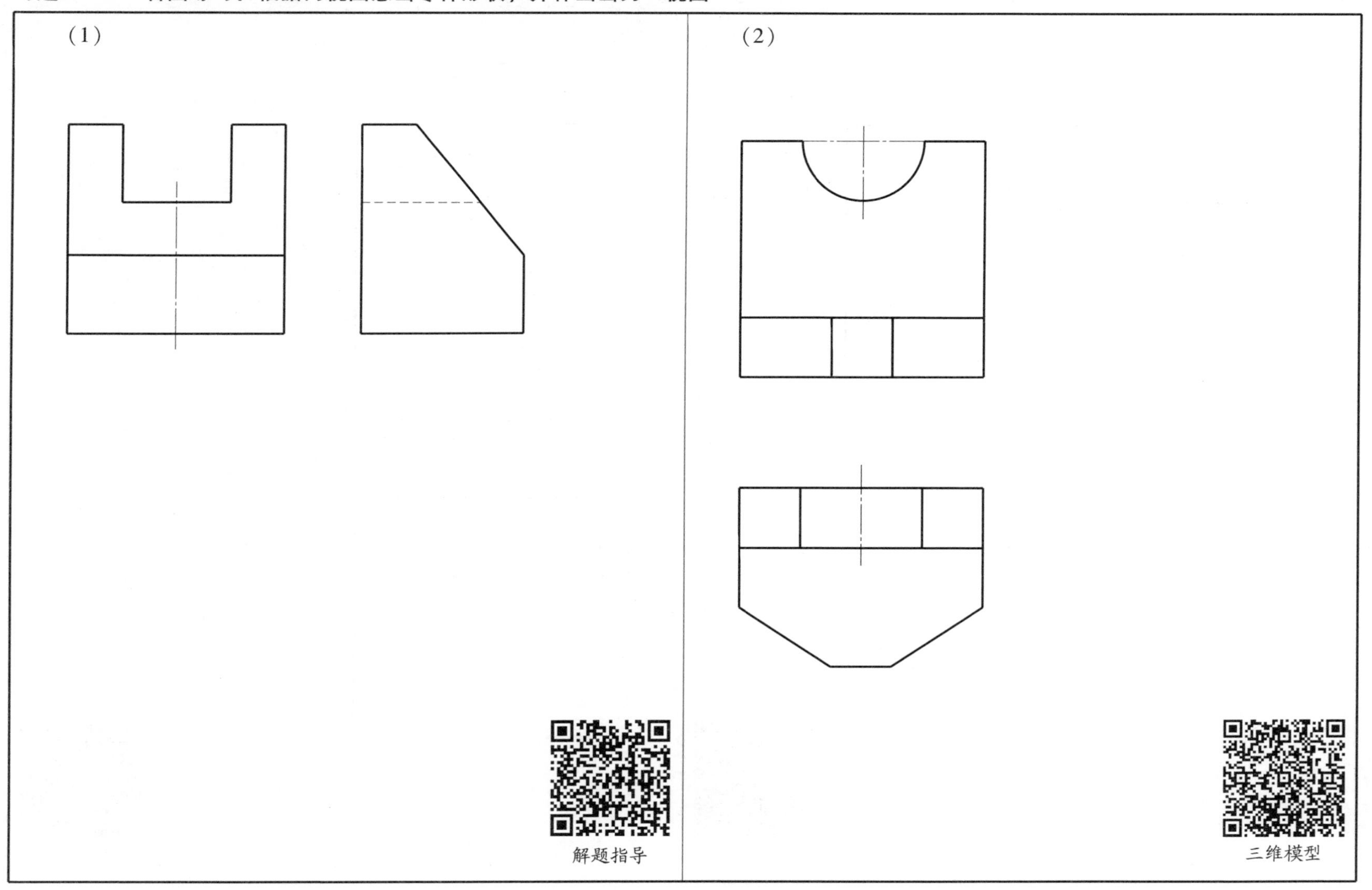

专业：　　班级：　　姓名：　　学号：

习题 6－15　看图练习：根据两视图想出零件形状，并补画出另一视图

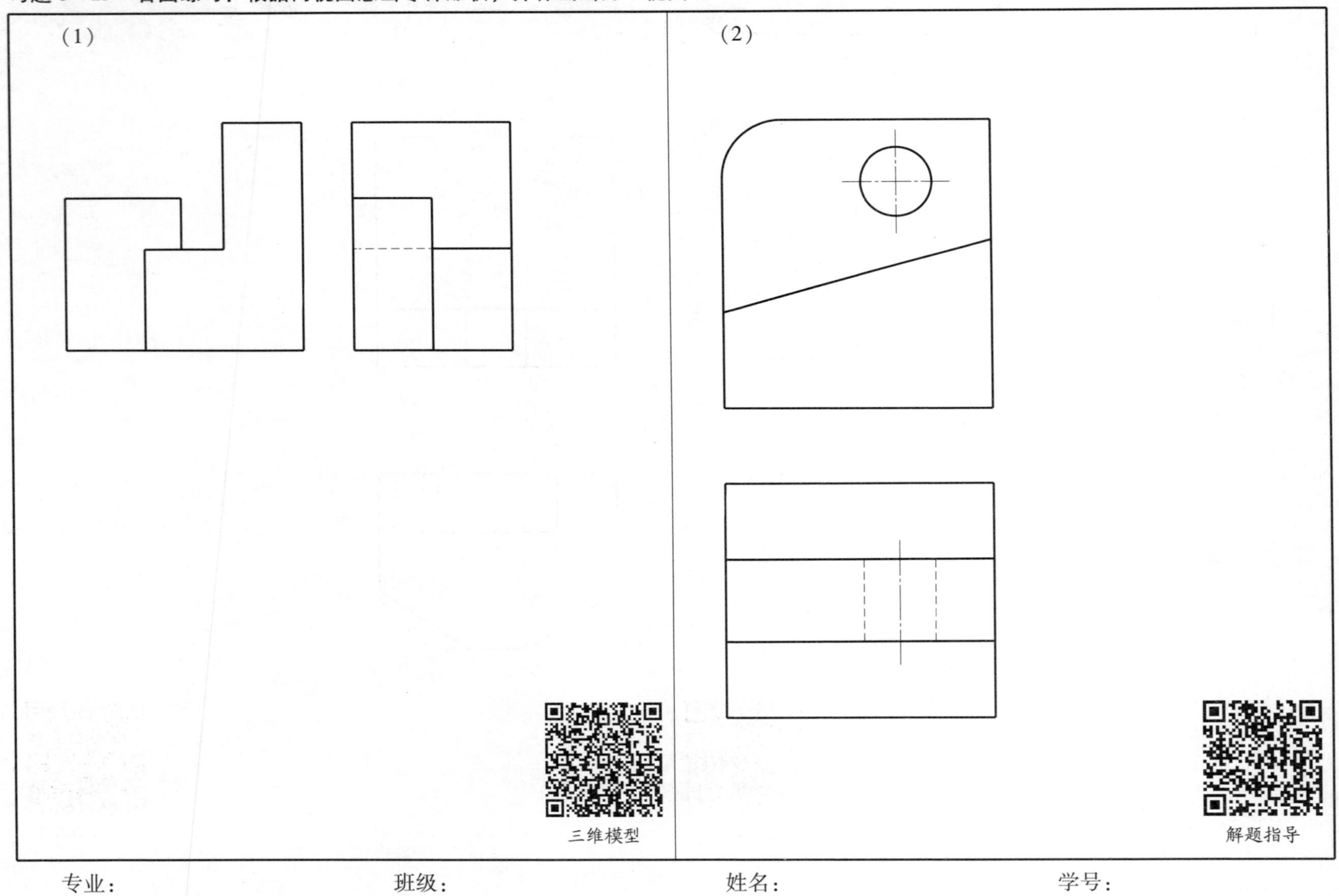

专业：　　　　班级：　　　　姓名：　　　　学号：

习题 6－16　看图练习：根据两视图想出零件形状，并补画出另一视图

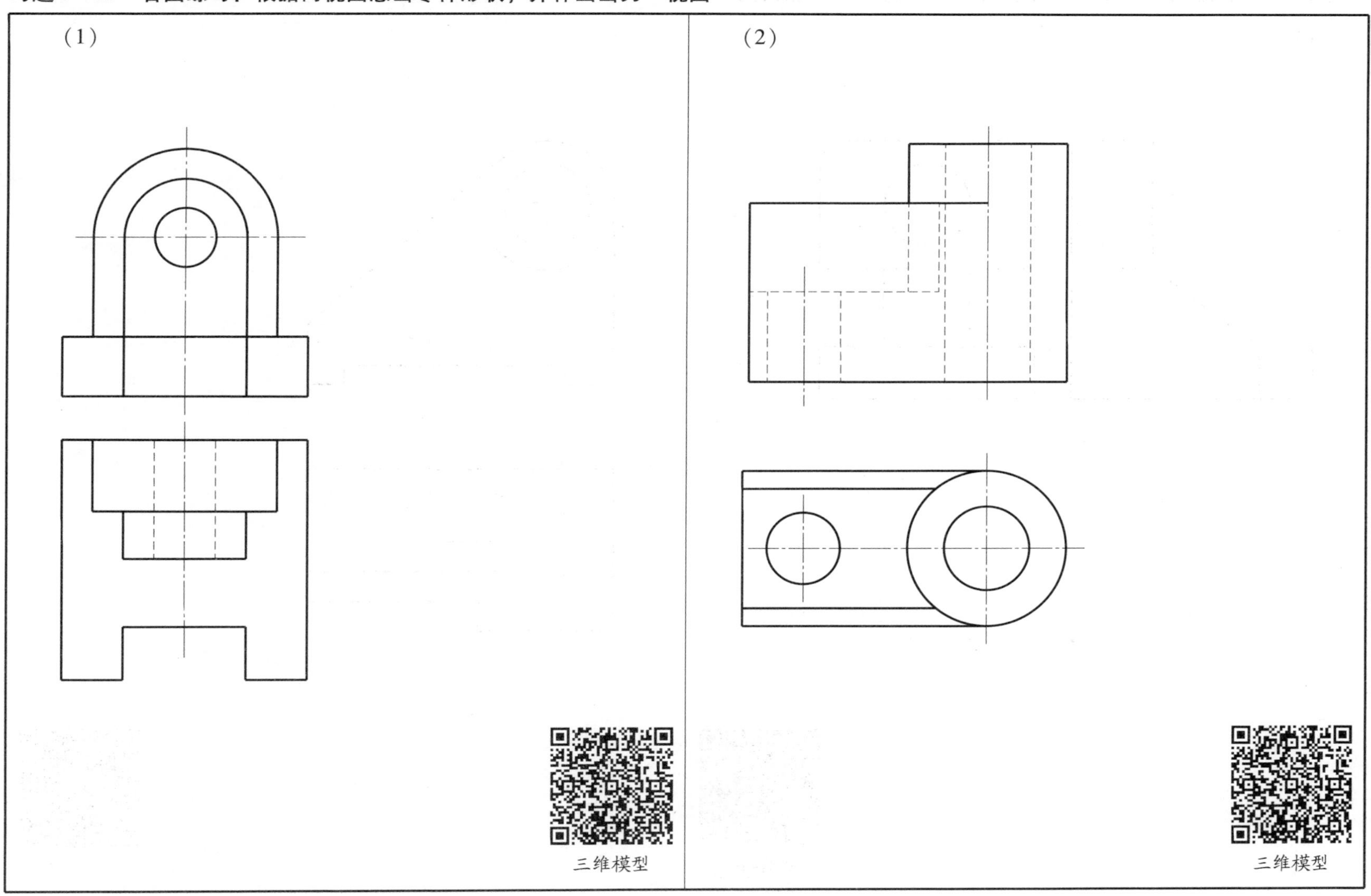

专业：　　　　　　班级：　　　　　　姓名：　　　　　　学号：

习题 6－17　看图练习：根据两视图想出零件形状，并补画出另一视图

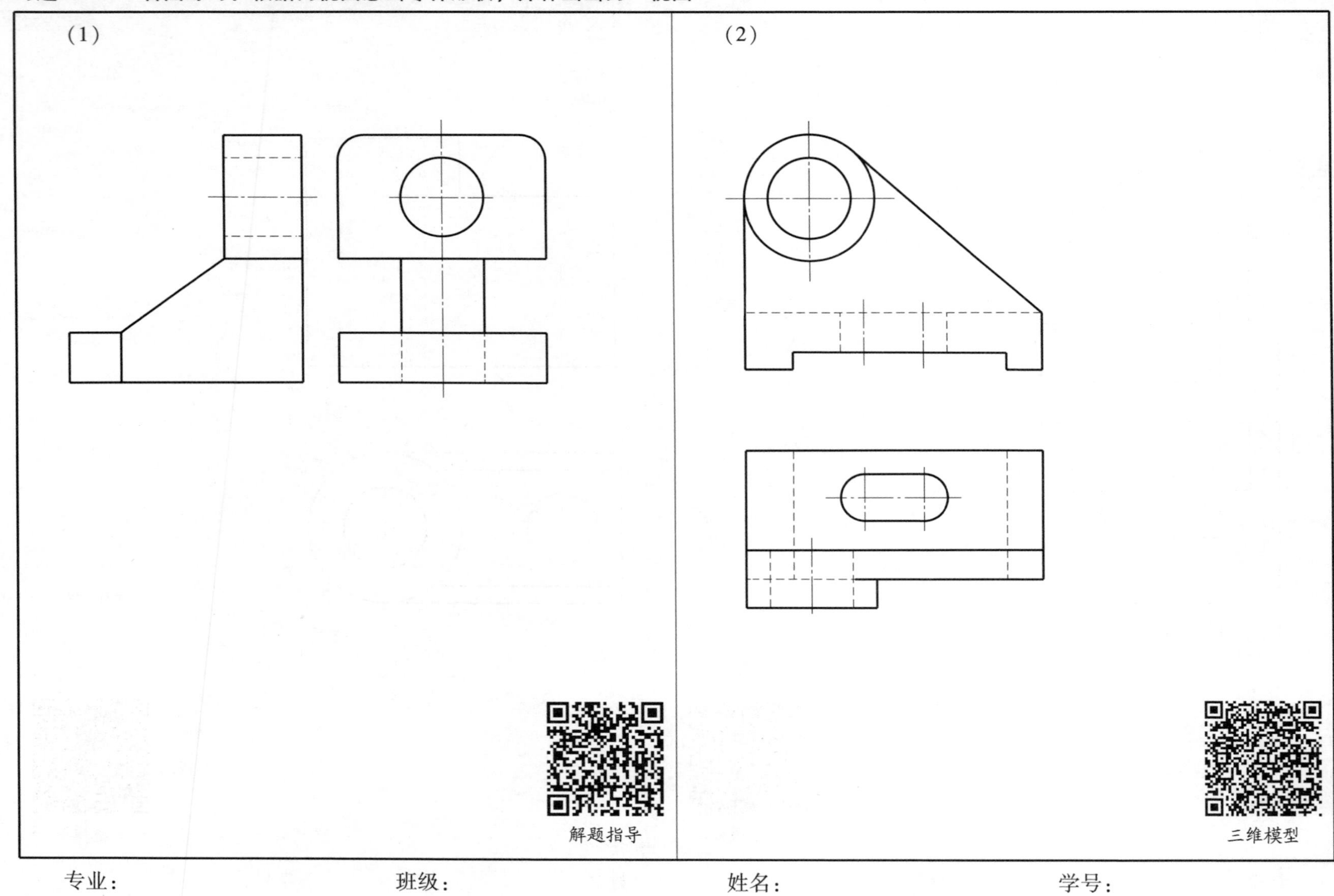

专业：　　班级：　　姓名：　　学号：

习题 6 – 18　看图练习：根据两视图想出零件形状，并补画出另一视图

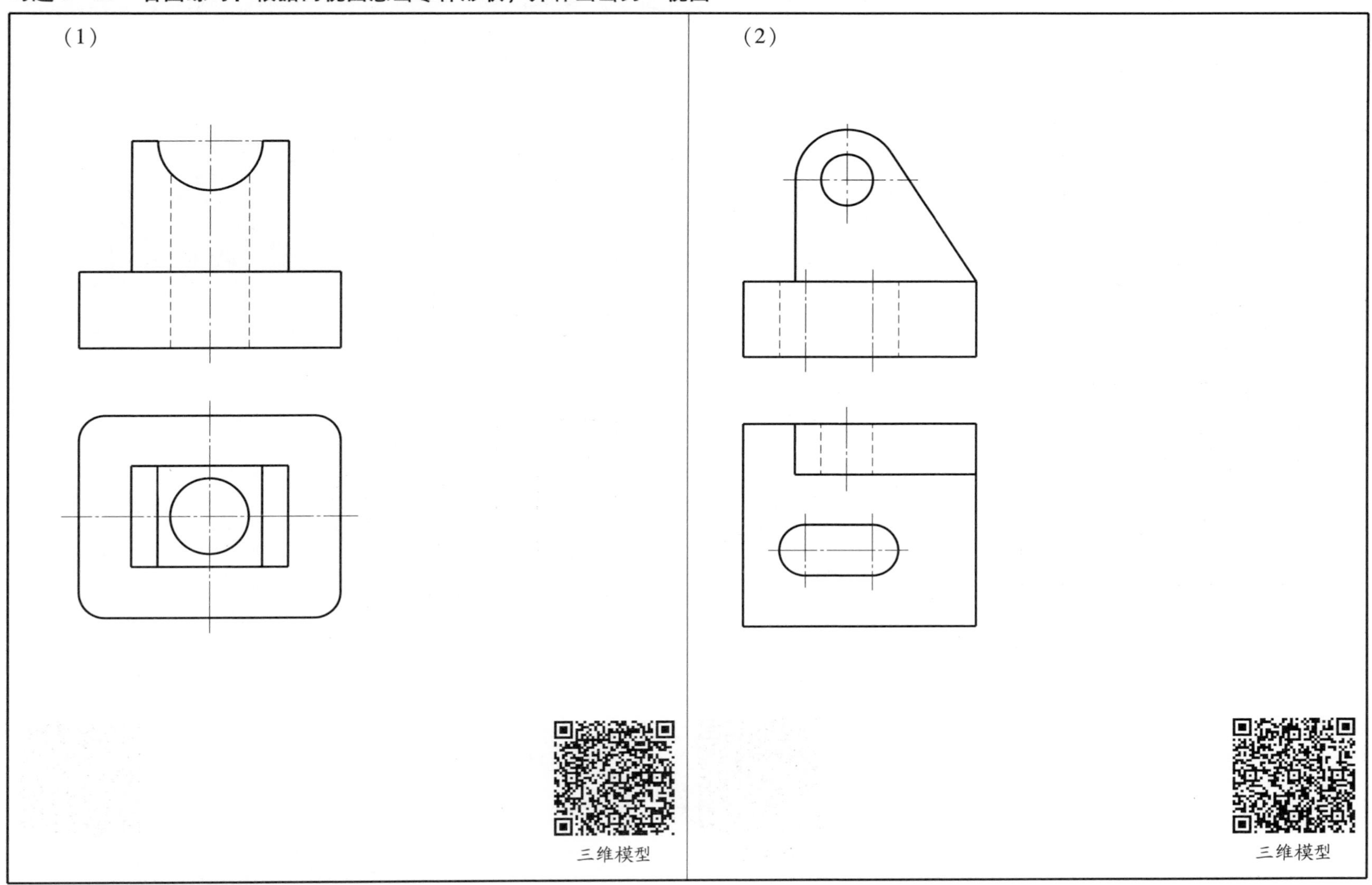

专业：　　班级：　　姓名：　　学号：

习题 6－19　看图练习：根据两视图想出零件形状，并补画出另一视图

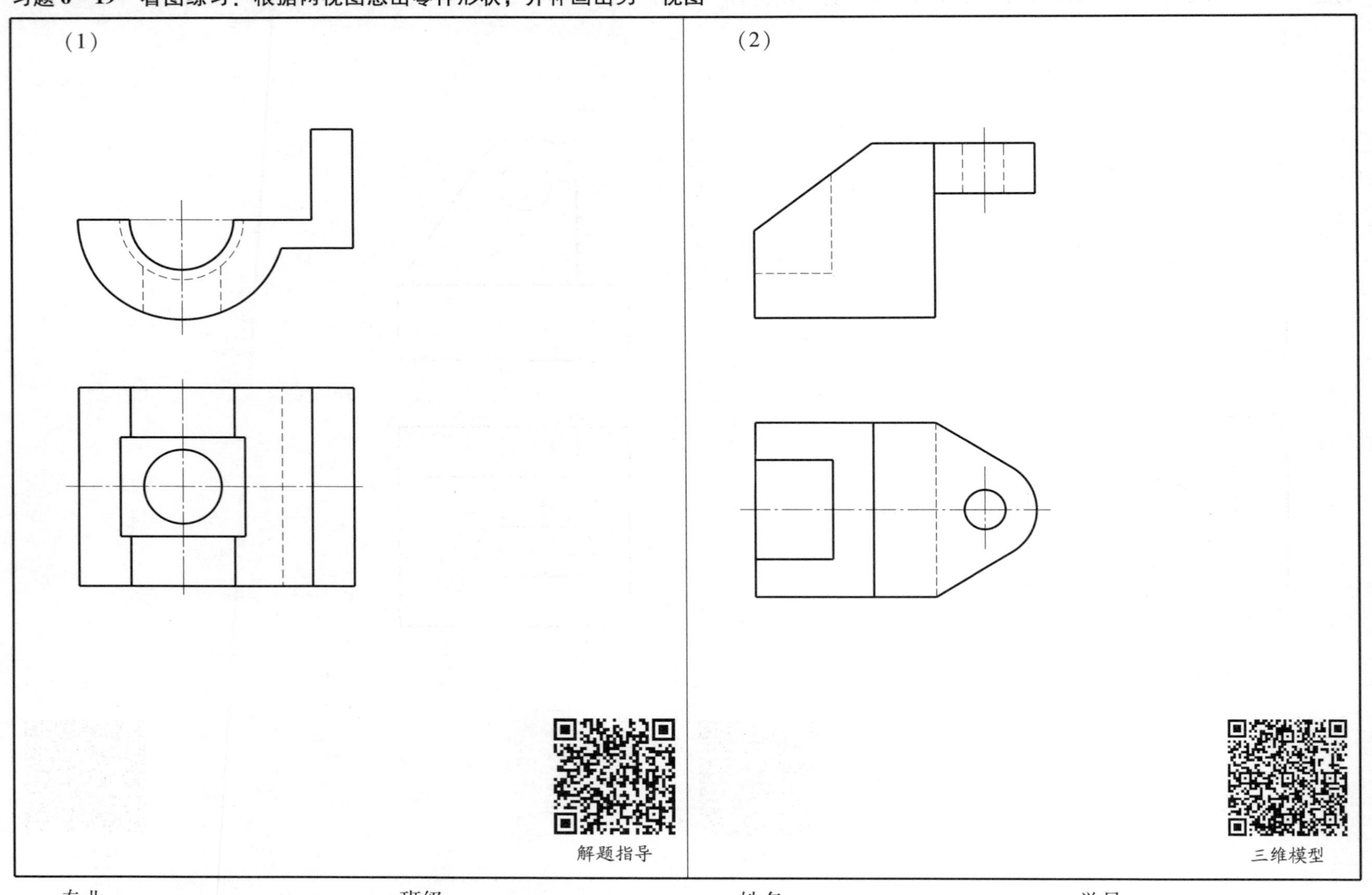

专业：　　班级：　　姓名：　　学号：

习题 6－20　看图练习：根据两视图想出零件形状，并补画出另一视图

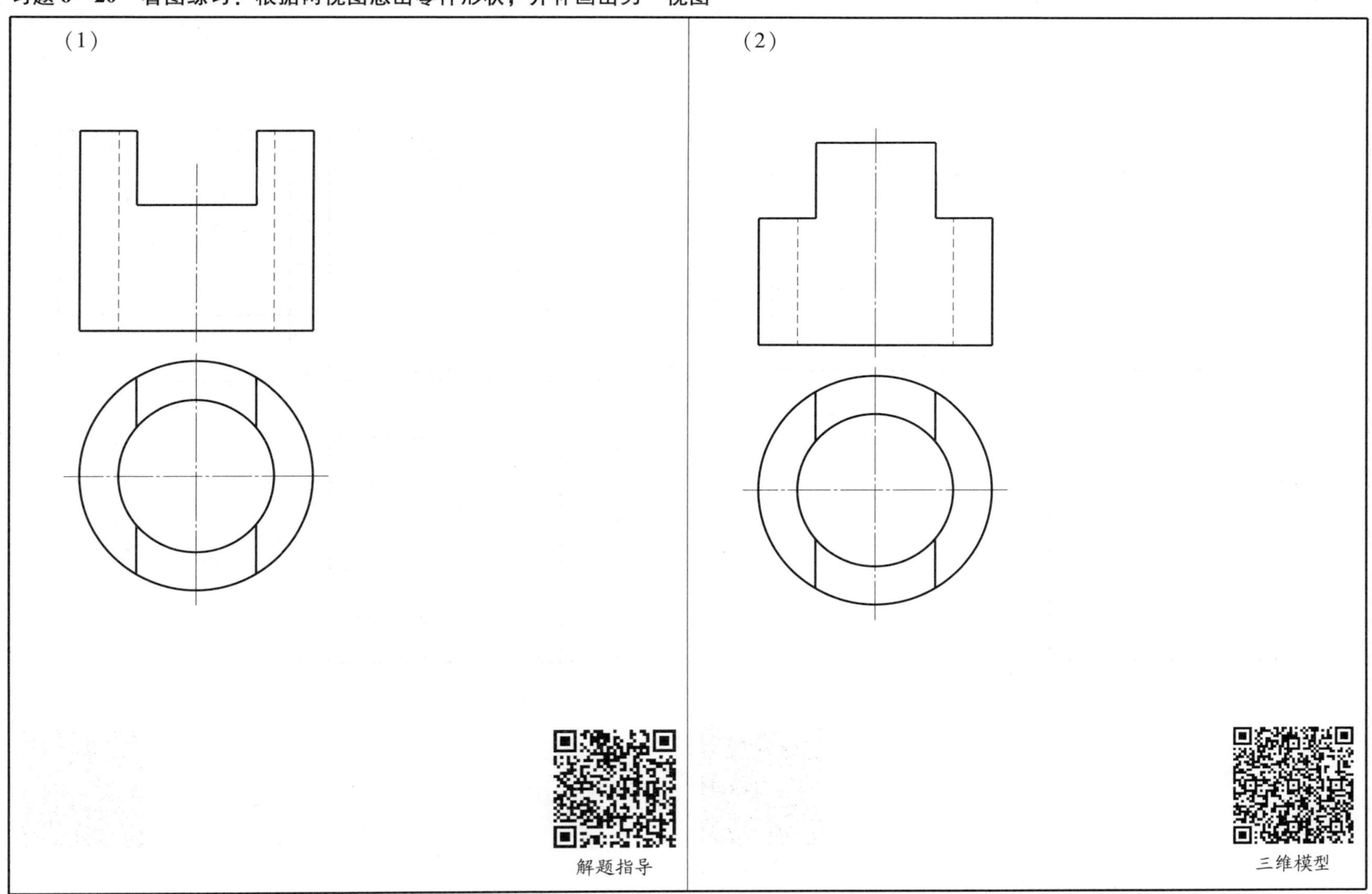

专业：　　　　班级：　　　　姓名：　　　　学号：

习题 6 – 21　看图练习：补齐视图中所缺的线条

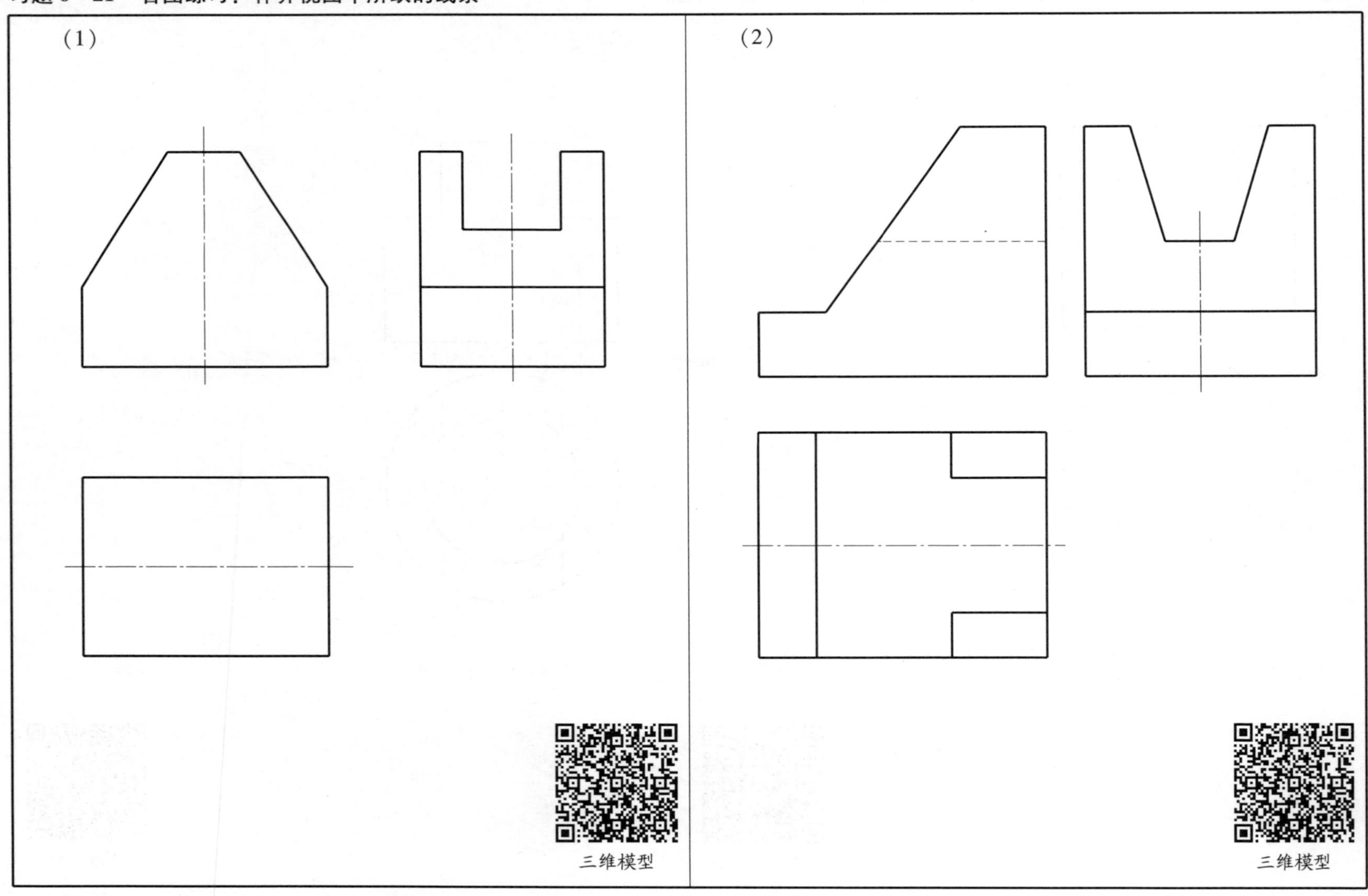

专业：　　　　班级：　　　　姓名：　　　　学号：

习题 6－22　看图练习：补齐视图中所缺的线条

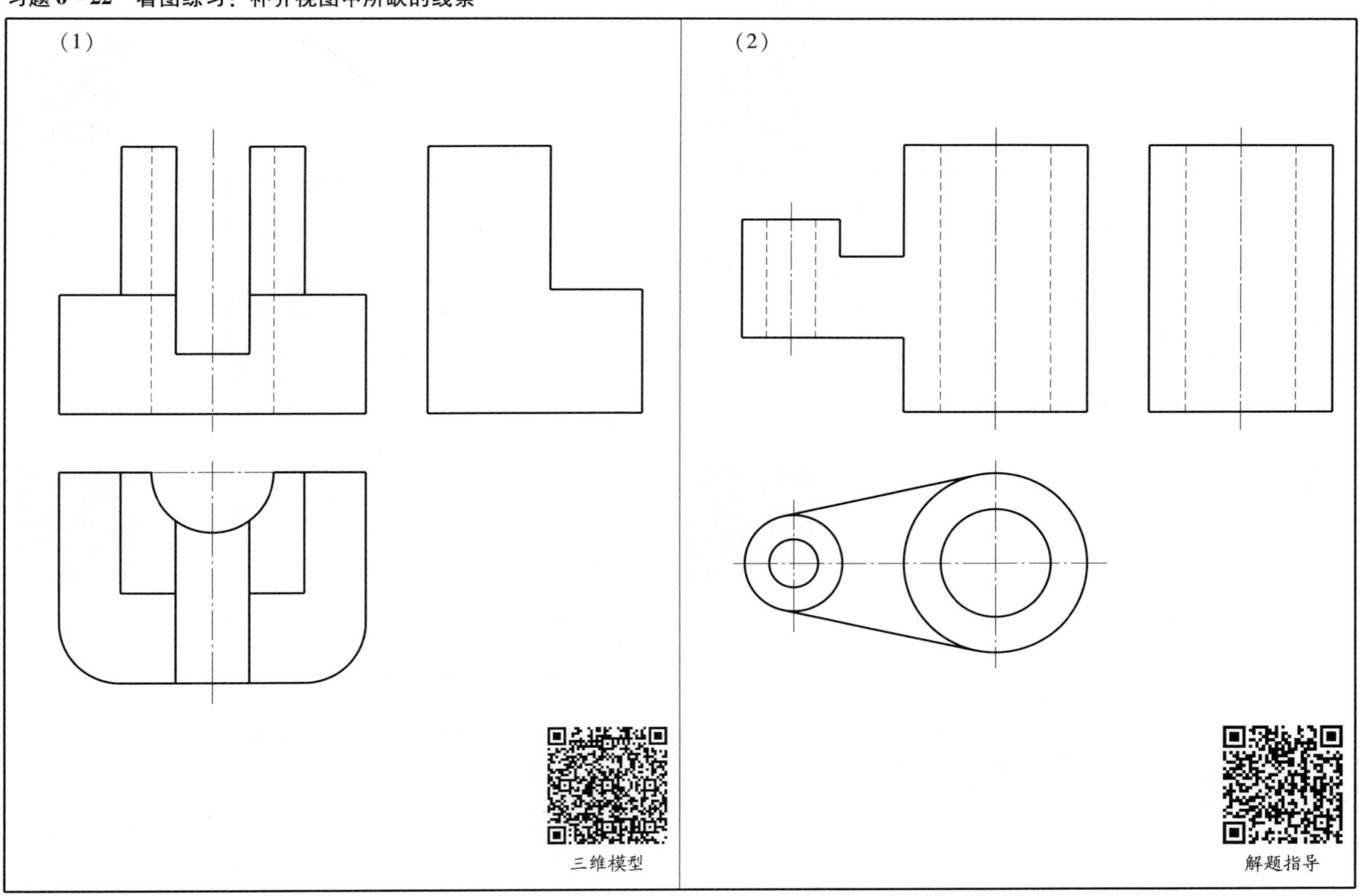

专业：　　　　班级：　　　　姓名：　　　　学号：

习题 **6-23**　看图练习：根据俯视图的变化，补齐主视图中所缺线条

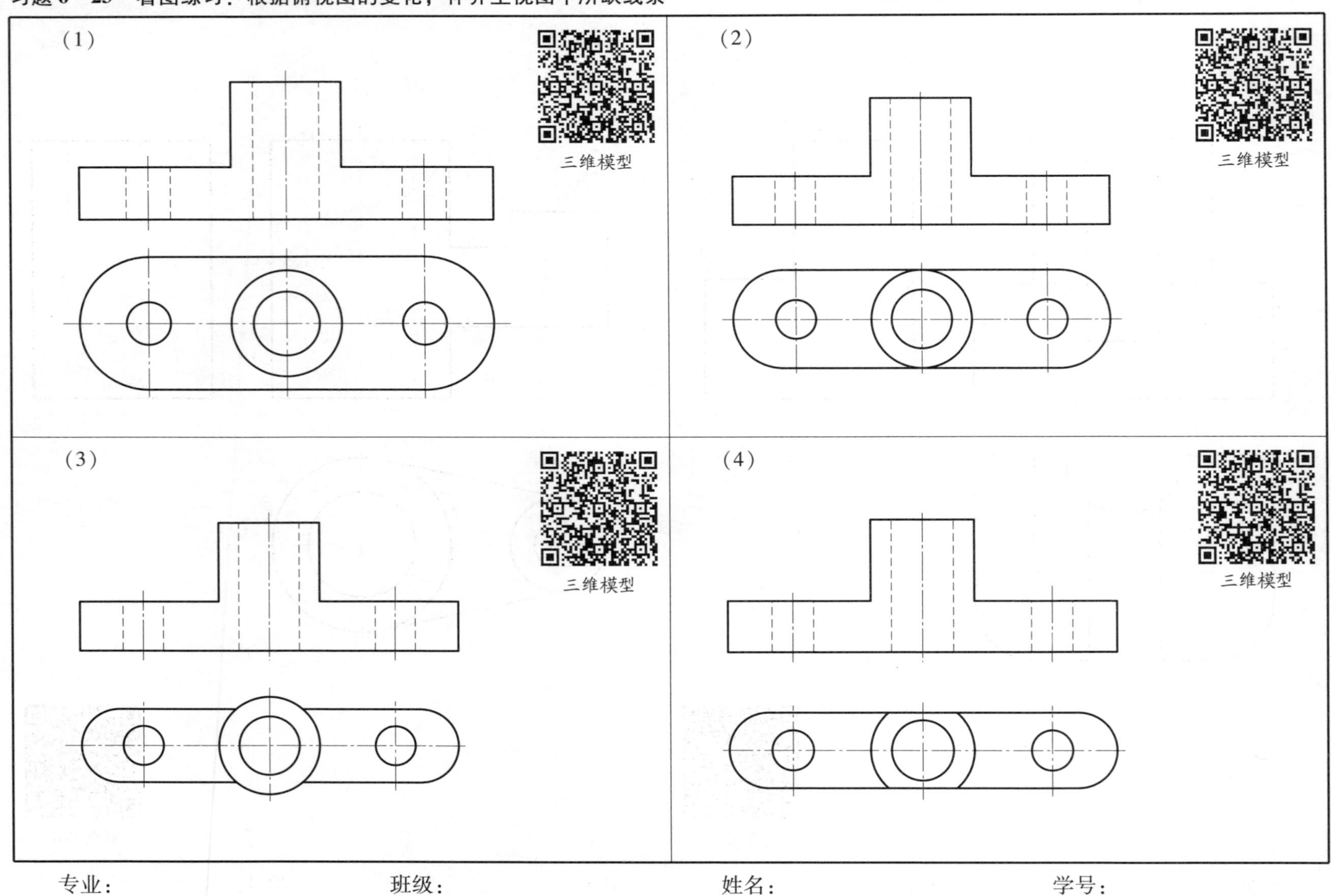

专业：　　　　班级：　　　　姓名：　　　　学号：

习题 6 - 24　看图练习：根据主、俯视图的变化，补齐左视图中所缺线条

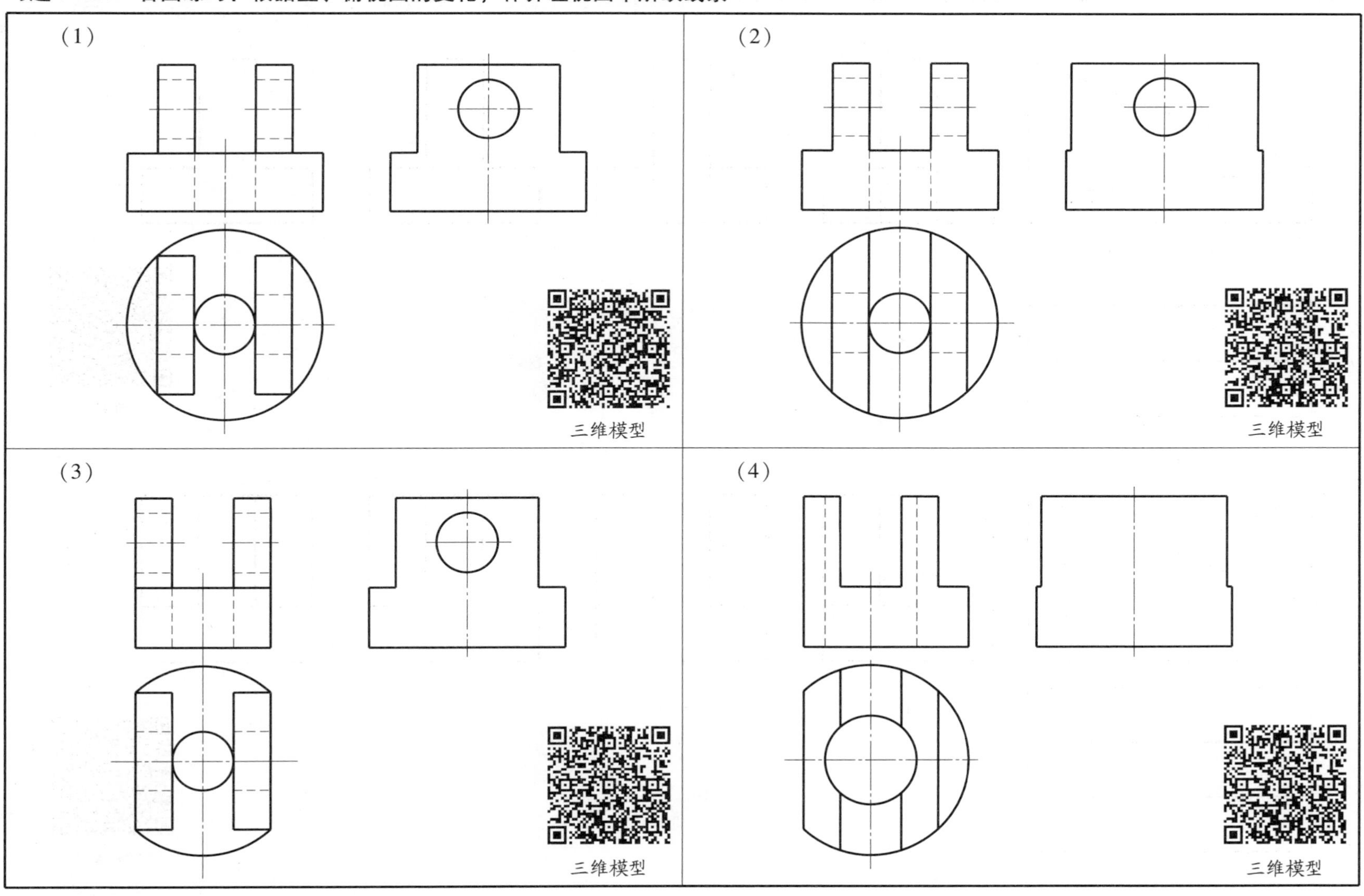

专业：　　　　班级：　　　　姓名：　　　　学号：

习题 6 – 25　看图练习：判断 4 个左视图中哪个正确，在正确标号处打“√”

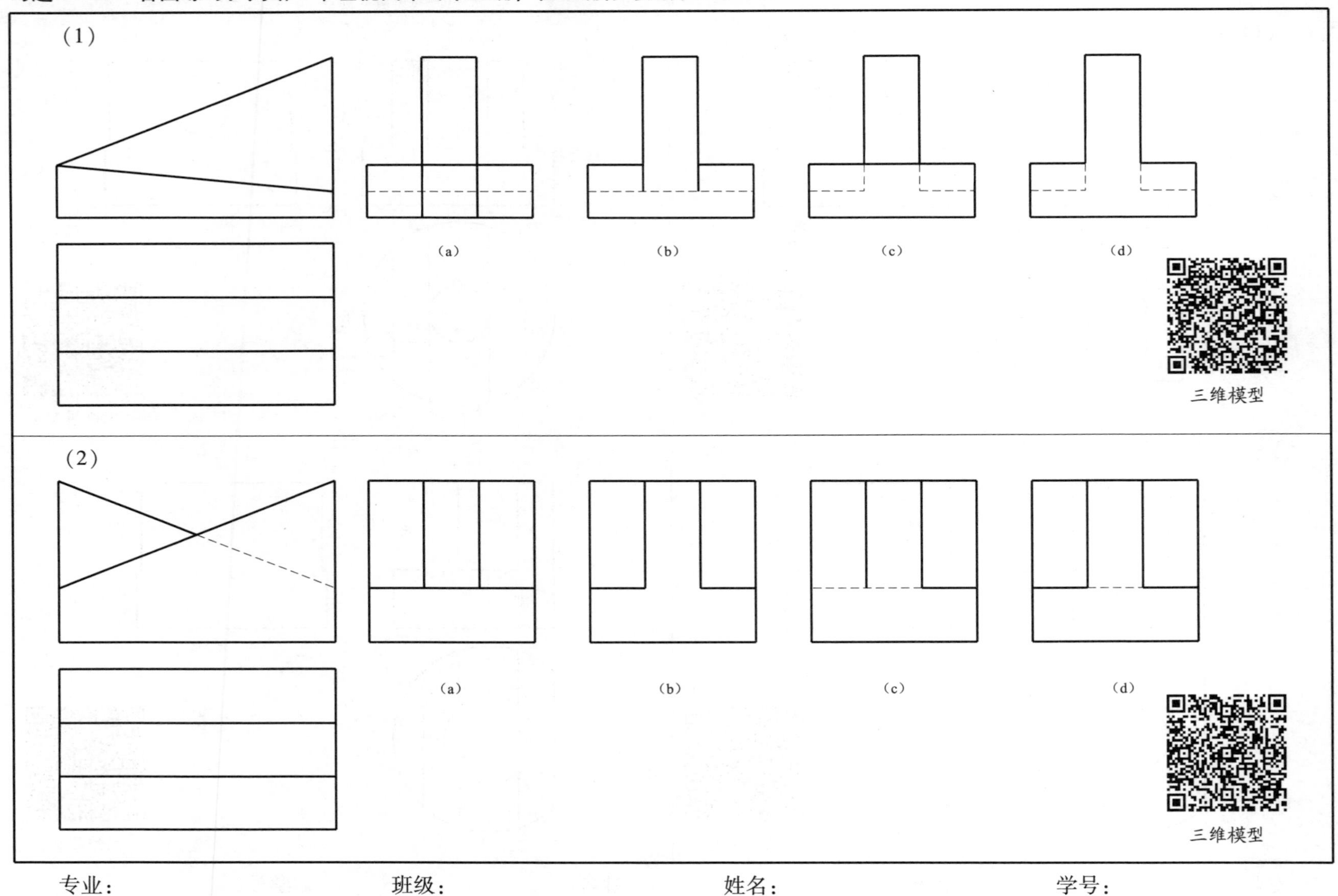

专业：　　班级：　　姓名：　　学号：

习题 6-26　看图练习：根据两视图想出零件形状，并补画出另一视图

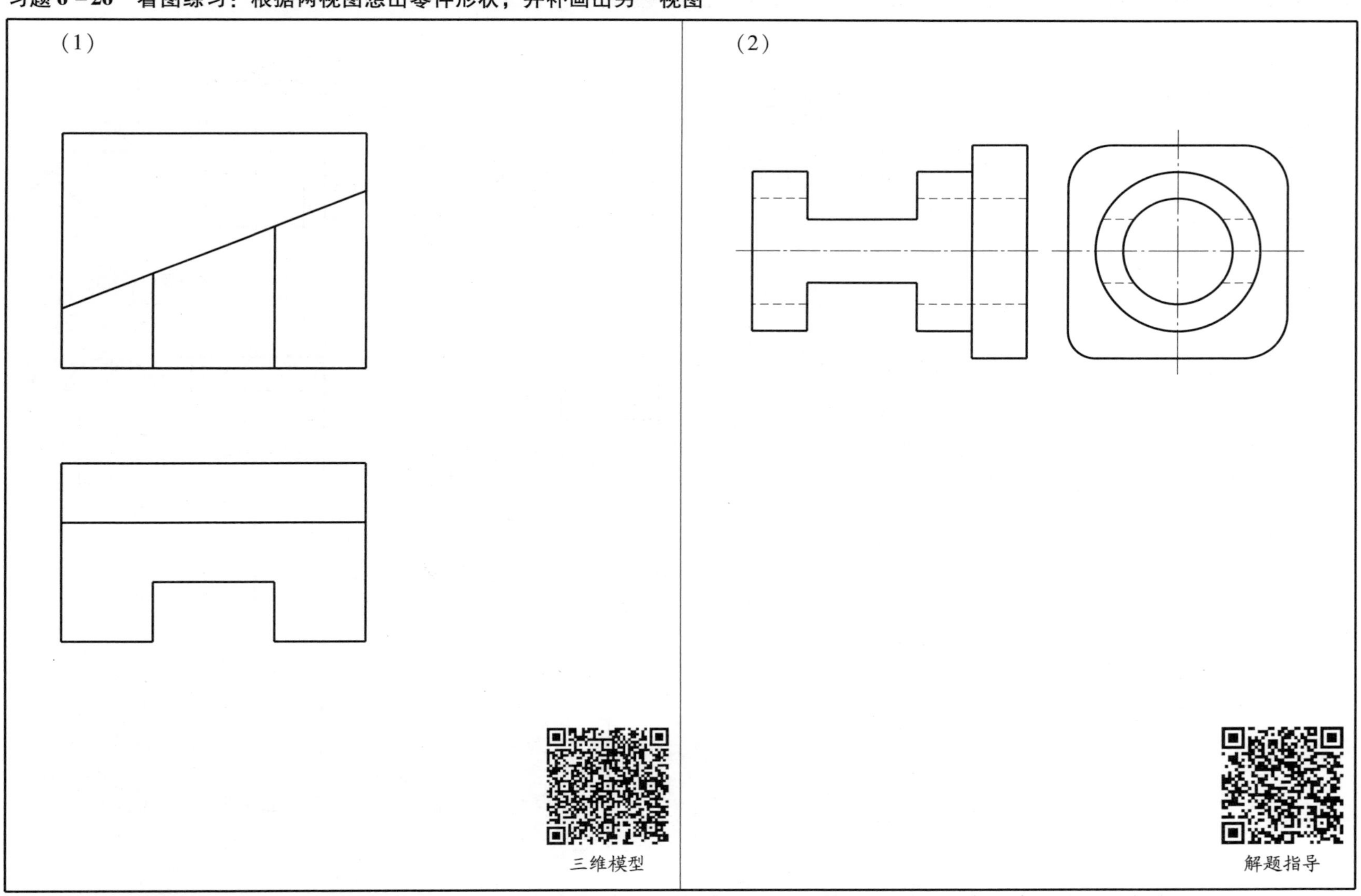

专业：　　　　班级：　　　　姓名：　　　　学号：

习题 6－27　判断尺寸标注的对错，在相应选项上打“√”，并说出错误原因

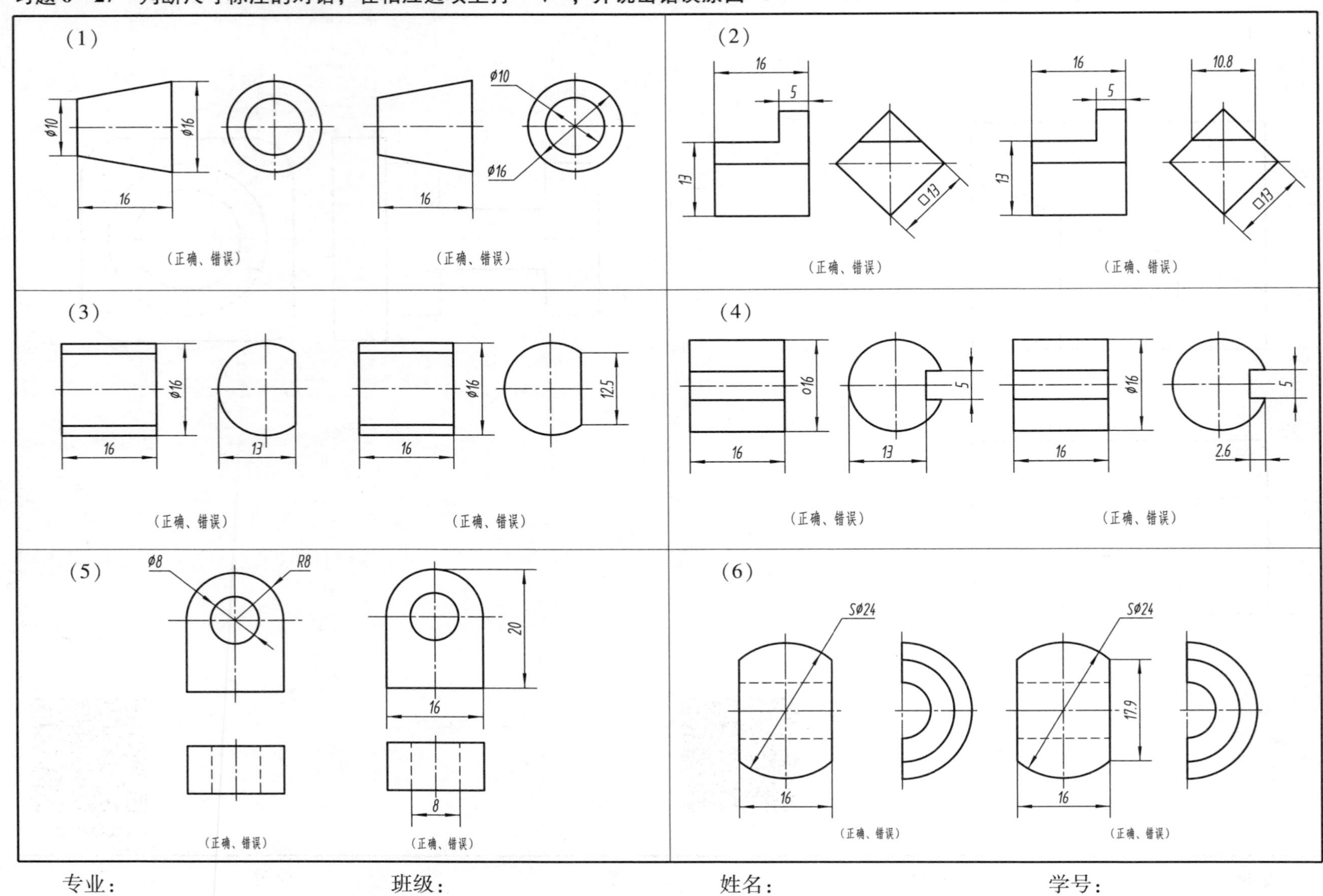

专业：　　　　班级：　　　　姓名：　　　　学号：

习题 6－28　检查各视图中的尺寸标注，将错误的尺寸标上“×”，并进行修改

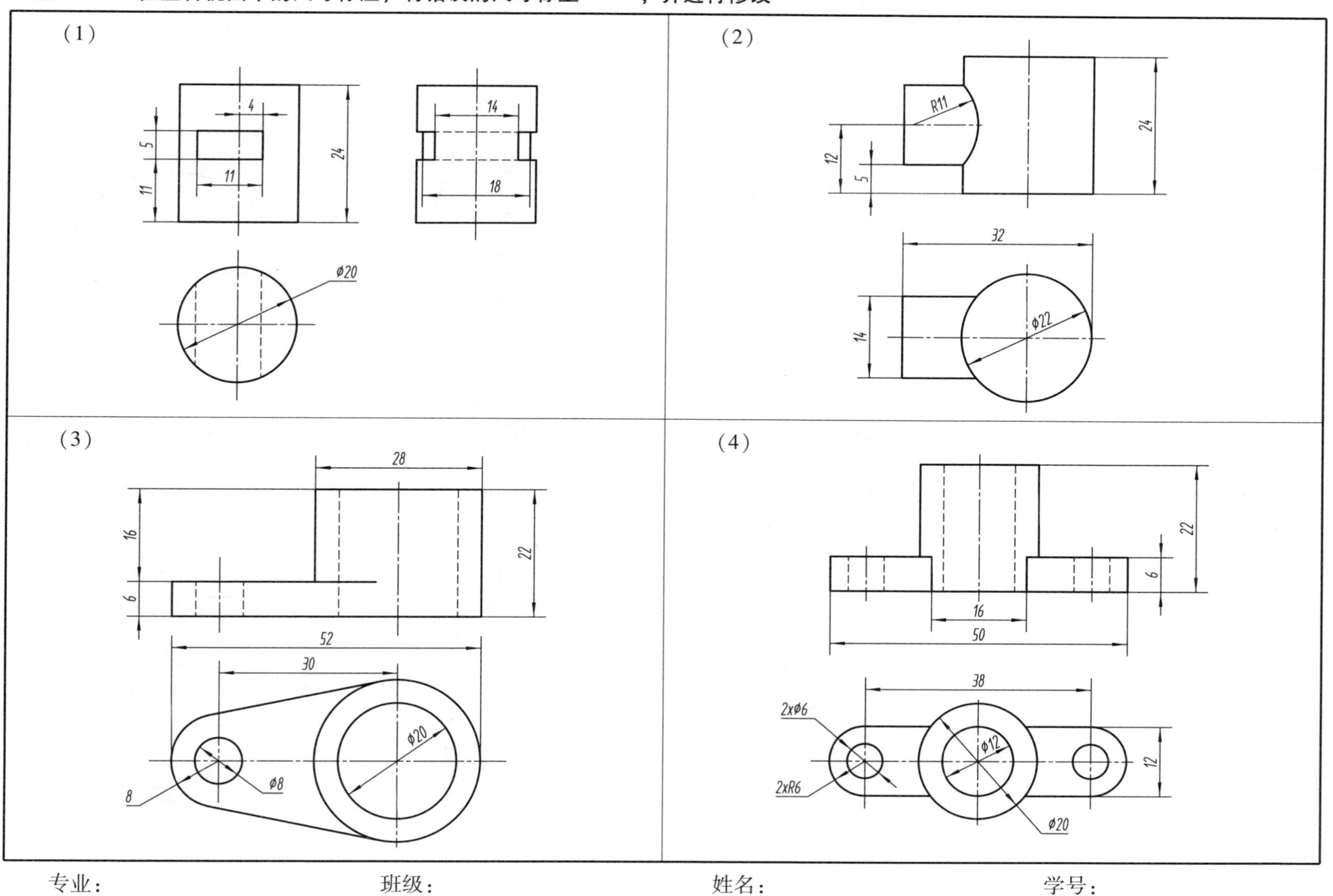

专业：　　　　班级：　　　　姓名：　　　　学号：

习题 6－29　标注几何体的尺寸：按 1∶1 的比例在图中量取整数

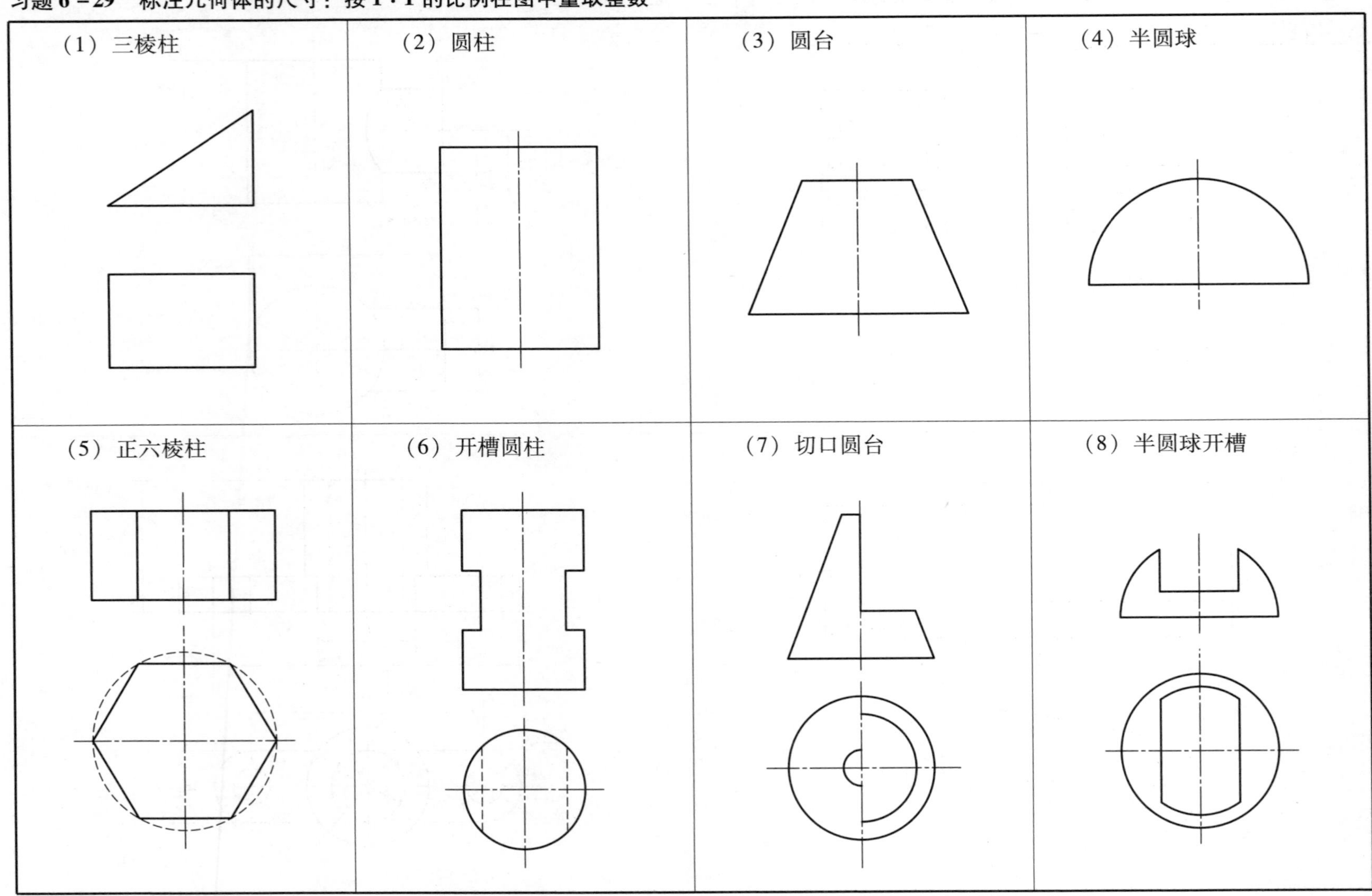

专业：　　　　班级：　　　　姓名：　　　　学号：

习题 6－30　补全视图中遗漏的尺寸，尺寸数值按 1∶1 的比例从图中量取整数

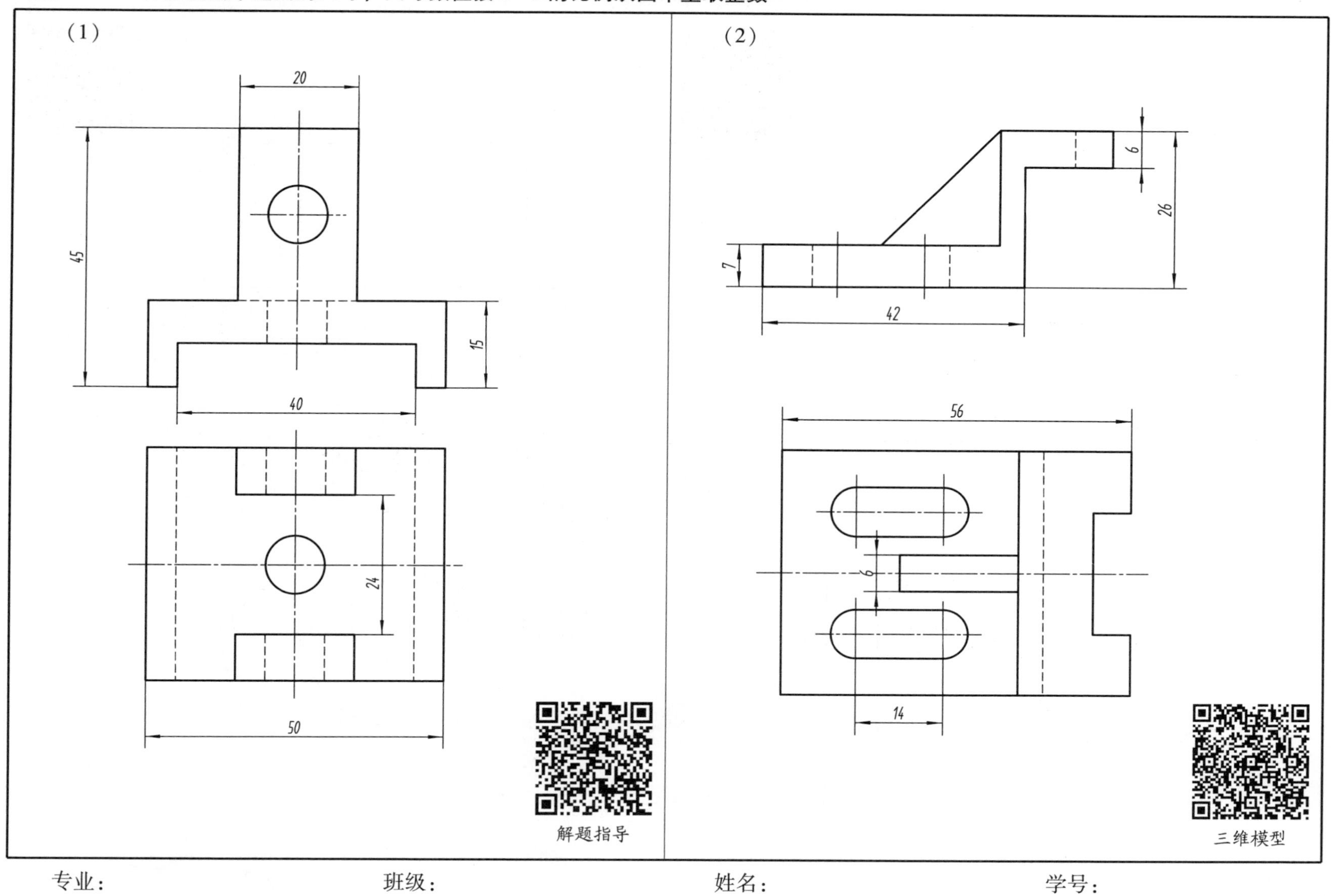

专业：　　　　班级：　　　　姓名：　　　　学号：

习题 **6－31** 补全视图中遗漏的尺寸，尺寸数值按 **1：1** 的比例从图中量取整数

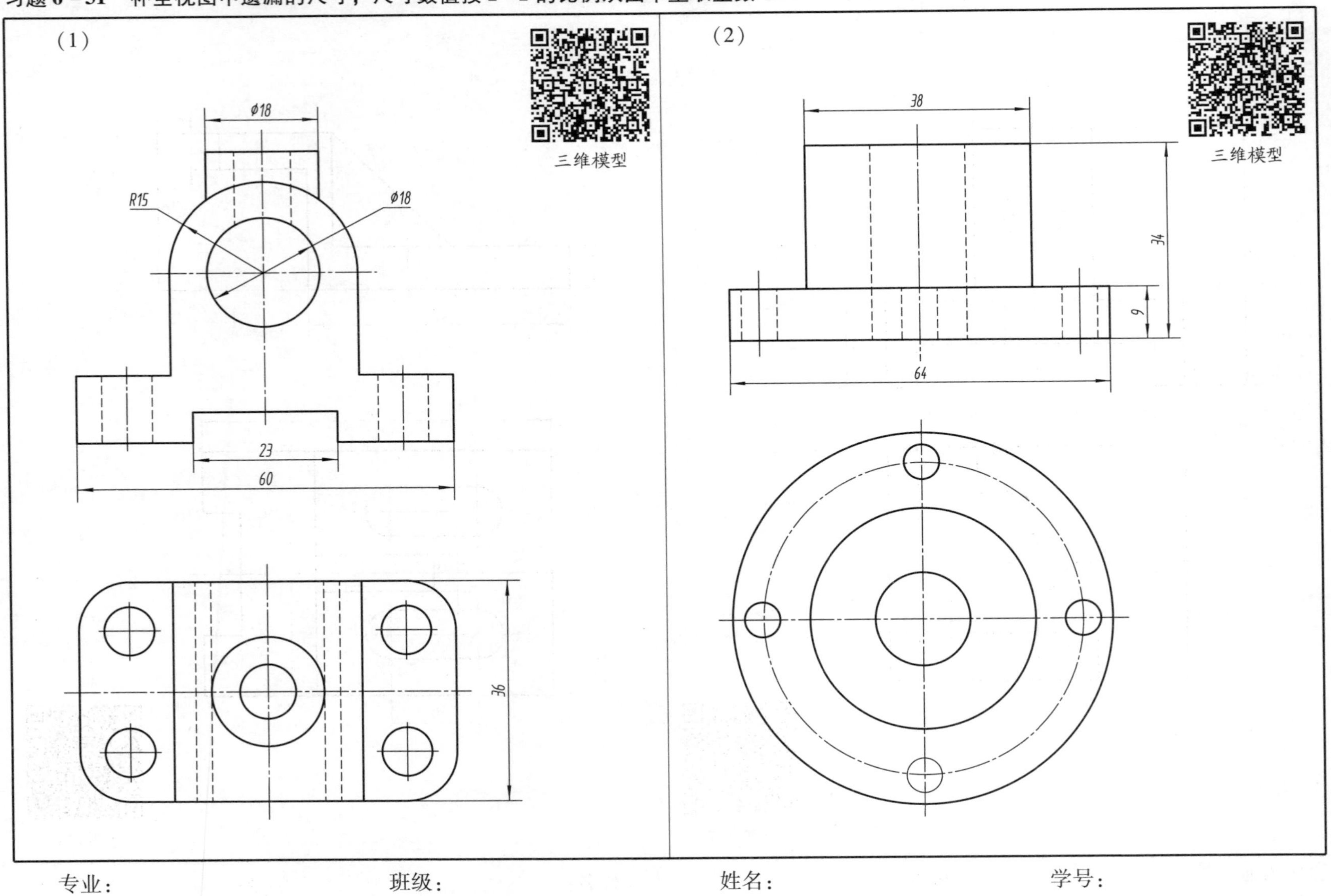

专业： 班级： 姓名： 学号：

习题 6－32　按形体分析法标注组合体的尺寸，尺寸数值按 1∶1 的比例从图中量取整数

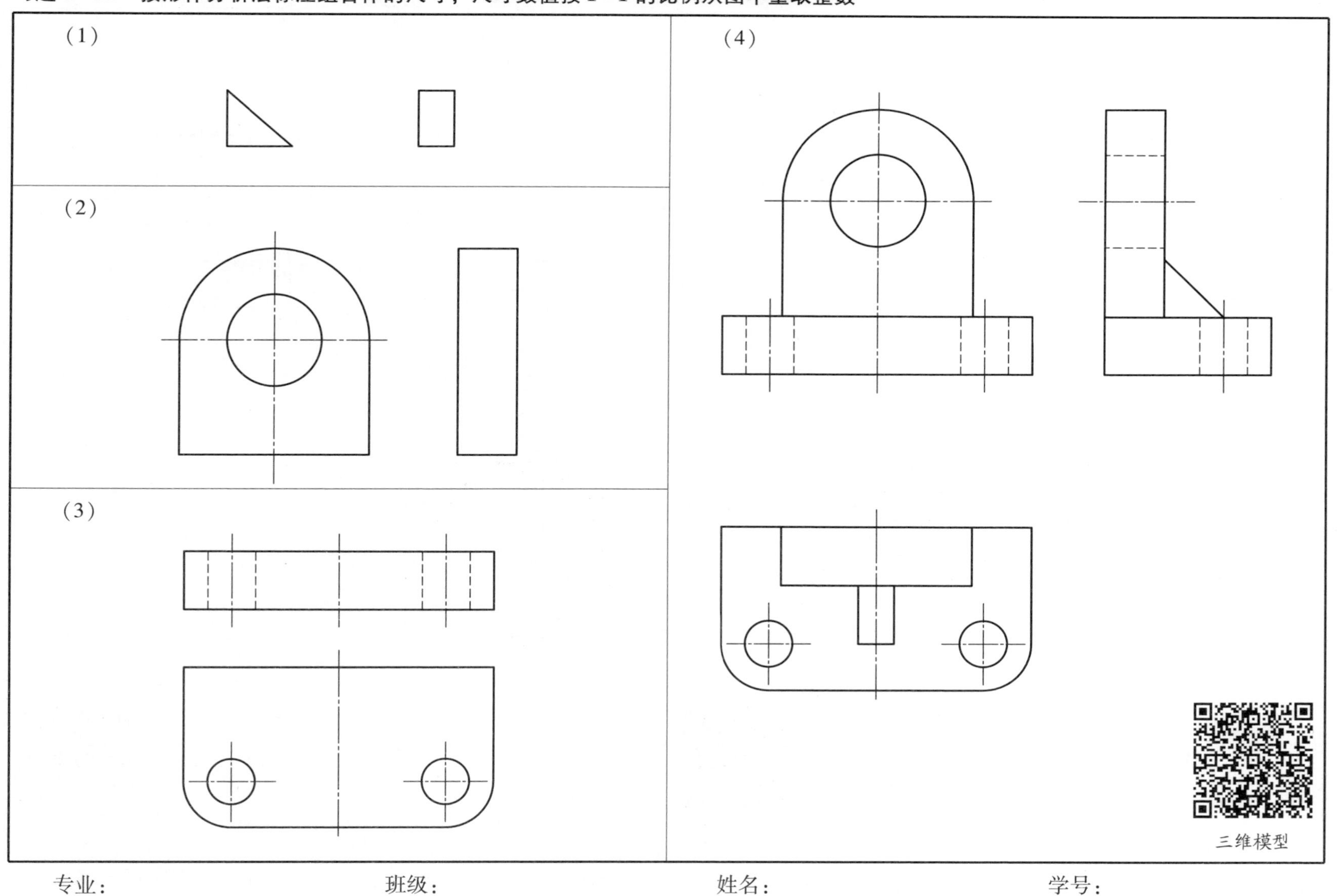

专业：　　　　　　　　班级：　　　　　　　　姓名：　　　　　　　　学号：

习题 6-33　想出零件形状，标注组合体尺寸，尺寸数值按 1:1 的比例从图中量取整数

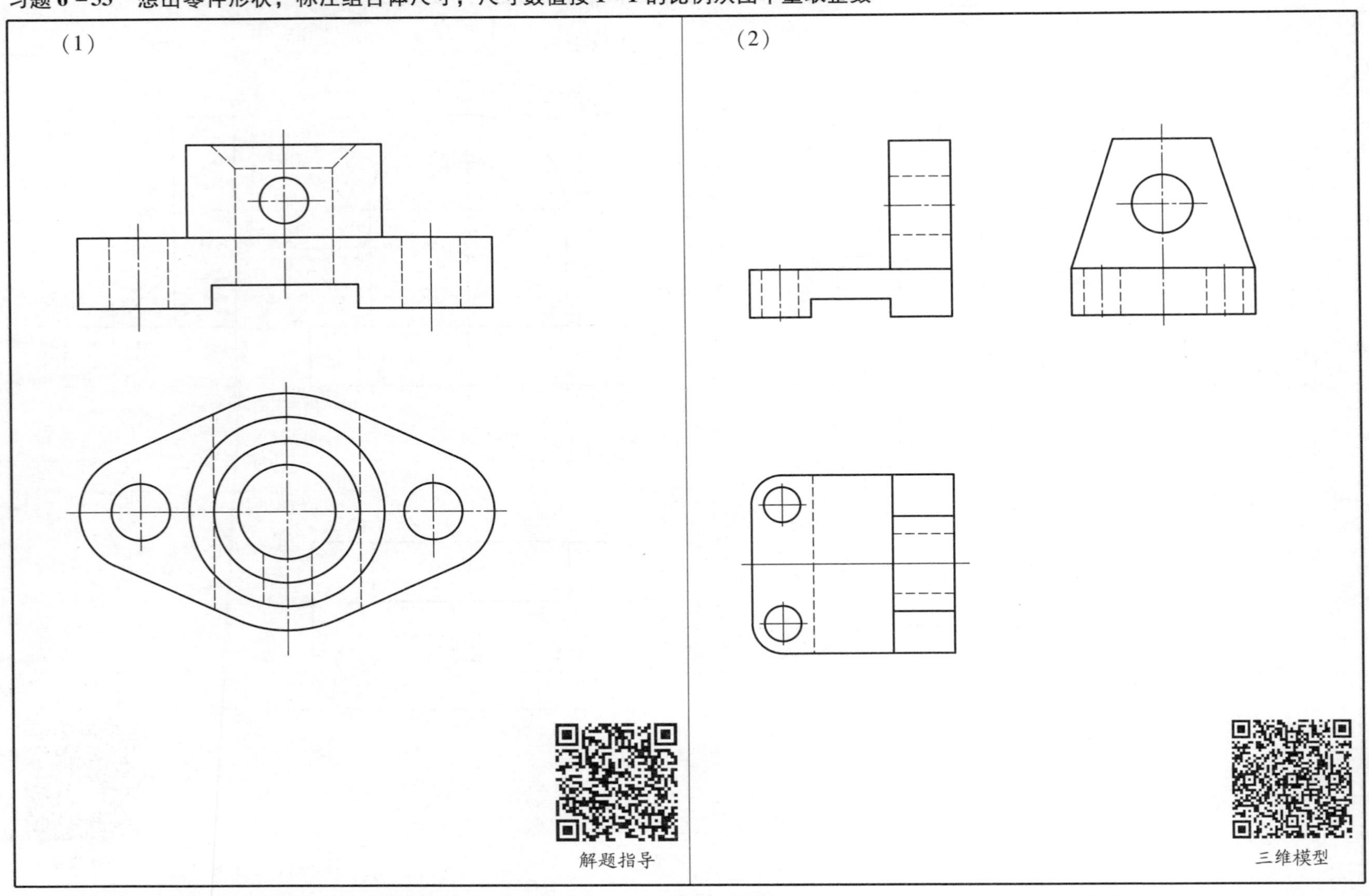

专业：　　班级：　　姓名：　　学号：

习题 6－34　想出零件形状，标注组合体尺寸，尺寸数值按 1∶1 的比例从图中量取整数

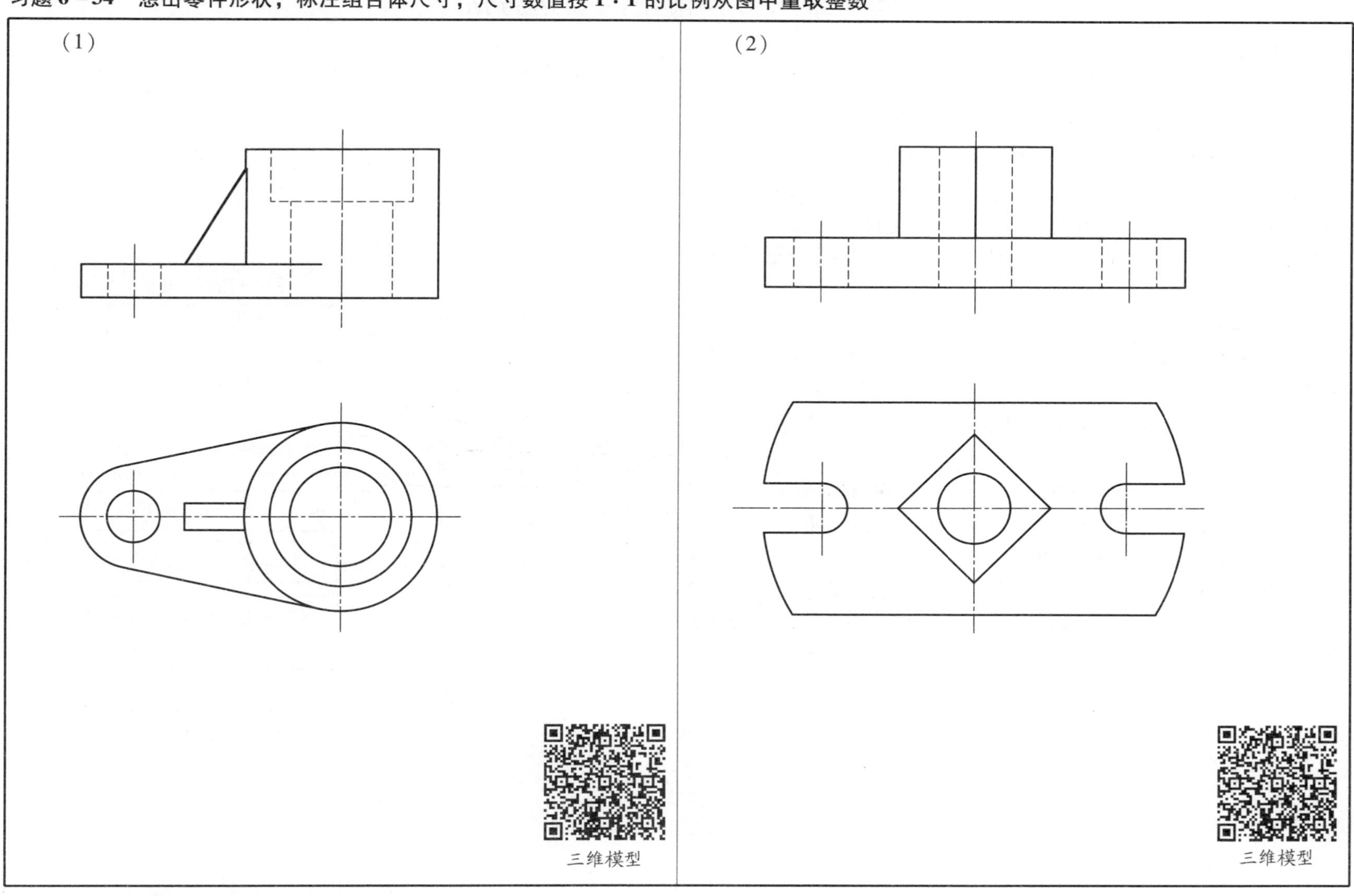

专业：　　　　　　　　班级：　　　　　　　　姓名：　　　　　　　　学号：

第 7 章　机件常用的表达方法

一、内容概要

1. 目的要求

本章是在三视图的基础上，学习《机械制图》国家标准规定的零件常用的 5 种表达方法（视图、剖视图、断面图、局部放大图、简化画法与规定画法），以便完整、清晰、简便、灵活地图示各种零件。学生应掌握这些表达方法中的相关理论、概念与规定，并能针对零件结构的特点，确定最佳表达方案，且准确无误地绘制图样。

2. 重点难点

（1）视图（基本视图和向视图、局部视图和斜视图）。视图主要用于表达零件外形。基本视图用于表达零件整体的外形；局部视图用于表达零件局部的外形；斜视图用于表达零件倾斜部分的外形。重点掌握每种视图的画法及相应的标注方法。

（2）剖视图。剖视图主要用于表达零件的内部结构。应针对零件的结构特点选择适宜的剖切面及剖视图的种类。重点掌握单一剖、阶梯剖、旋转剖、复合剖的适用条件以及在画法和标注方面的要求。重点掌握全剖视图、半剖视图、局部剖视图的应用条件及相应的画法规定。全剖视图适用于需表达整个内形的零件；半剖视图适用于内外形状均需表达的对称零件；局部剖视图适用于内外形状均需表达的非对称零件。

二、题目类型

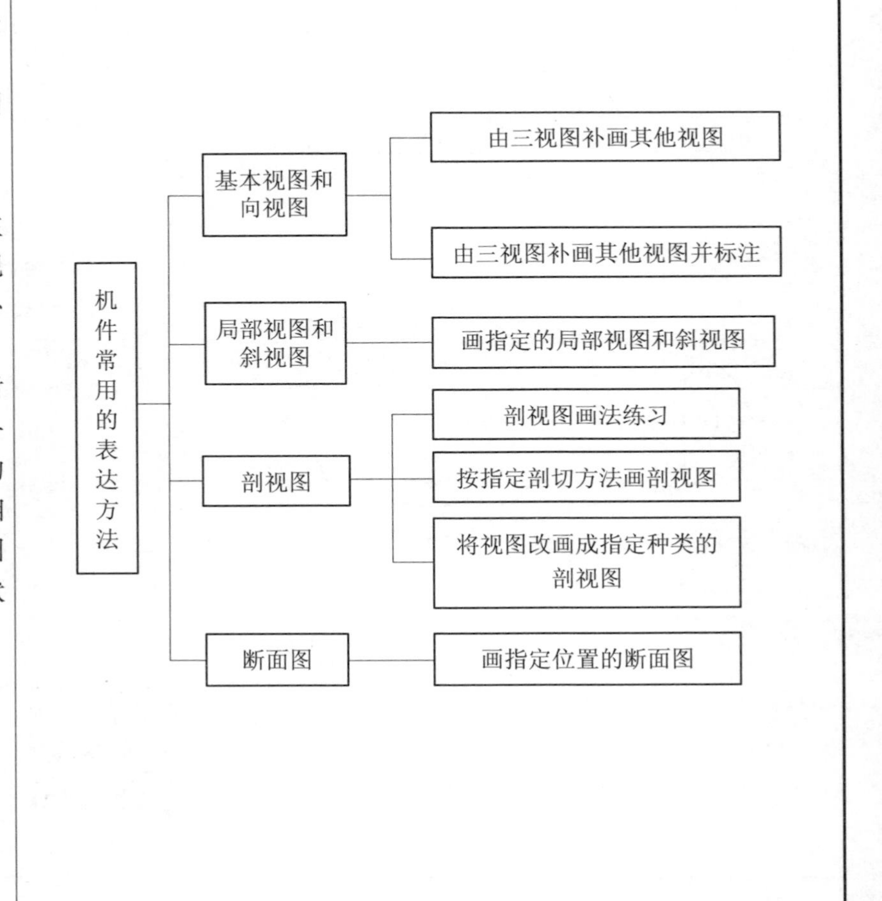

例 7-1 由三视图补画其他视图示例

题目 根据三视图补画零件的右视图、仰视图和后视图。

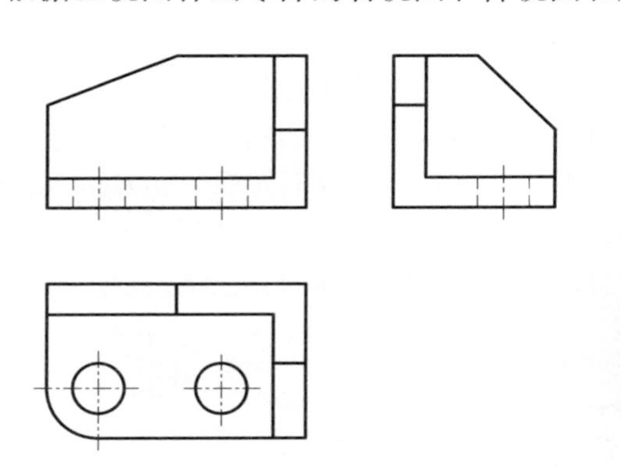

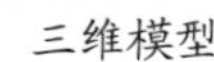

三维模型

分析 本题可按两种方法完成。

方法一 按基本投影面展开位置布置各个视图，无须任何标注。

方法二 为了在图纸上合理布局，可采用向视图的表达方法。将右视图、仰视图和后视图按右图所示位置布置，并进行标注。例如，在主视图右边画一个箭头同时注写字母 *A*，箭头所指方向为投射方向，即右视图的投射方向。再在右视图上方标注字母 *A* 作为视图名称。用同样的方法绘制仰视图 *B* 和后视图 *C*。

注意 箭头应尽可能在位置明显的主视图附近标注。条件不允许时也可以标注在其他视图上。例如，主视图只能反映零件的左右和上下方向，因此后视图的投射方向就无法在主视图上标注，故本例选择的标注位置是在右视图 *A* 旁边，字母 *C* 下方的箭头方向表示由零件的后方指向前方，故 *C* 向视图为后视图。

方法一　解题结果

方法二　解题结果

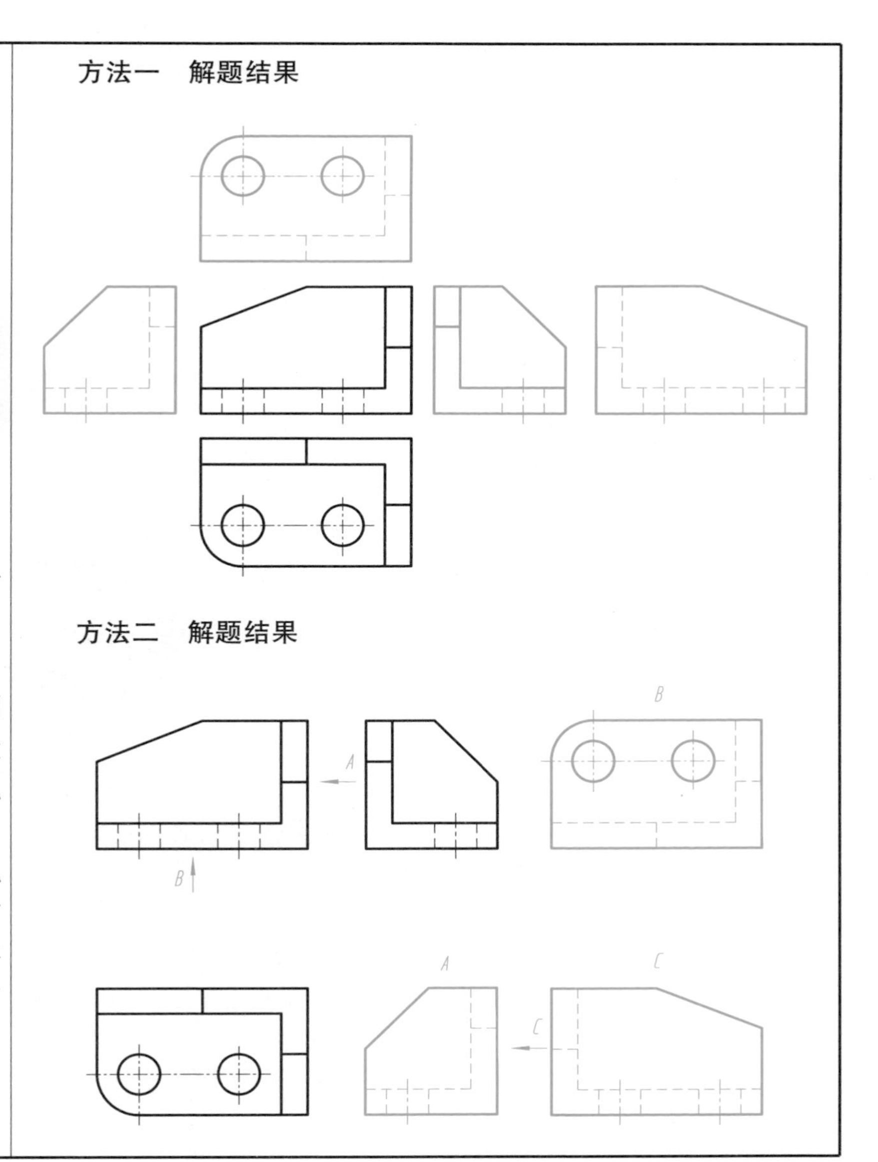

例 7-2　画指定的局部视图和斜视图示例

题目　根据给出的一组视图，补画 *B* 向视图和 *C* 向视图。

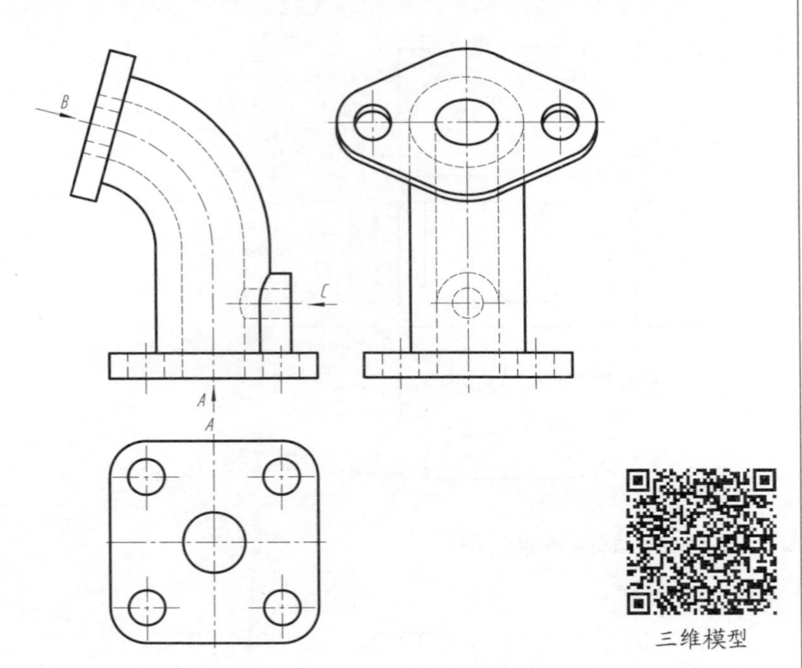

分析　已给出的一组视图不能反映零件左上方的倾斜结构和右下方凸台的形状及前后位置，故采用 *B* 向斜视图和 *C* 向局部视图作补充表达。

注意

（1）*B* 向斜视图应按主视图左上方箭头指引的方向进行投影，在画出的斜视图上方标注的视图名称应与箭头上方标注的字母相同。也可以将图形旋转（如右下部的图所示），但必须在旋转后的斜视图上方画出与实际旋转方向一致的旋转符号，字母应靠近旋转符号的箭头端。

（2）*C* 向局部视图与表示该局部结构的主视图按投影关系（高平齐）配置，并按向视图的方法进行标注。条件不允许时，可将局部视图画在图纸的其他地方并标注。

（3）*B* 向斜视图所表示的倾斜结构是完整的，且外形轮廓是封闭的，这种情况下只画出封闭的外形轮廓。而 *C* 向局部视图所表示的局部结构尽管外形轮廓封闭，但并不是独立的，这种情况下用波浪线将画出的局部结构与省略未画的其他结构视图分开。

解题结果

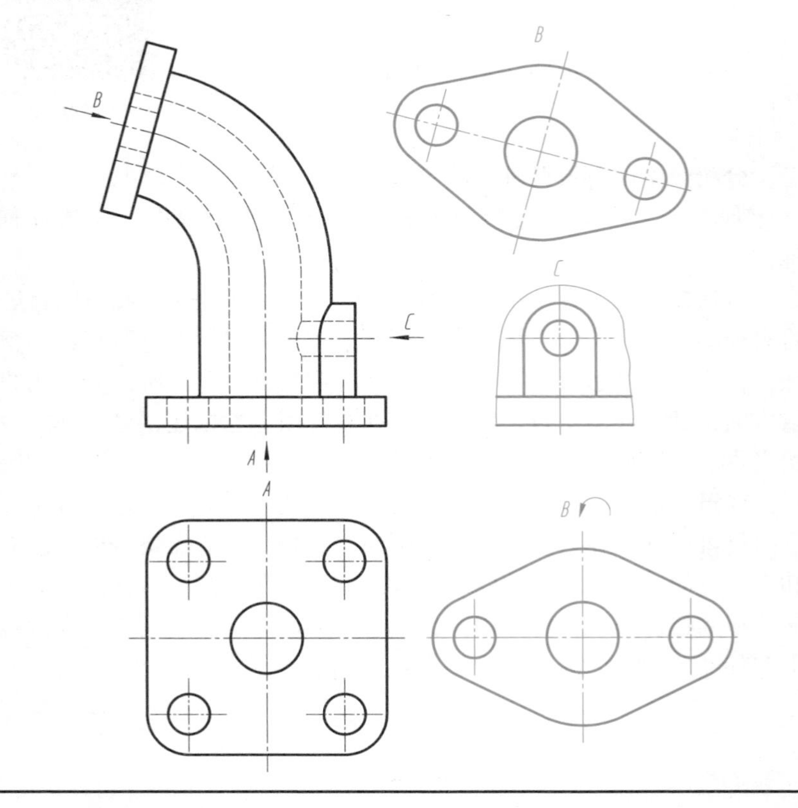

例 7－3 将零件的视图改画成剖视图示例

题目 将零件的主视图改画成剖视图。

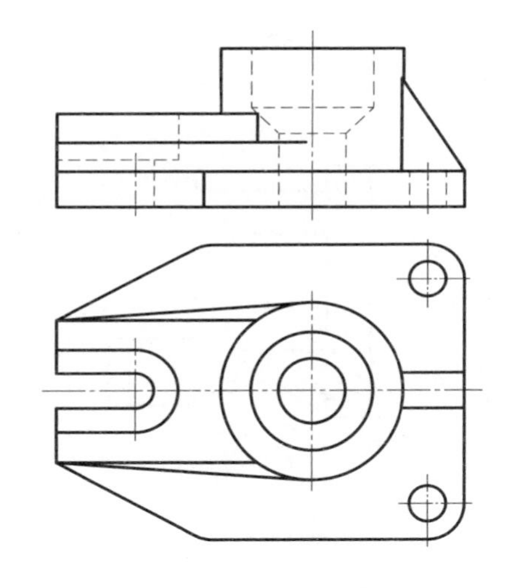

三维模型

分析 零件前后对称，剖切面沿对称面剖切，剖切到空心圆柱体、肋板、底板、与底板和圆柱体均相交的平台。底板上的孔和位于底板上面平台前后的附加板未剖切到。

注意

（1）画出剖切面与零件内外表面的交线（剖断面）和剖切面后面的可见轮廓线。因剖切面沿肋板纵向对称面剖切，故应画出与肋板邻接的圆柱和底板的轮廓及两者区间内的肋板轮廓。

（2）在剖断面上画出剖面线，其间隔应均匀，方向应一致。纵向剖切的肋板区域不画剖面线。

（3）未剖到的底板上的通孔因在俯视图上没有表示出“通”的情况，故在剖视图中用细虚线画出。同理，附加板的投影也用细虚线画出。

解题结果

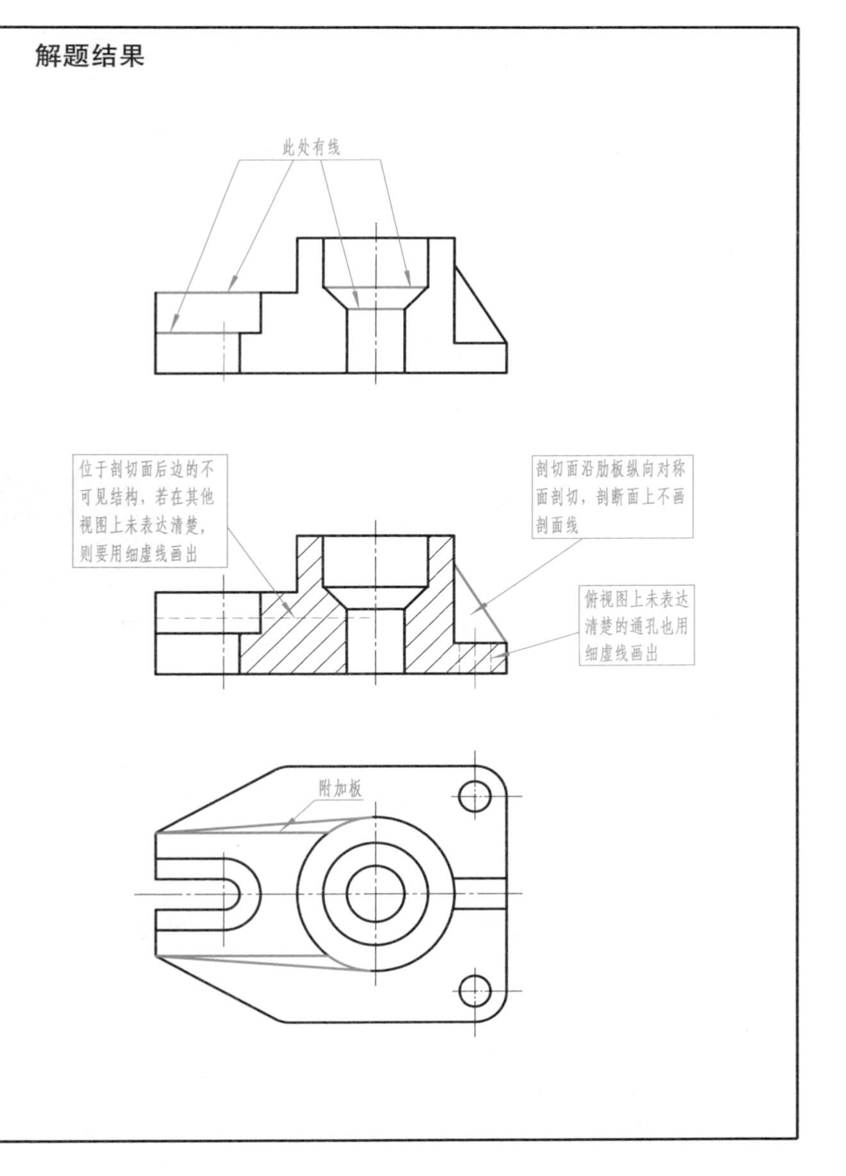

例 7-4　用指定方法作剖视图示例

题目　用相交的两个剖切面将零件的主视图画成（旋转）剖视图。

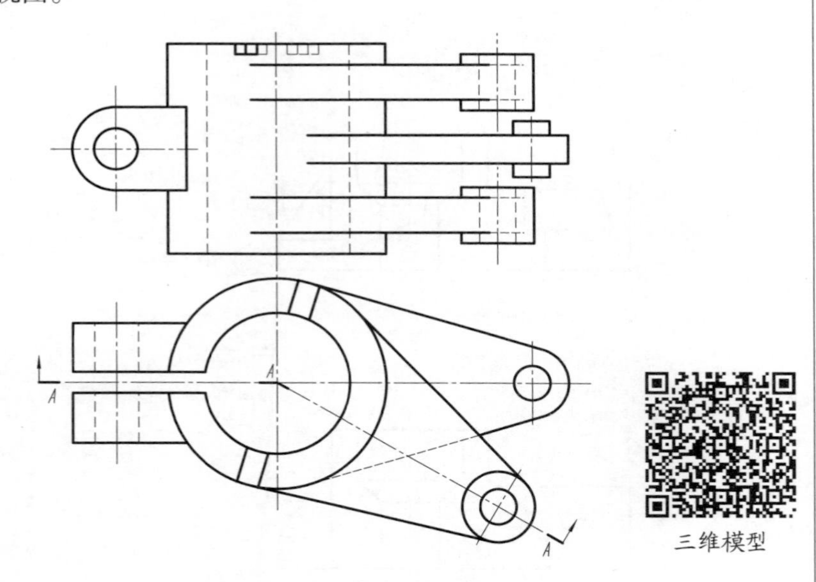

分析　零件右面有两块板与正投影面倾斜，故用一个铅垂的剖切面沿两斜板的对称面剖切，这样与零件左面结构所采用的正平剖切面形成相交的两个剖切面，如俯视图上剖切符号所示。此时，零件右面与正投影面不倾斜的板仅被剖切到一部分。

注意

（1）铅垂剖切面剖开的上、下两块板绕两剖切面交线旋转到与正投影面平行后再进行投射。

（2）未完整剖切到的板可按不剖处理，其投影只画到与之相邻结构的剖断面。

（3）位于剖切面后面的可见开槽按原来的位置画出，即该结构不应视为随剖切面一起旋转。

解题结果

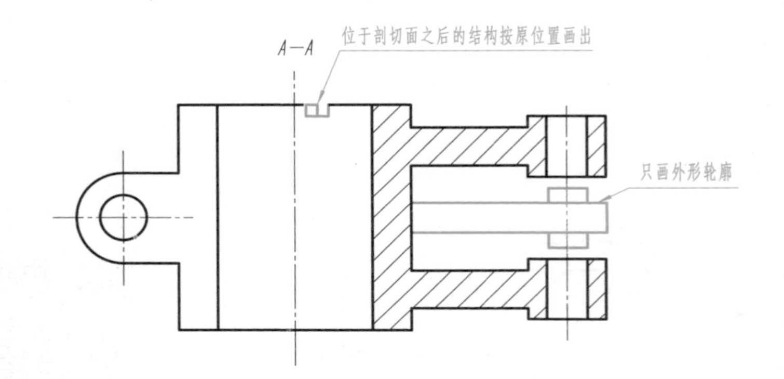

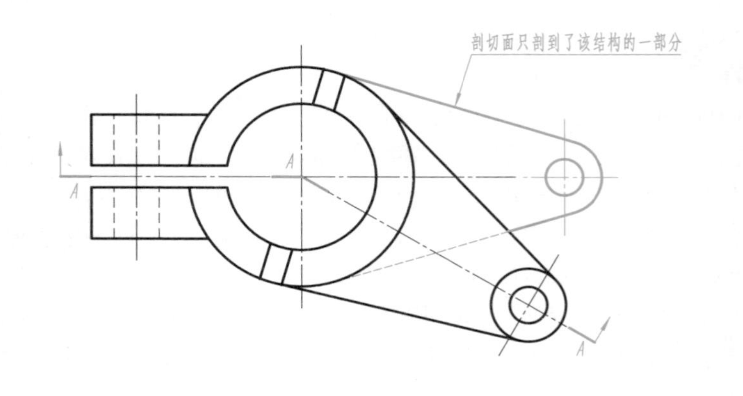

例 7-5　选择适当剖切方法画剖视图示例

题目　用互相平行的剖切面（阶梯剖），将零件左视图画成剖视图。

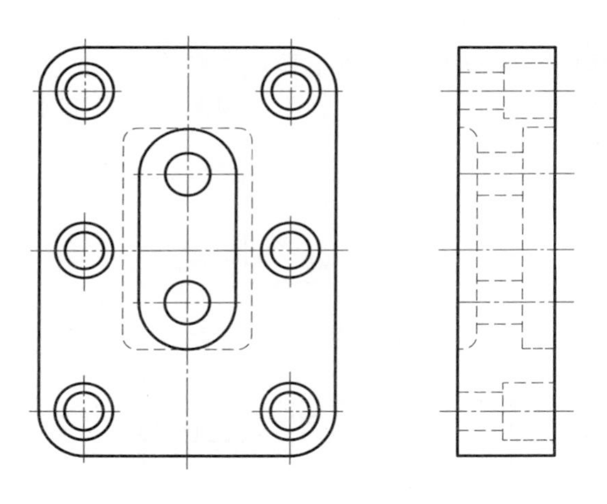

三维模型

分析　该零件上的内部结构位于左右不同的层面上，故应选用两个互相平行的侧平面进行剖切。

注意

（1）在主视图上标注剖切符号。解题结果如右图所示，左面的剖切面用来剖切一个阶梯孔（相同的结构剖开一个即可），右面的剖切面经过左右对称面用来剖切其余内部结构。两个剖切面转折的位置选择在阶梯孔与中心结构轮廓的空白区，避免与图中的粗实线或细虚线重合、相交。

（2）画剖视的左视图。两个剖切面剖到的断面合成到一个图面上，之间不应画出剖切面转折处的投影。除画出被剖切面实际剖到的一个阶梯孔外，其他的阶梯孔只用细点画线表示它们的位置。

（3）在作阶梯剖时，剖切面经过的位置以及剖切面的转折的选择，原则上不允许使剖视图上出现结构投影的不完整要素，如错误示例图所示。

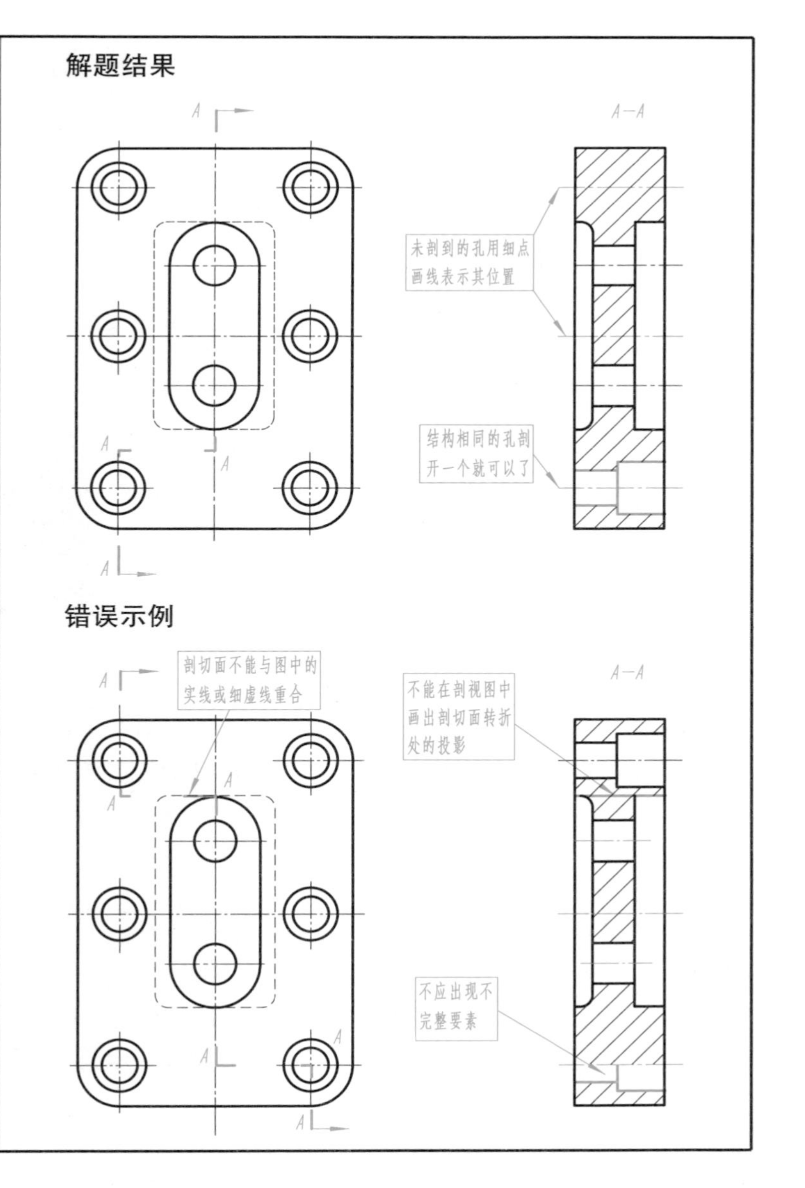

例 7-6 画指定种类的剖视图示例

题目 根据零件的主、俯视图，将主视图改画成半剖视图。

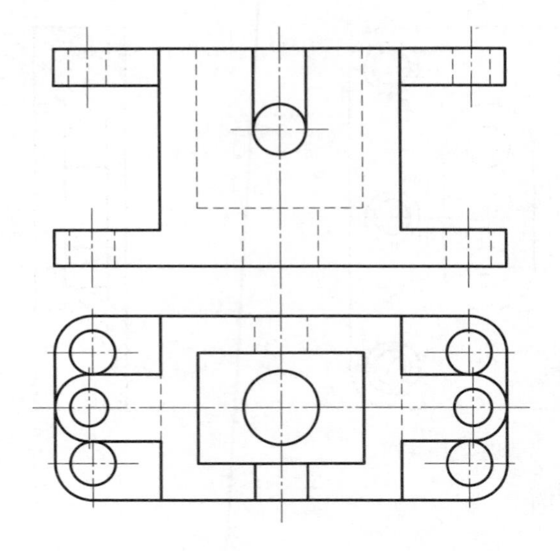

三维模型

分析 半剖视图适用于内外形状均需表达的对称零件。本例中的零件结构符合上述条件。除了其所有内部结构均需表达外，前壁上的半长圆通槽和后壁上的通孔仅在俯视图上是不能表达清楚的，故在主视图上要保留它们的投影，以表示其形状及位置。

注意

（1）画半剖的主视图。以对称中心线（细点画线）为界，左边画半个视图，右边画半个剖视图，合成为半剖视图。

（2）由于剖切面经过零件的前后对称面，底板上的 4 个通孔没有剖切到，因此在半个剖视图中只用细点画线表示其位置。

（3）在半个视图中，对于在半个剖视图中已经表达清楚的内部结构（剖到的孔）不再用细虚线画出。但底板上的孔因尚未表达清楚，故仍然用细虚线画出。零件上端左右对称伸出的搭子，其上的孔已在半个剖视图中剖到，因此在半个视图中也只用细点画线表示该孔的位置。

解题结果

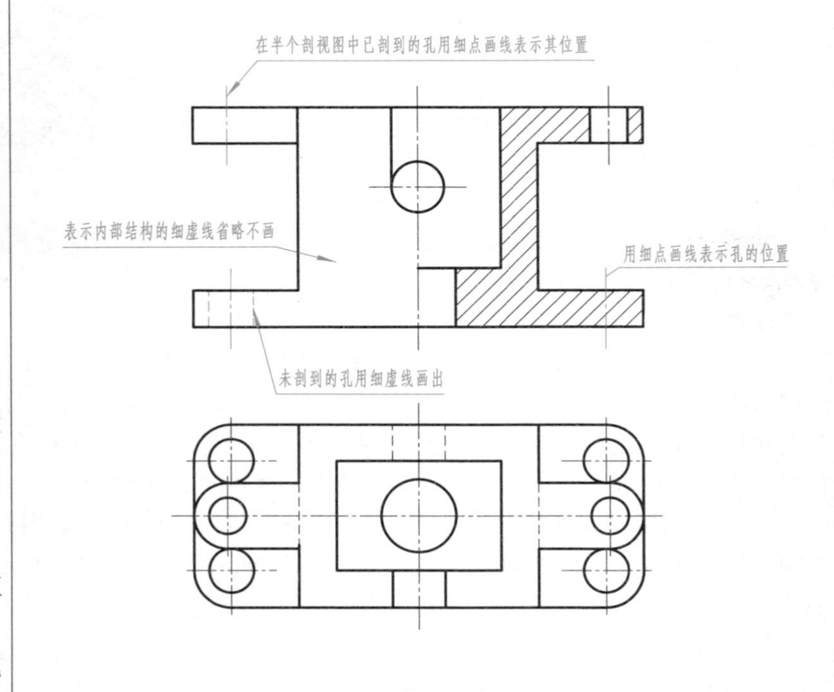

例 7－7　画指定种类的剖视图示例

题目　根据零件的主、俯视图，采用局部剖视图重新表达该零件。

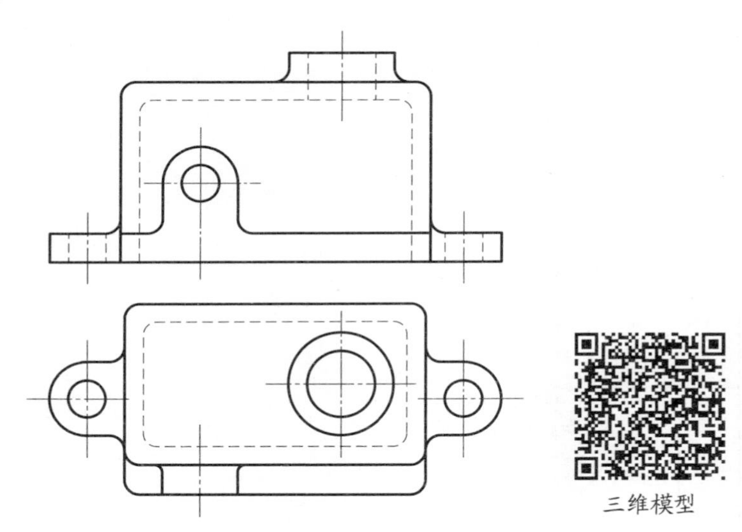
三维模型

分析　局部剖视图适用于内外形状均需表达的非对称零件。本例中零件的结构在各个方向上均不具备对称性，既有内腔、内孔需要剖视，又有外表分布的凸台需用视图表达，适合用局部剖视图表达其整体形状。

注意

（1）将主视图改画成局部剖视图。剖视部分主要表达内腔在长度方向的变化情况、顶部凸台及通孔、底脚及通孔。视图部分表达前壁凸台的形状与位置，以及底脚和总体间的轮廓，如解题结果中主视图所示。

（2）将俯视图改画成局部剖视图。剖视部分用来表达前壁凸台孔与内腔相通情况，以及内腔前后变化情况。视图部分主要用来表达顶部凸台以及底脚的形状与位置，如解题结果中俯视图所示。

（3）局部剖视图中，剖视图与视图之间用波浪线作为分界线。波浪线不能与图中的实线或虚线重合，零件结构中空部位的投影处不能画波浪线，如错误示例图所示。

解题结果

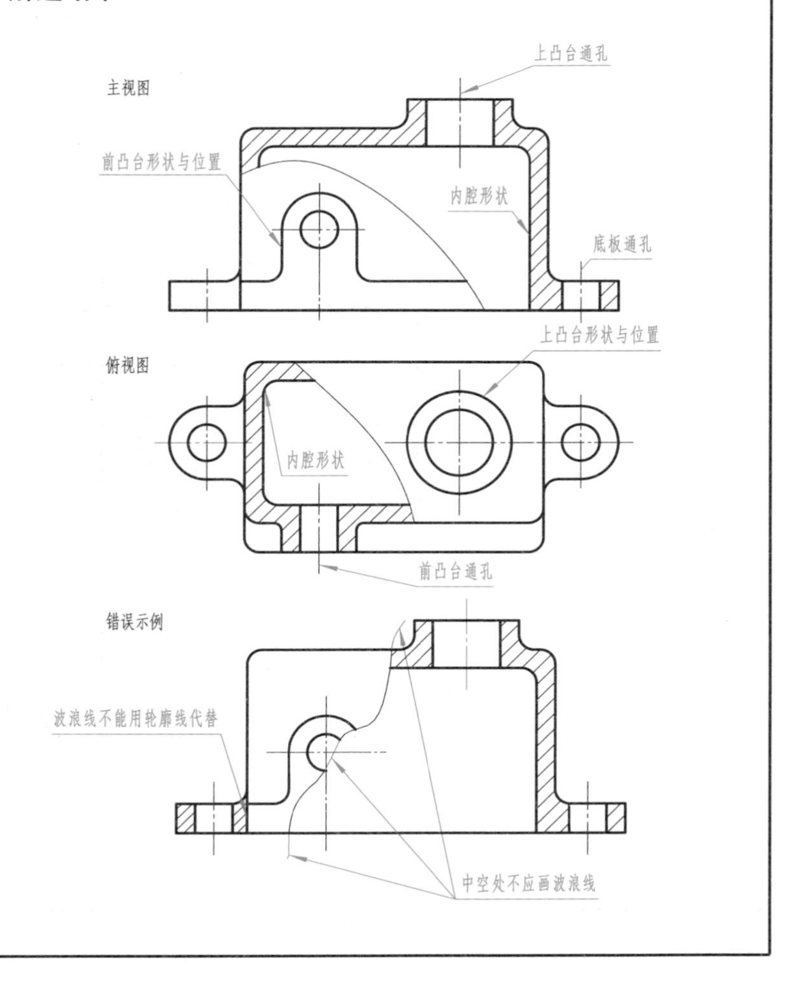

根据已给的主视图、俯视图和左视图，补画该零件的另外 3 个基本视图。

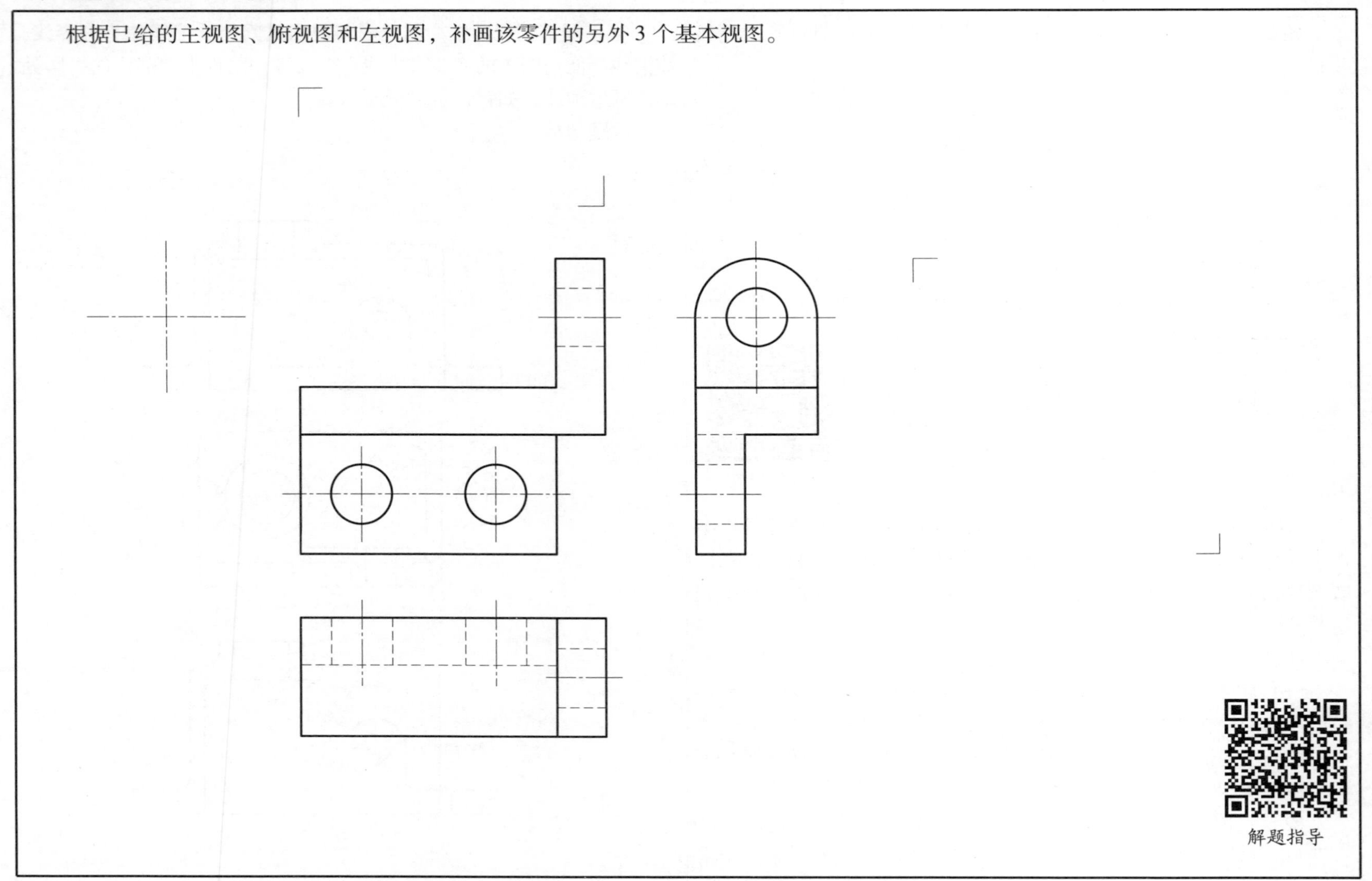

专业：　　班级：　　姓名：　　学号：

习题 7－2　视图

在指定位置画出零件的向视图。

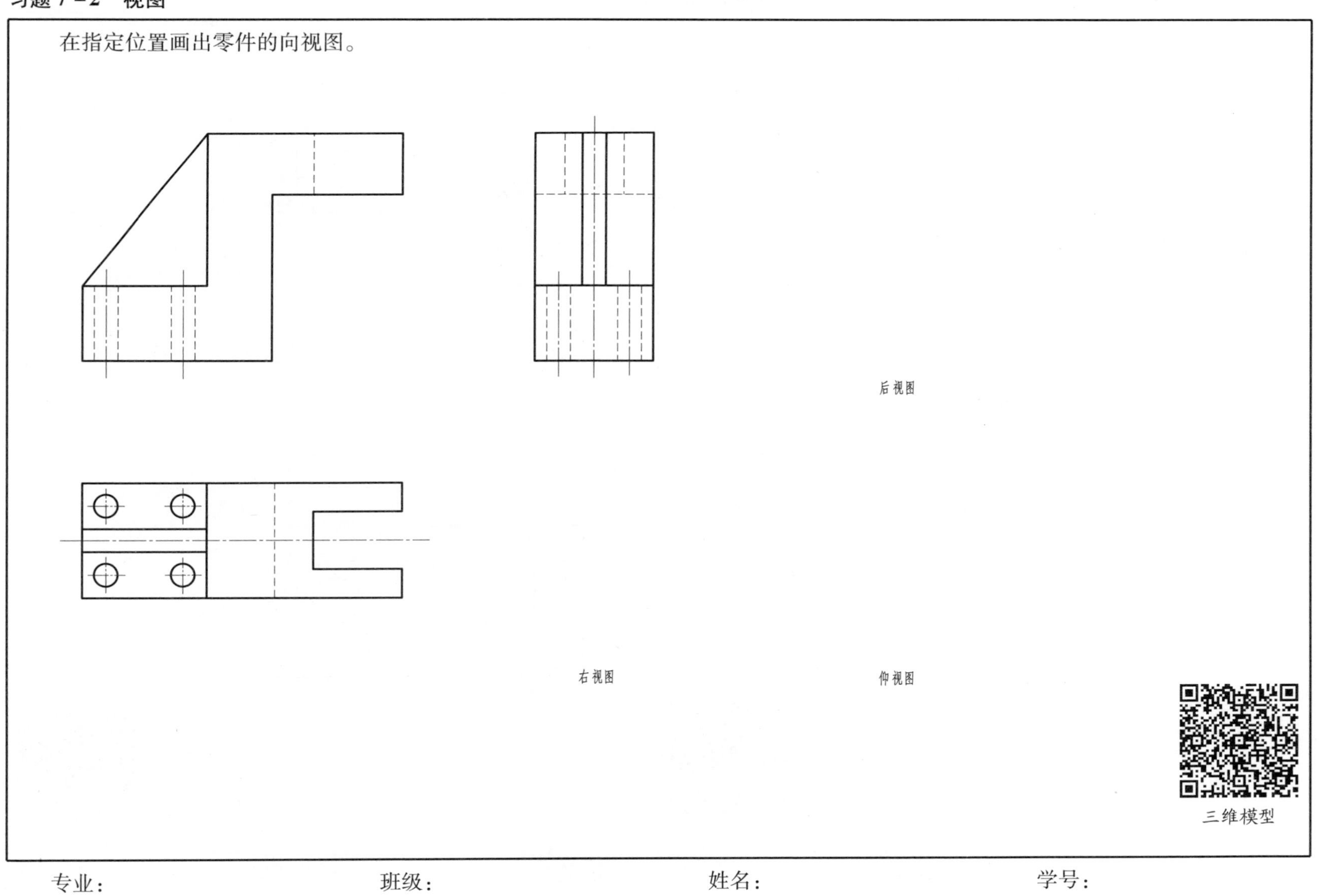

专业：　　　　班级：　　　　姓名：　　　　学号：

习题 7－3　视图：根据主、俯视图，画出 *A* 向斜视图和 *B* 向局部视图

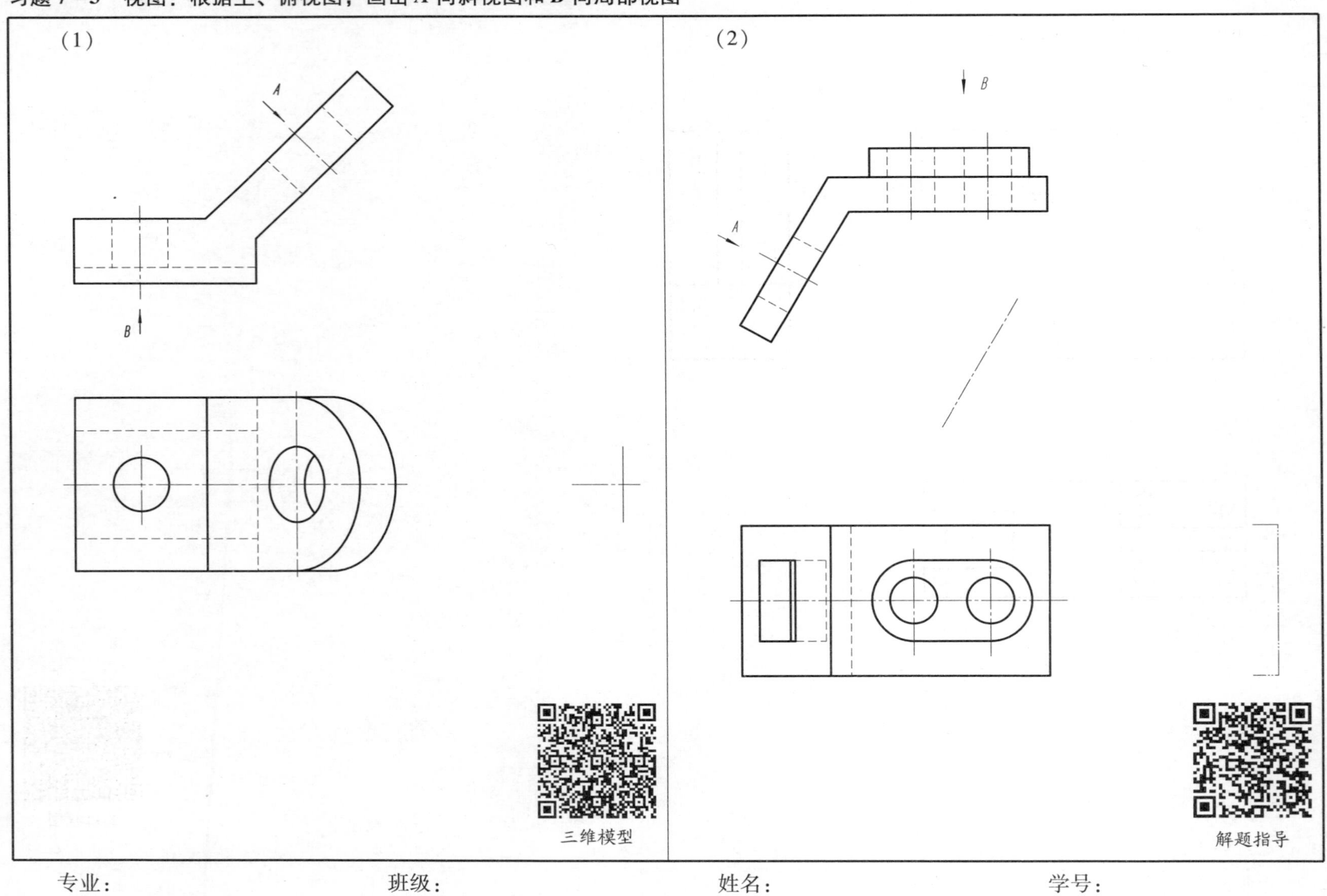

专业：　　班级：　　姓名：　　学号：

习题 7－4　视图：画出 *A* 向局部视图和 *B* 向斜视图

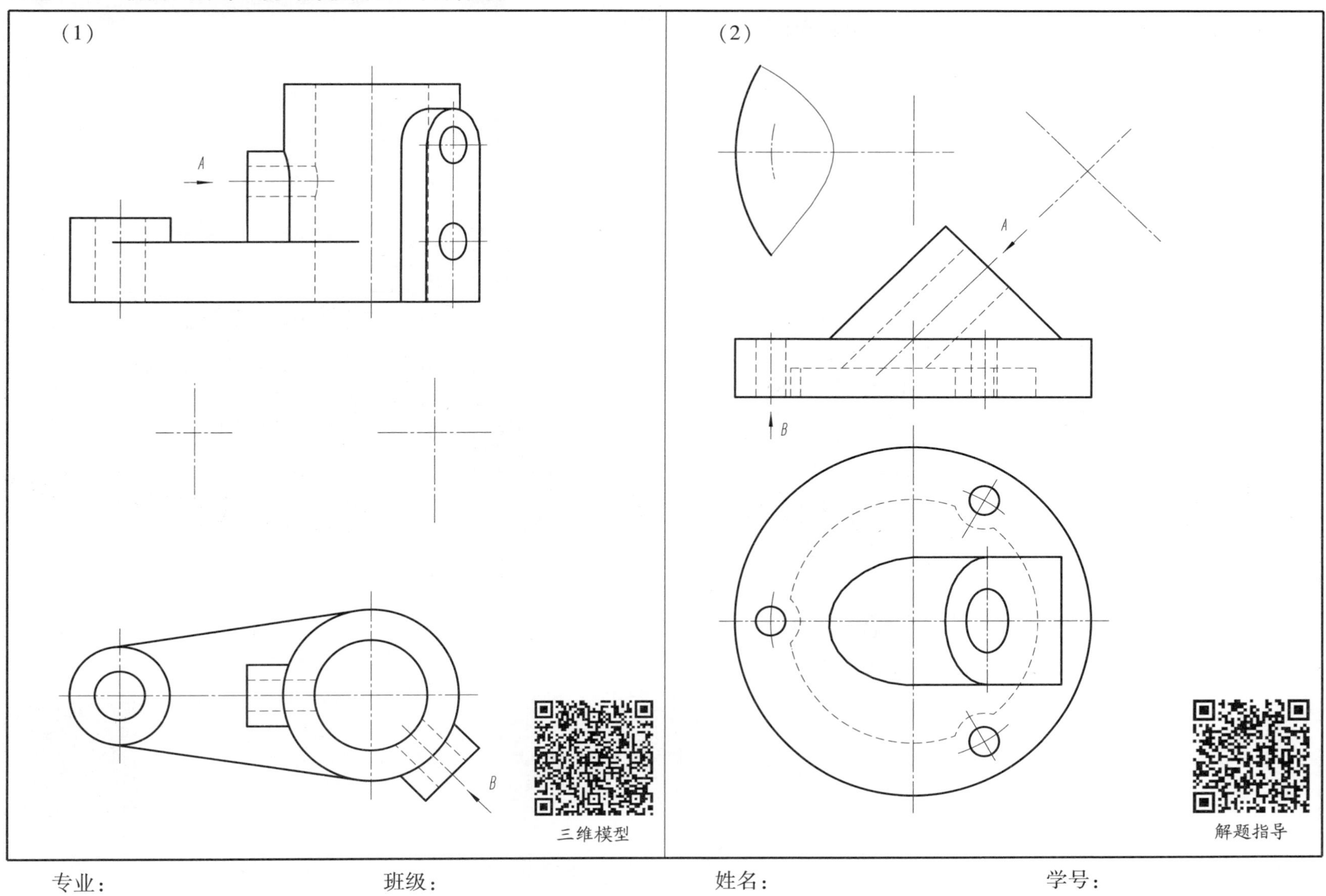

专业：　　　　　　班级：　　　　　　姓名：　　　　　　学号：

习题 7－5　剖视图

根据零件的轴测图及俯视图，将主视图画成剖视图。

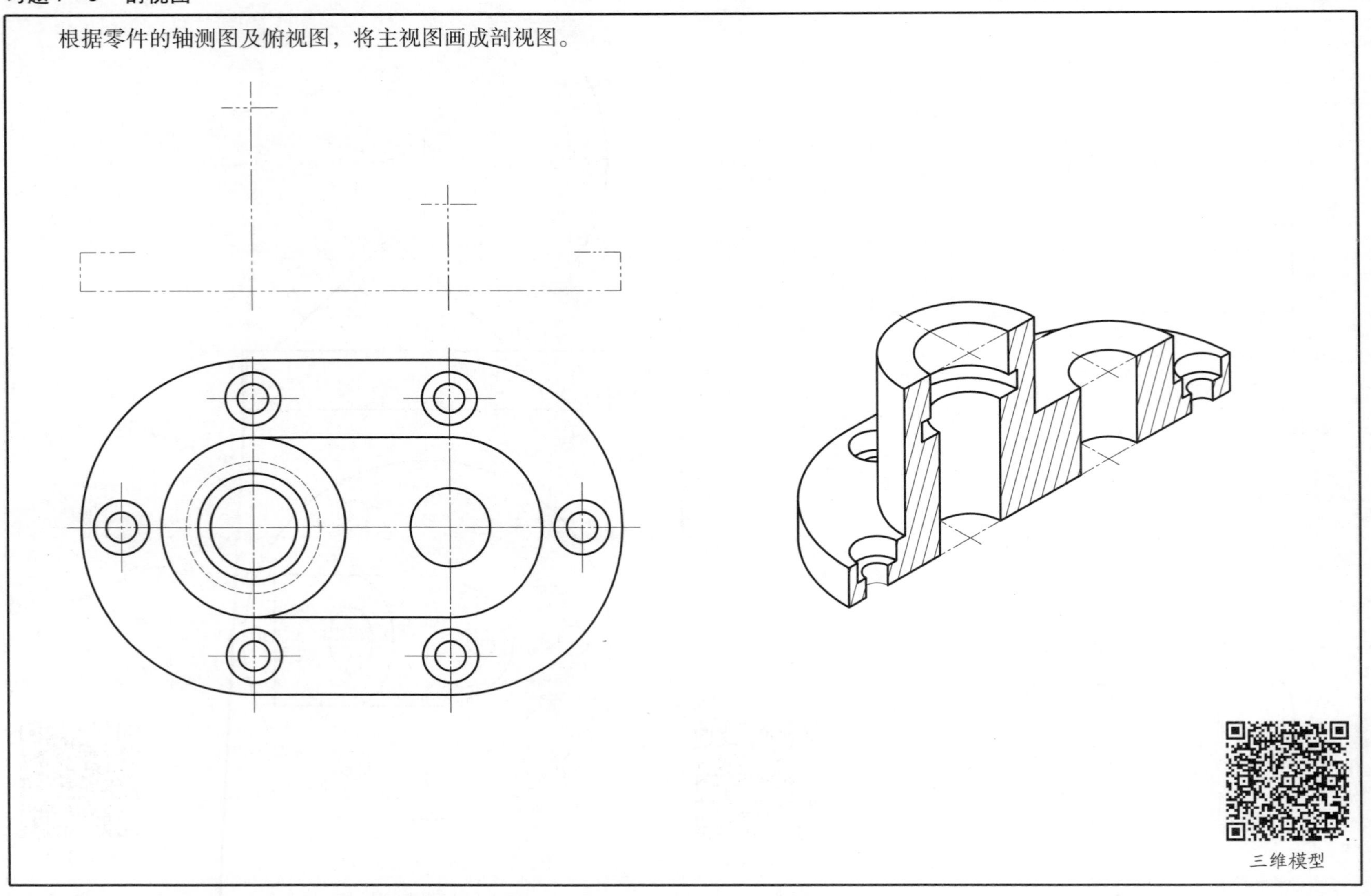

专业：　　　　班级：　　　　姓名：　　　　学号：

习题 7 – 6　剖视图：补齐剖视图中所缺的图线

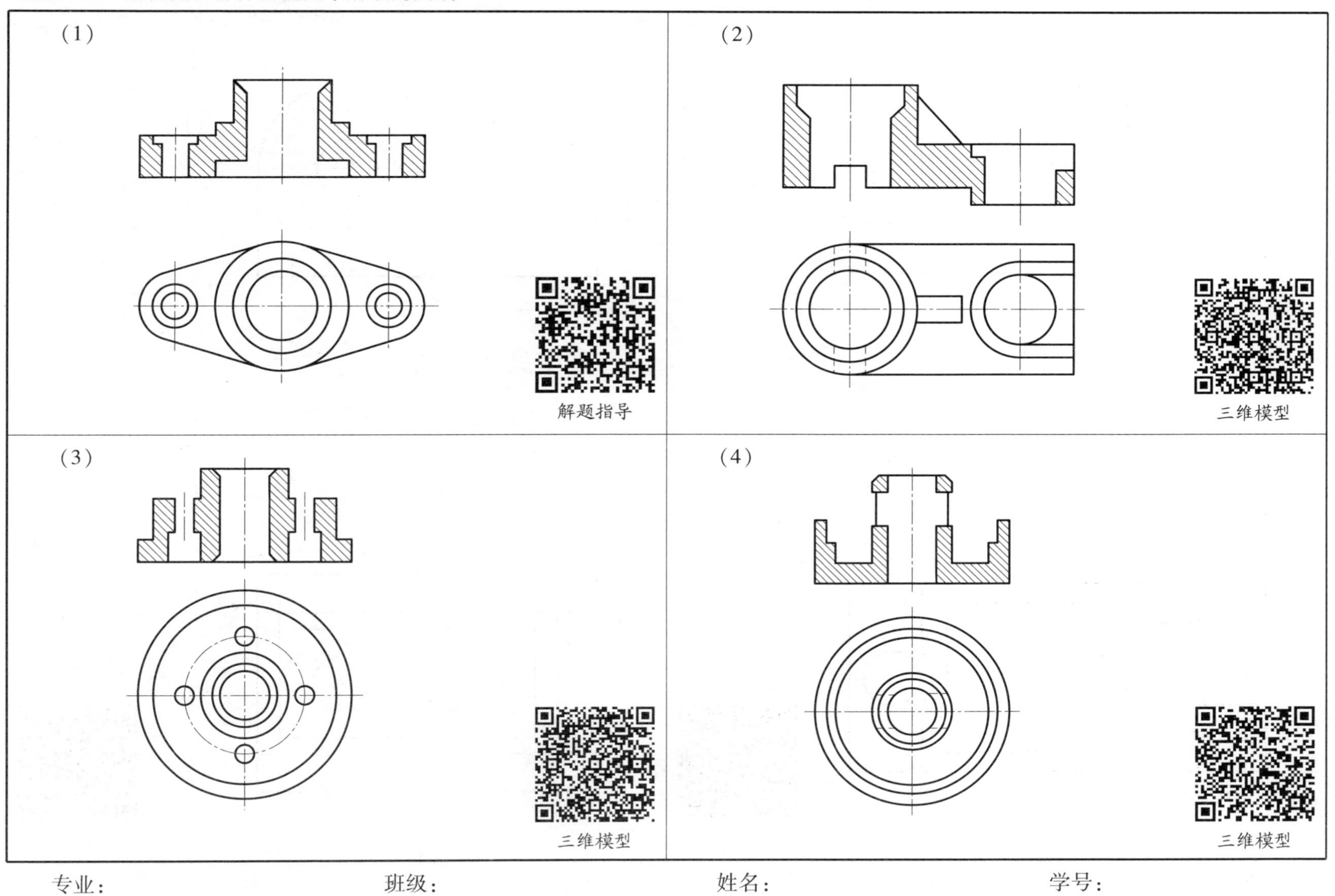

专业：　　　　　　班级：　　　　　　姓名：　　　　　　学号：

习题 7－7　剖视图：将零件的主视图改画成剖视图

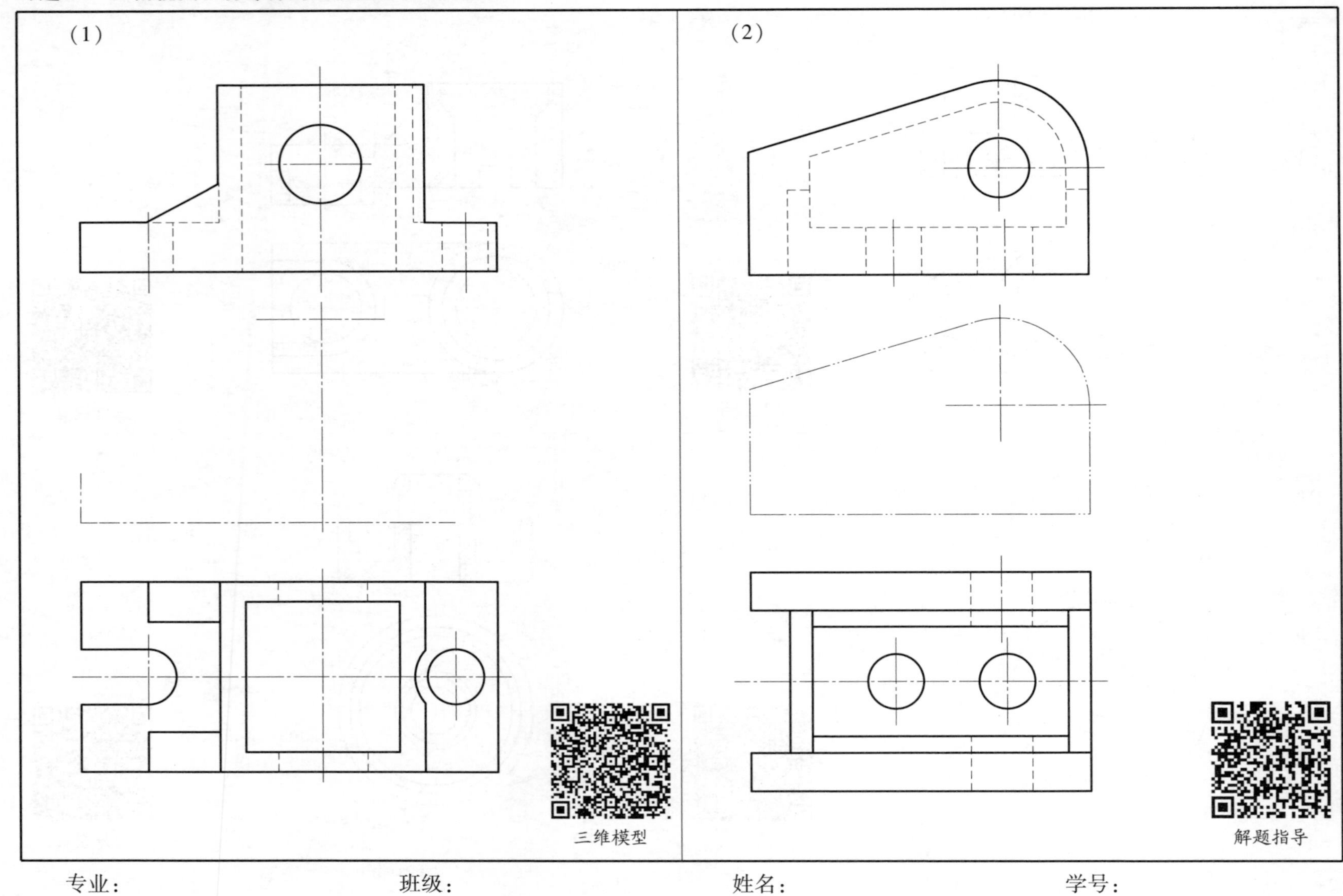

专业：　　班级：　　姓名：　　学号：

习题 7－8　剖视图：将零件的主视图改画成剖视图

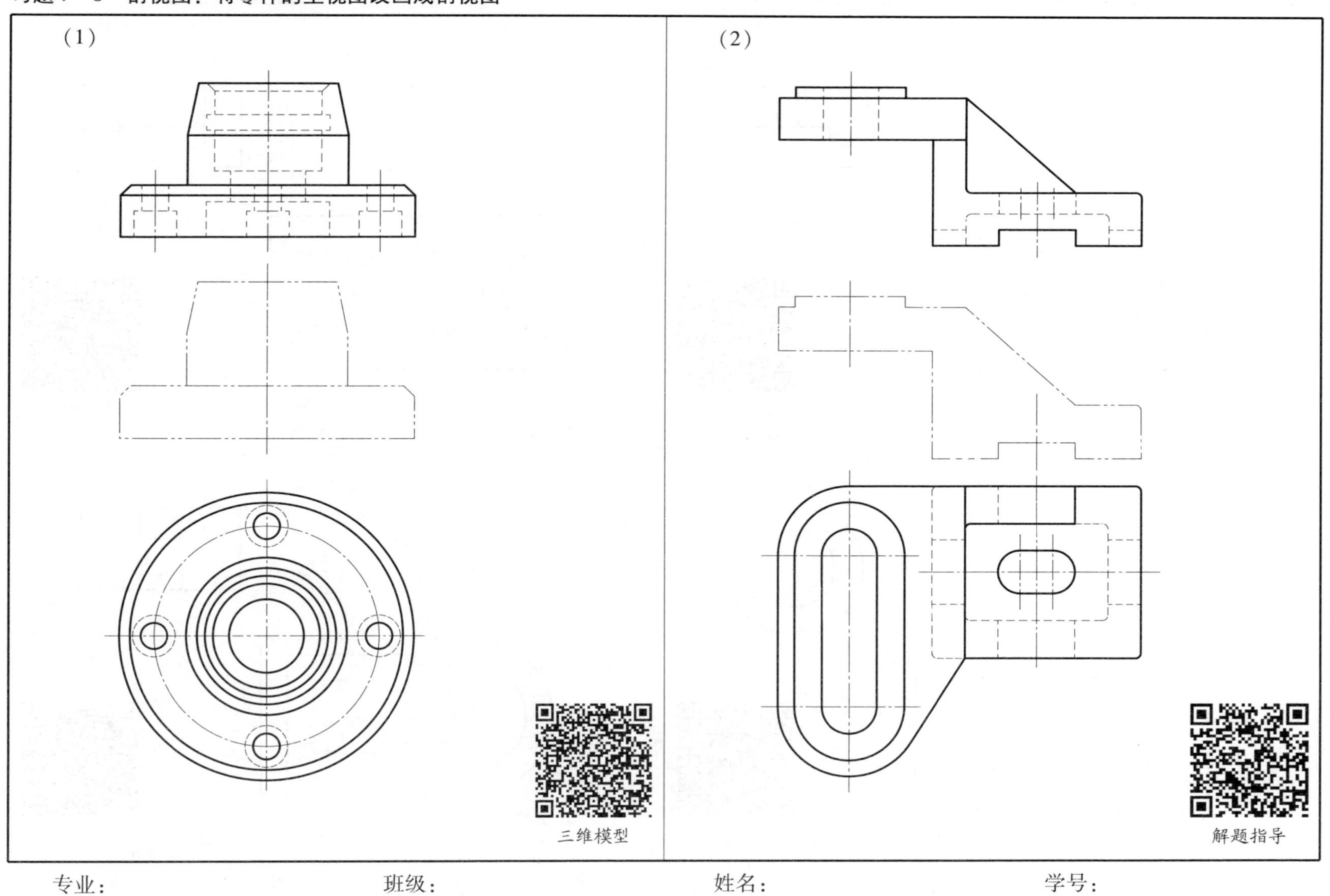

专业：　　　　班级：　　　　姓名：　　　　学号：

习题 7－9　剖视图：将零件的主视图改画成全剖视图

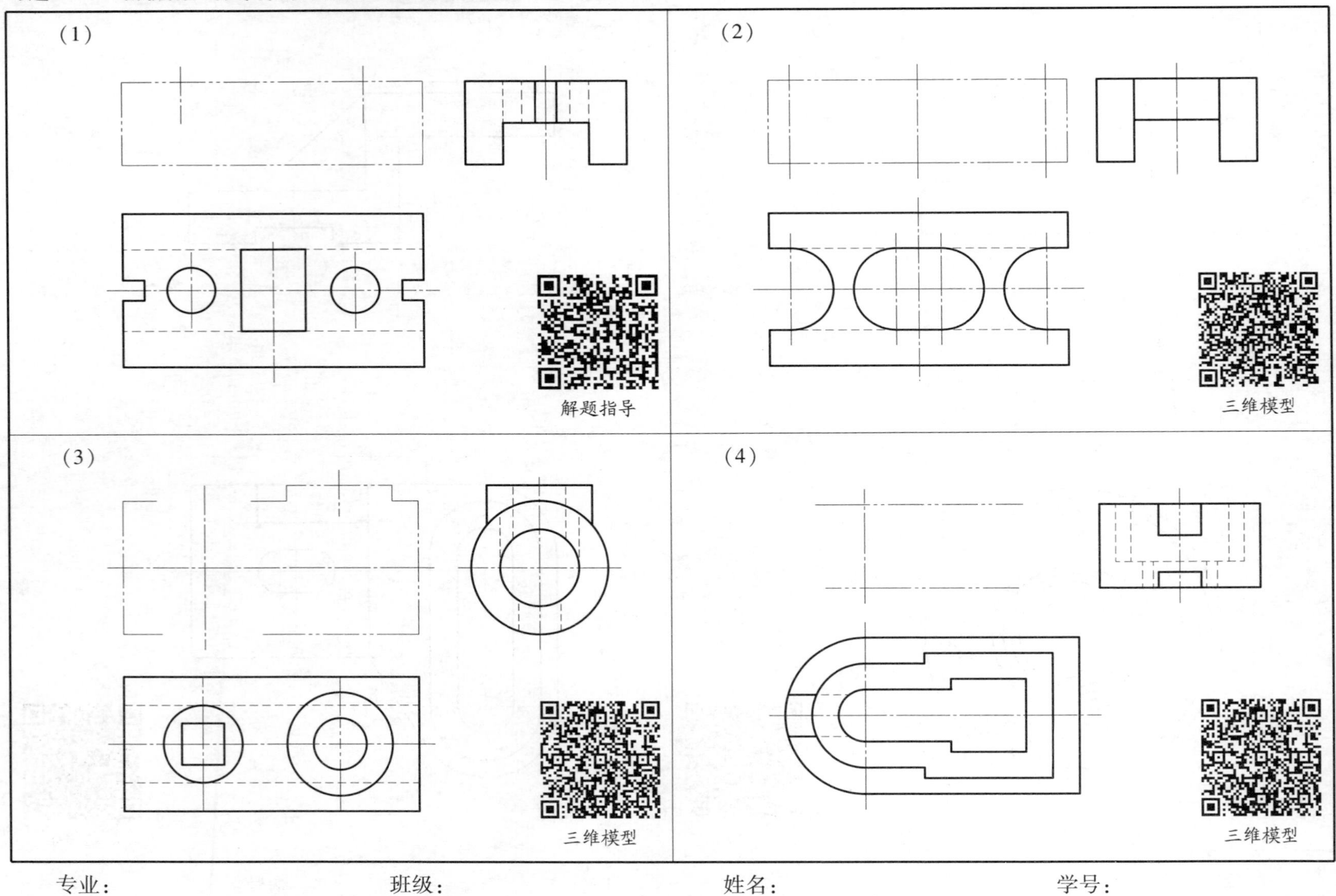

专业：　　　　班级：　　　　姓名：　　　　学号：

习题 7－10　剖视图：采用互相平行的剖切平面，将零件的主视图改画成剖视图

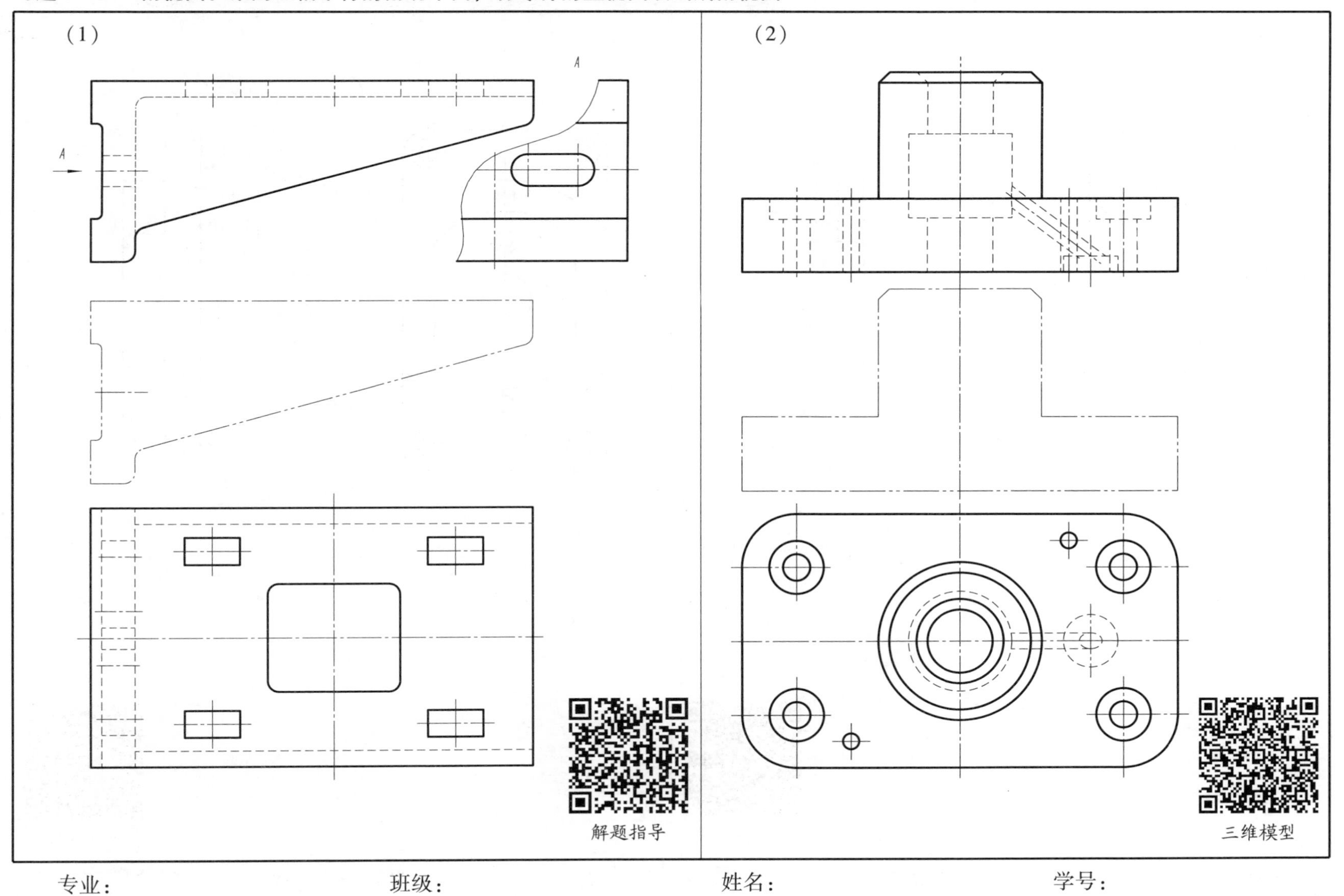

专业：　　　　　　班级：　　　　　　姓名：　　　　　　学号：

习题 7-11　剖视图：采用互相平行的剖切平面，将零件的左视图改画成剖视图

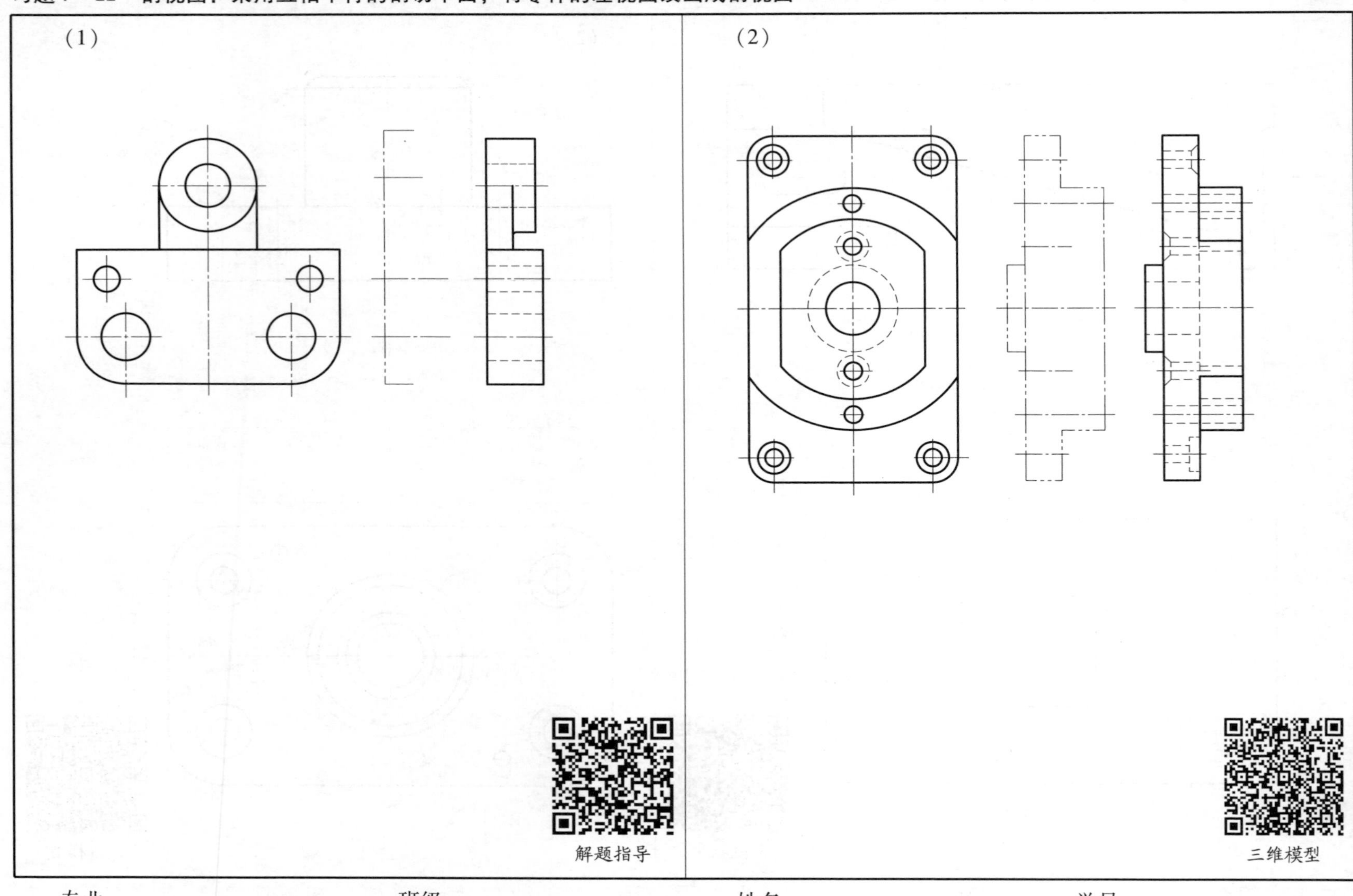

专业：　　　　班级：　　　　姓名：　　　　学号：

习题 7 – 12　剖视图：采用两个相交的剖切平面将零件的左视图改画成剖视图

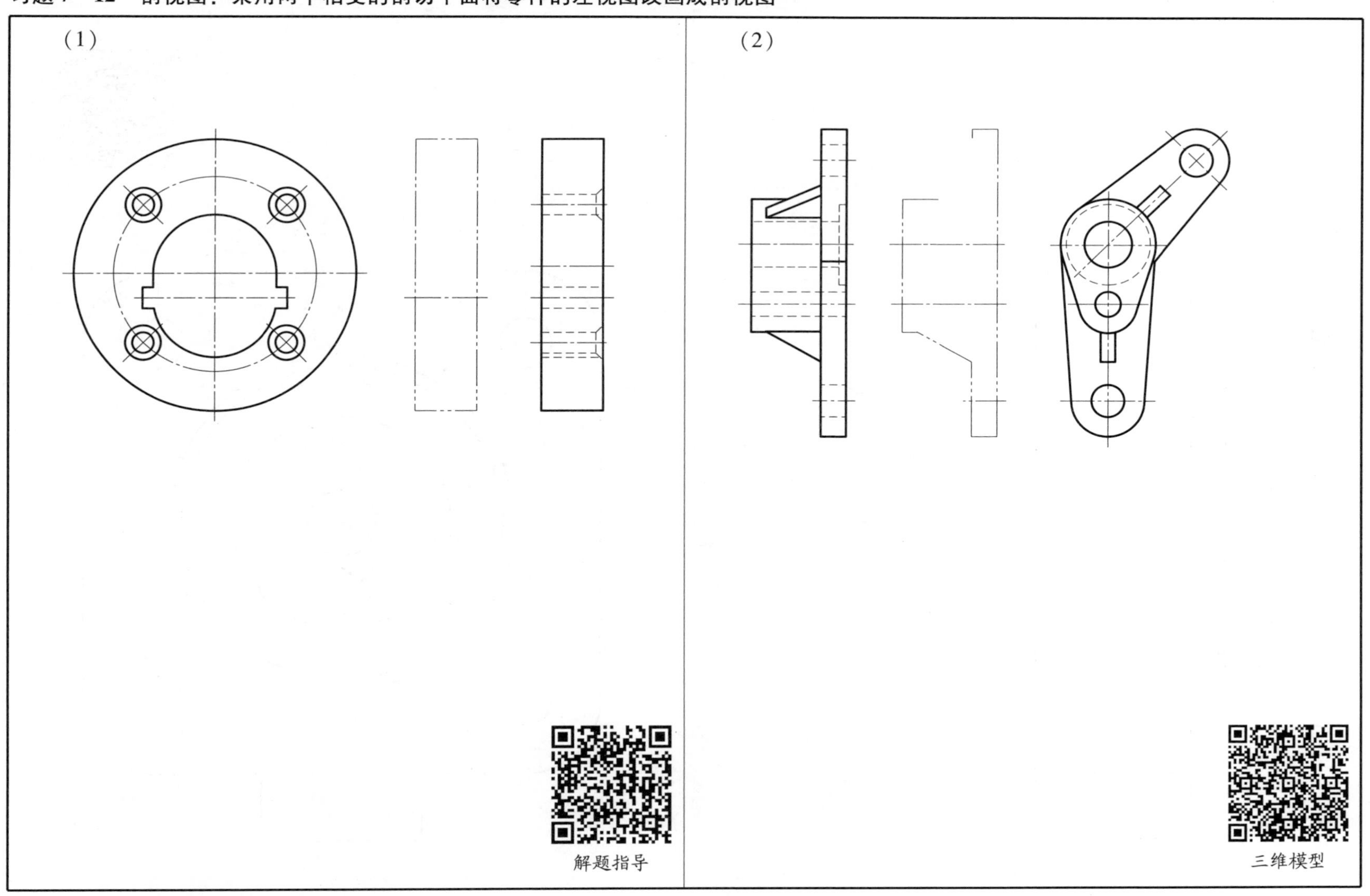

专业：　　　　　　班级：　　　　　　姓名：　　　　　　学号：

习题 7－13　剖视图

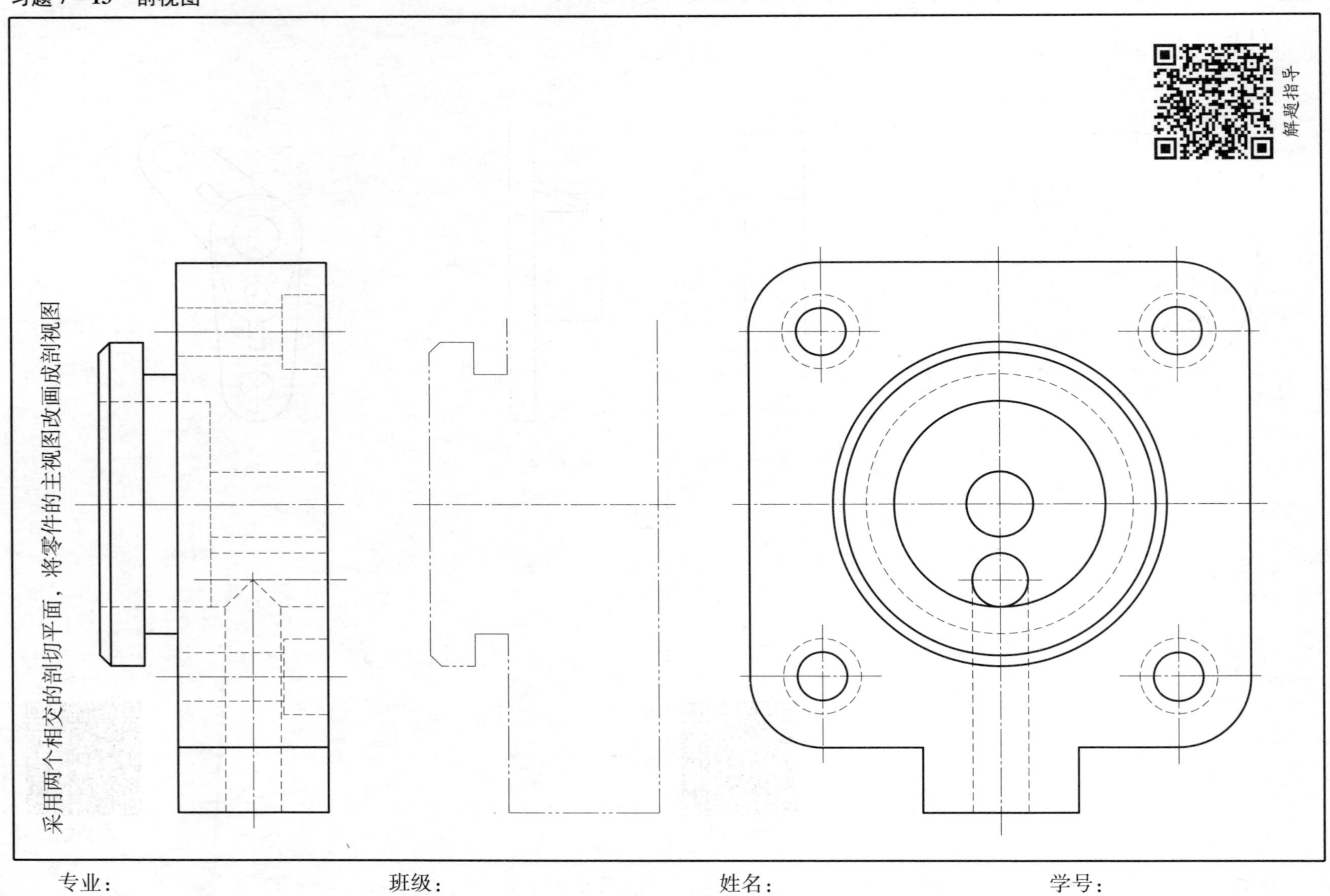

专业：　　　　班级：　　　　姓名：　　　　学号：

习题 7－14　剖视图：将零件的主视图改画成半剖视图

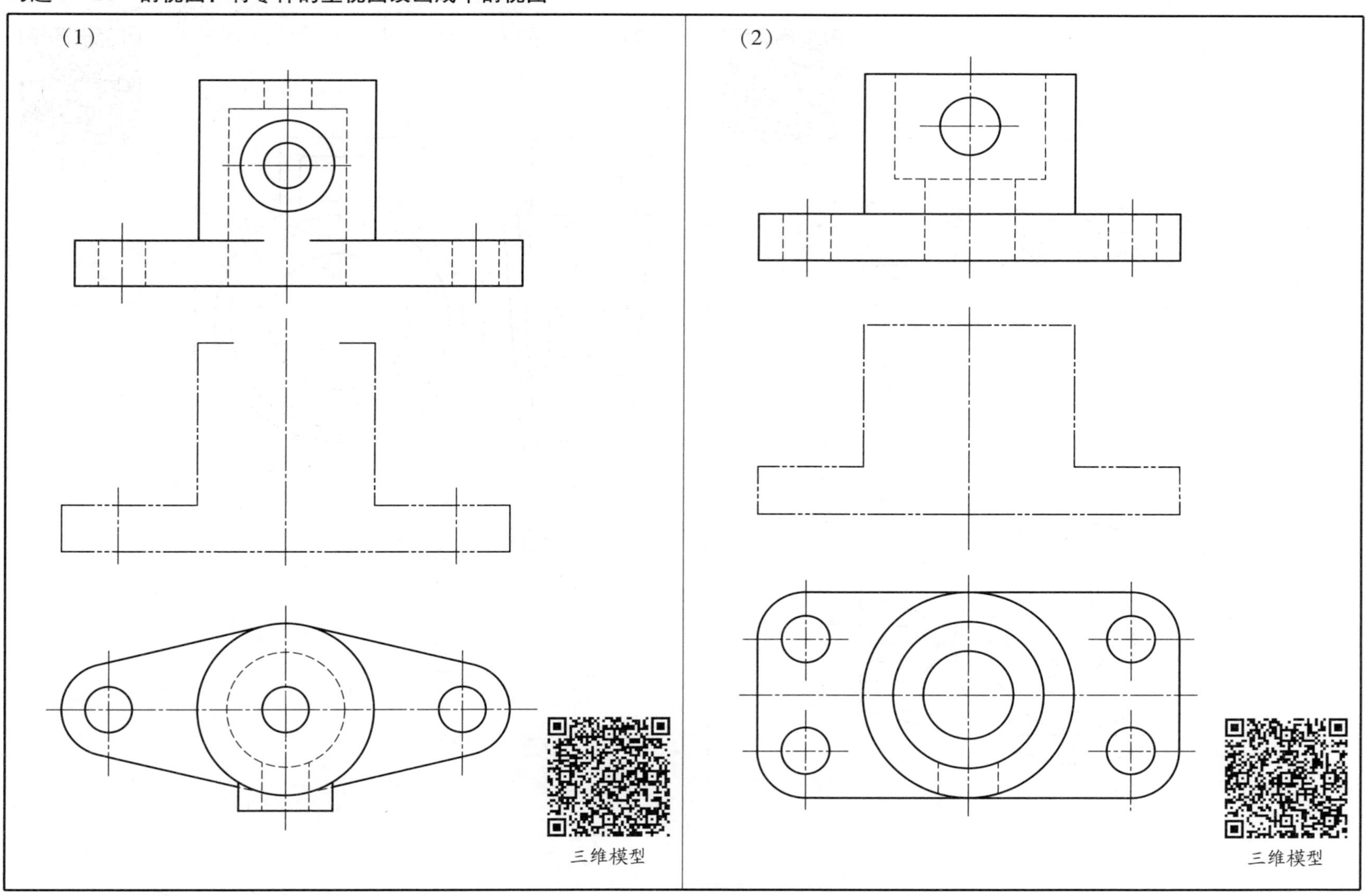

专业：　　　　　　班级：　　　　　　姓名：　　　　　　学号：

习题 7－15　剖视图

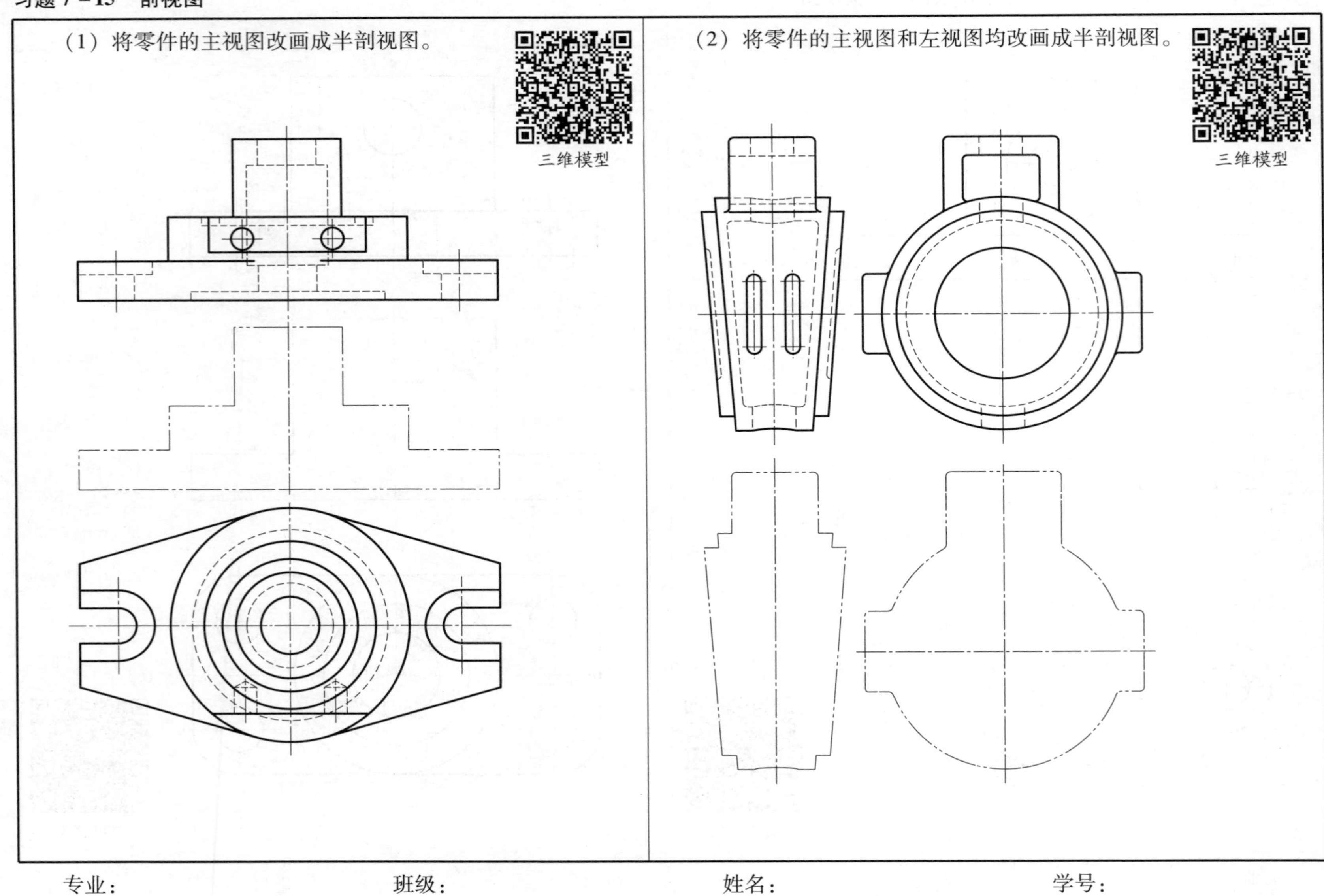

专业：　　　　班级：　　　　姓名：　　　　学号：

习题 7－16　剖视图

根据零件的三视图，完成全剖的主视图及半剖的俯视图和左视图。

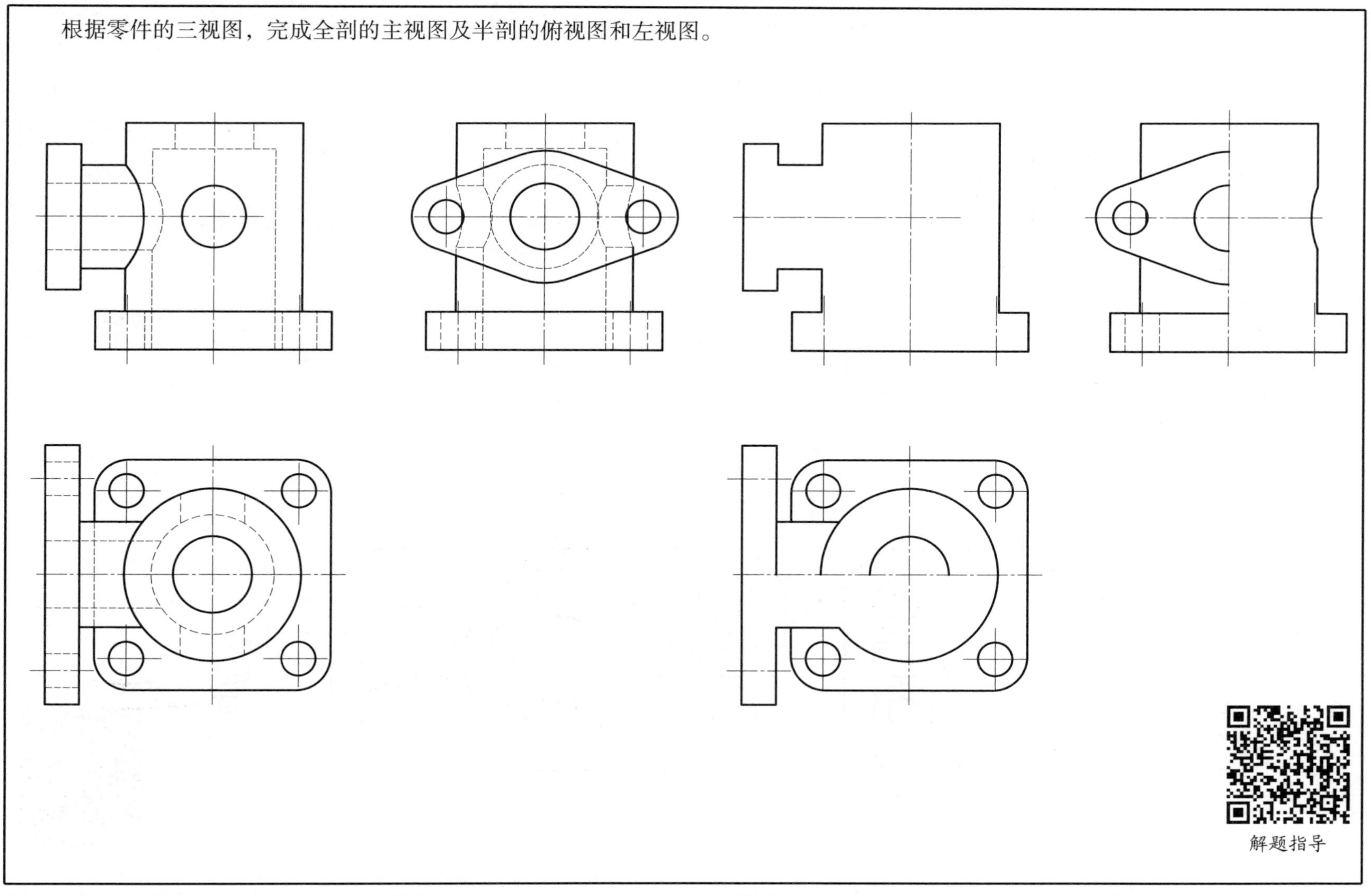

解题指导

专业：　　　　班级：　　　　姓名：　　　　学号：

将零件的主视图改画成半剖视图，左视图改画成全剖视图。

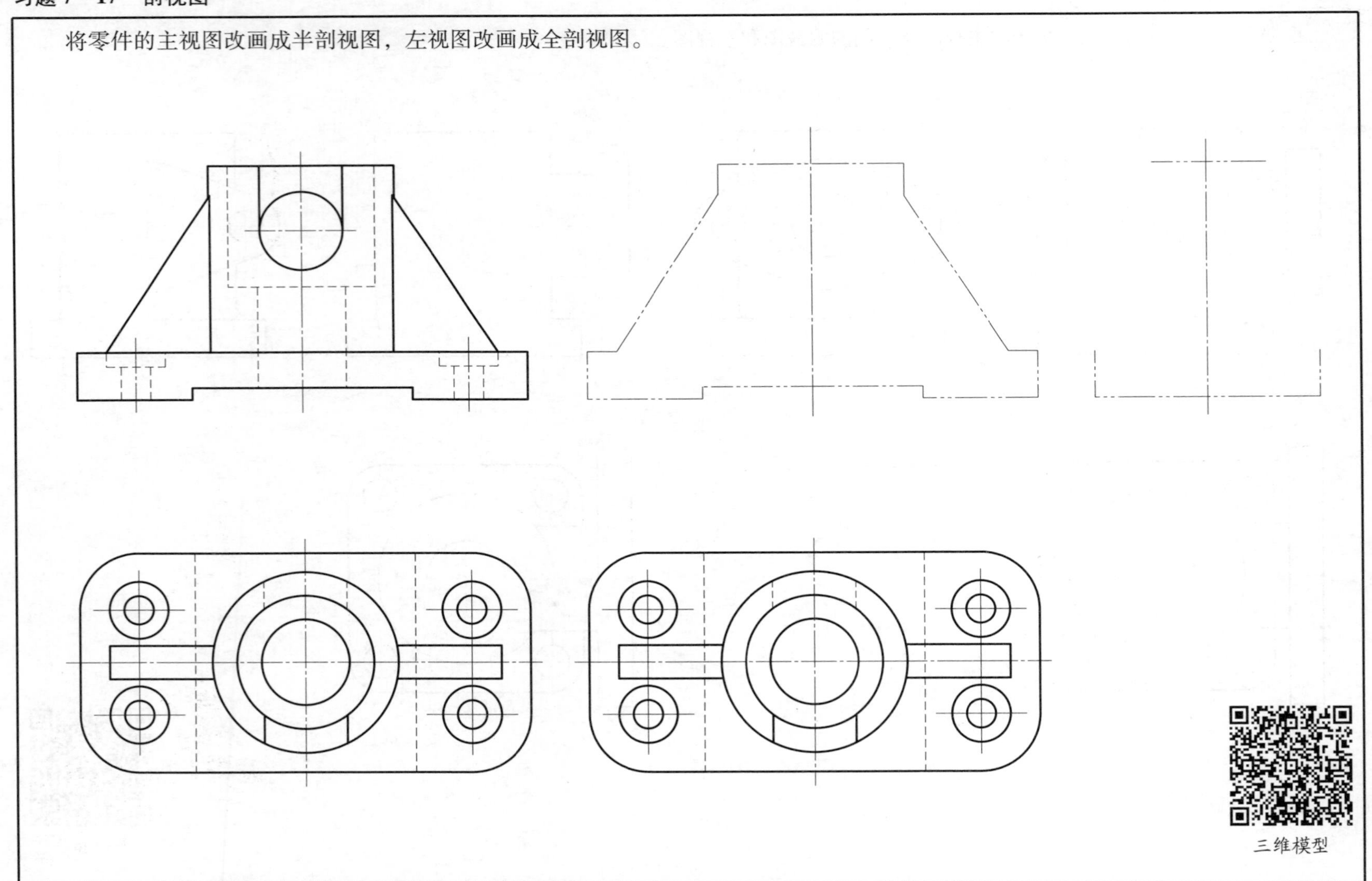

专业：　　　　班级：　　　　姓名：　　　　学号：

习题 7－18 剖视图

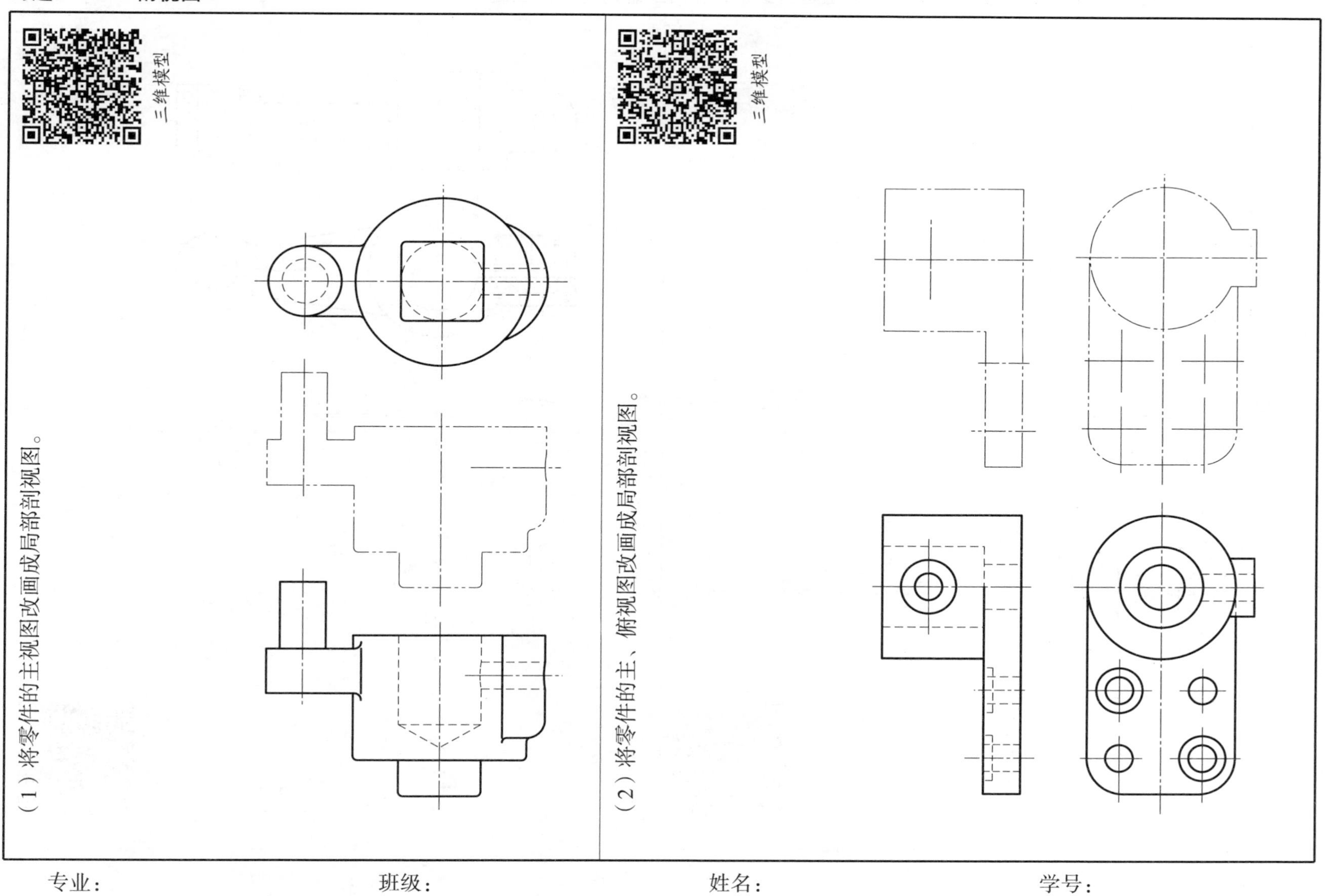

专业： 班级： 姓名： 学号：

习题 7－19　剖视图：分析局部剖视图中波浪线画法是否错误，作出正确的局部剖视图

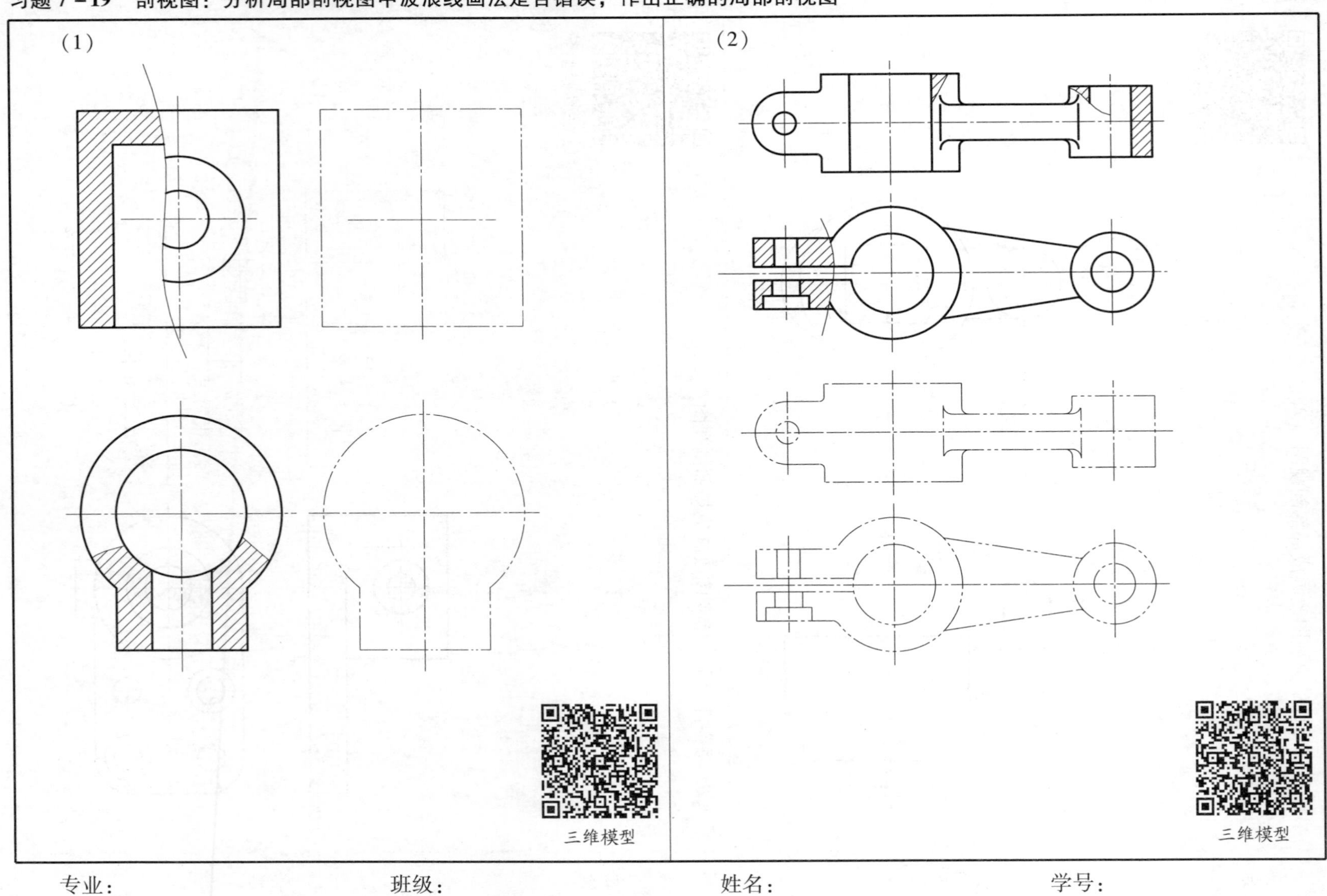

专业：　　　　班级：　　　　姓名：　　　　学号：

习题 7－20　剖视图

补画局部剖视图。

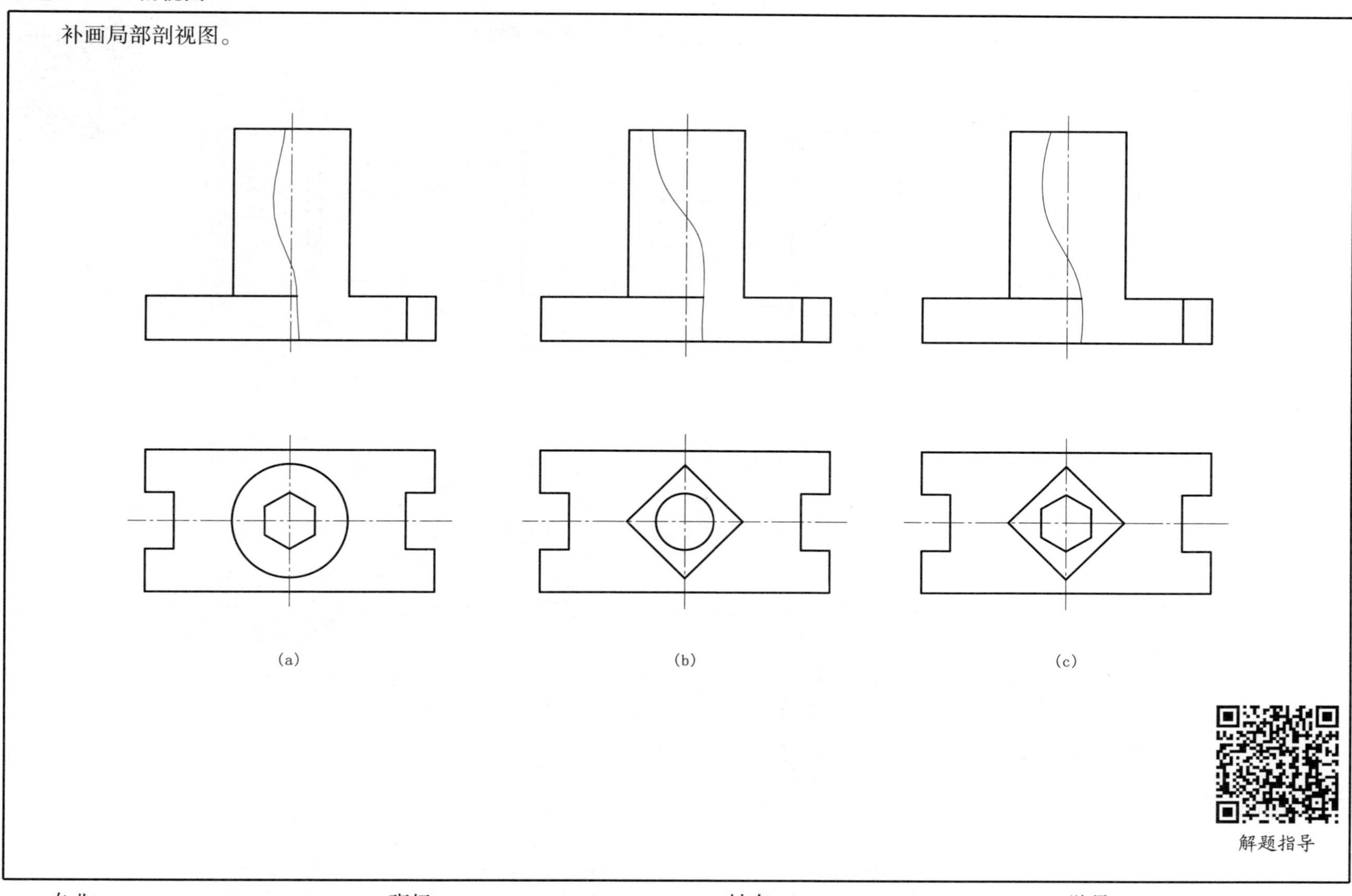

专业：　　　　班级：　　　　姓名：　　　　学号：

习题 7－21　断面图

根据轴测图和主视图中指定的剖切部位，画出 4 个移出断面图，并画出 2 个局部放大图。

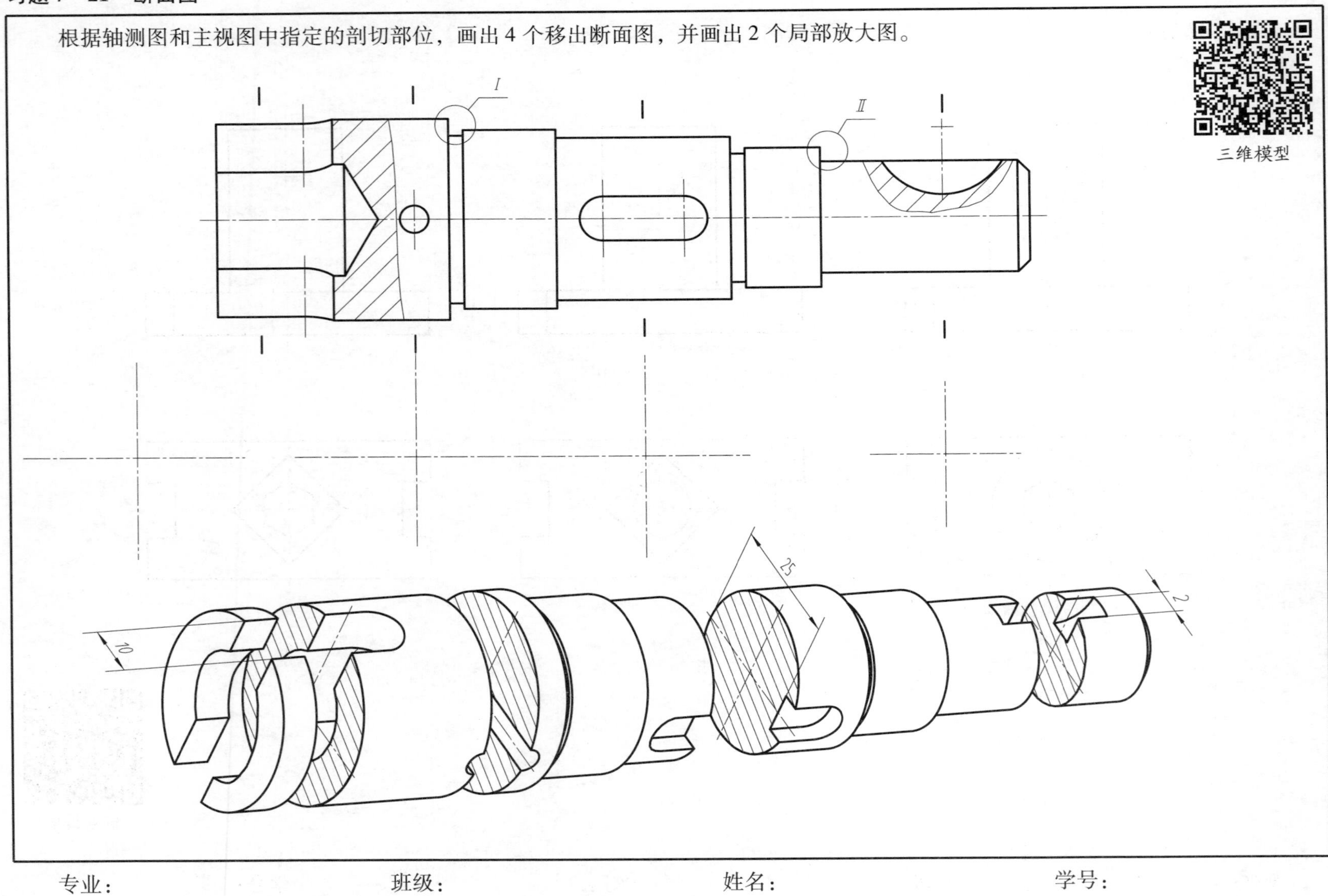

专业：　　　　　　　　班级：　　　　　　　　姓名：　　　　　　　　学号：

习题 7－22　断面图：分析下列各题，找出正确的断面图

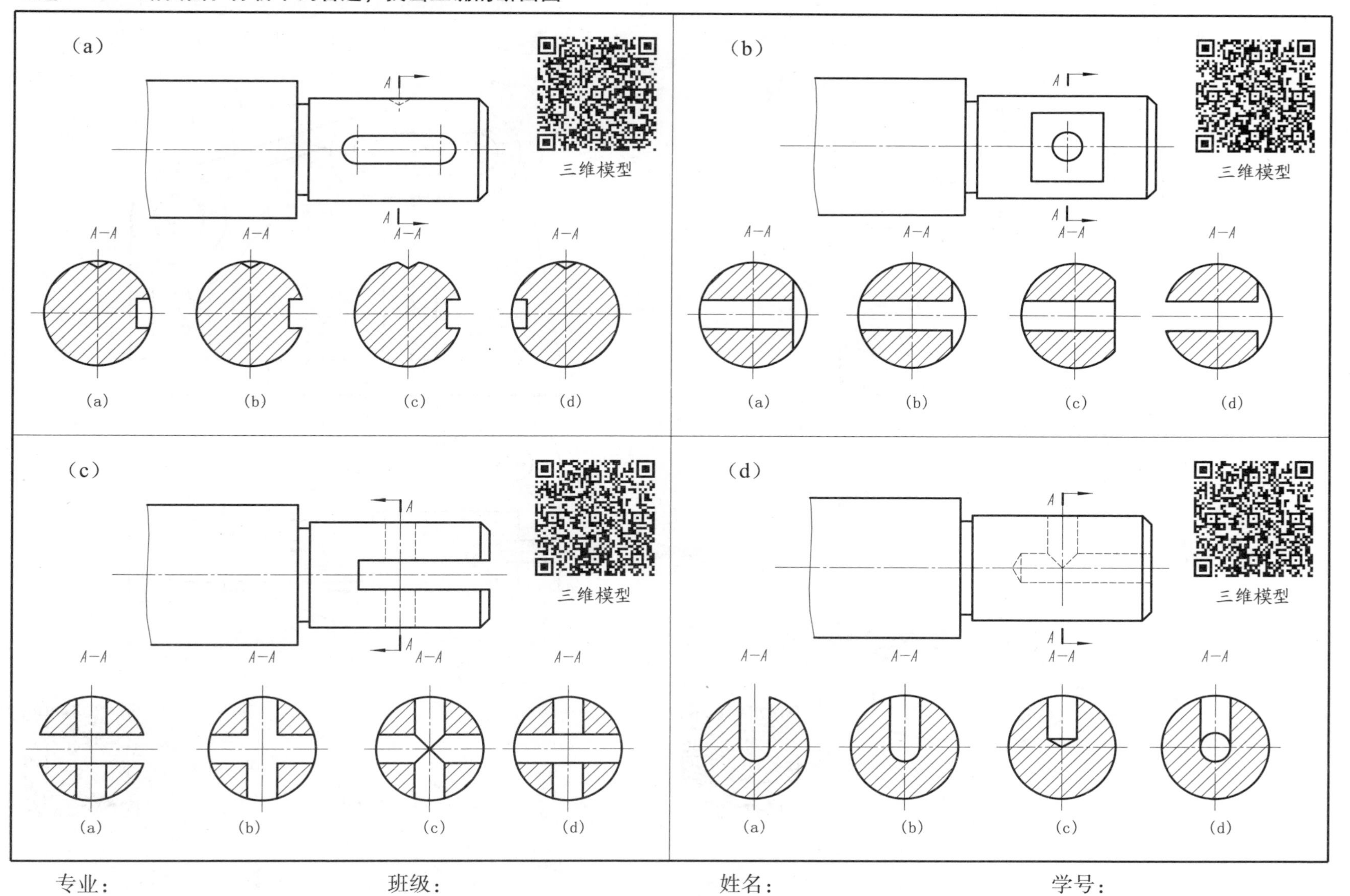

专业：　　　　班级：　　　　姓名：　　　　学号：

习题 7－23　断面图

（1）根据已给视图及轴测图，画出 *A*—*A* 移出断面图。

（2）根据已给视图，在主视图上画有细点画线的 3 处，画出 3 个重合断面图。

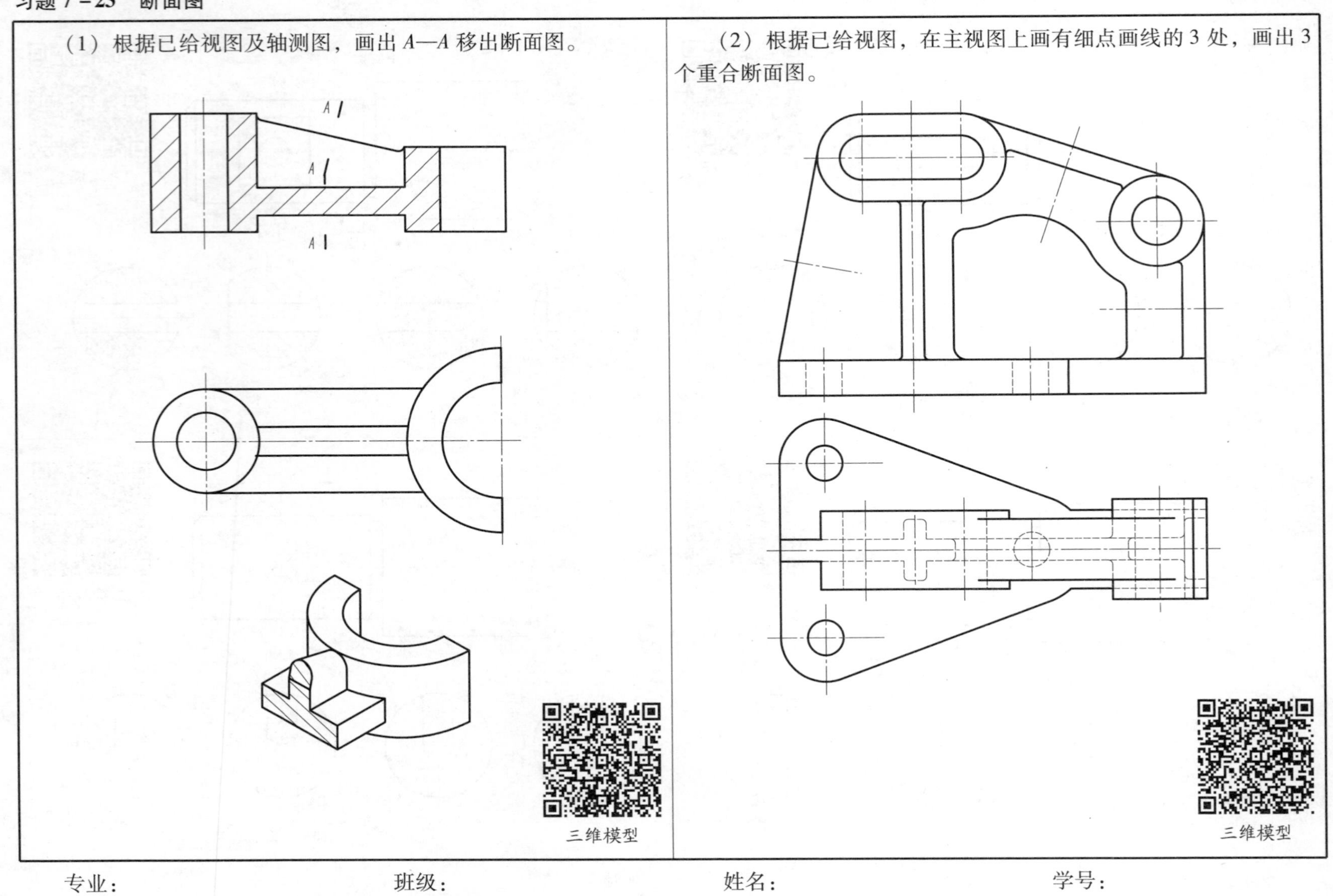

专业：　　　　班级：　　　　姓名：　　　　学号：

习题 7－24　简化表示法

（1）用简化表示法画出孔与肋均匀分布的零件全剖视图。

（2）将主视图改画成全剖视图，并采用简化表示法，将该零件所有结构均表达清楚。

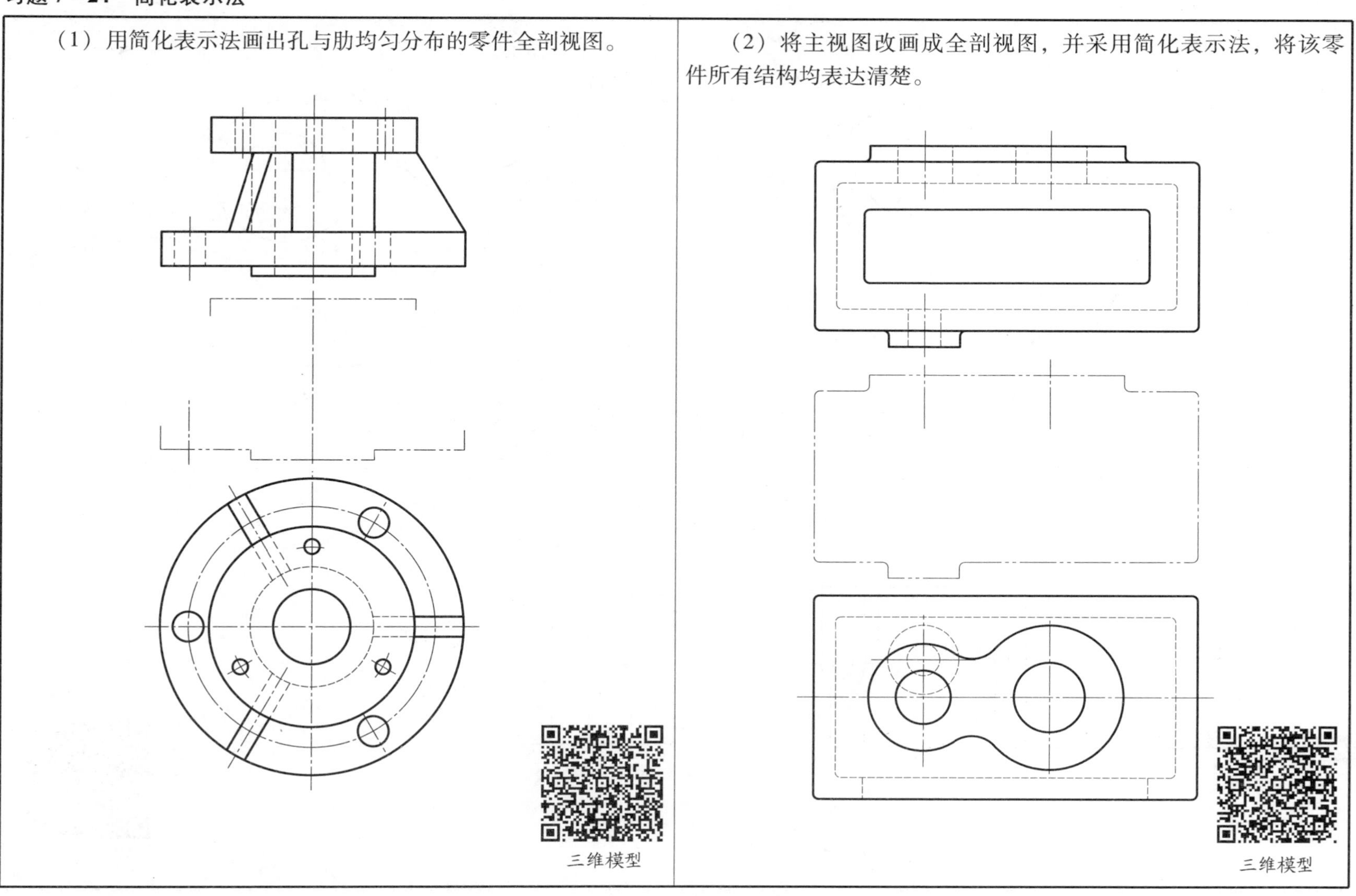

专业：　　　　班级：　　　　姓名：　　　　学号：

习题 7－25　表达方法综合练习

选用适当的表达方法来表达该零件。

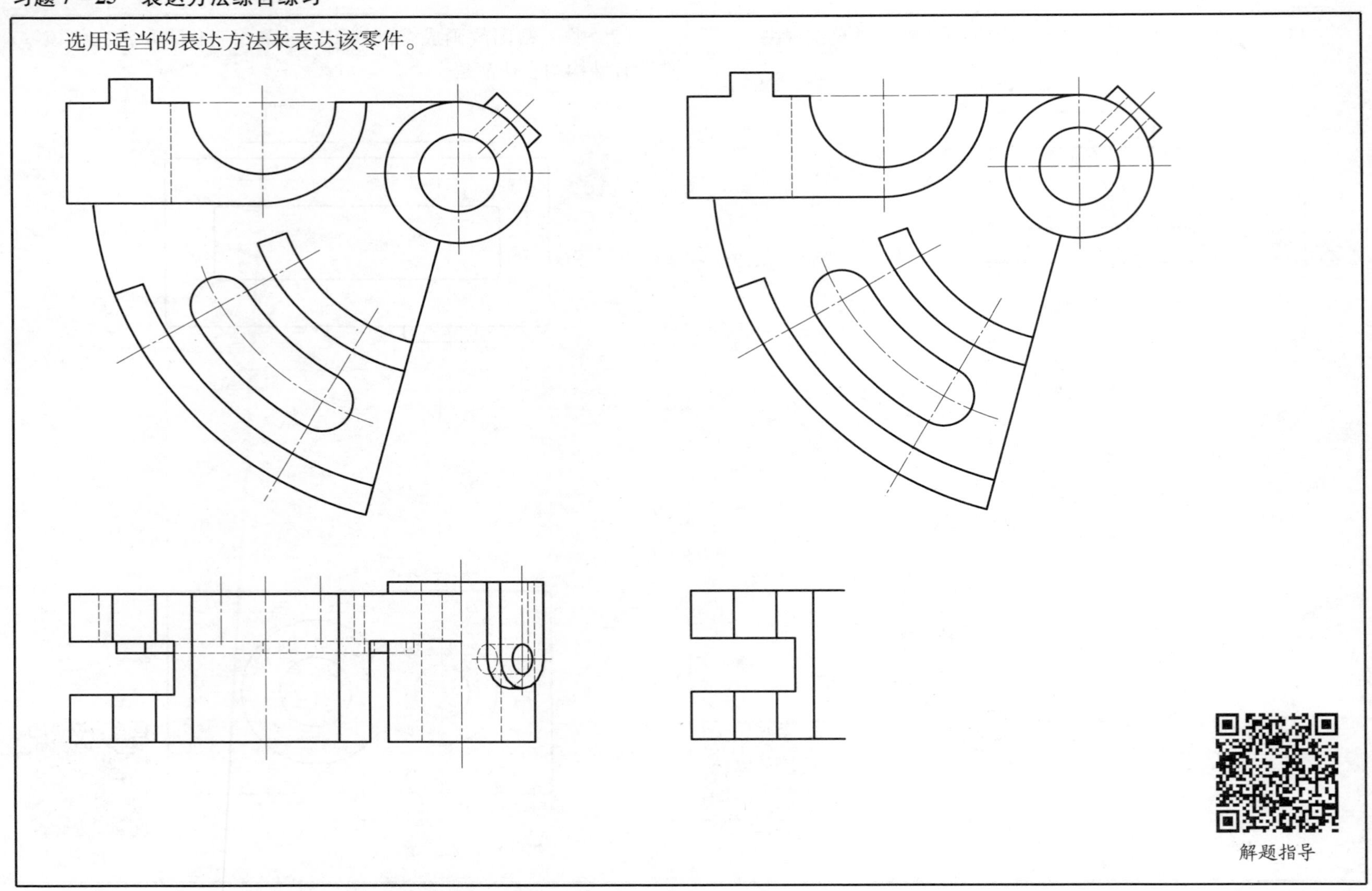

专业：　　　　班级：　　　　姓名：　　　　学号：

习题 7－26　表达方法综合练习

选用适当的表达方法来表达该零件。

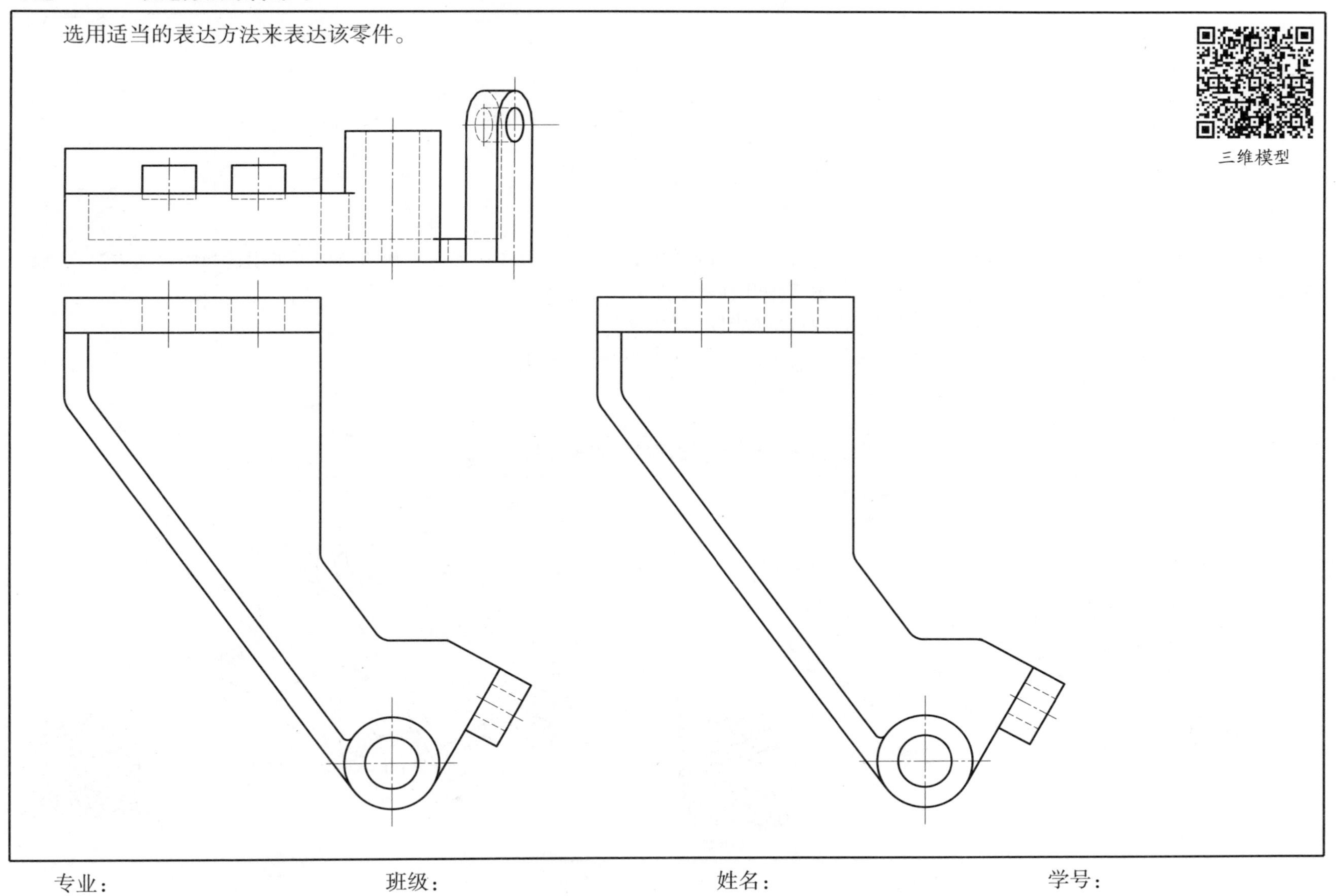

三维模型

专业：　　　　班级：　　　　姓名：　　　　学号：

习题 7－27　表达方法综合练习

（1）作业目的。

①培养选择物体表达方法的基本能力。

②进一步理解剖视的概念，掌握剖视图的画法。

（2）内容和要求。

①根据下方的轴测图选择合适的表达方法并标注尺寸。

②自行确定比例及图纸幅面。

（3）注意事项。

①应用形体分析法，看清物体的形状结构，首先考虑把主要结构表达清楚，对尚未表达清楚的结构可采用适当的表达方法（辅助视图、剖视图等）或者改变投射方向予以解决，可多考虑几种表达方案，并进行比较，从中确定最佳方案。

②剖视图应直接画出，而不应先画成视图，再改成剖视图。

③要注意剖视图的标注。分清哪些剖切位置可以不标注，哪些剖切位置必须标注。

④注意局部剖视图中波浪线的画法。

⑤剖面线的方向和间隔应保持一致。

⑥不能照搬轴测图上的尺寸注法，应用形体分析法，结合剖视图的特点标注尺寸，确保所注尺寸完整、布置清晰。

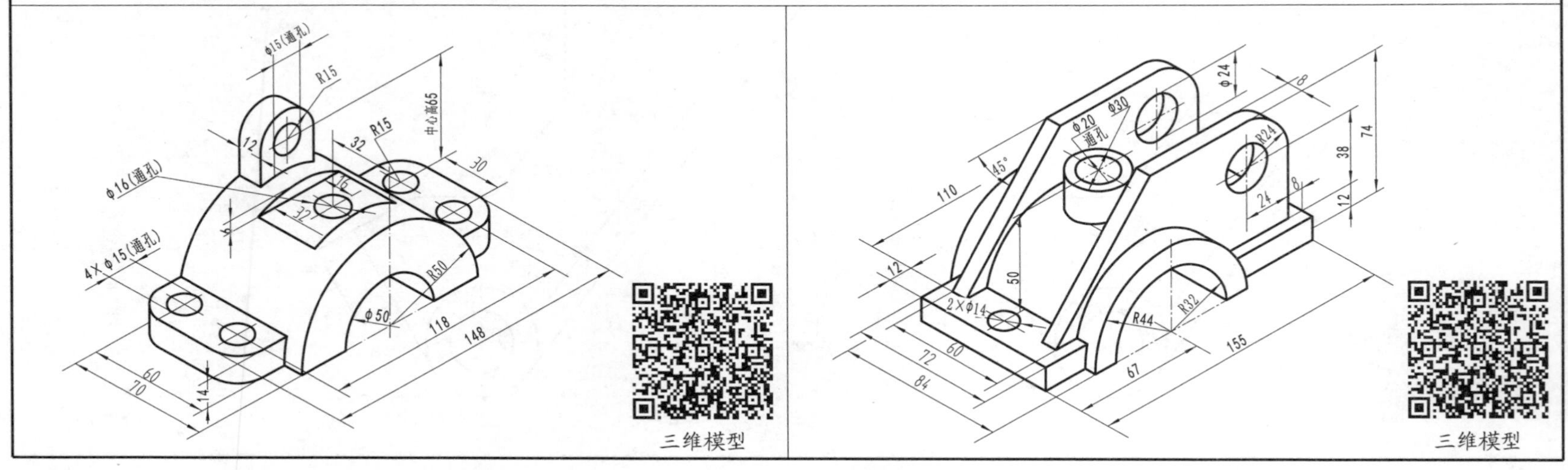

专业：　　　　班级：　　　　姓名：　　　　学号：

第 8 章　轴测投影图

一、内容概要

1. 目的要求

轴测投影图能在一个投影上同时反映物体的正面、顶面和侧面的形状，因此富有立体感。本章主要介绍轴测图的基本知识和基本作图方法，主要包括轴测图的形成、正等测和斜二测轴测图的轴间角、轴向伸缩系数和投影特性，正等测和斜二测轴测图的绘制原理和基本作图方法。要求学生：

（1）了解轴测图的基本知识。

（2）掌握绘制正等测轴测图和斜二测轴测图的基本方法。

2. 重点难点

（1）正等测轴测图的画法。

（2）曲面立体的正等测轴测图的画法。

二、题目类型

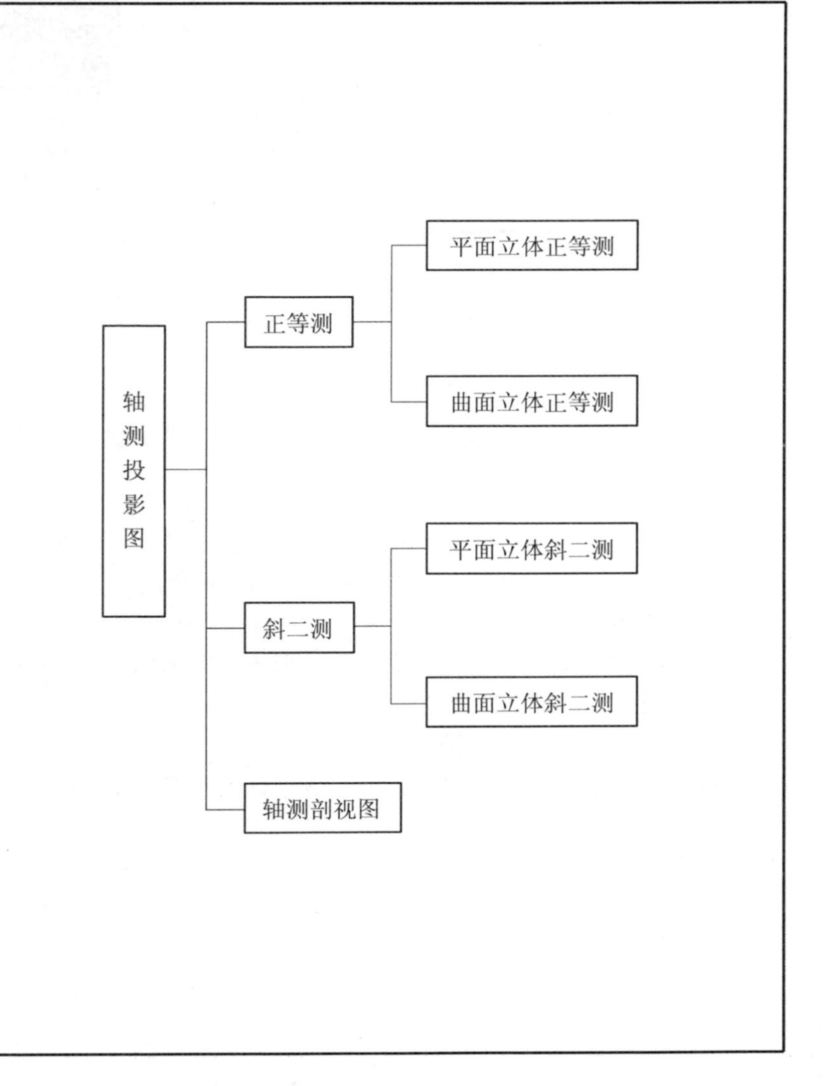

题目 作出立体的正等测轴测图。

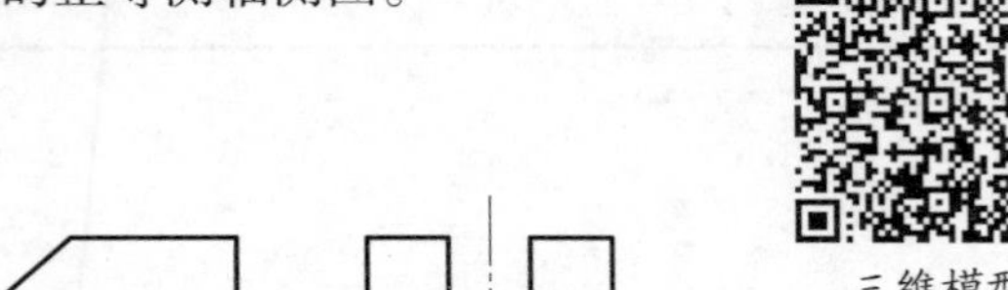

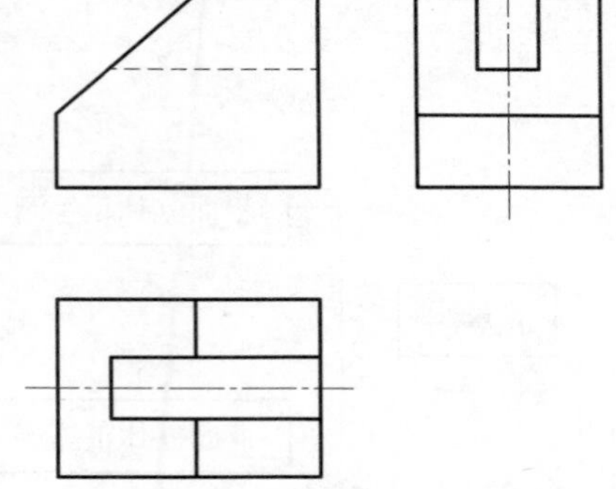

三维模型

分析 该立体是一个简单的组合体，画轴测图时，可以用形体分析法，认为立体是由基本形体经两次切割而形成的。

作图步骤

（1） 先按垫块的长、宽、高画出外形为长方体的轴测图。

（2） 在左上方切掉一个角。

（3） 在形体的中间开槽。

（4） 擦除多余线条并描深，即完成立体的正等测轴测图。

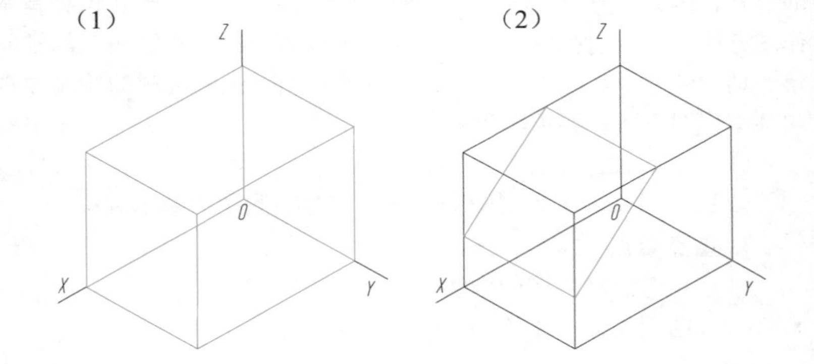

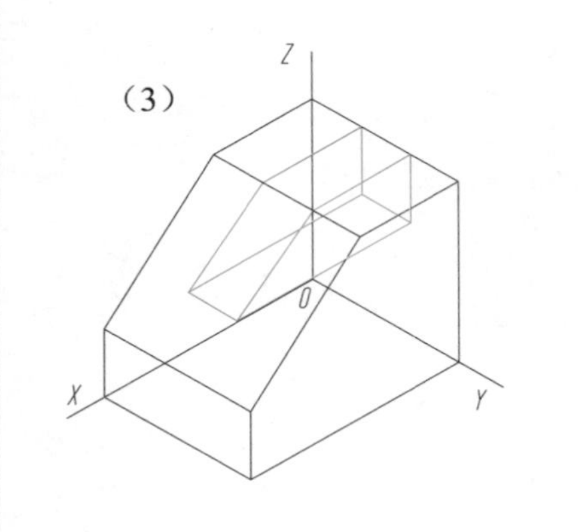

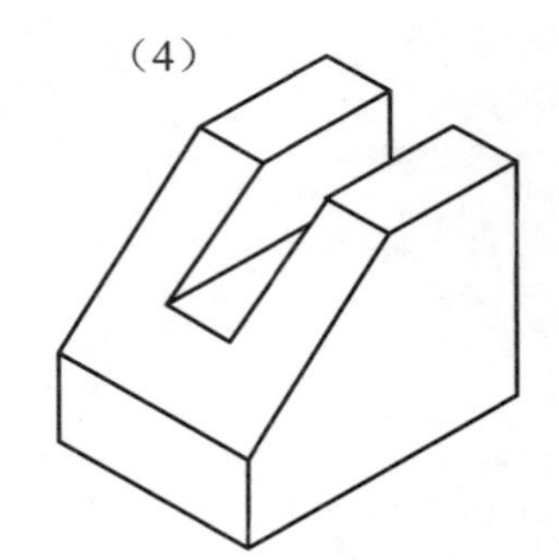

例 8－2　平面立体正等测示例

题目　作出立体的正等测轴测图。

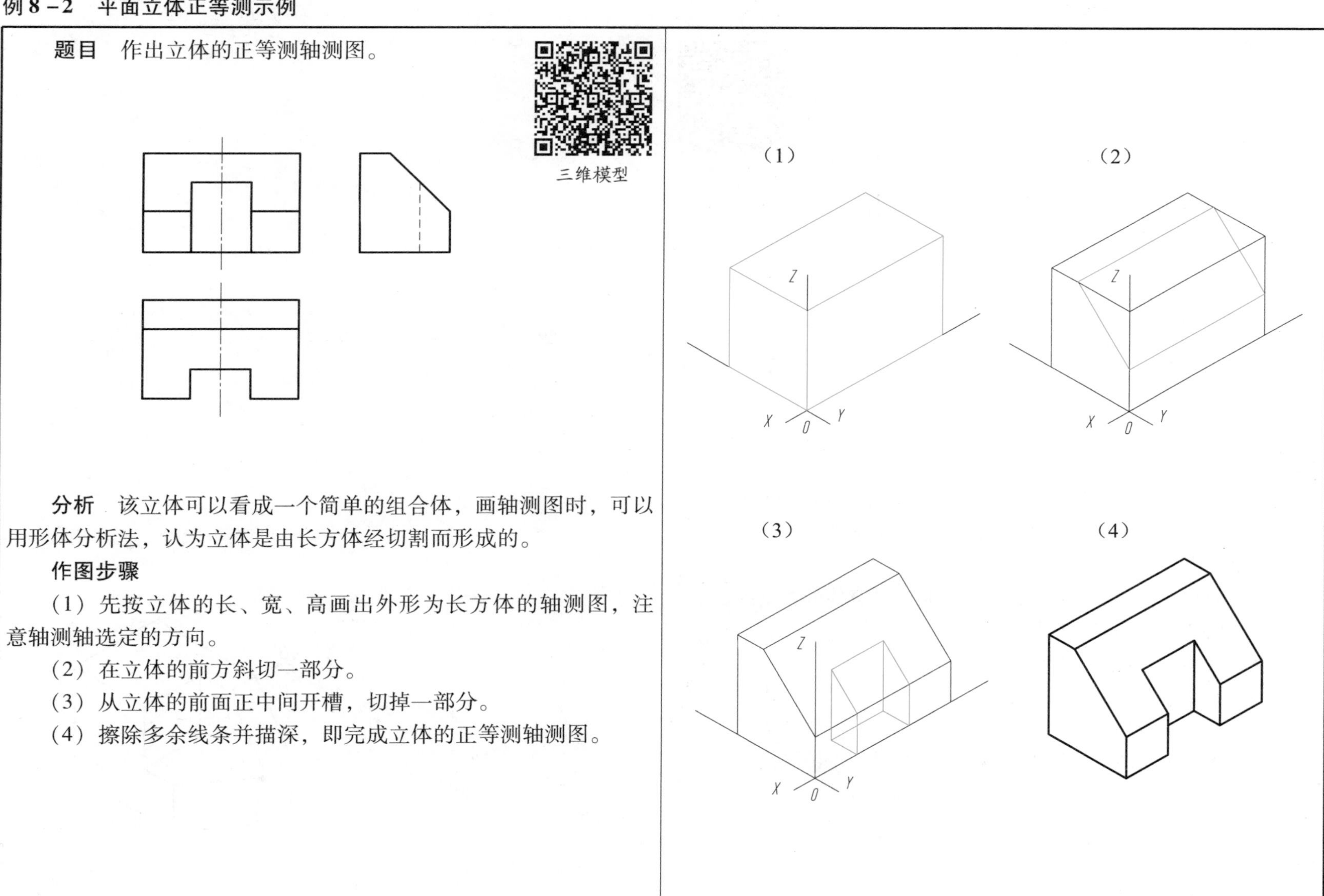

分析　该立体可以看成一个简单的组合体，画轴测图时，可以用形体分析法，认为立体是由长方体经切割而形成的。

作图步骤

（1）先按立体的长、宽、高画出外形为长方体的轴测图，注意轴测轴选定的方向。

（2）在立体的前方斜切一部分。

（3）从立体的前面正中间开槽，切掉一部分。

（4）擦除多余线条并描深，即完成立体的正等测轴测图。

例 8-3 平面立体正等测示例

题目 作出垫块的正等测轴测图。

三维模型

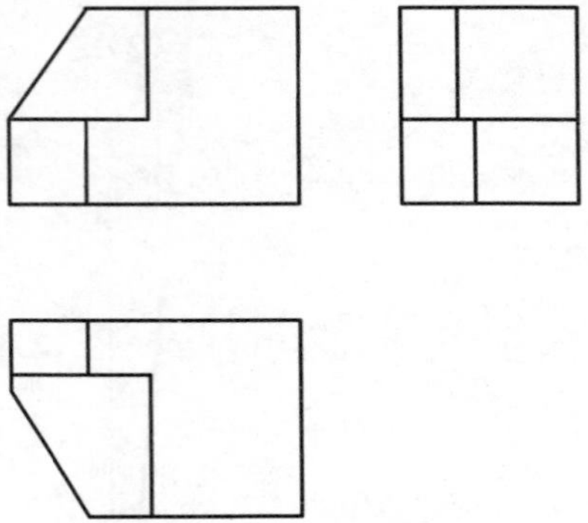

分析 该垫块是一个简单的组合体，画轴测图时，可以用形体分析法，认为垫块是由长方体经 4 次切割而形成的。

作图步骤

（1）先按垫块的长、宽、高画出外形为长方体的轴测图。

（2）将长方体切成“L”形。

（3）在左上方切掉一个角。

（4）在右端加上一个长方体。

（5）在左前方切掉一个角。

（6）擦除多余线条并描深，即完成垫块的正等测轴测图。

（1） （2） 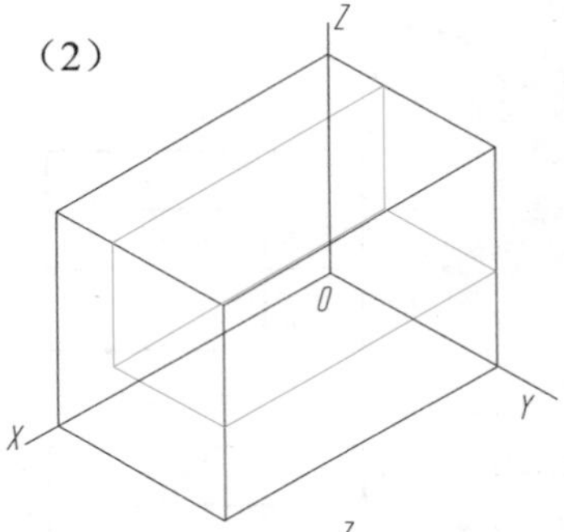 （3） 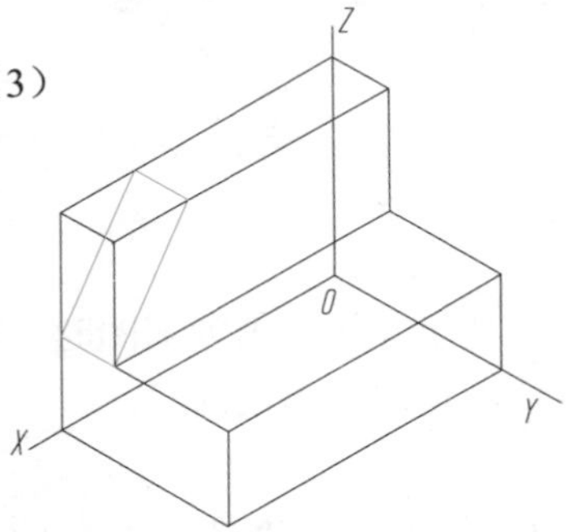 （4） 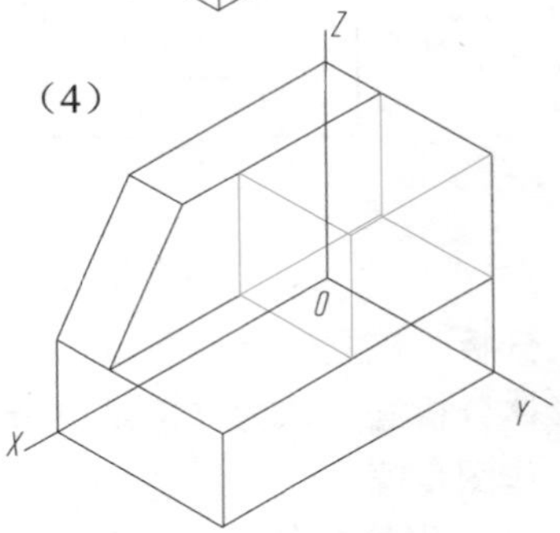 （5） 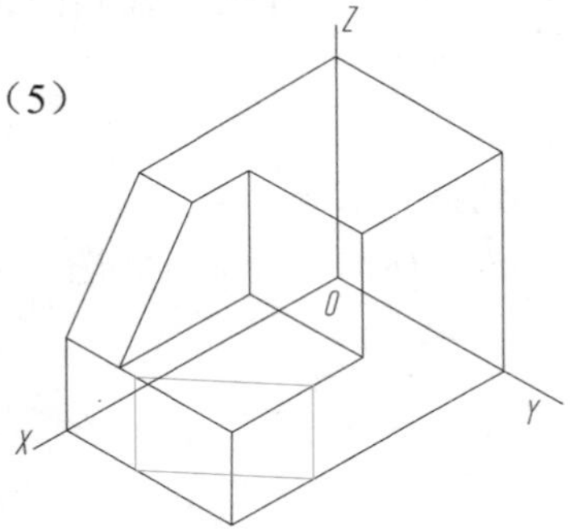 （6）

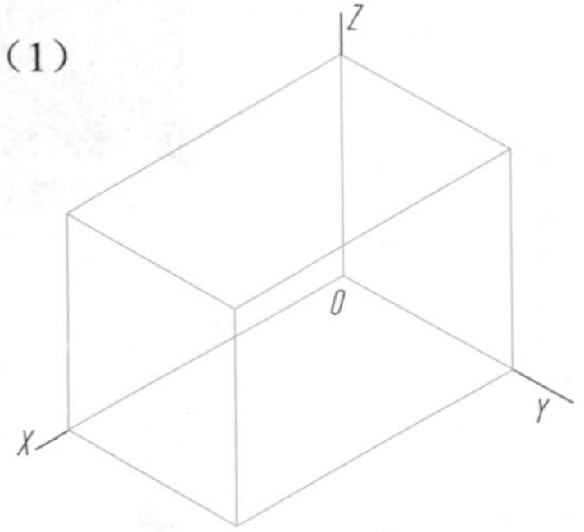

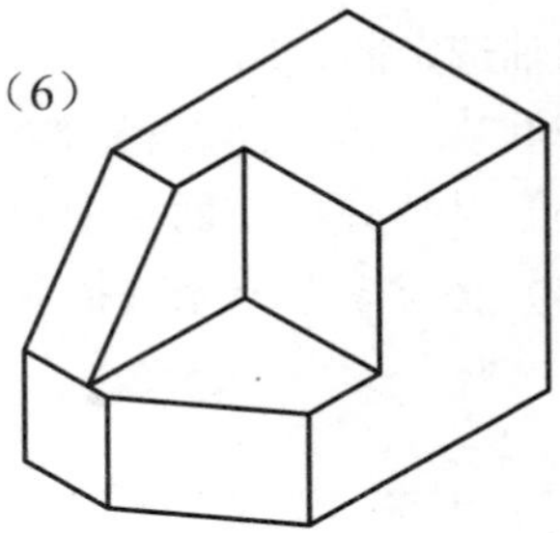

例 8－4　曲面立体正等测示例

题目　作出支座的正等测轴测图。

三维模型

分析　该支座由底板和竖板组成。先画竖板上的长方体的正等测，再画半圆柱体，然后开通孔；同理画底板。

作图步骤

（1）先作出底板和竖板的长方体轮廓。

（2）在竖板长方形内作出椭圆弧及椭圆，并沿 Y 轴向后平移竖板宽度，作出椭圆弧的公切线。

（3）在底板上表面左右角处各画一个椭圆弧，并沿 Z 轴垂直下移一个底板的厚度，作出上下椭圆弧的公切线。

（4）在底板上作出长方形孔。

（5）擦除多余线条并描深，即完成支座的正等测轴测图。

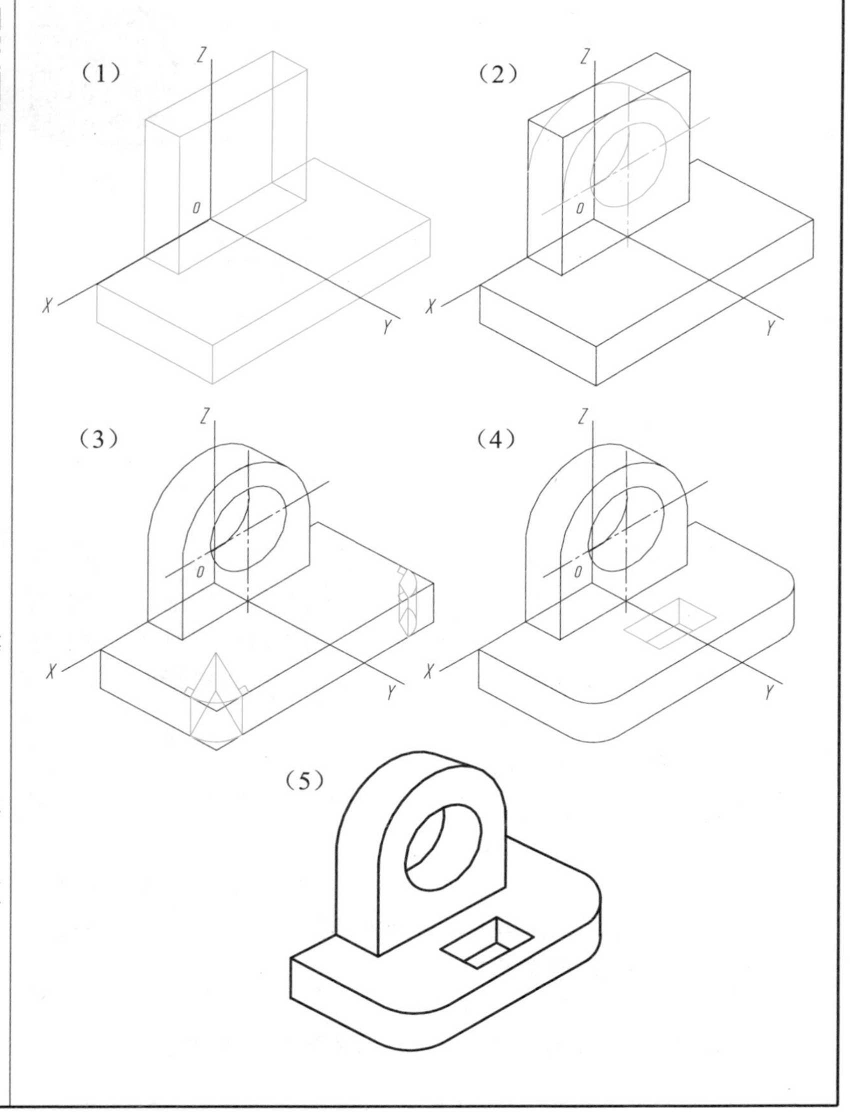

例8－5　曲面立体正等测示例

题目　作出座体的正等测轴测图。

三维模型

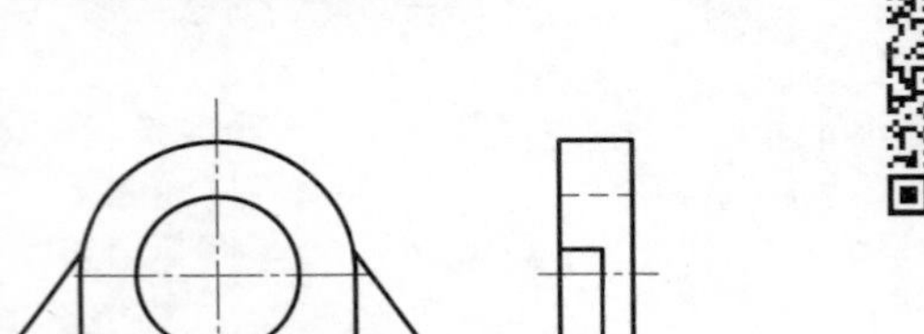

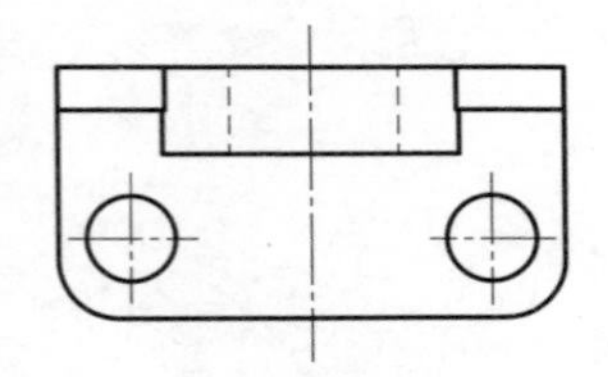

分析　座体下部是带圆角的矩形底板，上面开两个圆柱孔，底板上方有一个竖板，竖板左右各有一个肋板起支承作用。先作出竖板上的半圆形，内切长方形，再在长方形内作出椭圆通孔，底板上的两个圆柱孔按同样方法作图，圆角按规定方法直接画出。

作图步骤

（1）先作出底板和竖板的长方体轮廓。

（2）在竖板长方形内作出椭圆弧及椭圆，并沿 Y 轴向后平移竖板宽度，作出椭圆弧的公切线。

（3）在底板上表面左右角处各画一个椭圆弧，并沿 Z 轴垂直下移一个底板的厚度，作出上下椭圆弧的公切线。

（4）在底板上加两个肋板。

（5）在底板上作出两个圆柱孔。

（6）擦除多余线条并描深，即完成支座的正等测轴测图。

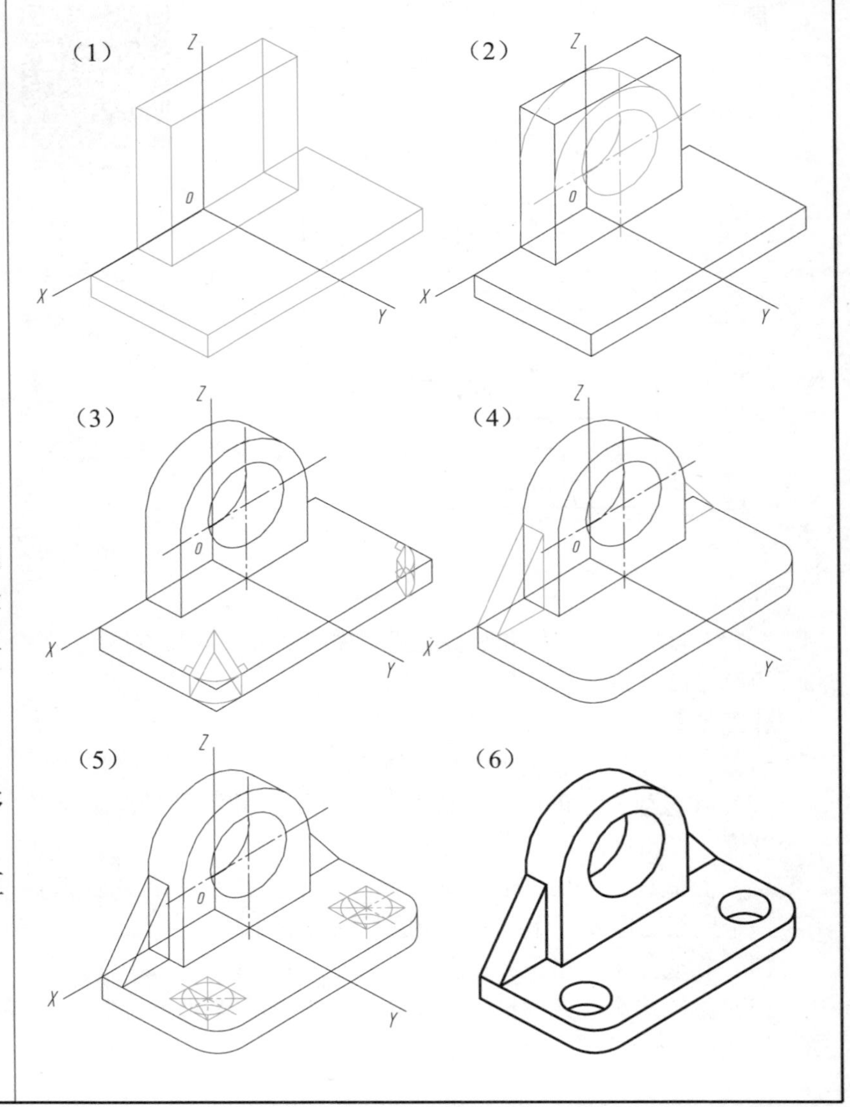

例 8－6　曲面立体斜二测示例

题目　作出支座的斜二测轴测图。

三维模型

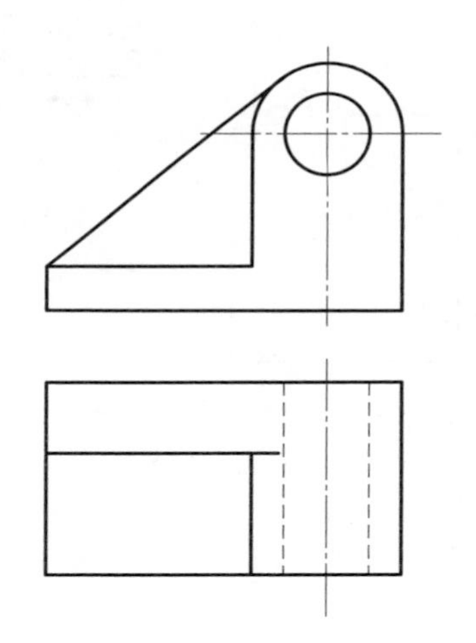

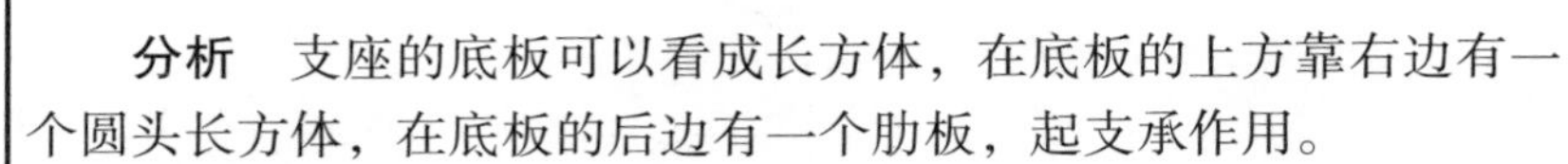

分析　支座的底板可以看成长方体，在底板的上方靠右边有一个圆头长方体，在底板的后边有一个肋板，起支承作用。

作图步骤

（1）先作出立体前面的投影，反映实形。

（2）再作出立体后面的投影，可把前表面形状沿 Y 轴方向后移宽度尺寸的一半。

（3）作后面肋板的斜二测轴测图，宽度尺寸减半。

（4）擦除多余线条并描深，即完成支座的斜二测轴测图。

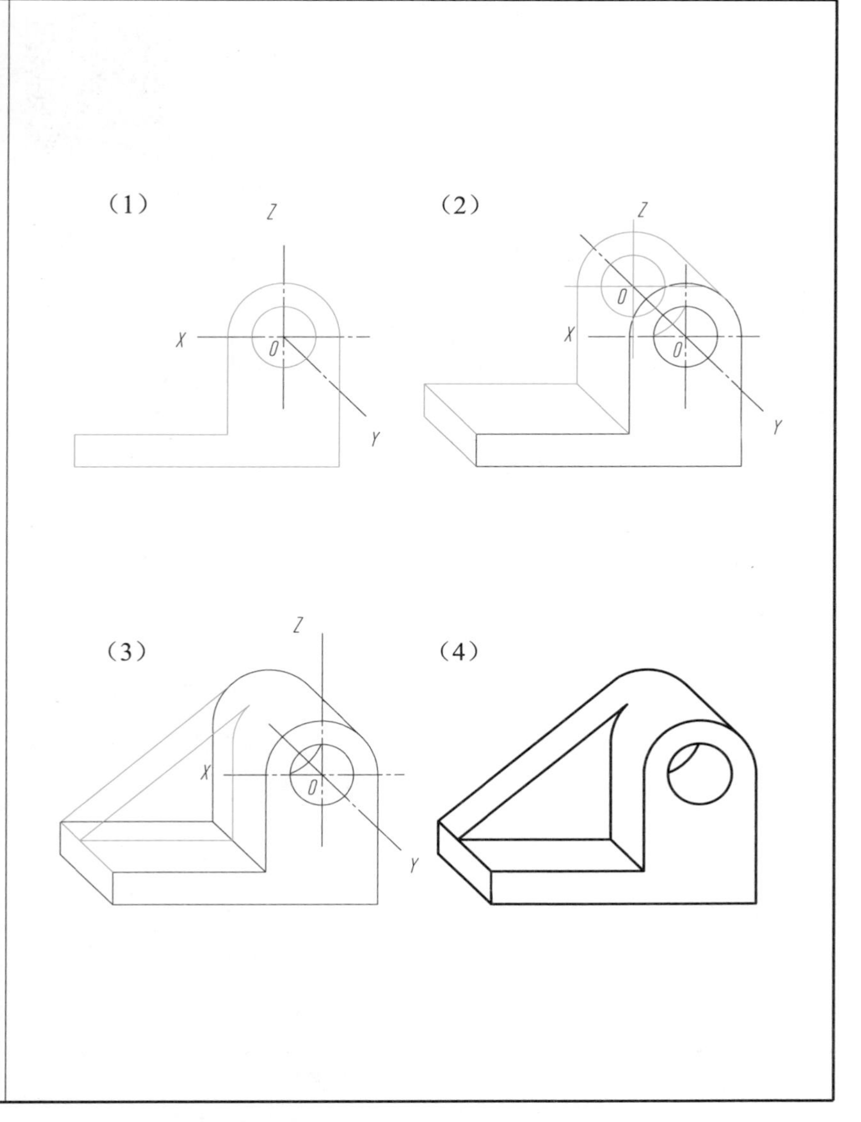

四、习题　习题 8－1　轴测图：根据已知视图，在指定位置画出物体的正等测轴测图

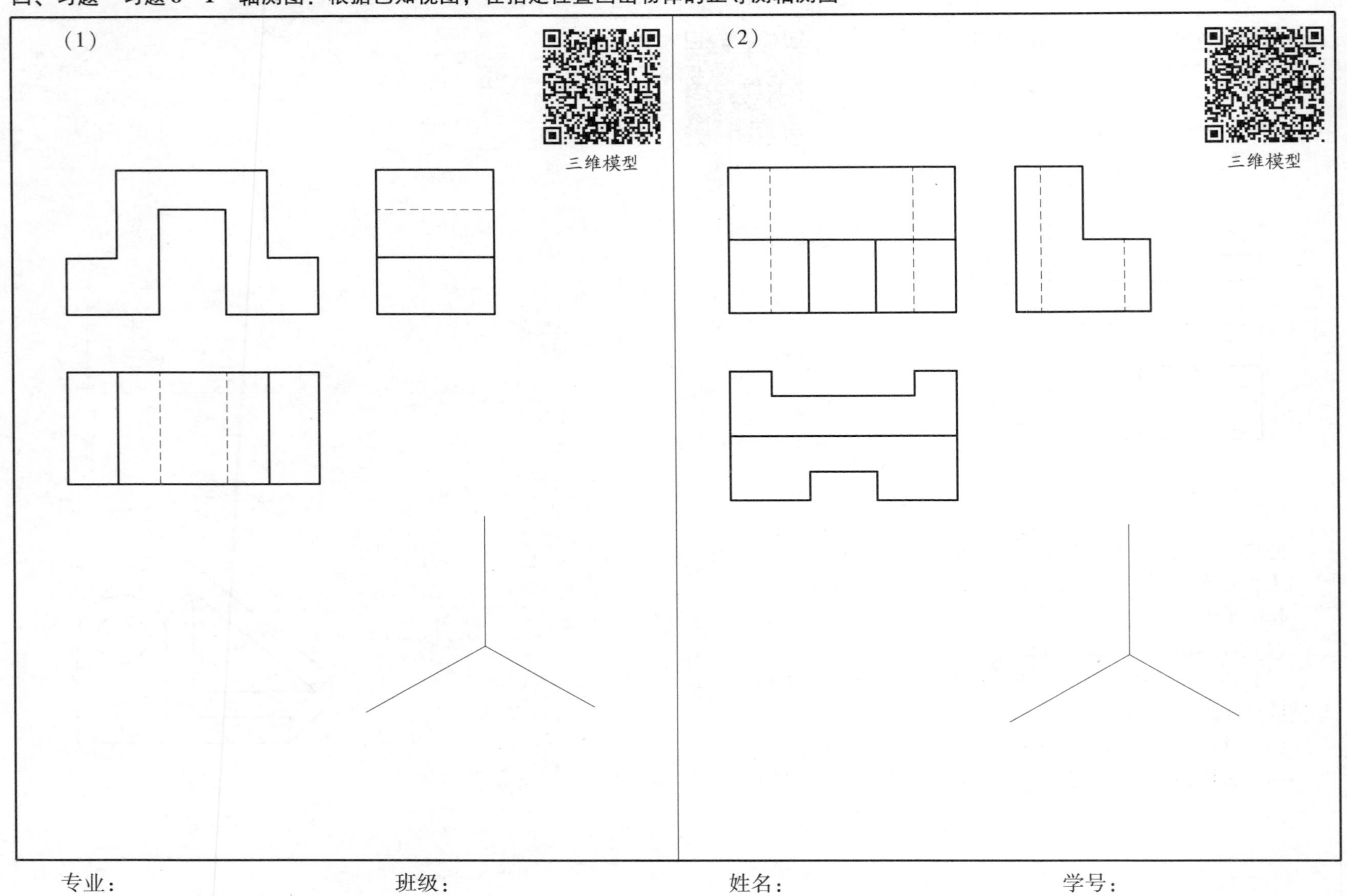

专业：　　　　　　班级：　　　　　　姓名：　　　　　　学号：

习题 8－2　轴测图：根据已知视图，在指定位置画出物体的正等测轴测图

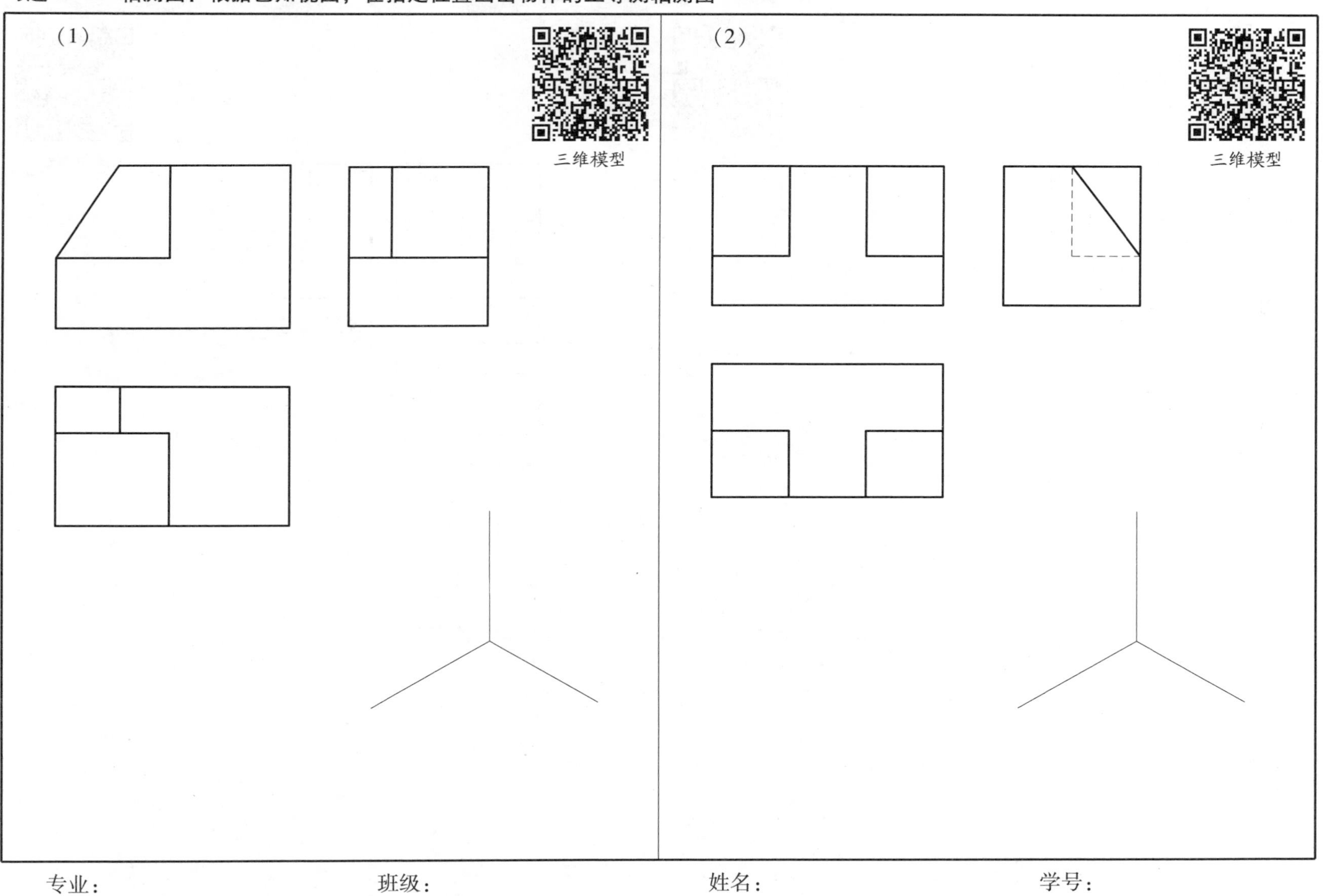

专业：　　　　班级：　　　　姓名：　　　　学号：

习题 8－3　轴测图：根据已知视图，画出物体的正等测轴测图

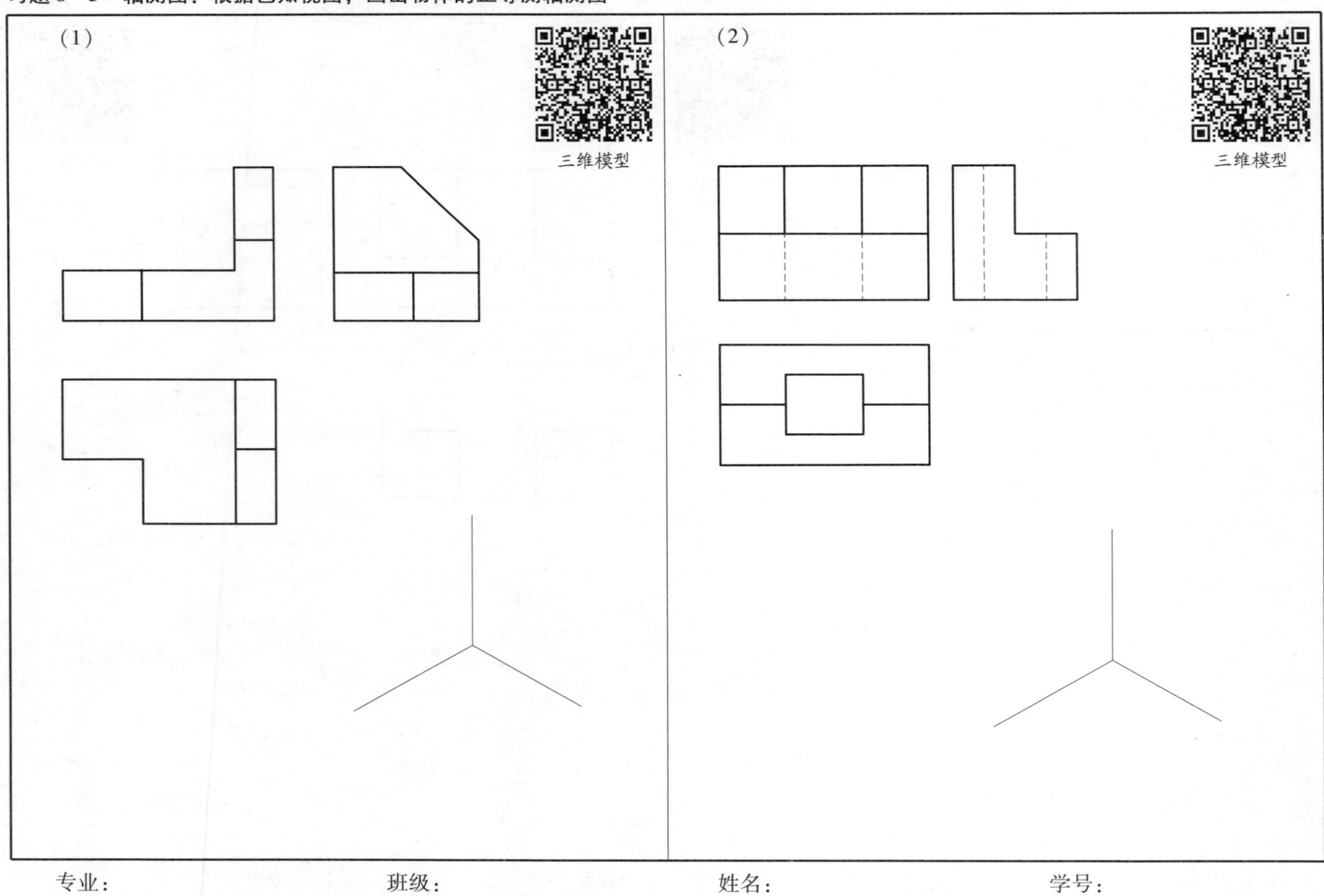

专业：　　班级：　　姓名：　　学号：

习题 8－4　轴测图：根据已知视图，画出物体的正等测轴测图

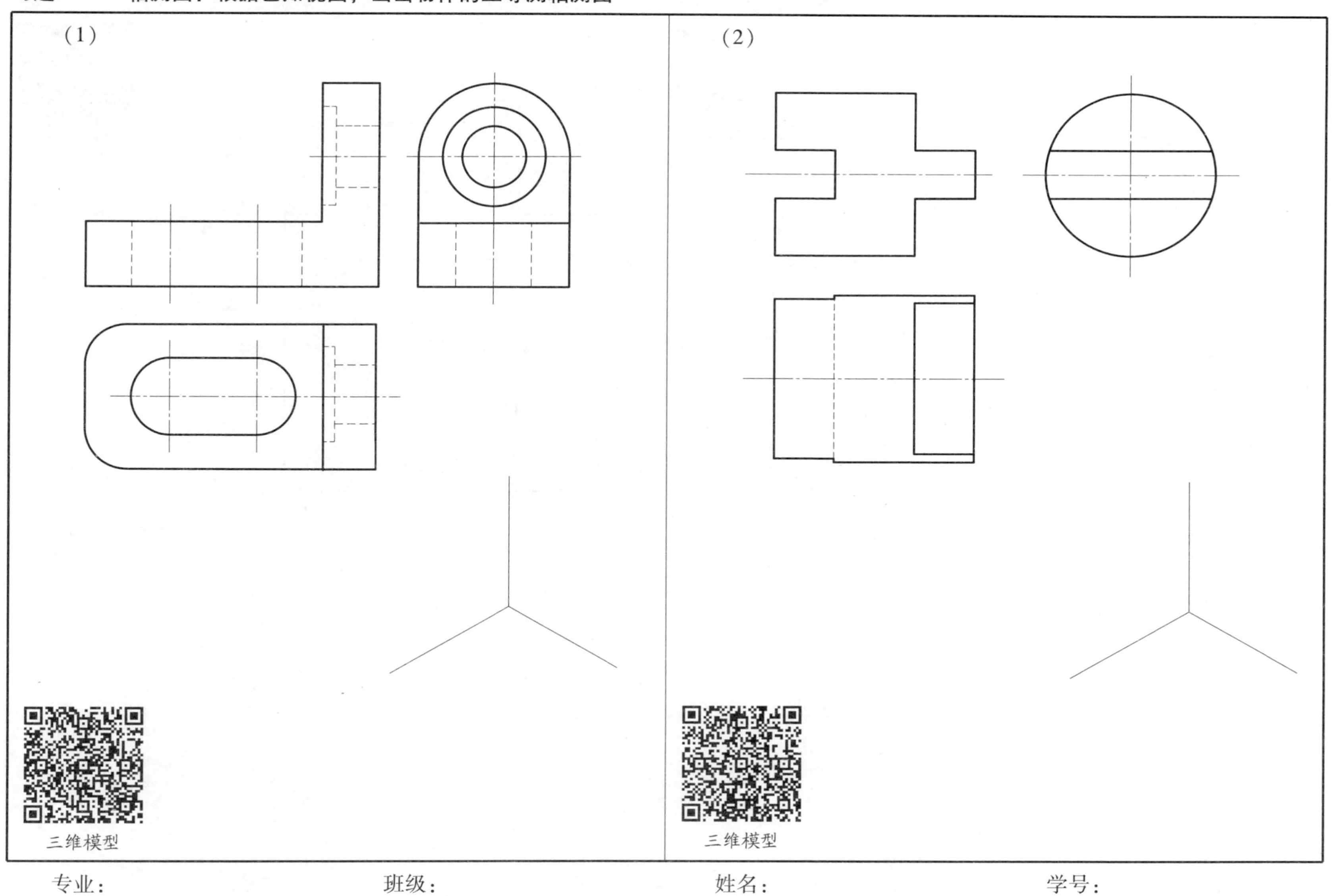

专业：　　　　班级：　　　　姓名：　　　　学号：

习题 **8－5**　轴测图：根据已知视图，画出物体的正等测轴测剖视图

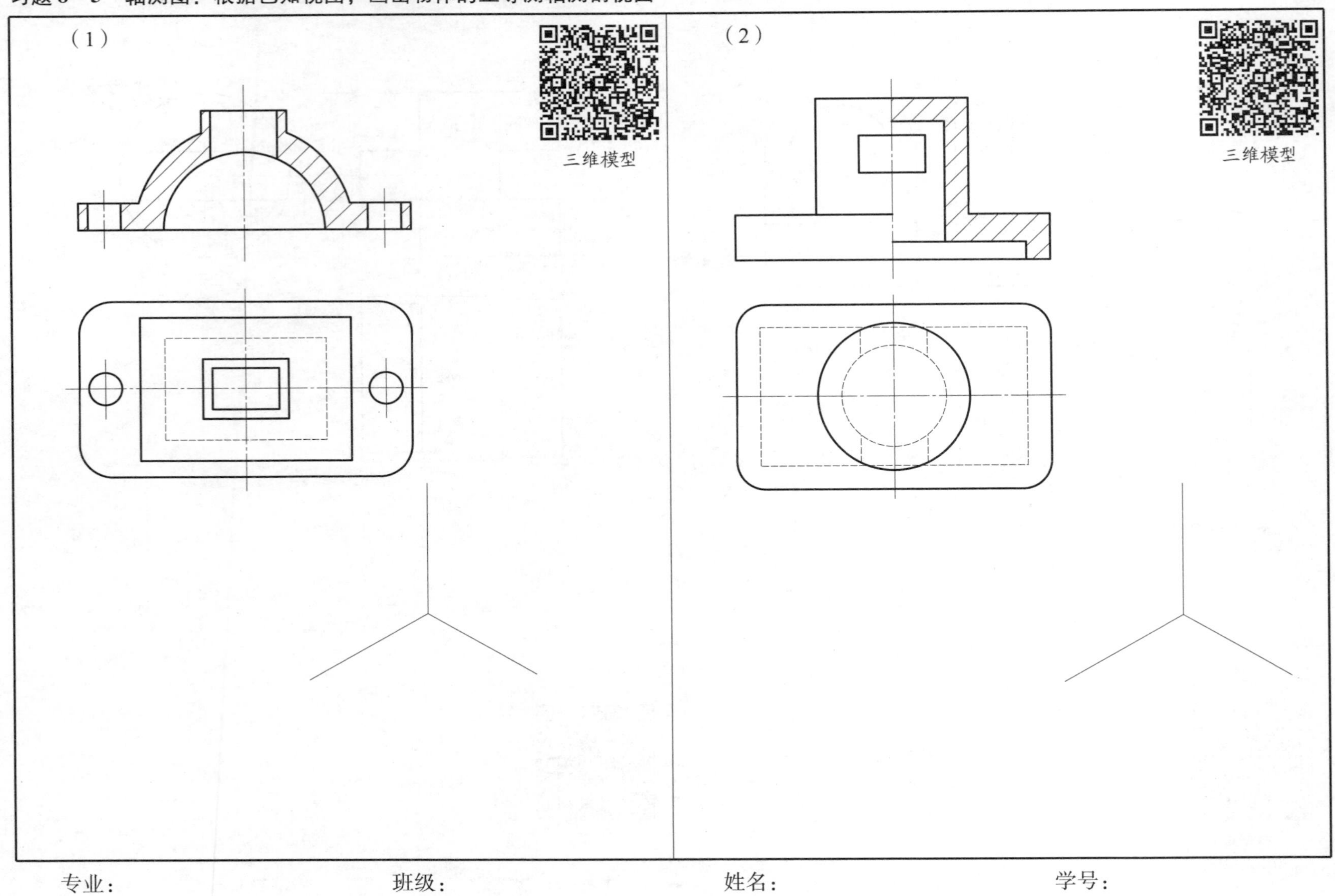

专业：　　　　班级：　　　　姓名：　　　　学号：

习题 8 -6　轴测图：根据已知视图，画出物体的斜二测轴测图

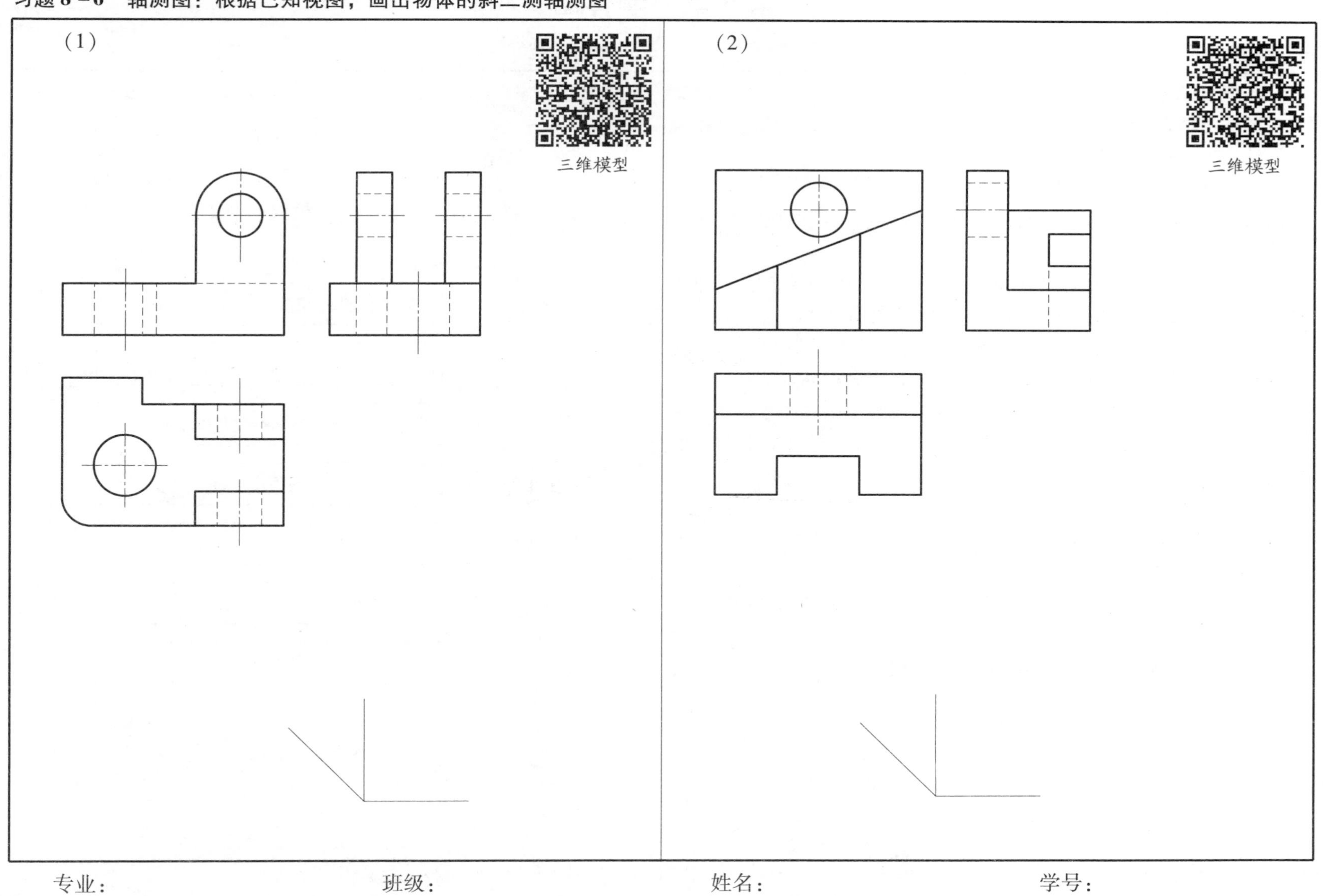

专业：　　班级：　　姓名：　　学号：

第 9 章　零件图

一、内容概要

1. 目的要求

零件图是表示零件结构、大小和技术要求的图样，是制造和检验零件是否合格的一个技术依据。要求学生：

（1）了解零件图的作用和内容。

（2）熟悉零件上的常见结构及其图示特点，掌握典型零件的表达方法。

（3）了解尺寸基准的概念和标注尺寸的基本要求，能正确选择零件 3 个方向的主要尺寸基准并掌握零件图的尺寸注法。

（4）了解表面结构、极限与配合和几何公差的概念，熟悉其符（代）号含义，会查表并在零件图中进行正确标注。

（5）掌握读零件图的方法，能读懂中等难度的各类零件图。

（6）了解零件的测绘方法，能测绘并徒手绘制出基本符合生产要求的零件图。

2. 重点难点

（1）各类典型零件的视图选择与画法。

（2）零件图的尺寸标注方法。

（3）零件图的表面结构、尺寸公差及几何公差的选择与标注。

（4）读零件图的方法。

（5）零件测绘及徒手绘制零件图的方法。

二、题目类型

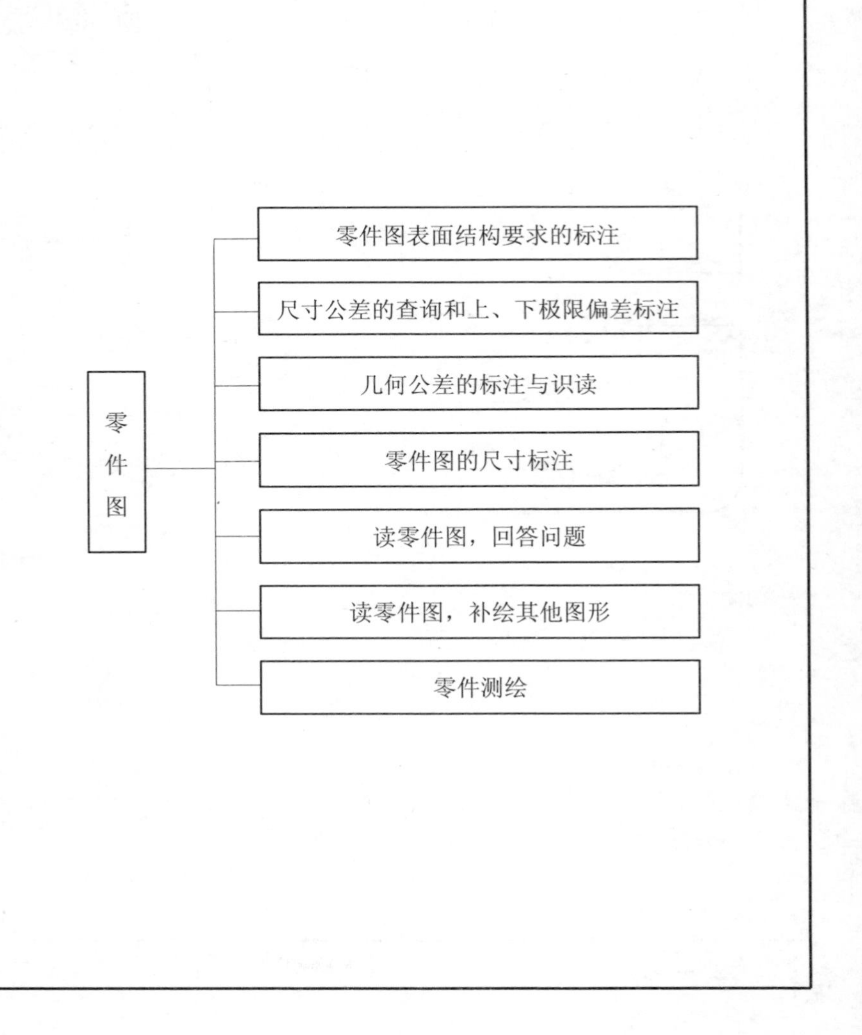

三、示例及解题方法　例 9-1　标注表面结构要求代号示例

题目　已知零件表面加工要求如下，试标注表面结构要求代号。

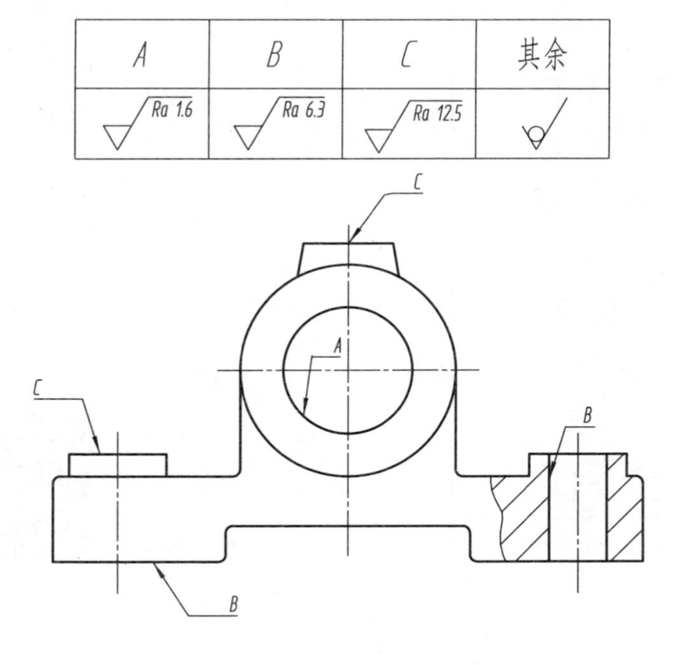

A	B	C	其余
Ra 1.6	Ra 6.3	Ra 12.5	

分析　表面结构要求是评定表面质量的重要参数，在图上用表面结构要求代（符）号来表示。代（符）号一般标注在可见轮廓线、尺寸界线、引出线或它们的延长线上，符号的尖端必须从材料外指向材料内，同一个图样上，每一表面一般只标注一次，非连续的同一表面，先用细实线连接，然后只标注一个表面结构要求代（符）号。

解题步骤

（1）“下底面 *B*”表面结构要求代号可标注在轮廓线上，其标记的尖端要朝上与底面投影直线相交，也可以用指引线标注出来（见下图）。

（2）“两小孔”和“轴孔”的表面结构要求代号的标记见下图。

（3）“其余表面结构要求代号”的标记要标注标题栏的上方或左方，具体见下图。

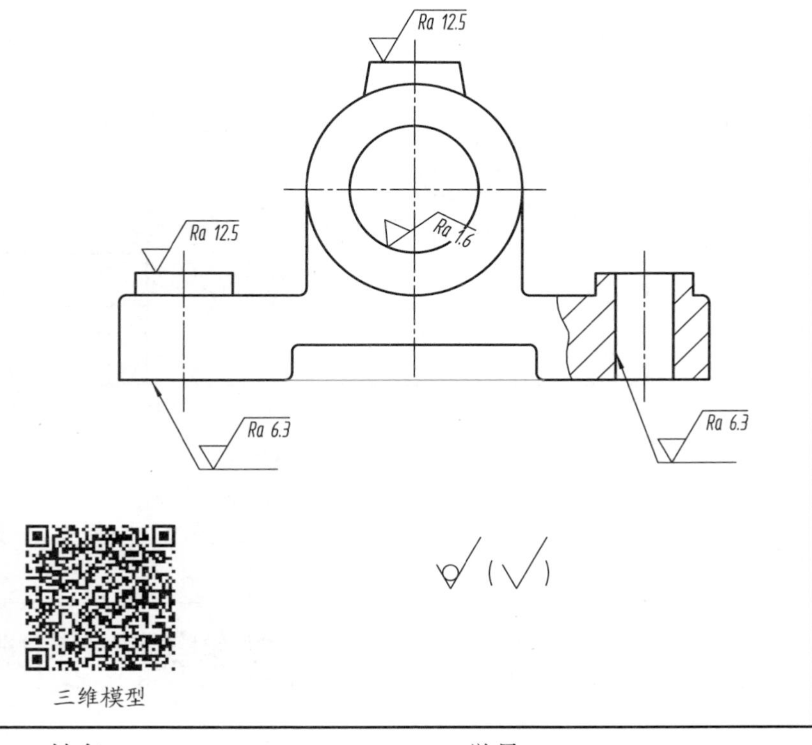

三维模型

专业：　　　　　　班级：　　　　　　姓名：　　　　　　学号：

例 9 – 2　读零件图示例

题目　读齿轮泵泵轴零件图，补画图中所缺的移出断面图，并回答相关问题。

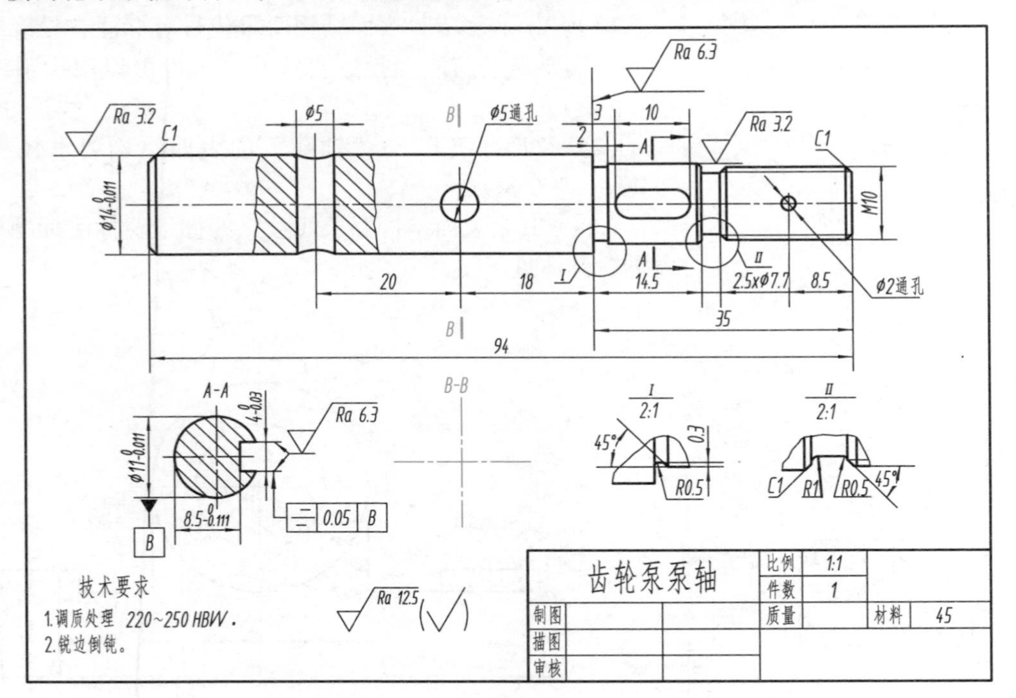

三维模型

问题

1. ϕ14 轴段的上极限偏差为________，下极限偏差为________，最大极限尺寸为________，最小极限尺寸为________，尺寸公差为________。键槽的长度为________、宽度为________、深度为________，键槽的定位尺寸为________。

2. 表面结构要求 $\sqrt{Ra\ 3.2}$ 的含义是____。

3. 图中有________处退刀槽和________处砂轮越程槽，尺寸分别是________和________，这些结构用________来表示其细节的形状的。

4. 在图中分别标出长、宽、高 3 个方向的主要尺寸基准。

专业：　　　　　　　　　　班级：　　　　　　　　　　姓名：　　　　　　　　　　学号：

例 9－2　解题分析与答案

分析

看零件图应先从标题栏入手，了解零件的名称、材料、画图比例等内容。其次分析图样的表达方法和各图的表达重点，分析零件的内外结构形状。明确长、宽、高 3 个方向的尺寸基准，分析尺寸的类型、主要尺寸和一般尺寸。最后看懂图中的技术要求，包括表面结构要求、尺寸公差要求和形位公差要求等。

该零件的名称为齿轮泵泵轴，材料为 45 钢，属于轴套类零件。该零件由一个局部剖的主视图、一个移出断面图、两个局部放大图组成。由于齿轮泵泵轴的长度为主要尺寸，因此选择带键槽轴段左侧的轴肩作为长度方向的尺寸基准，轴线作为宽、高方向的尺寸基准。齿轮泵泵轴轴段的长度，第一、二处轴段的直径为主要尺寸，其余为一般尺寸。零件各表面的质量要求不相同，分别 *Ra* 3.2、*Ra* 6.3 和 *Ra* 12.5，高度参数数值越小，表面质量越高。

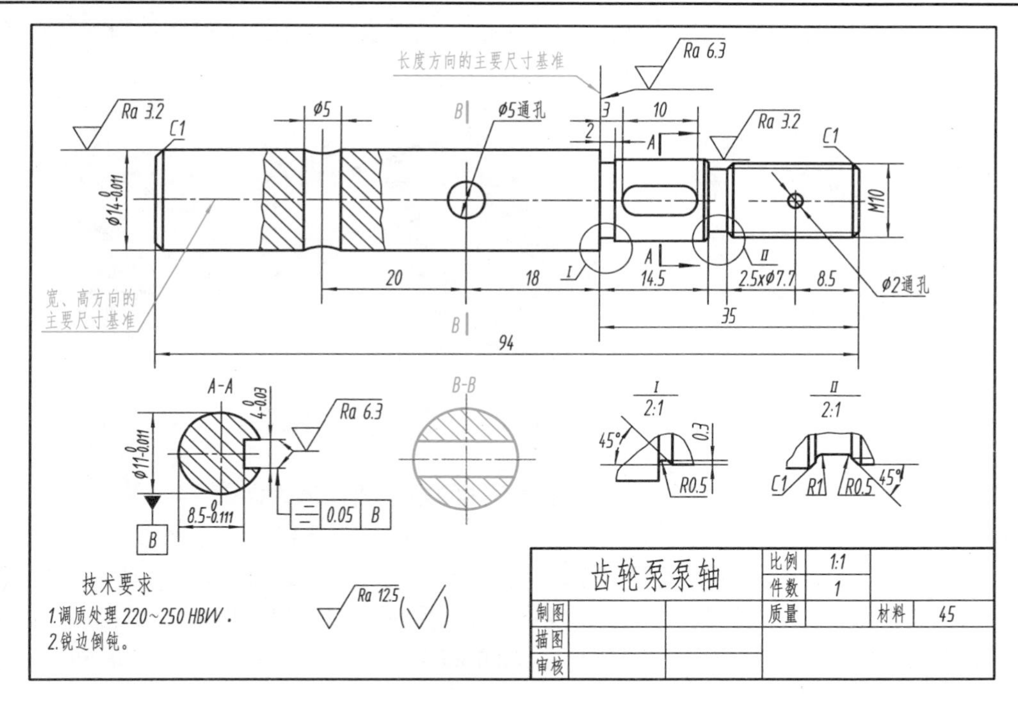

答案

1. ϕ14 轴段的上极限偏差为<u>　0　</u>，下极限偏差为<u>　－0.011　</u>，最大极限尺寸为<u>　ϕ14　</u>，最小极限尺寸为<u>　ϕ13.989　</u>，尺寸公差为<u>　0.011　</u>。键槽的长度为<u>　10　</u>、宽度为<u>　4　</u>、深度为<u>　2.5　</u>，键槽的定位尺寸为<u>　3　</u>。

2. 表面结构要求 Ra 3.2 的含义是<u>用去除材料的方法获得的表面粗糙度，*Ra* 上限值为 3.2μm。</u>

3. 图中有<u>　1　</u>处退刀槽和<u>　1　</u>处砂轮越程槽，尺寸分别是<u>　2.5 × ϕ7.7　</u>和<u>　2 × 0.3　</u>，这些结构用<u>局部放大图</u>来表示其细节的形状的。

4. 长、宽、高 3 个方向的主要尺寸基准见图。

专业：　　　　班级：　　　　姓名：　　　　学号：

例 9－3－1　画零件图示例

题目　根据下图所示泵体的实物模型，选择正确的机件表达方法，画出零件图（不标注粗糙度、尺寸公差、几何公差等）。

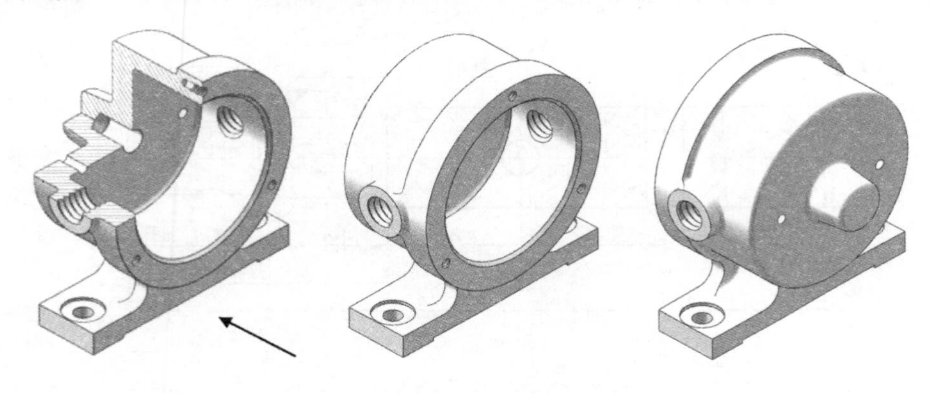

三维模型

分析

（1）形体分析：泵体的上面部分主要由直径不同的两个圆柱体、向上偏心的圆柱形内腔、左/右两个凸台以及背后的锥台等组成；下面部分是一个长方形底板，底板上有两个安装孔；中间部分为连接块，它将上、下两部分连接起来。

（2）选择主视图：把泵体安放成工作位置，在此基础上再选择最能反映形体特征的方向（如上图箭头所示）作为主视图的投射方向。由于泵体最前面的圆柱直径最大，它遮盖了后面直径较小的圆柱，因此为了表达它的形状和左、右两端的螺孔，以及底板上的安装孔，主视图采用剖视；但泵体前端的大圆柱及均布的 3 个螺孔也需要表达，考虑到泵体左右是对称的，故选用半剖视图以使内、外结构都能满足表达的要求，如下页零件图所示。

（3）选择其他视图：如下页零件图所示，选择左视图表达泵体上部沿轴线方向的结构。为了表达内腔形状采用剖视，由于下面部分都是实心体，没有必要全部剖切，因此采用局部剖视，这样可保留一部分外形，便于看图。

底板及中间连接块和其两边的肋，可在俯视图上作全剖视来表达，剖切位置选在 *A—A* 处较为合适。

（4）泵体的尺寸标注：泵体各部分的尺寸经过测量得到，标注方法如下页零件图所示。

专业：　　　　班级：　　　　姓名：　　　　学号：

例 9－3－2 泵体的零件图

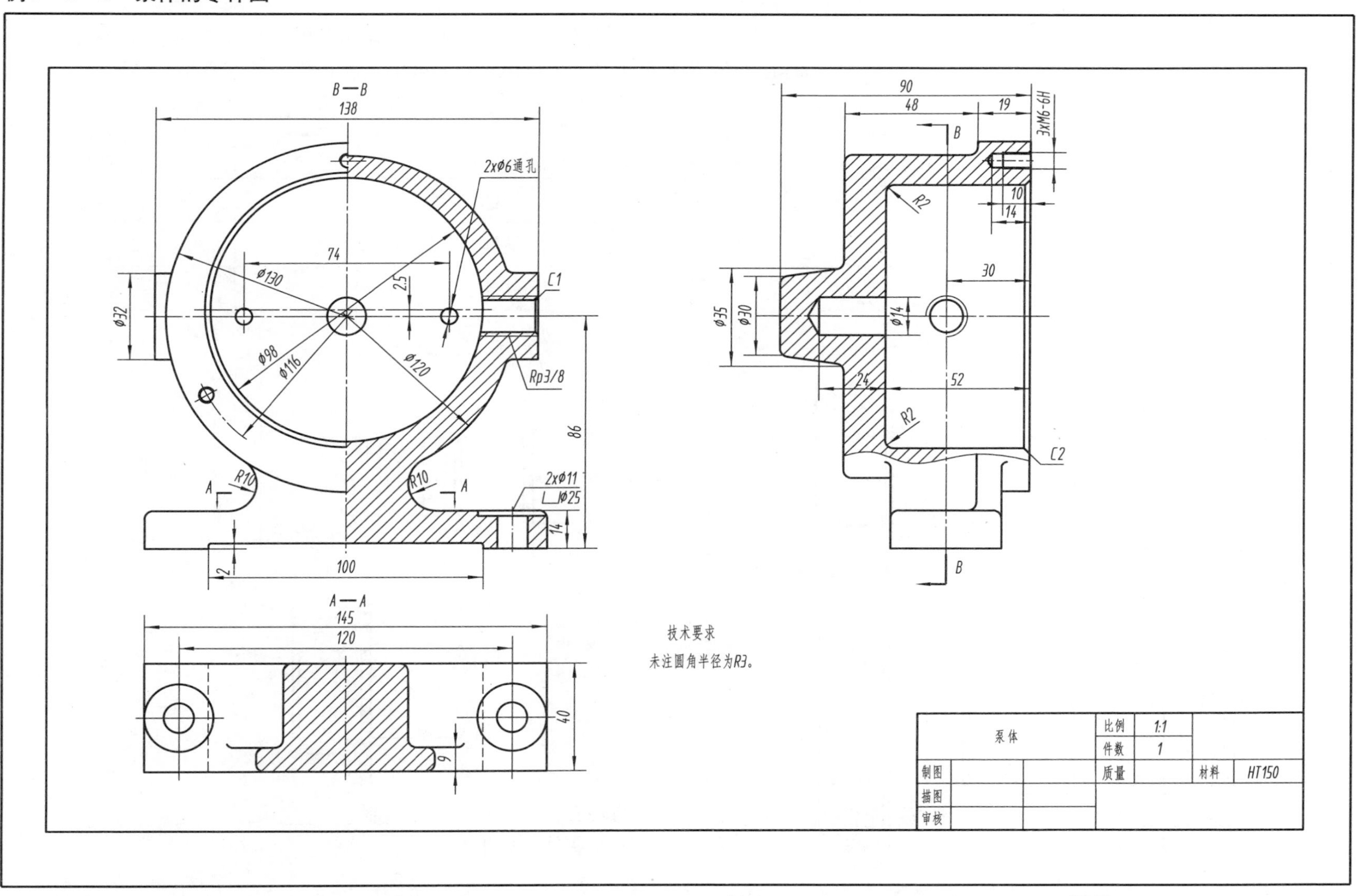

专业：　　　　班级：　　　　姓名：　　　　学号：

四、习题　习题 9-1　公差与配合在图样上的标注

（1）根据下图中的配合尺寸，查表后将 ϕ20H7/k6 配合中相应轴、孔数据填写到表格中，并在相应的零件图上标注出公称尺寸、公差带代号和极限偏差值。

名称	轴	孔
公称尺寸		
公差带代号		
标准公差等级		
基本偏差代号		

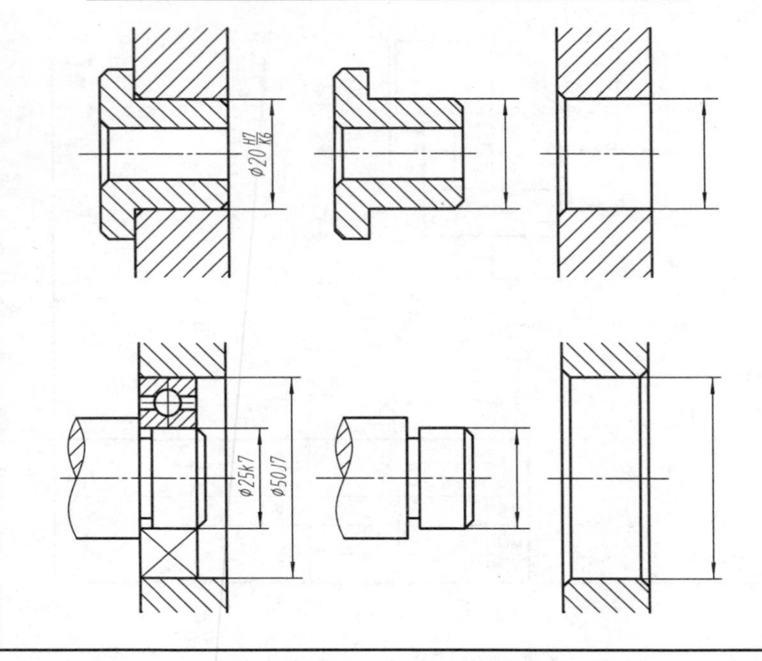

（2）根据下图的孔、轴的极限偏差值，将 ϕ20 的轴与轴孔配合中的数值填写在表格内，查表确定其配合代号后，分别在装配图上注出配合尺寸，并解释配合代号的含义（填空）。

名称	轴	孔
公称尺寸		
上极限尺寸		
下极限尺寸		
公差		

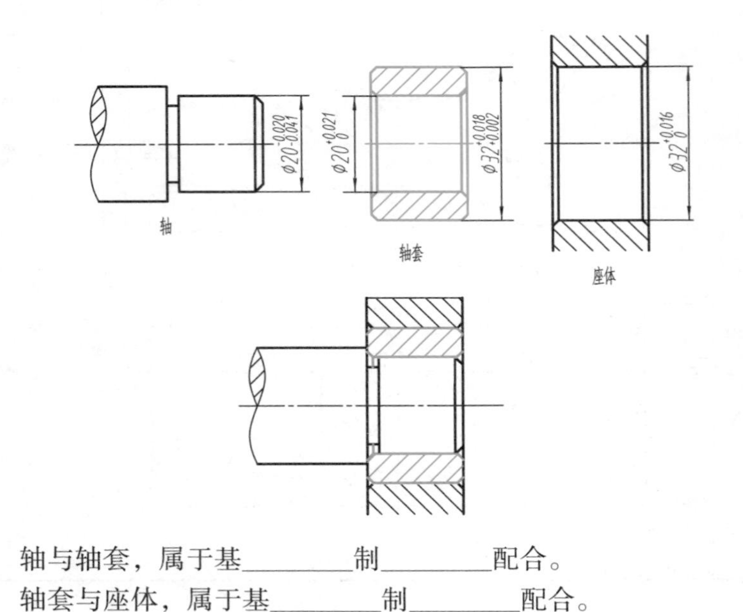

轴与轴套，属于基________制________配合。

轴套与座体，属于基________制________配合。

专业：　　　　班级：　　　　姓名：　　　　学号：

习题 9－2　表面结构代号的标注

（1）已知零件表面加工要求如下，试标注表面结构要求代号。

（2）找出下面图①中表面结构表示法在标注方面的错误，并在图②中完成正确的标注。

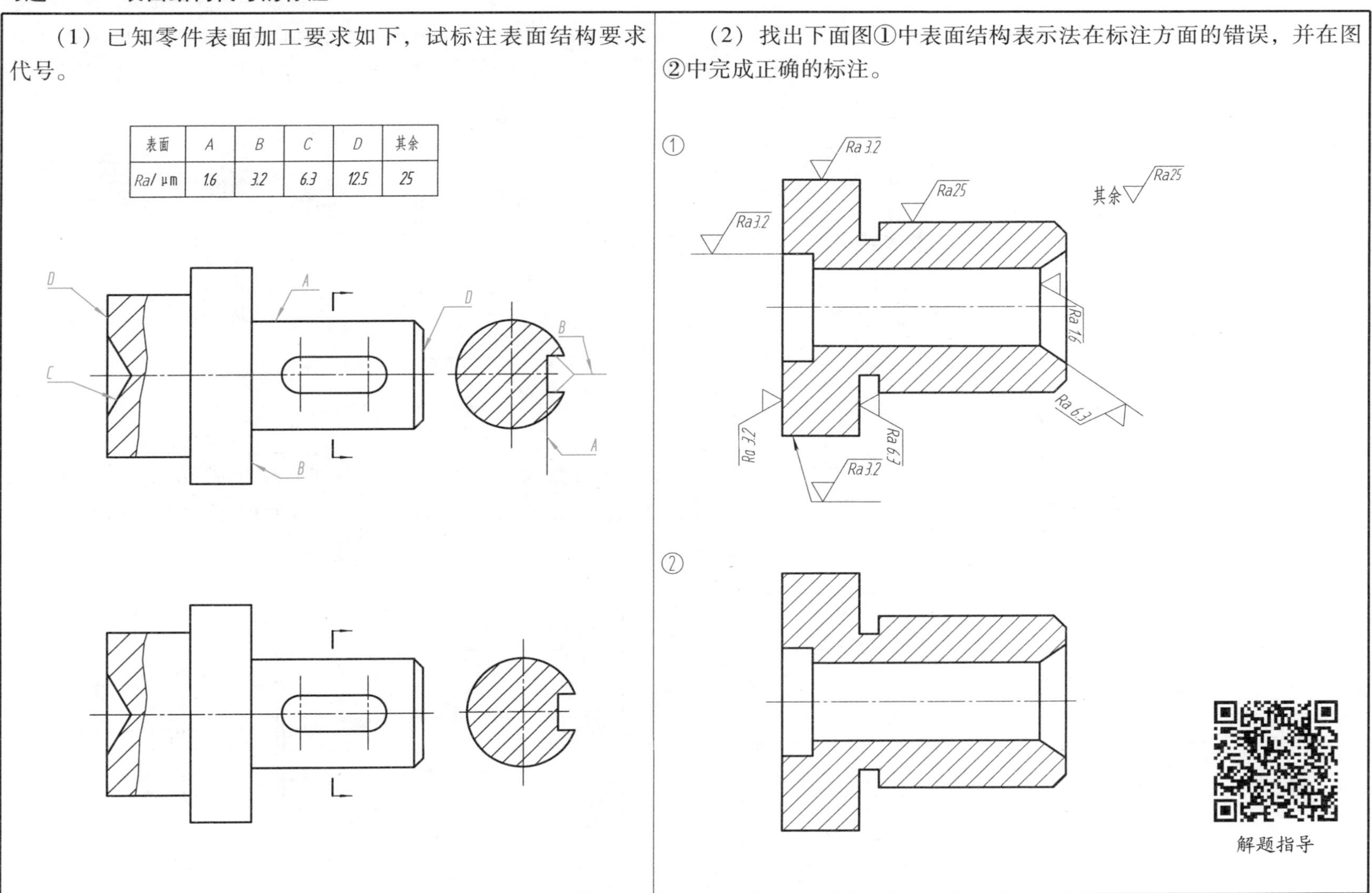

表面	A	B	C	D	其余
Ra/μm	1.6	3.2	6.3	12.5	25

专业：　　班级：　　姓名：　　学号：

习题 9－3　几何公差的标注与识读

（1）解释图中轴套零件中标注的几何公差代号的含义。

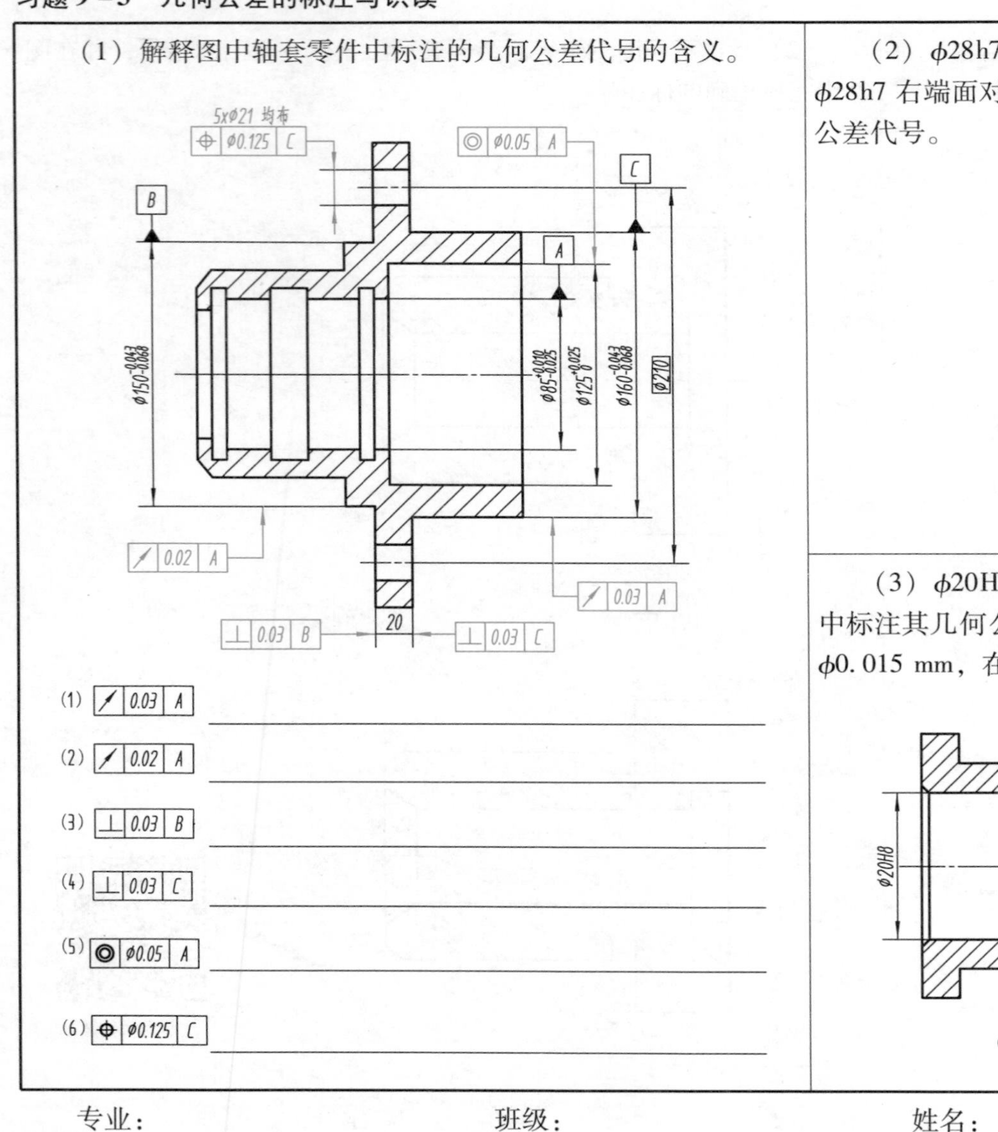

（2）ϕ28h7 圆柱面对 ϕ15h6 轴线的径向圆跳动公差为 0. 015 mm，ϕ28h7 右端面对 ϕ15h6 轴线轴向圆跳动公差为 0. 025 mm，标注其几何公差代号。

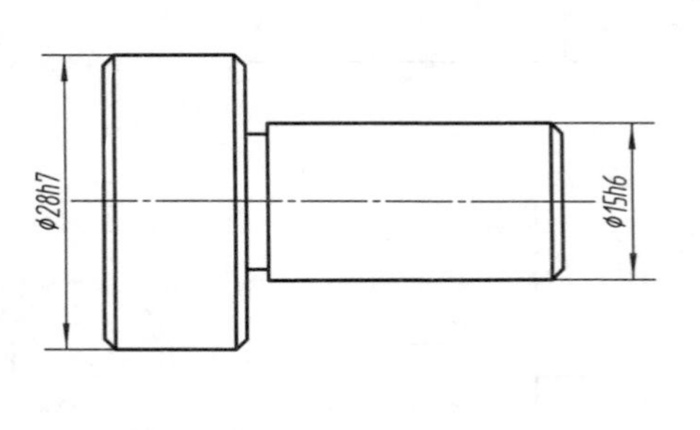

（3）ϕ20H8 轴线对左端面的垂直度公差为 ϕ0. 02 mm，在图（a）中标注其几何公差代号；ϕ25h7 轴线对 ϕ15h6 轴线的同轴度公差为 ϕ0. 015 mm，在图（b）中标注其几何公差代号。

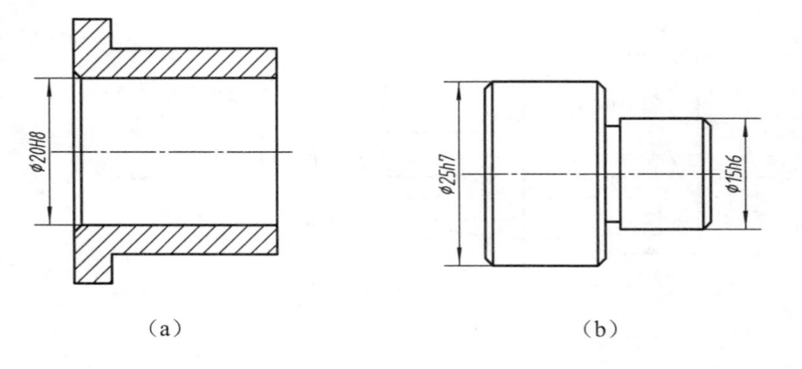

（a）　　（b）

专业：　　班级：　　姓名：　　学号：

习题 9－4　判断下面 4 组零件图尺寸标注的正误，用铅笔圈出错误之处

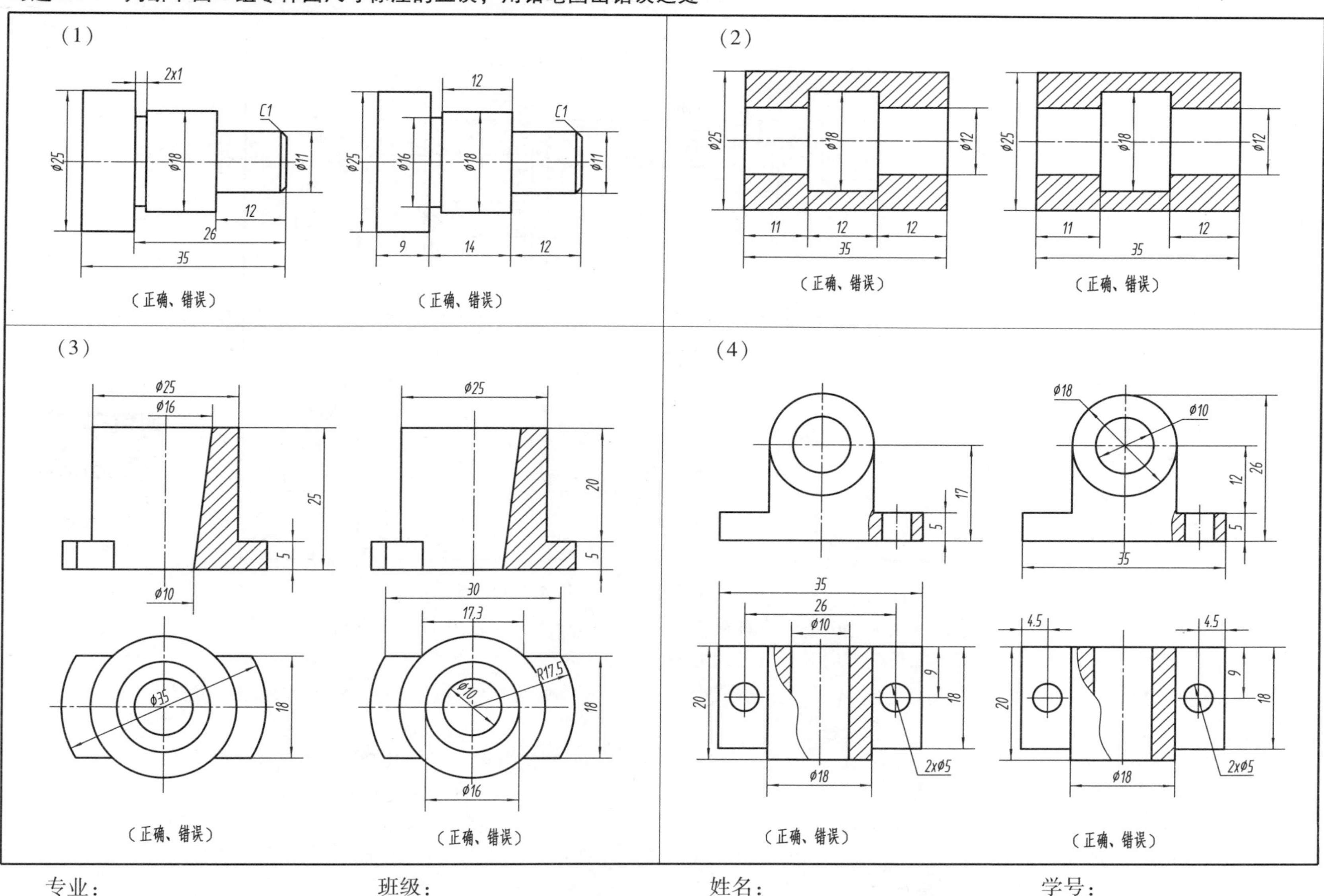

专业：　　　　　　　　班级：　　　　　　　　姓名：　　　　　　　　学号：

习题 9－5　读主轴零件图，补画 *C*—*C* 断面图，并回答下列问题

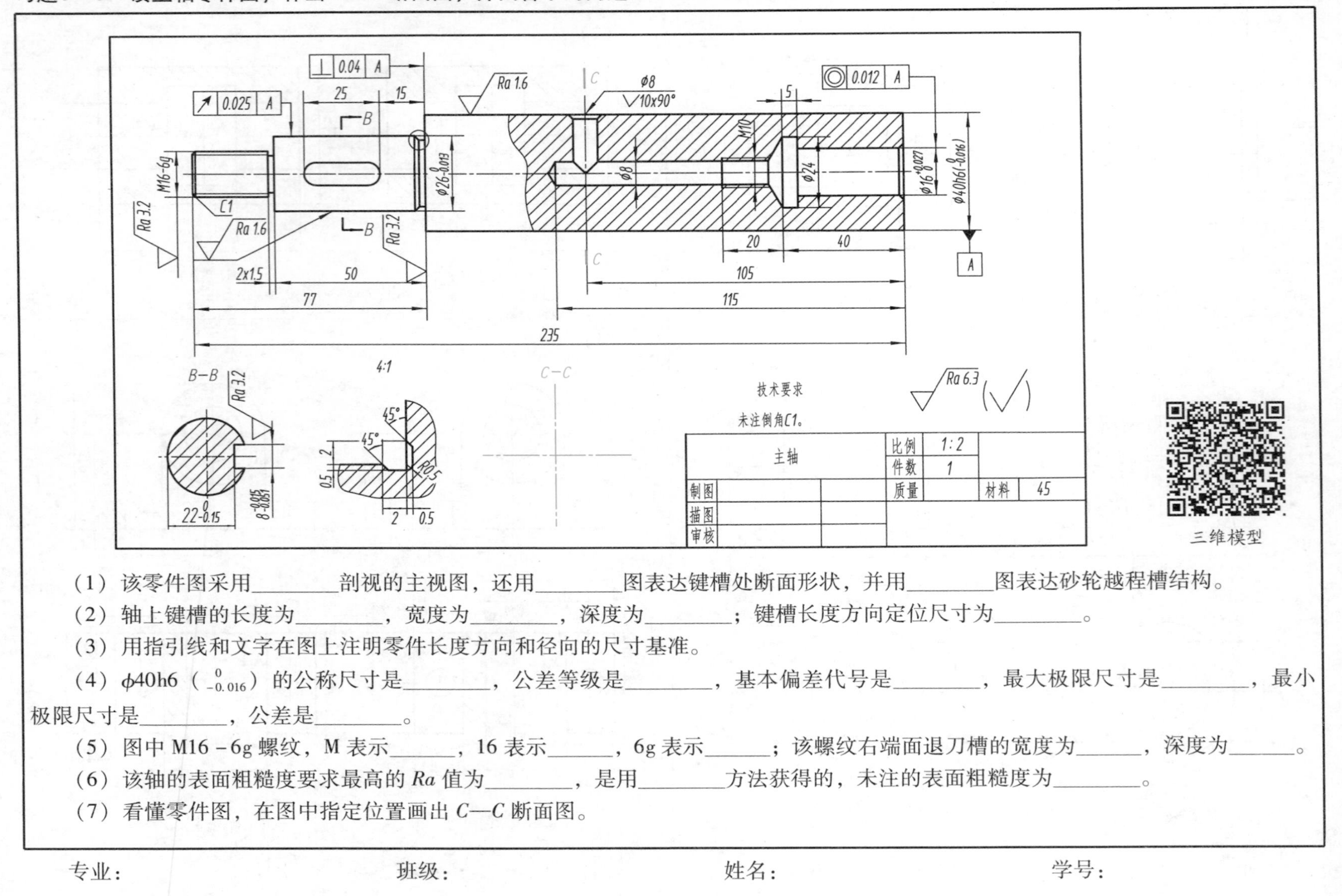

（1）该零件图采用________剖视的主视图，还用________图表达键槽处断面形状，并用________图表达砂轮越程槽结构。

（2）轴上键槽的长度为________，宽度为________，深度为________；键槽长度方向定位尺寸为________。

（3）用指引线和文字在图上注明零件长度方向和径向的尺寸基准。

（4）$\phi 40\text{h}6\left(\begin{smallmatrix}0\\-0.016\end{smallmatrix}\right)$ 的公称尺寸是________，公差等级是________，基本偏差代号是________，最大极限尺寸是________，最小极限尺寸是________，公差是________。

（5）图中 M16－6g 螺纹，M 表示______，16 表示______，6g 表示______；该螺纹右端面退刀槽的宽度为______，深度为______。

（6）该轴的表面粗糙度要求最高的 *Ra* 值为________，是用________方法获得的，未注的表面粗糙度为________。

（7）看懂零件图，在图中指定位置画出 *C*—*C* 断面图。

专业：　　　　班级：　　　　姓名：　　　　学号：

习题 9－6　读端盖零件图，补画右视图，并回答下列问题

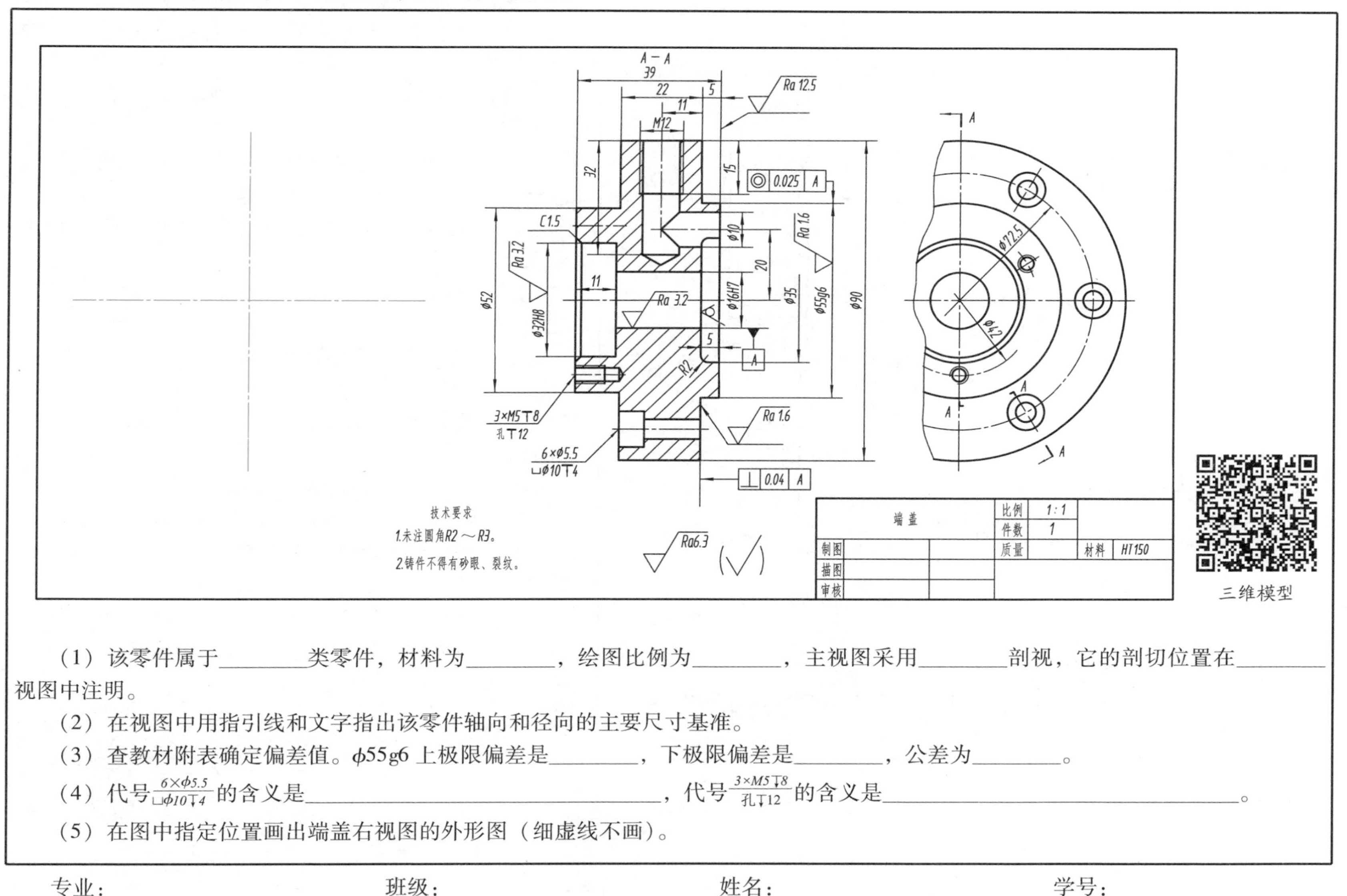

（1）该零件属于________类零件，材料为________，绘图比例为________，主视图采用________剖视，它的剖切位置在________视图中注明。

（2）在视图中用指引线和文字指出该零件轴向和径向的主要尺寸基准。

（3）查教材附表确定偏差值。$\phi55g6$ 上极限偏差是________，下极限偏差是________，公差为________。

（4）代号$\frac{6\times\phi5.5}{\sqcup\phi10\downarrow4}$的含义是________________________________，代号$\frac{3\times M5\downarrow8}{孔\downarrow12}$的含义是________________________________。

（5）在图中指定位置画出端盖右视图的外形图（细虚线不画）。

专业：　　　　　　　　班级：　　　　　　　　姓名：　　　　　　　　学号：

习题 9－7　读托架零件图，回答问题

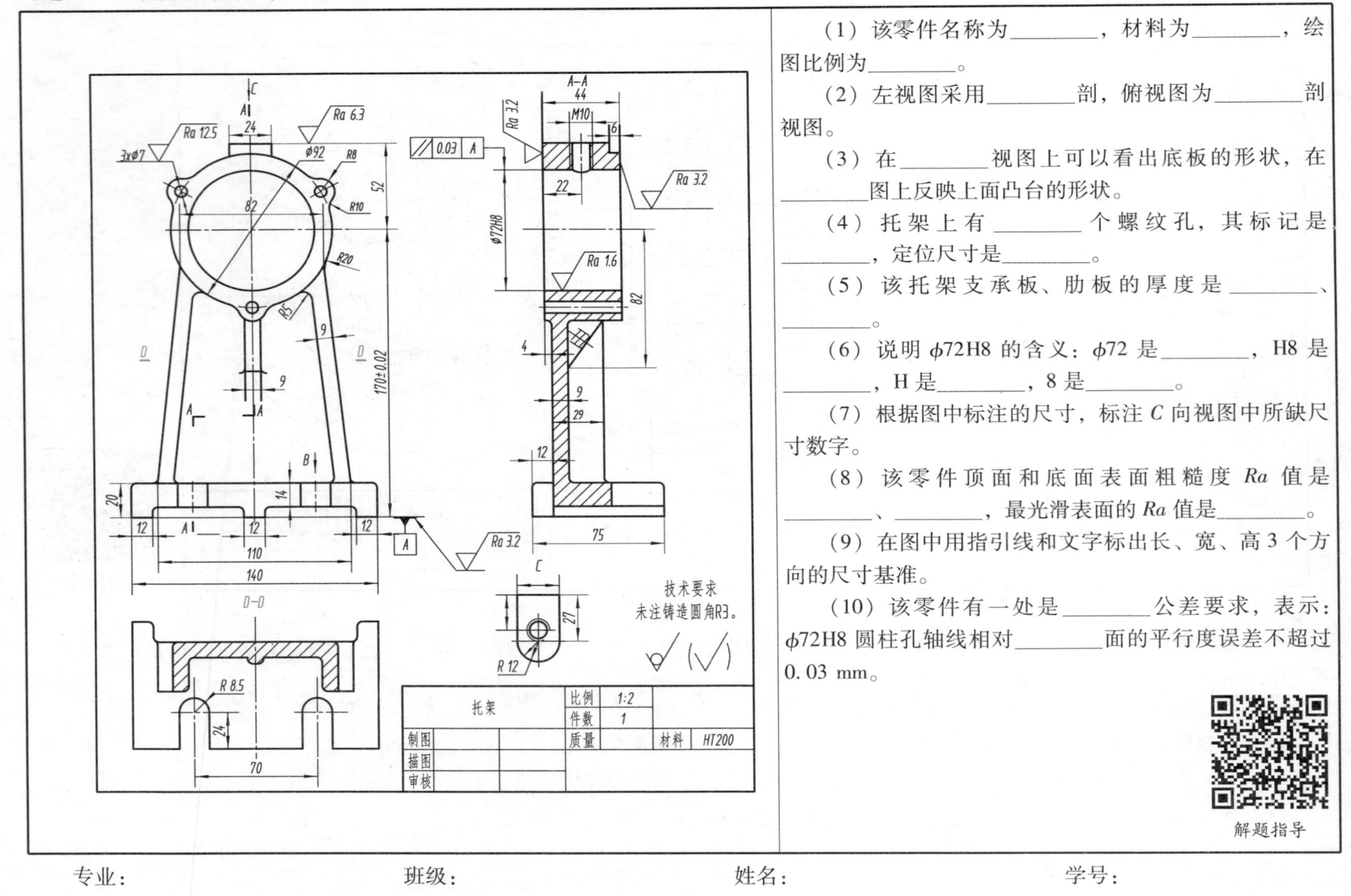

（1）该零件名称为________，材料为________，绘图比例为________。

（2）左视图采用________剖，俯视图为________剖视图。

（3）在________视图上可以看出底板的形状，在________图上反映上面凸台的形状。

（4）托架上有________个螺纹孔，其标记是________，定位尺寸是________。

（5）该托架支承板、肋板的厚度是________、________。

（6）说明 ϕ72H8 的含义：ϕ72 是________，H8 是________，H 是________，8 是________。

（7）根据图中标注的尺寸，标注 *C* 向视图中所缺尺寸数字。

（8）该零件顶面和底面表面粗糙度 *Ra* 值是________、________，最光滑表面的 *Ra* 值是________。

（9）在图中用指引线和文字标出长、宽、高 3 个方向的尺寸基准。

（10）该零件有一处是________公差要求，表示：ϕ72H8 圆柱孔轴线相对________面的平行度误差不超过 0.03 mm。

解题指导

专业：　　　　班级：　　　　姓名：　　　　学号：

习题 9－8　读底座零件图，回答问题

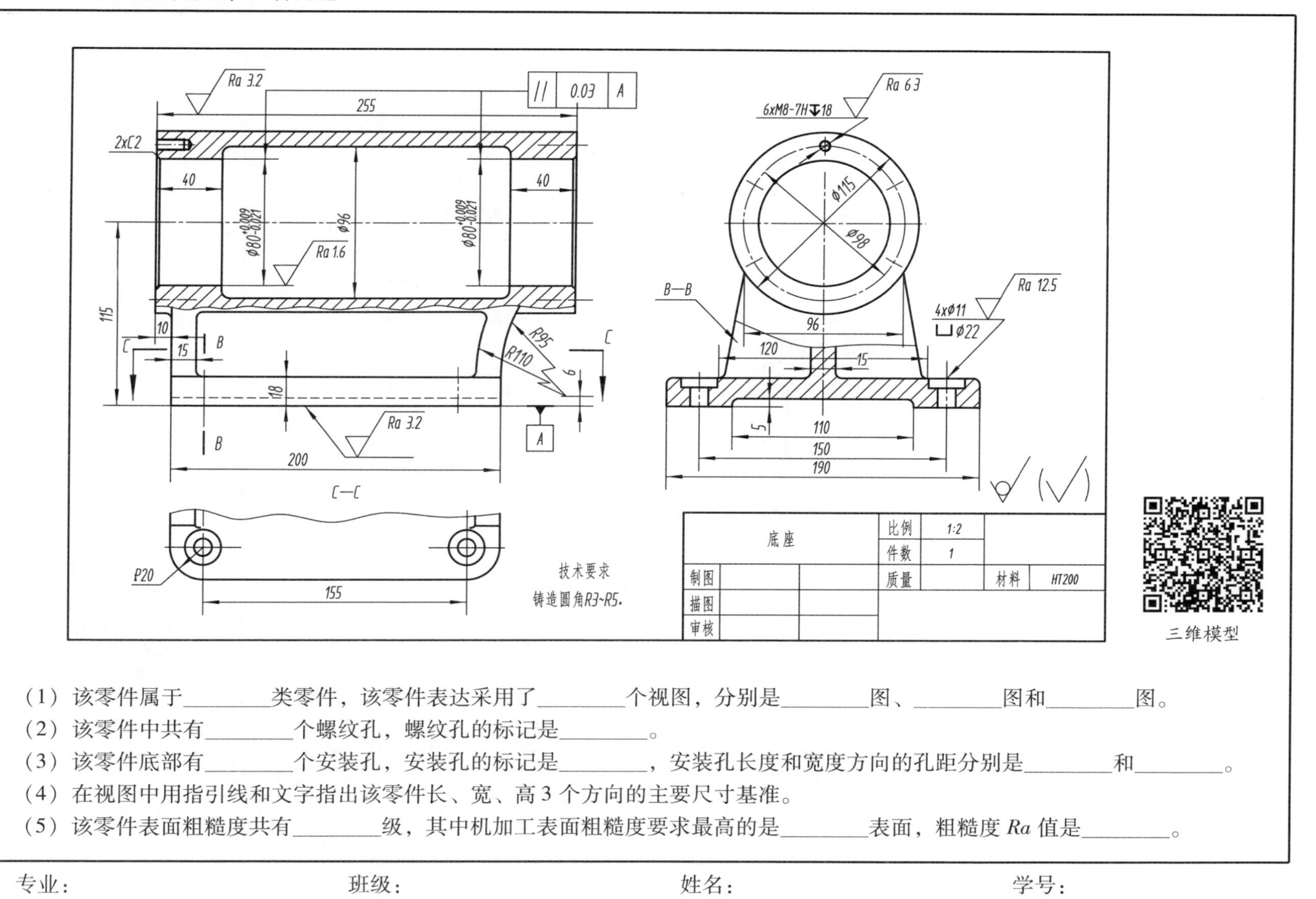

（1）该零件属于________类零件，该零件表达采用了________个视图，分别是________图、________图和________图。

（2）该零件中共有________个螺纹孔，螺纹孔的标记是________。

（3）该零件底部有________个安装孔，安装孔的标记是________，安装孔长度和宽度方向的孔距分别是________和________。

（4）在视图中用指引线和文字指出该零件长、宽、高 3 个方向的主要尺寸基准。

（5）该零件表面粗糙度共有________级，其中机加工表面粗糙度要求最高的是________表面，粗糙度 *Ra* 值是________。

专业：　　　　　　　　班级：　　　　　　　　姓名：　　　　　　　　学号：

习题 9 – 9　读支架零件图，回答下列问题

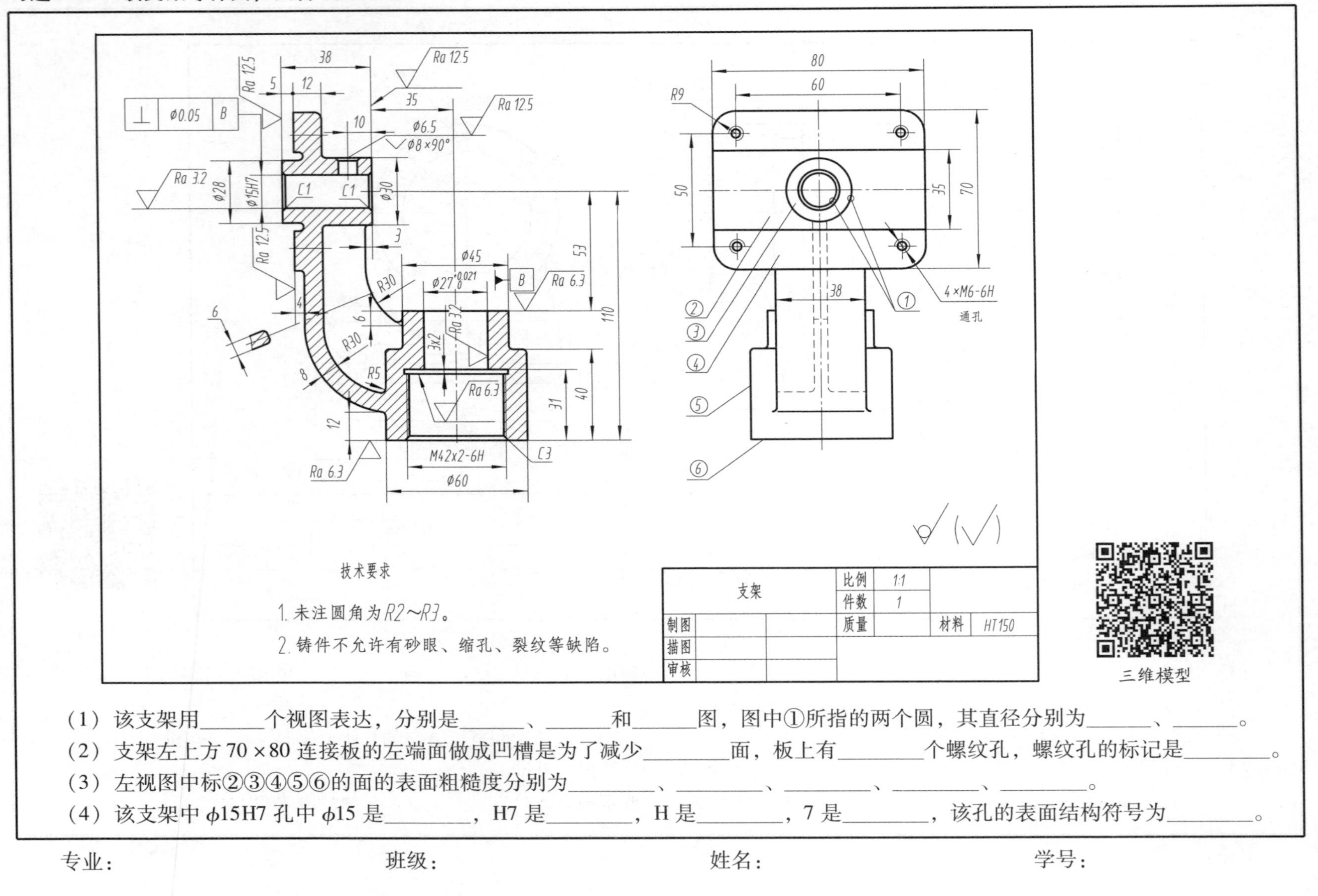

（1）该支架用______个视图表达，分别是______、______和______图，图中①所指的两个圆，其直径分别为______、______。

（2）支架左上方 70×80 连接板的左端面做成凹槽是为了减少________面，板上有________个螺纹孔，螺纹孔的标记是________。

（3）左视图中标②③④⑤⑥的面的表面粗糙度分别为________、________、________、________、________。

（4）该支架中 φ15H7 孔中 φ15 是________，H7 是________，H 是________，7 是________，该孔的表面结构符号为________。

专业：　　　　班级：　　　　姓名：　　　　学号：

习题 9－10－1　零件测绘

（1）作业目的

①掌握测绘的基本技能和绘制零件图的方法。

②学习典型零件的表达方法及典型结构的查表方法。

③掌握正确选择尺寸基准以及标注尺寸、表面粗糙度、尺寸公差和几何公差的方法。

④掌握一般的测绘方法和测绘工具的使用方法。

（2）内容与要求

①根据零件轴测图（或实物），选择 2～3 个典型零件，用恰当的表达方法，徒手画出零件草图。

②根据零件草图，测量零件尺寸并选择合适的技术要求，绘制完成零件工作图。绘图比例和图幅自定。

③要求零件表达方案选择合理，视图表达完整、清晰，尺寸与技术要求等标注完整、准确。

（3）方法指导

①绘制草图，应在徒手目测的条件下进行，不得使用绘图仪器，图中的线型、字体按标准要求绘制。零件草图绝非潦草之图，其内容、要求与零件图完全一样，只是不用仪器工具作图而已。

②测量尺寸时应注意，对于重要的尺寸应尽量优先测量。对于精度较高的尺寸应用游标卡尺、千分尺等测量。对于精度低的尺寸，可用内（外）卡钳和钢直尺等测量。测量时要正确选择基准，由基准面开始测量。

③零件的退刀槽、键槽、螺纹、销孔等的尺寸，应查阅有关标准手册确定。

④表面粗糙度、尺寸公差等内容，请参看教材，在教师指导下选用。

⑤对零件草图进行认真检查、修改后，整理画出零件图。

（4）图例。

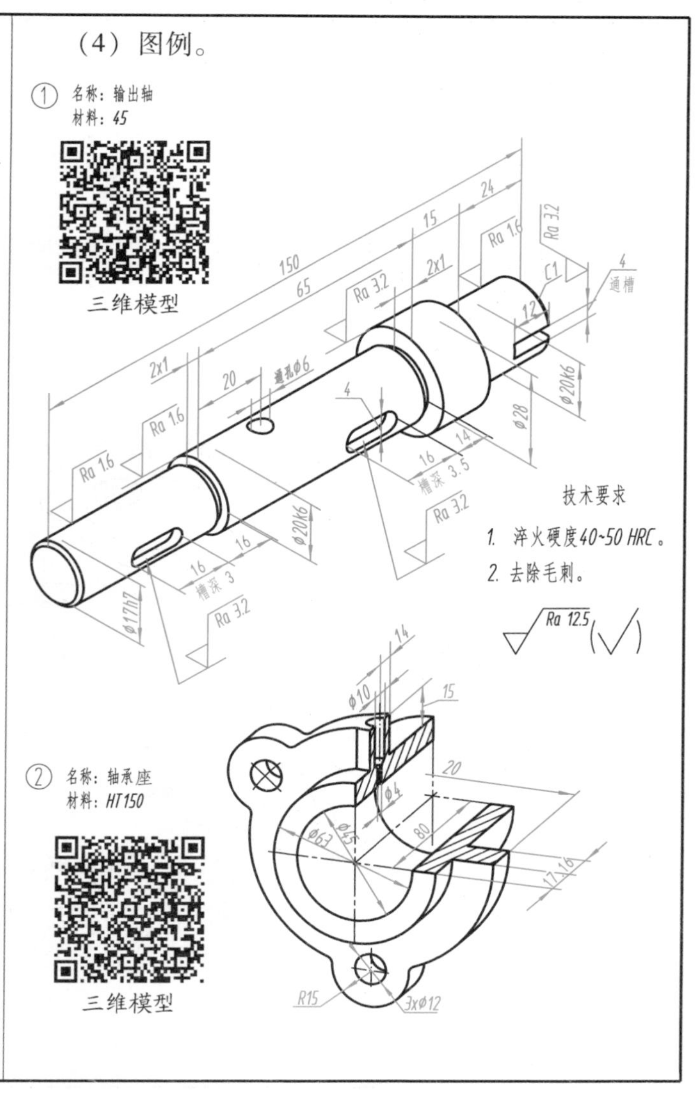

专业：　　　　班级：　　　　姓名：　　　　学号：

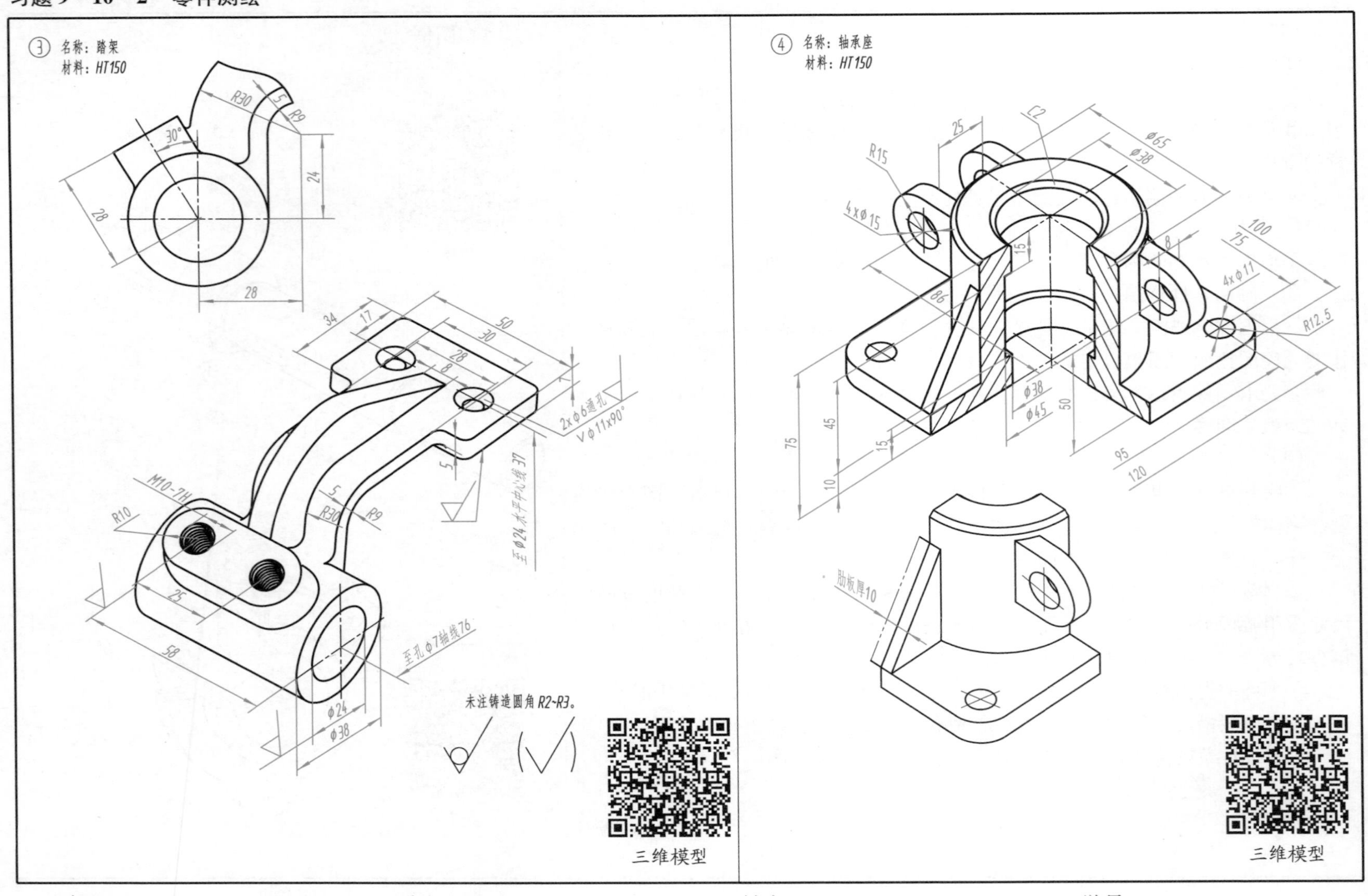

③ 名称：踏架
材料：HT150
R30
5
R9
30°
24
28
28
34
17
50
30
28
8
2×φ6通孔
⌴φ11×90°
5
至φ24水平中心线37
M10-7H
R10
5
R30
R9
25
58
至孔φ7轴线76
φ24
φ38
未注铸造圆角R2~R3。
三维模型
④ 名称：轴承座
材料：HT150
25
C2
φ65
φ38
R15
4×φ15
15
8
100
75
4×φ11
R12.5
86
φ38
φ45
50
75
45
15
10
95
120
肋板厚10
三维模型

专业：　　班级：　　姓名：　　学号：

第 10 章　标准件和常用件

一、内容概要

1. 目的要求

在机器或部件的装配、安装中，广泛使用的连接件有螺纹紧固件（螺栓、双头螺柱、螺钉、螺母、垫圈）、键、销等，在机械的支承、减振等方面广泛使用轴承、弹簧等，这些零件的结构形状都已经标准化，尺寸已经系列化，称为标准件。在机械的传动方面广泛使用齿轮、蜗轮、蜗杆等，这些零件的局部结构已经标准化，参数已经系列化，称为常用件。要求学生：

（1）掌握常用件的基本参数计算、画法、代号及它们的应用。

（2）掌握螺纹的基本要素（牙型、公称直径、螺距和导程、线数及旋向）。

（3）熟练掌握内、外螺纹的画法，内外螺纹旋合的画法及螺纹的标注。

（4）熟练掌握螺纹紧固件的连接（螺栓连接、双头螺柱连接、螺钉连接）的画法；掌握螺纹紧固件的规定标记。

（5）掌握键连接的画法及键的规定标记。

（6）掌握销连接的画法及销的规定标记。

2. 重点难点

（1）圆柱齿轮基本参数计算，单个齿轮的规定画法及尺寸注法；两个齿轮啮合的规定画法。

（2）内螺纹、外螺纹的画法，内外螺纹旋合的画法及螺纹的标注。

（3）螺纹紧固件的画法及规定标记。

（4）螺纹紧固件连接的画法。

二、题目类型

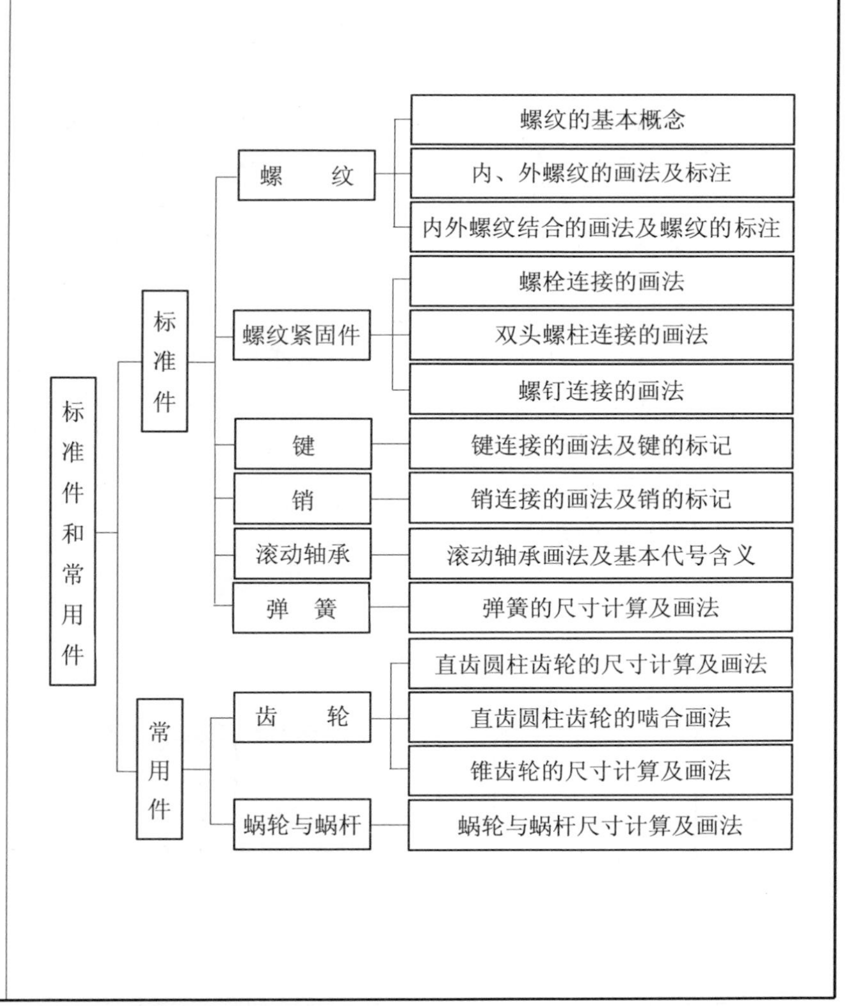

三、示例及解题方法　例 10 -1　内外螺纹结合画法示例

题目　已知内、外螺纹大径 M20，外螺纹长 30，螺杆长画 40 后断开，螺孔深 30，钻孔深 40，螺纹倒角 $C2$。

（1）分别画出内、外螺纹旋合前的主视图。

（2）画出内外螺纹旋合的主视图，旋合长度为 20。

分析

（1）内外螺纹旋合前，外螺纹大径画粗实线，小径画细实线，螺纹长度终止线画粗实线；内螺纹大径画细实线，小径画粗实线，螺纹长度终止线画粗实线，锥顶画粗实线，锥顶夹角 120°。

（2）内外螺纹旋合后，按规定：旋合部分按外螺纹画，没旋合的部分按各自的画法画出。

注意

（1）内外螺纹长度终止线易错画为细实线。

（2）旋合部分大径易错画为细实线。

（3）锥顶角易错画为 90°。

（4）内螺纹剖面线易错画到细实线处。

内外螺纹旋合前画法

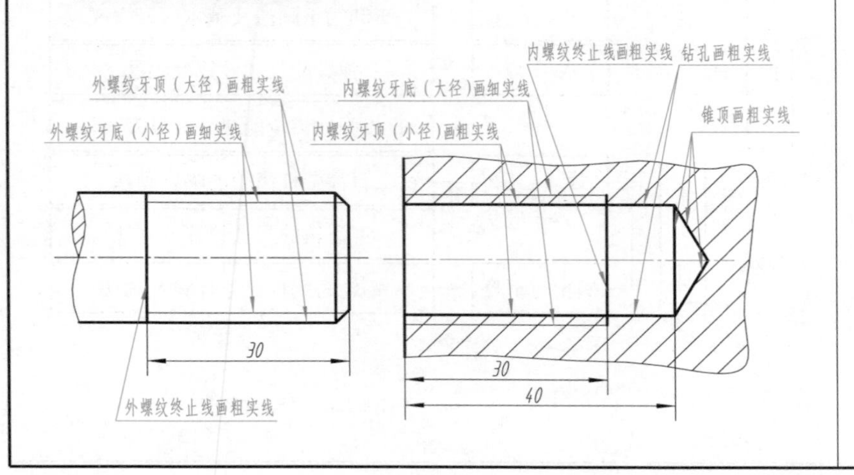

内外螺纹结合正确画法

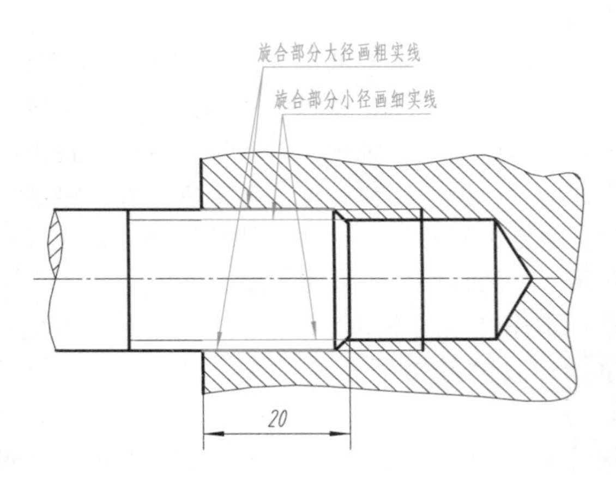

内外螺纹结合错误画法示例

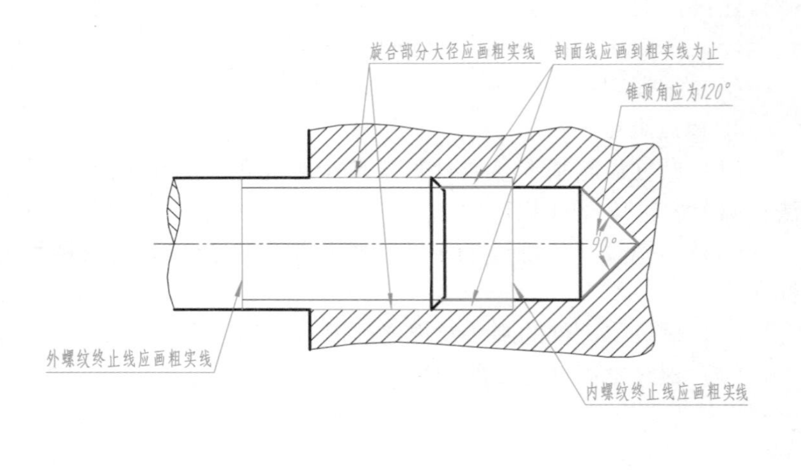

例 10－2　螺栓连接画法示例

题目　分析改正螺栓连接三视图中的错误，补全缺画的图线。

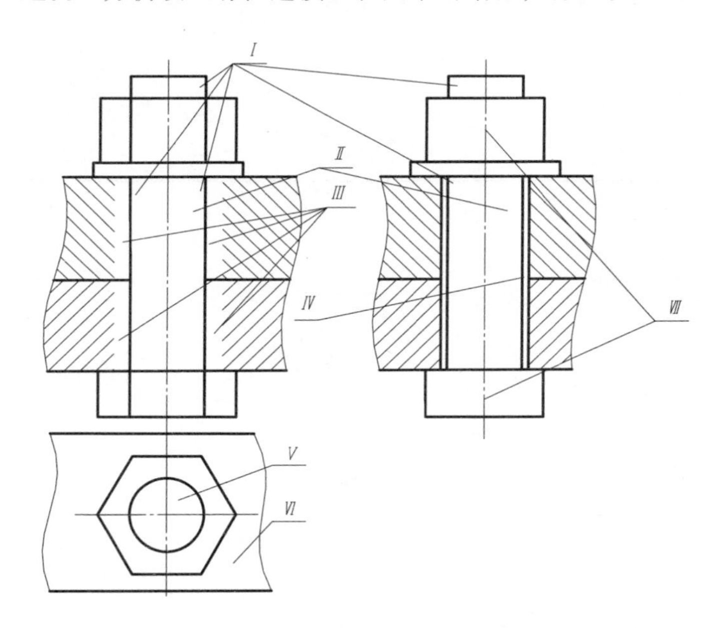

分析　根据规定，画螺栓连接剖视图时，螺栓、螺母、垫圈按视图画出；若零件与零件接触，则画一条线；若零件与零件不接触，则画两条线；螺栓的螺纹长度终止线画到上面零件顶面的下方；两个零件的剖面线不一样。

看图时从上往下看，主视图、左视图中，Ⅰ处漏画螺纹小径；Ⅱ处漏画螺纹终止线；Ⅲ处螺栓杆与零件孔壁不接触应是两条线，漏画孔的转向轮廓线；Ⅳ处零件的接触线应画到螺栓杆处。俯视图中，Ⅴ处漏画小径的 3/4 的细实线圆；Ⅵ处漏画垫圈的投影。左视图中，Ⅶ处漏画螺栓盘头、螺母的棱线。将以上漏画的图线补画上，如右图所示。

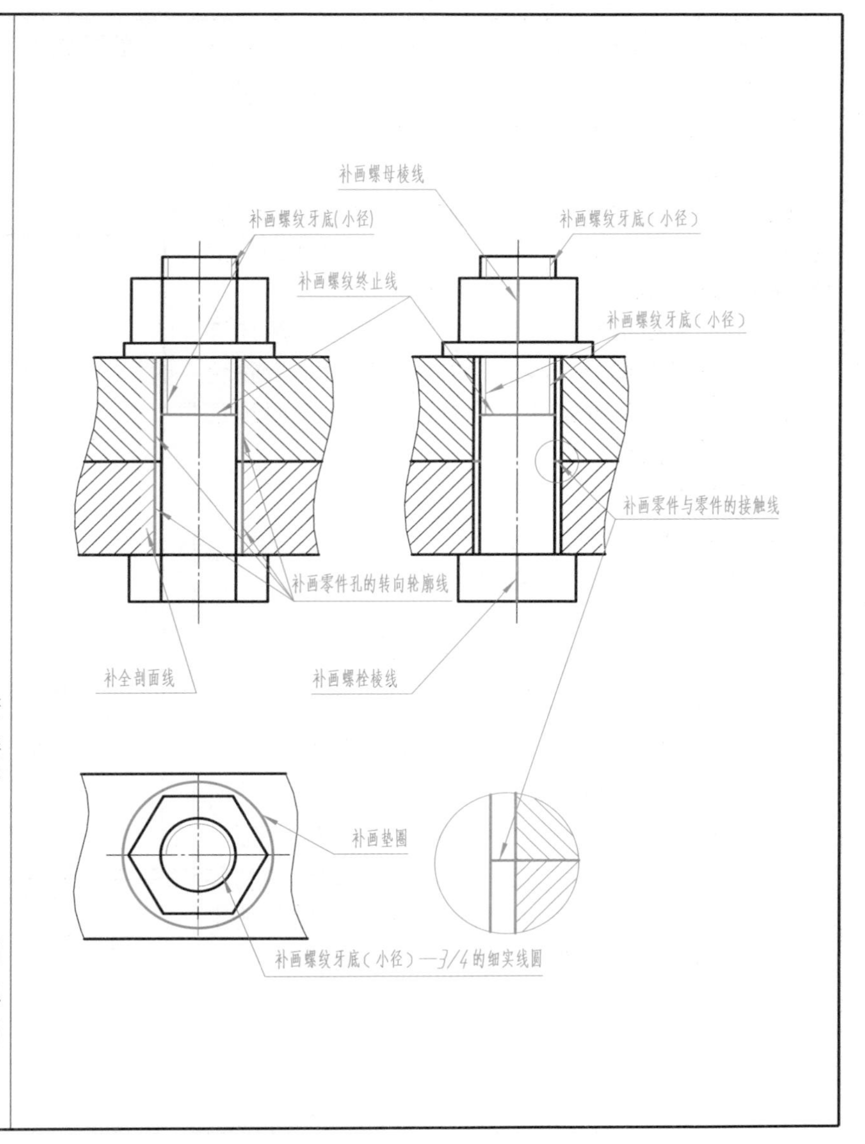

例 10-3　直齿圆柱齿轮的尺寸计算与绘图示例

题目　一对相互啮合的直齿圆柱齿轮，其中心距 $a=81$、小齿轮齿数 $z_1=25$，大齿轮齿数 $z_2=29$，画出小齿轮的零件图。小齿轮画成平板式，齿轮宽 22，齿轮轴孔直径为 ϕ20H7，齿轮与轴用键 6×14 连接；倒角 C1，齿轮各表面的表面粗糙度参数 *Ra* 为：齿轮表面、ϕ20H7 孔为 *Ra* 3.2，齿顶圆表面、键槽两侧面为 *Ra* 6.3，其余表面为 *Ra* 12.5。

分析　根据中心距、大齿轮及小齿轮齿数计算出模数，再根据模数、小齿轮齿数计算出小齿轮轮齿各部分尺寸，依据这些尺寸及已知尺寸按照规定画法画出齿轮的零件图。

作图步骤

（1）求模数：

$$m=2a/(z_1+z_2)=2\times81/(25+29)=3$$

（2）计算分度圆直径：

$$d_1=m\times z_1=3\times25=75$$

（3）计算齿顶圆直径：

$$d_a=m\times(z_1+2)=3\times(25+2)=81$$

（4）计算齿根圆直径：

$$d_f=m\times(z_1-2.5)=3\times(25-2.5)=67.5$$

（5）根据计算尺寸及已知尺寸绘制该齿轮的零件图，并标注尺寸、尺寸公差、表面粗糙度、技术要求以及列出齿轮的模数、齿数和齿形角等参数。

解题结果

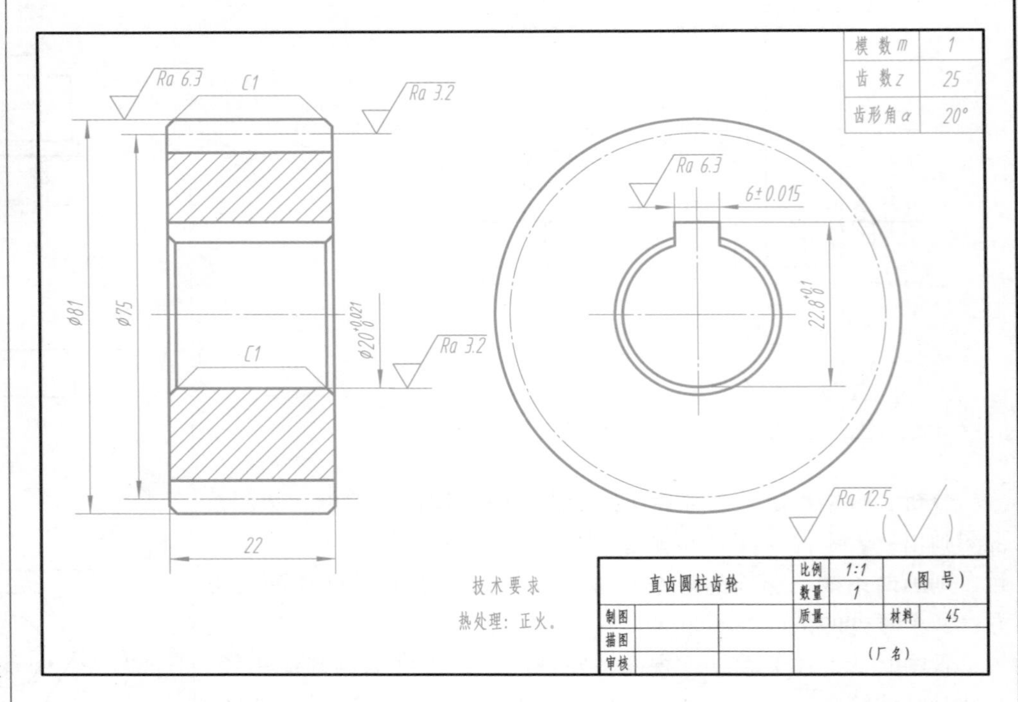

四、习题　习题 10 - 1　分析图中错误画法，在指定位置画出正确的图形

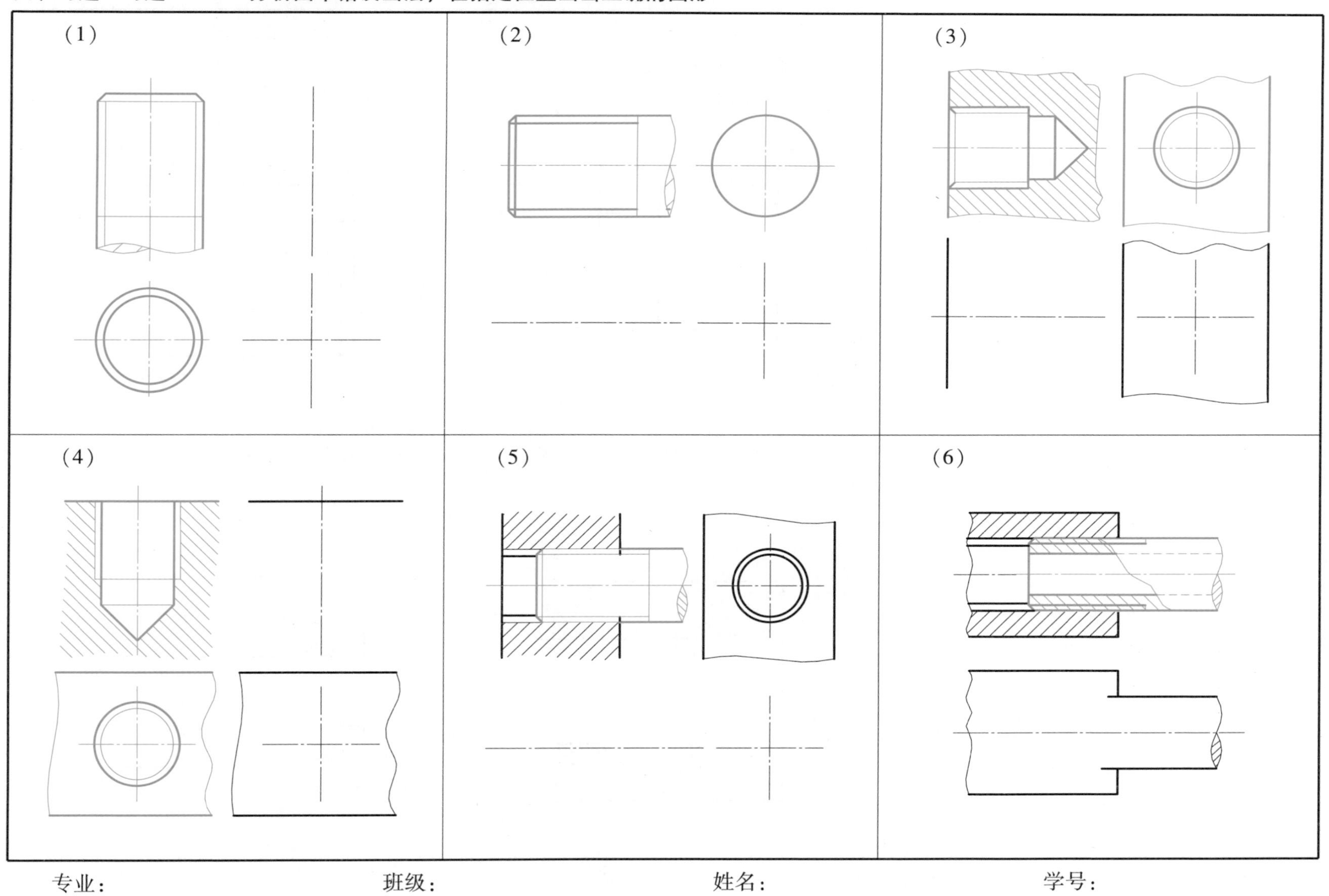

专业：　　　　　　班级：　　　　　　姓名：　　　　　　学号：

习题 10－2　根据给定螺纹要素，对各螺纹进行正确标注

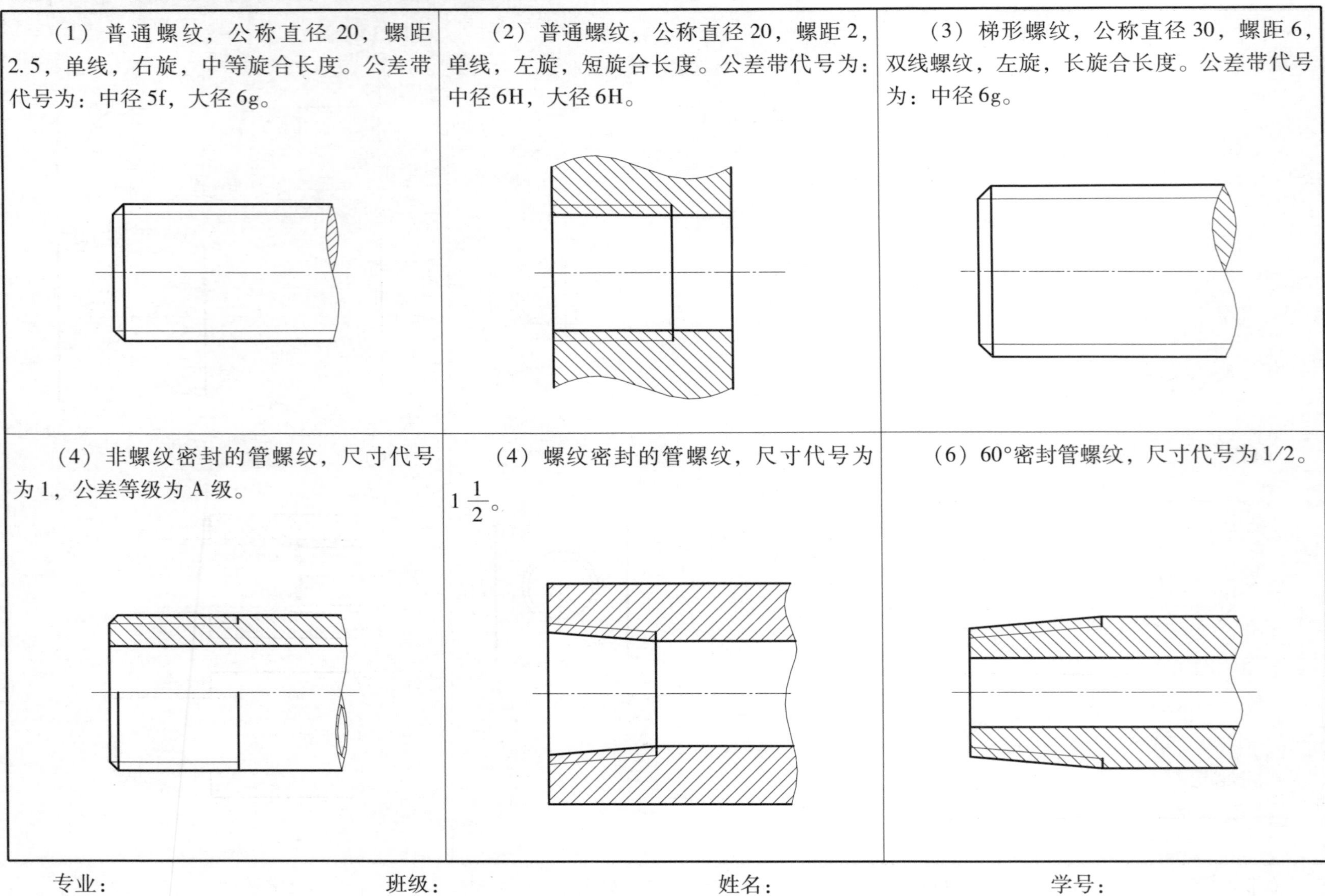

（1）普通螺纹，公称直径 20，螺距 2.5，单线，右旋，中等旋合长度。公差带代号为：中径 5f，大径 6g。

（2）普通螺纹，公称直径 20，螺距 2，单线，左旋，短旋合长度。公差带代号为：中径 6H，大径 6H。

（3）梯形螺纹，公称直径 30，螺距 6，双线螺纹，左旋，长旋合长度。公差带代号为：中径 6g。

（4）非螺纹密封的管螺纹，尺寸代号为 1，公差等级为 A 级。

（4）螺纹密封的管螺纹，尺寸代号为 $1\frac{1}{2}$。

（6）60°密封管螺纹，尺寸代号为 1/2。

专业：　　　　班级：　　　　姓名：　　　　学号：

习题 10 – 3　查表确定下列螺纹紧固件尺寸，在图中标注出这些尺寸，并写出其标记

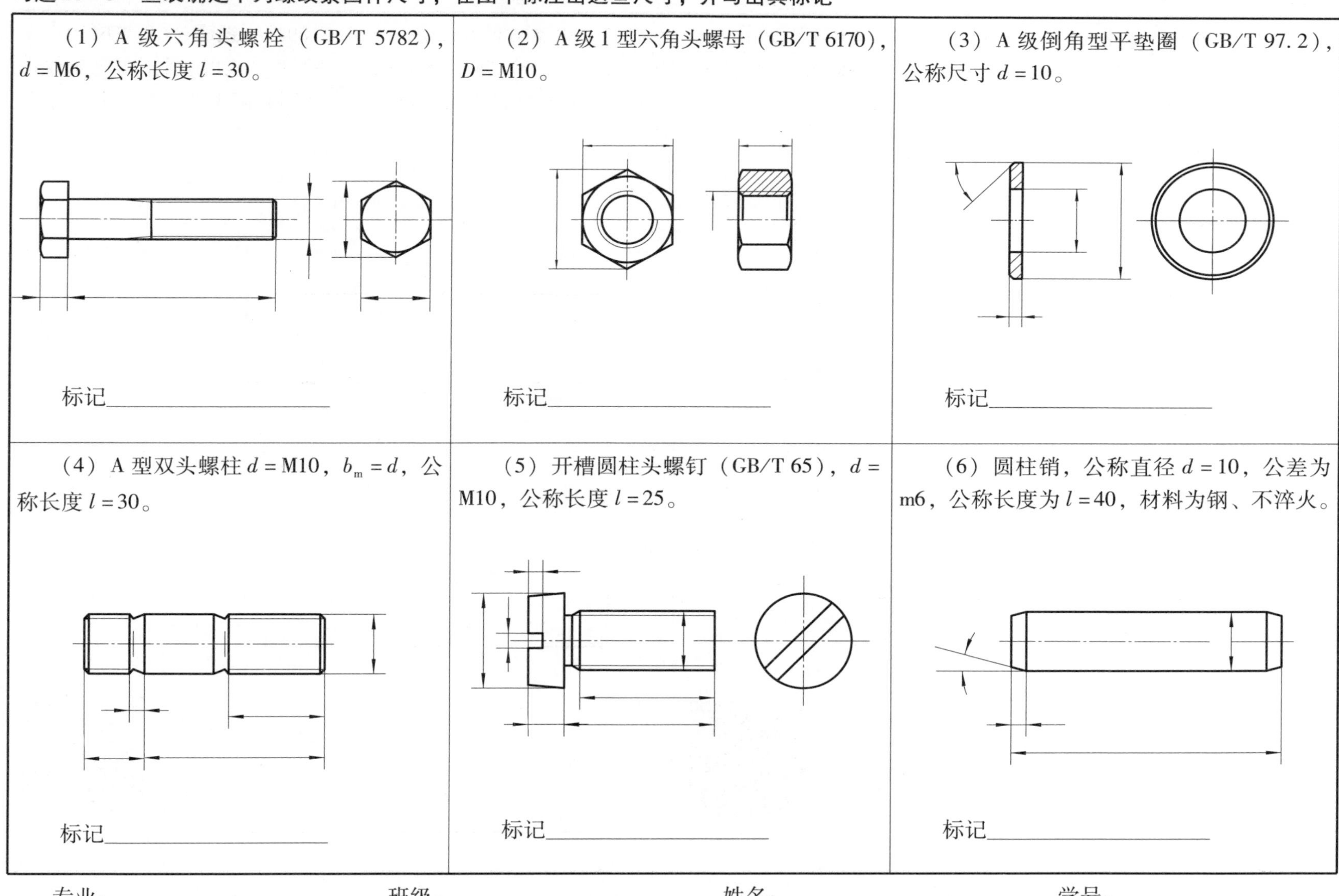

专业：　　　　　　班级：　　　　　　姓名：　　　　　　学号：

习题 10－4　螺纹紧固件连接的画法

（1）用 M16 的螺栓（GB/T 5782）、螺母（GB/T 6170）及垫圈（GB/T 97.1）将两个零件连接起来，试选定螺栓的公称长度，作出该连接的主视图和俯视图，并注上尺寸 l 的数值。

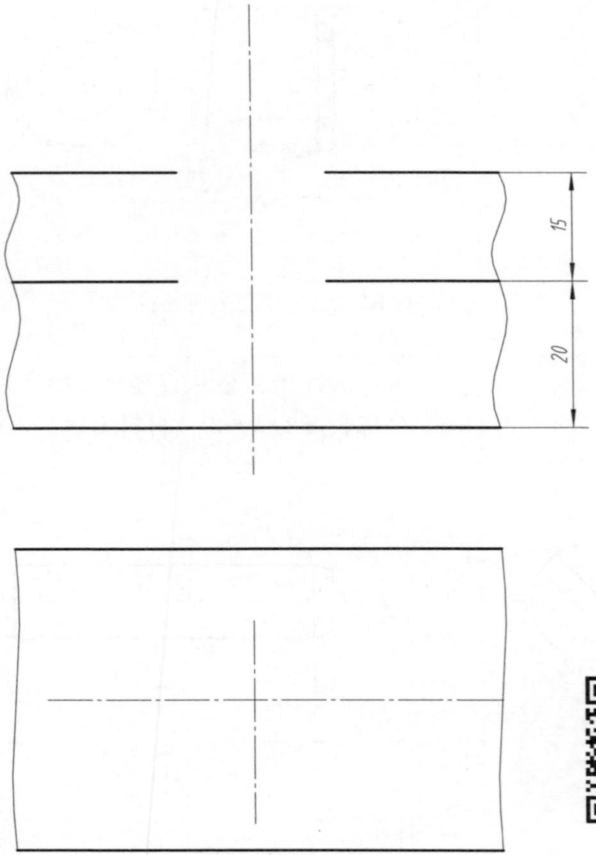

15

20

解题指导

（2）用 M16 的双头螺柱（GB/T 898）、螺母（GB/T 6170）及垫圈（GB/T 93）将两个材料为铸铁的零件连接起来，试选定双头螺柱的公称长度，作出该连接的主视图和俯视图，并注上尺寸 l、H_1、H_2 的数值。

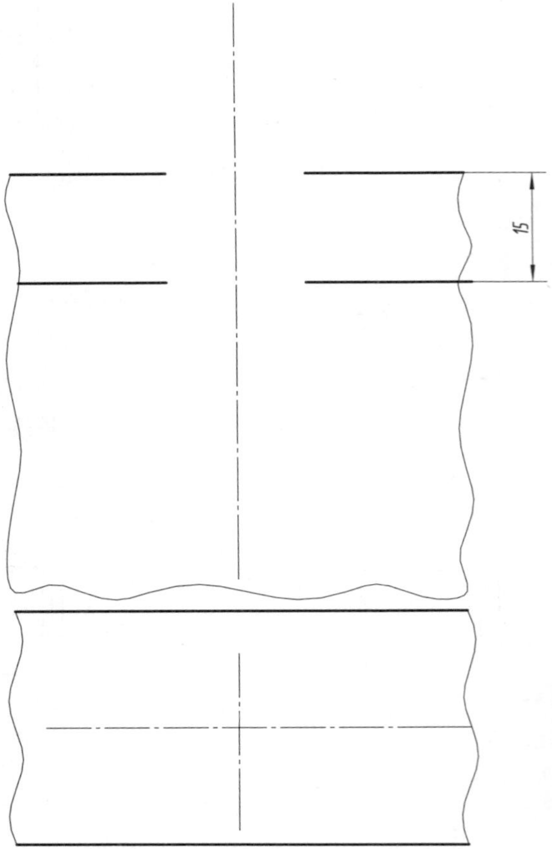

15

解题指导

专业：　　　　班级：　　　　姓名：　　　　学号：

习题 10－5　螺纹紧固件连接的画法

（1）用 M16 的内六角圆柱头螺钉（GB/T 70.1）将两个材料为钢的零件连接起来，试选定螺钉的公称长度，作出该连接的主视图和俯视图，并注上尺寸 l 的数值。

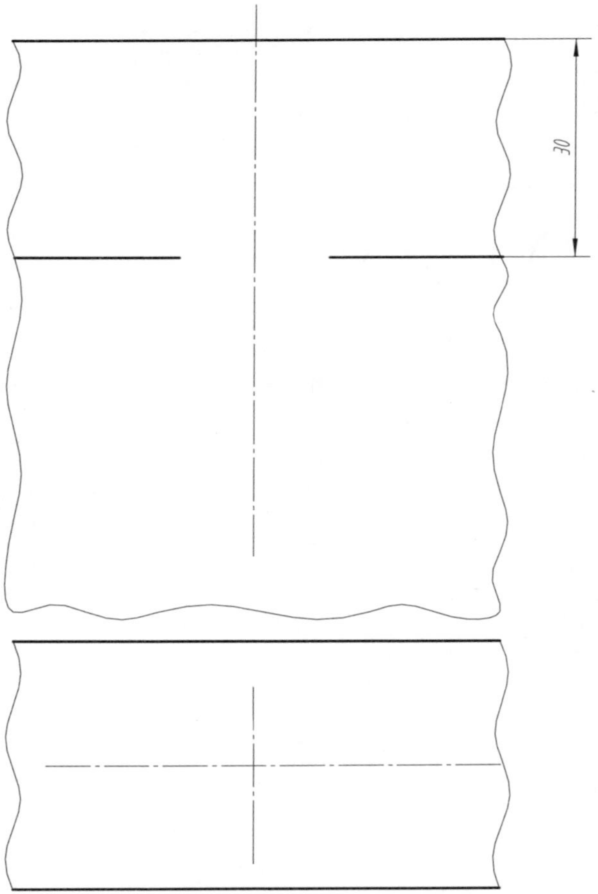

30

（2）用 M8 的开槽沉头螺钉（GB/T 68）将两个材料为钢的零件连接起来，试选定螺钉的公称长度，用 2∶1 的比例作出该连接的主视图和俯视图，并注上尺寸 l、H_1、H_2 的数值。

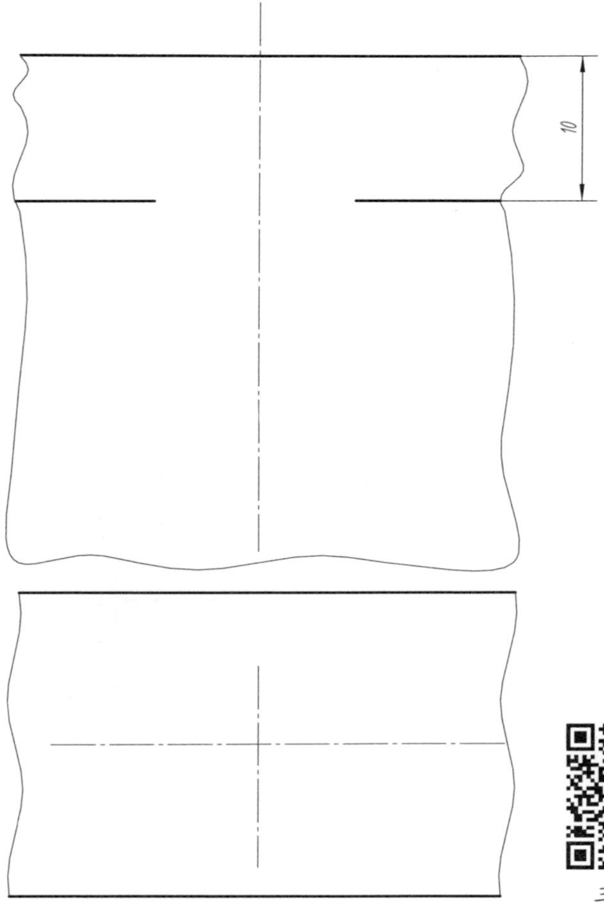

10

三维模型

专业：　　　　班级：　　　　姓名：　　　　学号：

习题 10－6　键、销的标记及连接的画法

（1）画出轴的断面图，并标注键槽的尺寸。

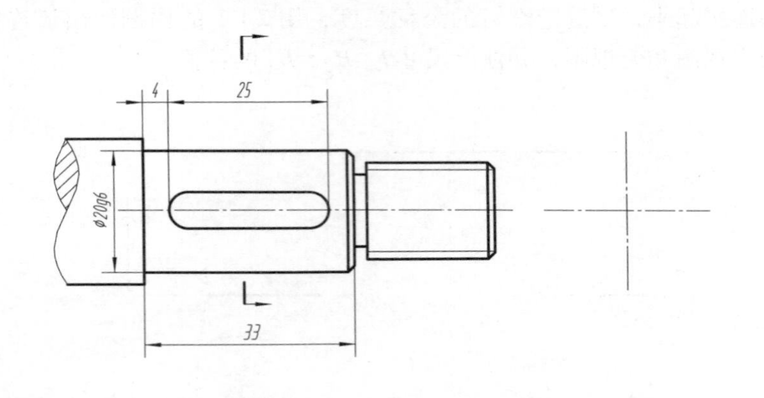

（2）画出与题（1）中轴相配合的带轮轮毂部分图，并标注尺寸。

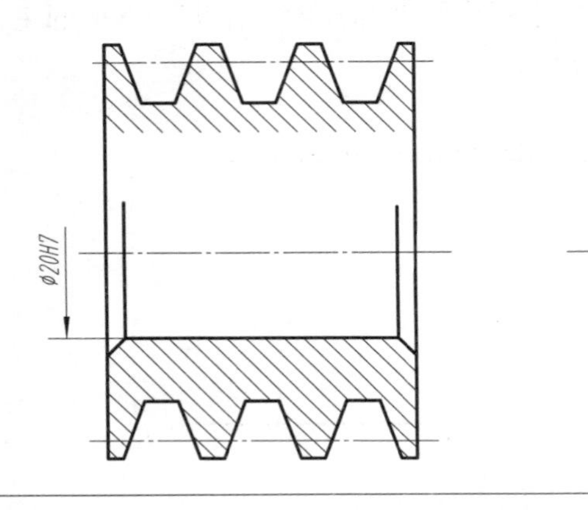

（3）画出（1）、（2）两题的轴与带轮用平键连接的装配图，写出键的规定标记。

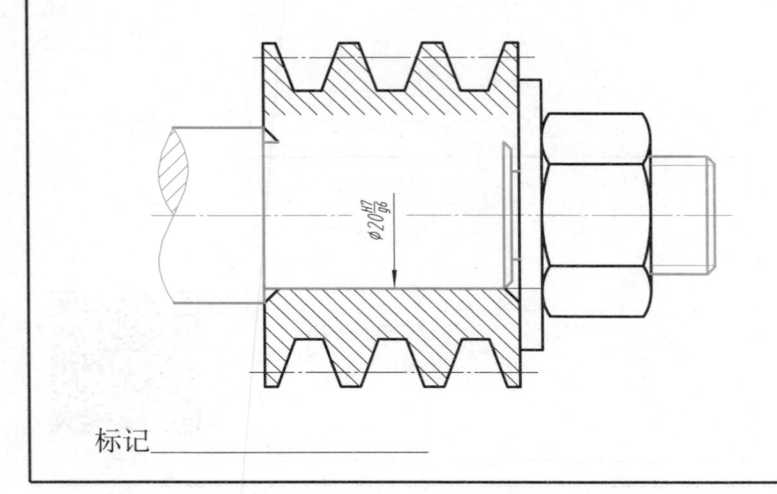

标记______________

（4）①画出 $d=8$ 的 A 型圆锥销连接图。

②画出 $d=8$ 的 A 型圆柱销连接图（补齐轮廓线和剖面线），写出销的标记。

①　　②

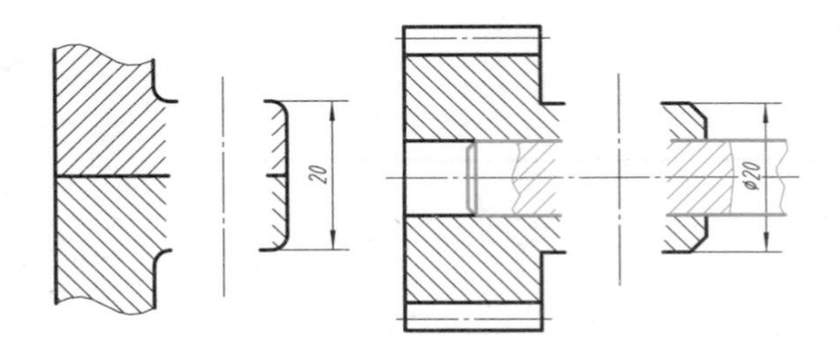

解题指导

标记______________　标记______________

专业：　班级：　姓名：　学号：

习题 10 −7　轴承、弹簧的画法

（1）查表并用规定画法按 1∶1 的比例画出轴承的剖视图。

（2）按 1∶1 的比例画出螺旋压缩弹簧的剖视图。已知：$d=5$，$D_2=55$，$t=10$，$n=6$，$n_2=2.5$，右旋。

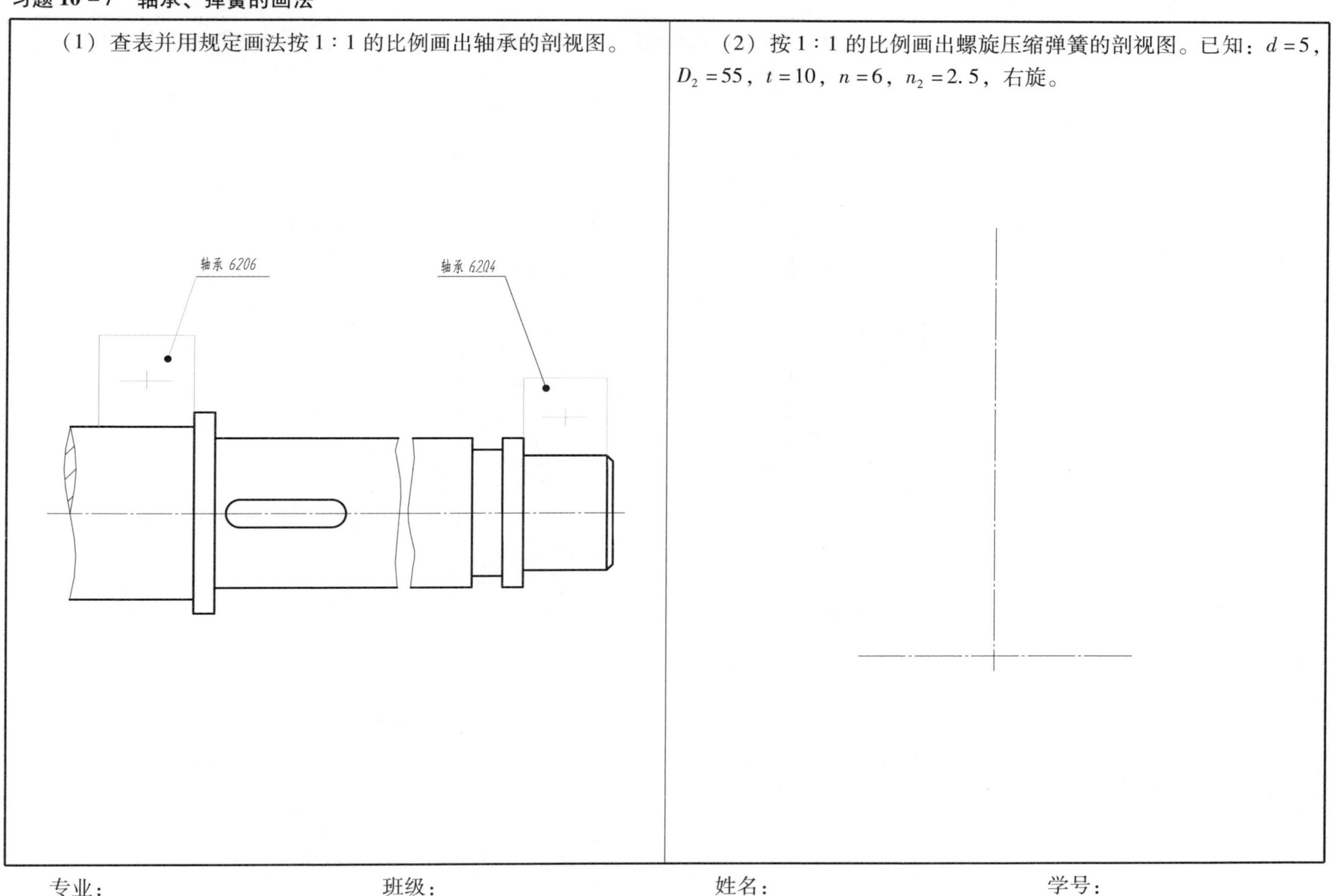

专业：　　　　　　班级：　　　　　　姓名：　　　　　　学号：

习题 10 −8　直齿圆柱齿轮的规定画法

已知直齿圆柱齿轮的模数 $m=3$，齿数 $z=22$，列式计算齿顶圆直径、分度圆直径、齿根圆直径，补全两视图并标注轮齿尺寸。

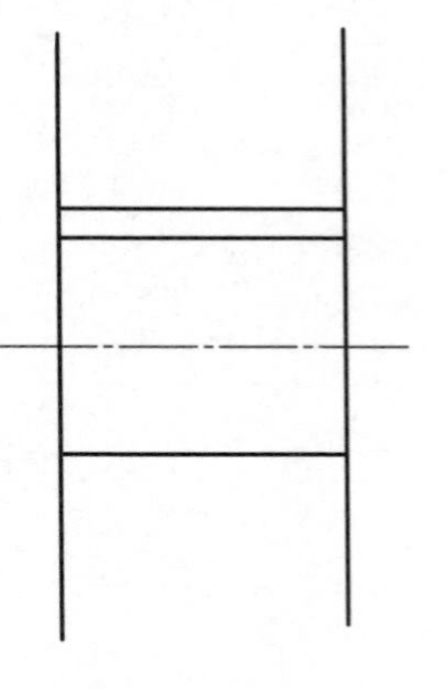

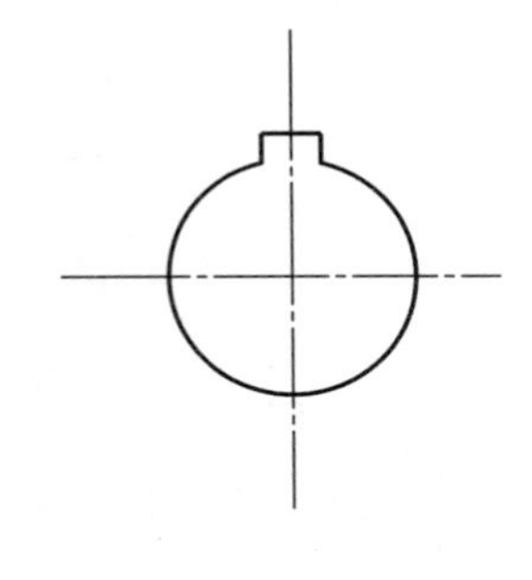

专业：　　　　班级：　　　　姓名：　　　　学号：

习题 10 -9　直齿圆柱齿轮的啮合画法

已知大齿轮的模数 $m=3$，齿数 $z_2=22$，两齿轮的中心距 $a=57$，试计算两齿轮的分度圆、齿顶圆和齿根圆的直径及传动比。采用1∶1的比例完成下列直齿圆柱齿轮的啮合图。将计算公式及计算过程写在右侧空白处。

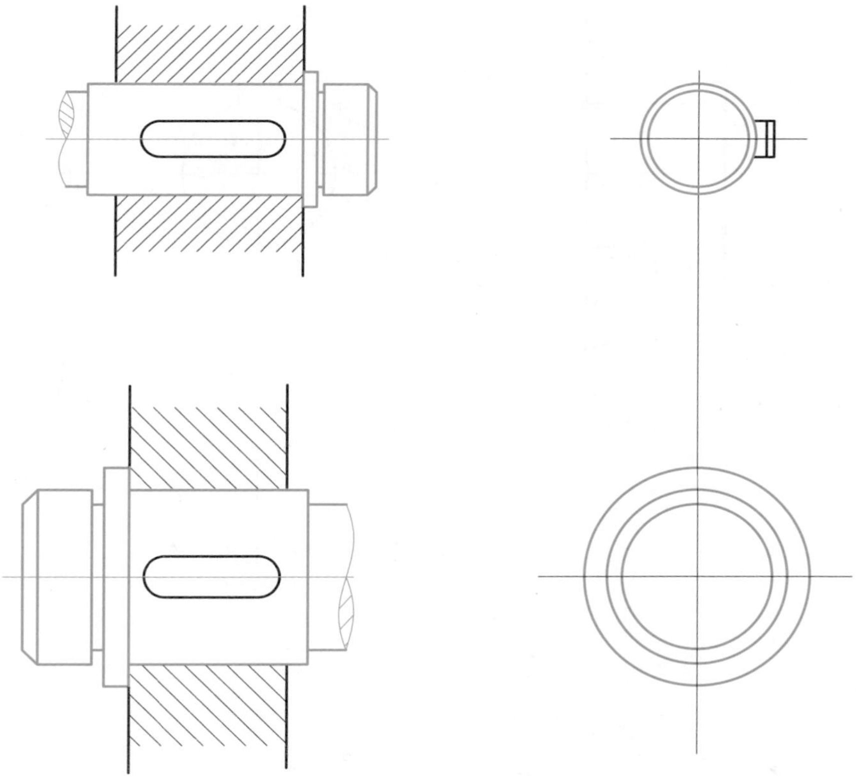

专业：　　　　班级：　　　　姓名：　　　　学号：

习题 10－10 锥齿轮啮合、蜗轮与蜗杆的啮合画法

（1）已知一个直齿锥齿轮的 $m=3$，$z=22$，$\delta=45°$，列式计算并按 1∶1 的比例补全主、左视图。

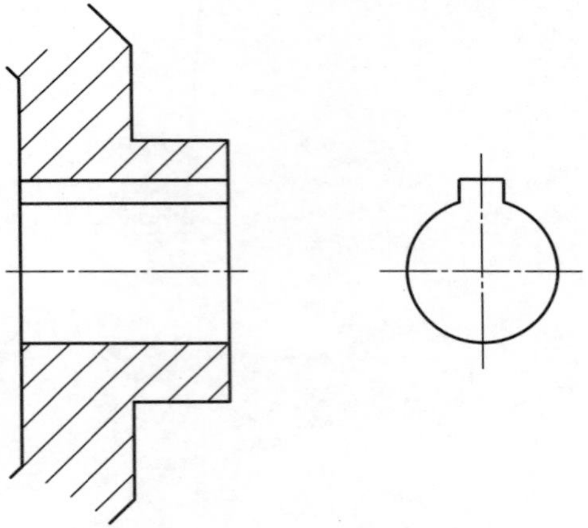

（2）补全蜗轮与蜗杆的啮合图中漏画的图线。

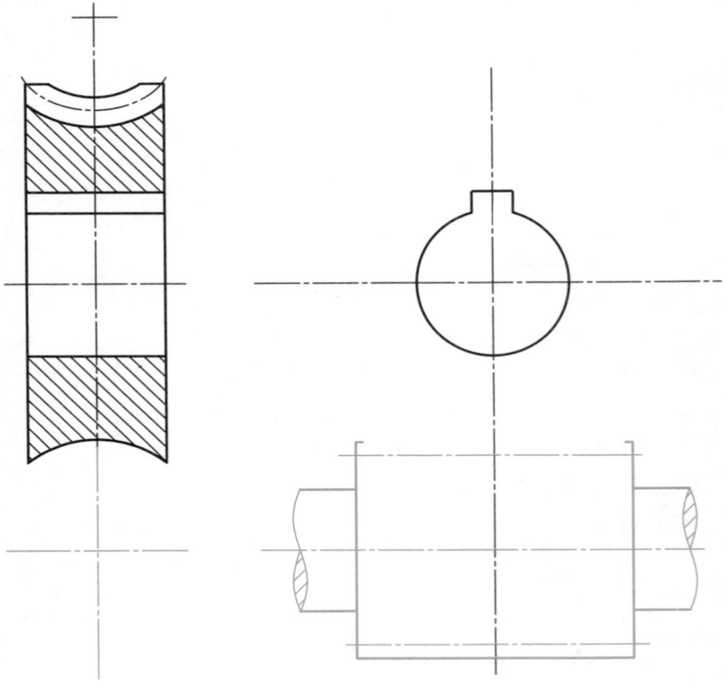

专业：　　　　班级：　　　　姓名：　　　　学号：

用下图所给标准件连接左、右凸缘及左、右轴，根据图中的标记查教材附录确定标准件尺寸，用 1∶2 比例，按规定画法画出连接后的图样（螺栓连接共 4 组，均匀分布）。

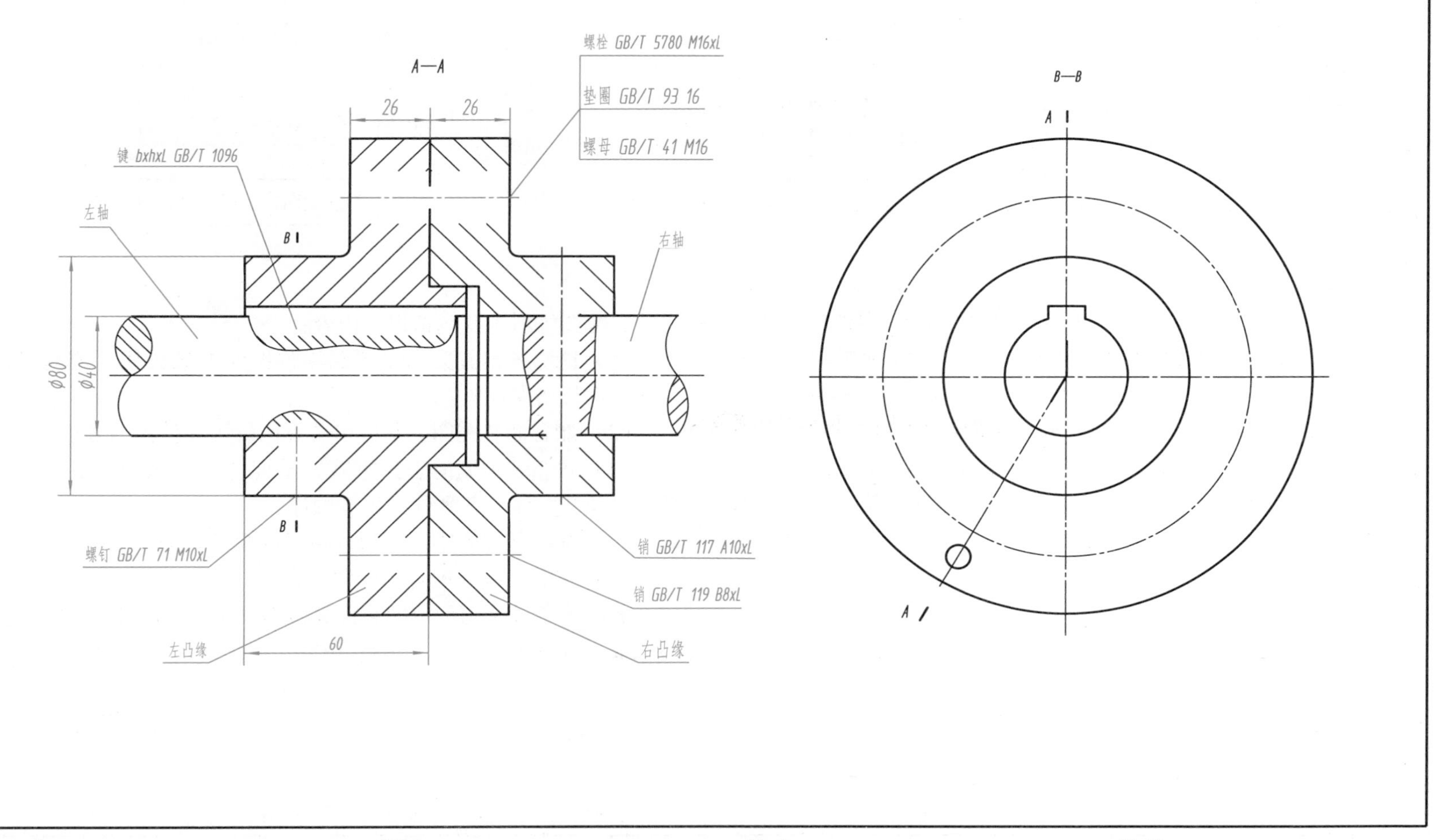

专业：　　　　班级：　　　　姓名：　　　　学号：

第 11 章　装配图

一、内容概要

1. 目的要求

装配图是表达部件或机器的图样，主要反映部件或机器的工作原理、传动路线和零件间的装配关系，以及对其提出的技术要求等重要内容。

图样所表达的对象是部件或机器的整体状况，在表达方法、尺寸标注、技术要求等多方面都与零件图有所不同，针对这些特殊性，《机械制图》国家标准制定了装配图的规定画法与特殊表达方法，学生应掌握这些规定，并将其正确地运用于绘制和阅读装配图的实践中。

2. 重点、难点

（1）装配图的规定画法：重点掌握相邻两个零件的接触面与非接触面在图样上的处理方法、实心轴等零件在剖视图中的规定表达方法。

（2）部件的特殊表达方法：重点掌握沿零件的结合面剖切与拆卸画法、展开画法、假想画法单独表达某个零件的画法。

（3）看装配图：重点把握工作原理和装配关系分析、尺寸分析。

二、题目类型

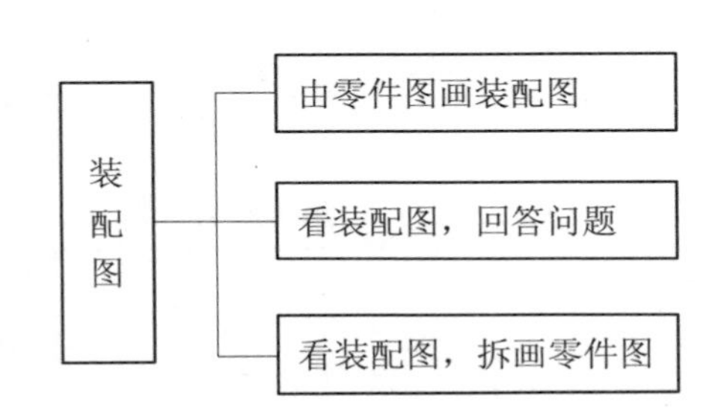

装配图练习主要包括以下内容：

（1）能够依据装配示意图和零件图绘制装配图，或对拼画的装配图进行错误评析。

（2）能看懂装配图，掌握由装配图拆画零件图的方法。

（3）熟悉装配图的表达方式，掌握各零件之间的装配连接关系，以及装配体中各零件的拆卸顺序。

（4）掌握装配图中各项尺寸标注的含义。

（5）掌握极限与配合的标注和含义。

前两项通过绘制指定的装配图或拆画指定的零件图进行考核，后三项通过解释（填空）进行考核。

专业：　　　　班级：　　　　姓名：　　　　学号：

三、示例及解题方法　例 11－1　看装配图示例

题目　看铣刀头装配图（下页图），回答下列问题。

（1）填空。

①主视图中 155 为________尺寸，115 为________尺寸。

②左视图采用了拆卸画法、________剖和简化画法。

③必须按顺序拆出件________，才可取下件 5。

④在配合尺寸 $\phi28H8/k7$ 中，其中 $\phi28$ 是________尺寸，H 表示________，k 表示________，8、7 表示________，该配合尺寸属于________制________配合。

（2）画出件 8 的主视图（外形图，不画细虚线）和 $B—B$ 剖视图（按图形实际大小画图，不注尺寸）。

铣刀头工作原理：铣刀头是一小型铣削加工用部件。铣刀头（右端细双点画线所示）通过件 16、15、14 与件 7 固定，件 4（带轮）和件 5（键）传递运动，使件 7（轴）旋转，从而带动铣刀头旋转进行铣削加工。

分析　看装配图回答问题时，应首先参看部件的工作原理介绍，仔细阅读装配图，了解部件的工作用途、工作原理和零件间的装配关系。

（1）装配图上一般标注的尺寸有：特征尺寸、装配尺寸、安装尺寸、外形尺寸、其他主要尺寸，通过读图确认 155 和 150 皆为安装尺寸。

（2）第②问考核的是装配图的表达方法，应包括零件的各种表达方法和部件的特殊表达方法。

（3）第③问需看懂铣刀头的装配关系方能回答。

（4）第④问考核的是极限与配合内容。

答案

（1）①安装，安装。

②局部。

③2、3、4。

④基本，基准孔代号，基本偏差代号，公差等级，基孔，过渡。

（2）件 8 的主视图的外形图和 $B—B$ 剖视图如下：

（主视外形图）

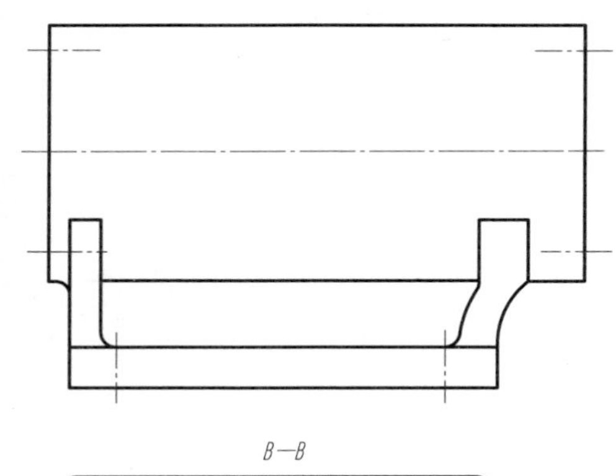

B—B

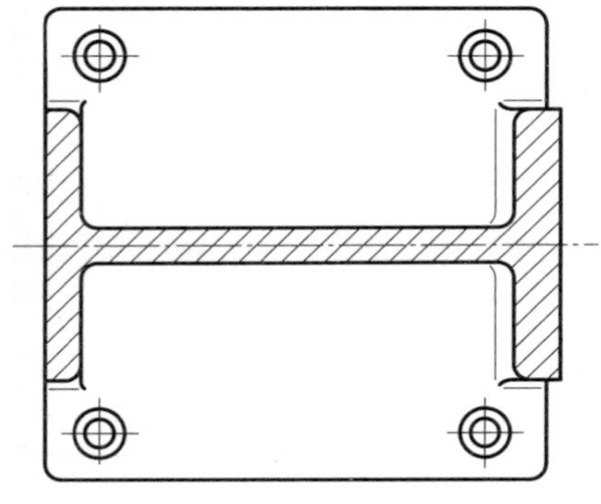

专业：　　　　班级：　　　　姓名：　　　　学号：

例 11－1　铣刀头装配图

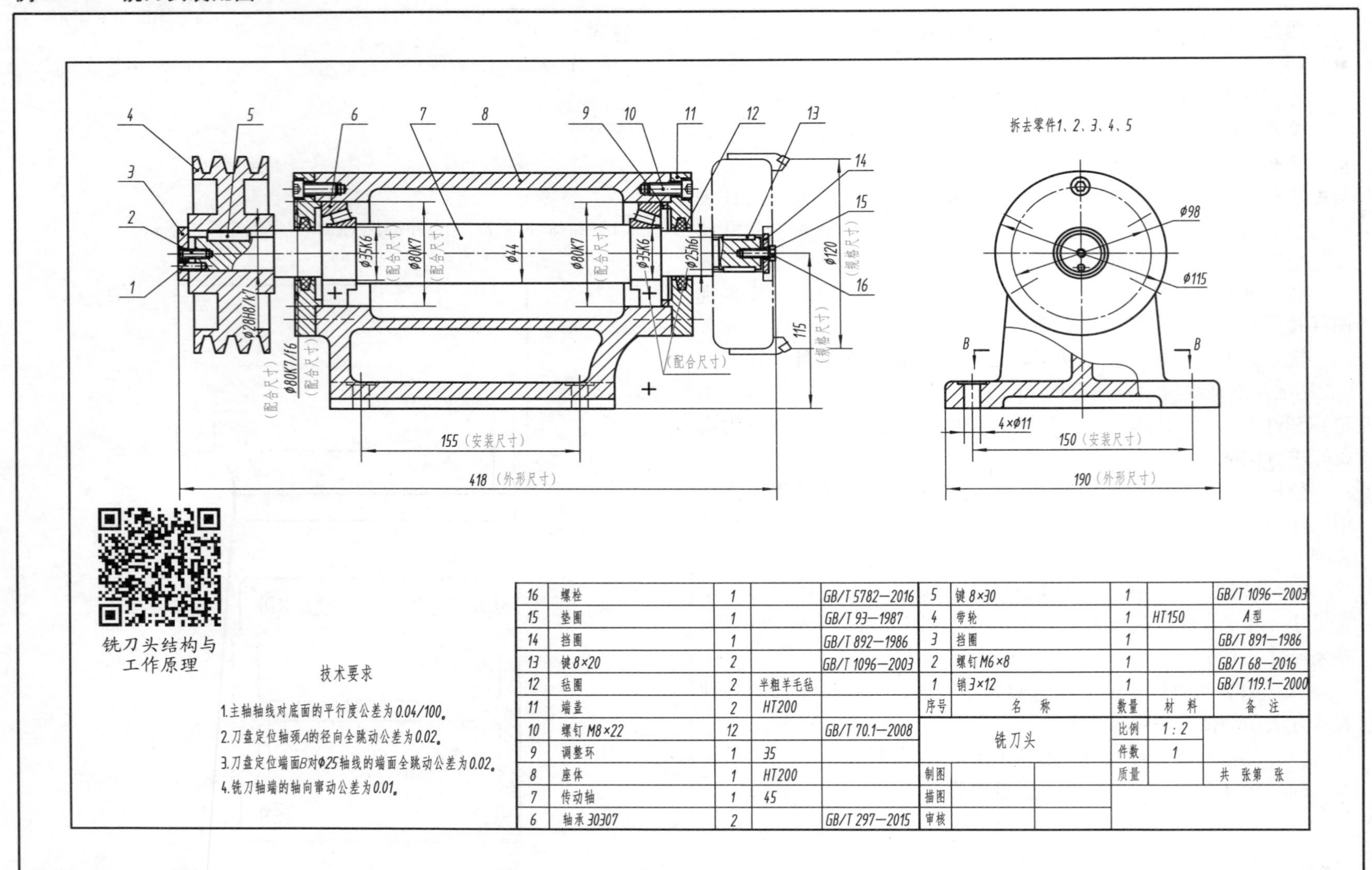

技术要求

1. 主轴轴线对底面的平行度公差为0.04/100。
2. 刀盘定位轴颈A的径向全跳动公差为0.02。
3. 刀盘定位端面B对φ25轴线的端面全跳动公差为0.02。
4. 铣刀轴端的轴向窜动公差为0.01。

序号	名称	数量	材料	备注
16	螺栓	1		GB/T 5782—2016
15	垫圈	1		GB/T 93—1987
14	挡圈	1		GB/T 892—1986
13	键 8×20	2		GB/T 1096—2003
12	毡圈	2	半粗羊毛毡	
11	端盖	2	HT200	
10	螺钉 M8×22	12		GB/T 70.1—2008
9	调整环	1	35	
8	座体	1	HT200	
7	传动轴	1	45	
6	轴承 30307	2		GB/T 297—2015
5	键 8×30	1		GB/T 1096—2003
4	带轮	1	HT150	A型
3	挡圈	1		GB/T 891—1986
2	螺钉 M6×8	1		GB/T 68—2016
1	销 3×12	1		GB/T 119.1—2000

铣刀头		比例	1∶2	
		件数	1	
制图		质量		共 张第 张
描图				
审核				

专业：　　　　班级：　　　　姓名：　　　　学号：

四、习题　习题 11－1－1　由零件图拼画装配图的错误评析与尺寸标注

（1）作业内容。

对拼画的装配图进行错误评析，完成装配图的尺寸标注。

（2）绘图准备。

参考轴承架的装配示意图（右图）、零件图（详见 191、192 页图）和装配模型动画演示，搞清轴承架工作原理、零件结构及装配连接关系。

（3）错误评析。

参照轴承架装配示意图和零件图，对照拼画的轴承架装配图的错误视图（190 页上图）和正确视图（190 页下图），在错误处画圈，拉出指引线并标号，在视图旁或下方按序号说明错误的原因（共 12 个错误）。

（4）尺寸标注。

在正确的视图（190 页下图）上标注轴承架的尺寸，填写下面空格：

性能尺寸：________________。

配合尺寸：________________。

总体尺寸：________________。

安装尺寸：________________。

轴承架装配示意图

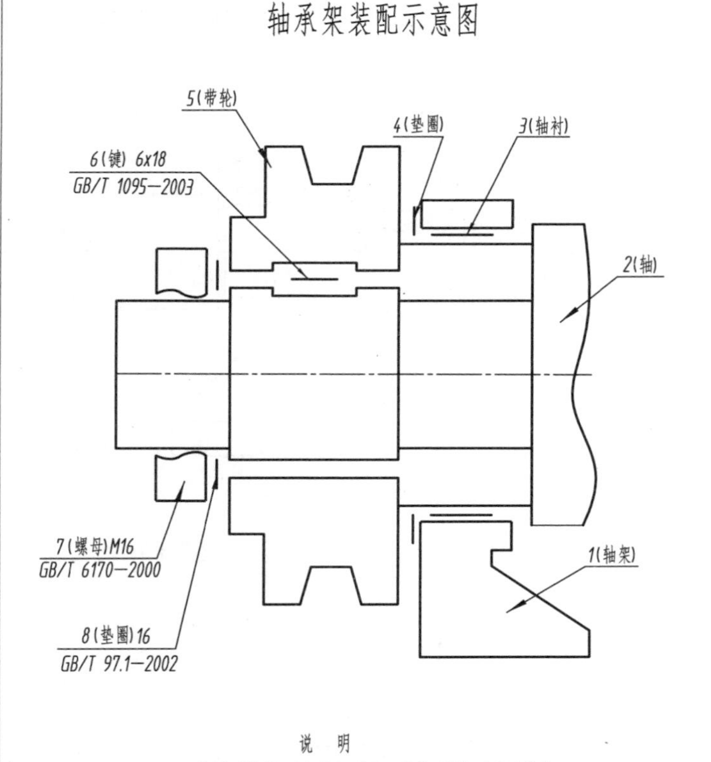

说　明

轴2配以轴衬3后与轴架1装配。带轮5用键6连接于轴上，带轮的两侧衬以垫圈4和垫圈8，并用螺母7紧固。

技术要求

1. 装配时，要求转动灵活。
2. 使用时，在件1与件2、件5的接触面上滴机油。

轴承架结构与工作原理

专业：　　　　　班级：　　　　　姓名：　　　　　学号：

习题 11－1－2　轴承架装配图的错误评析与尺寸标注

（1）对比下面的轴承架正确视图，圈出本视图错误的地方，写出错误的原因。

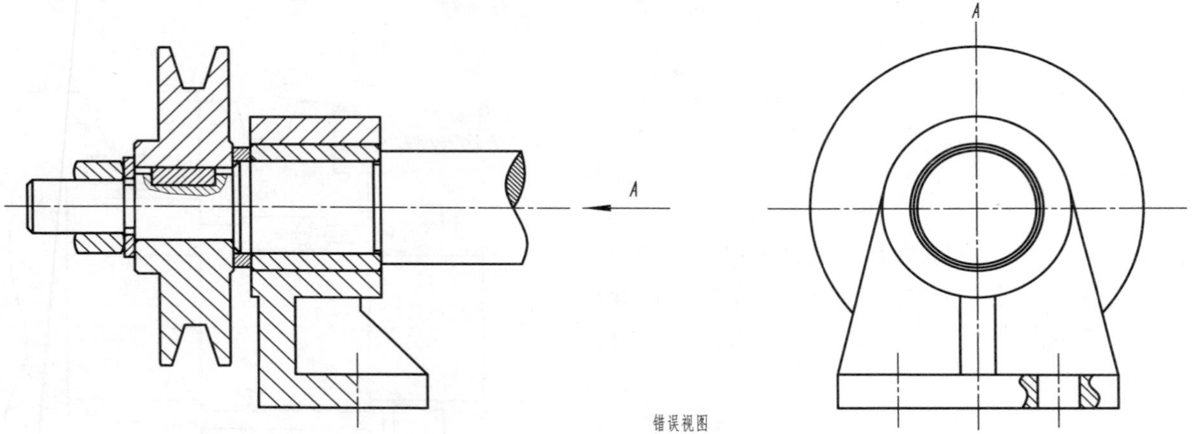

A

A

错误视图

（2）在视图上标注装配图的尺寸，并在习题 11－1 中按尺寸分类填空。

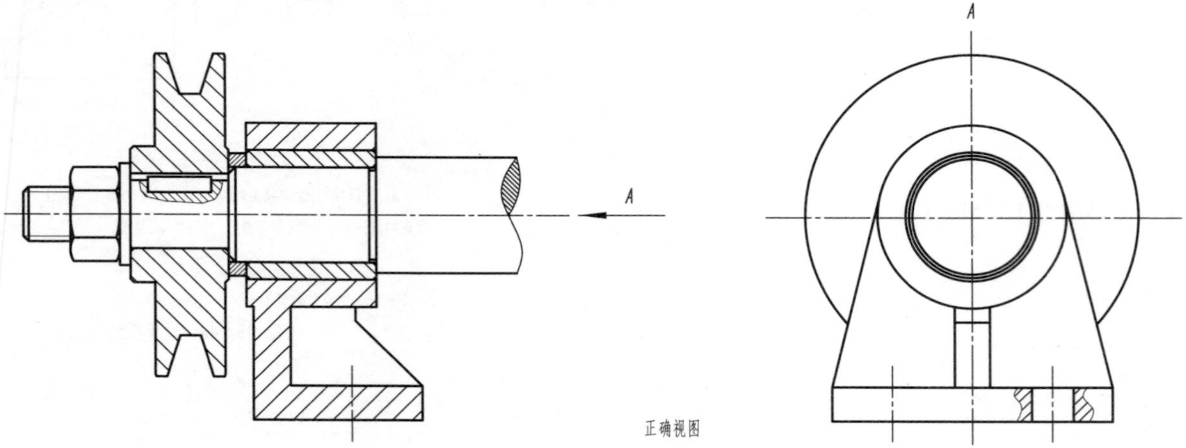

A

A

正确视图

专业：　　　　　　班级：　　　　　　姓名：　　　　　　学号：

习题 11－1－3　轴承架零件图（一）

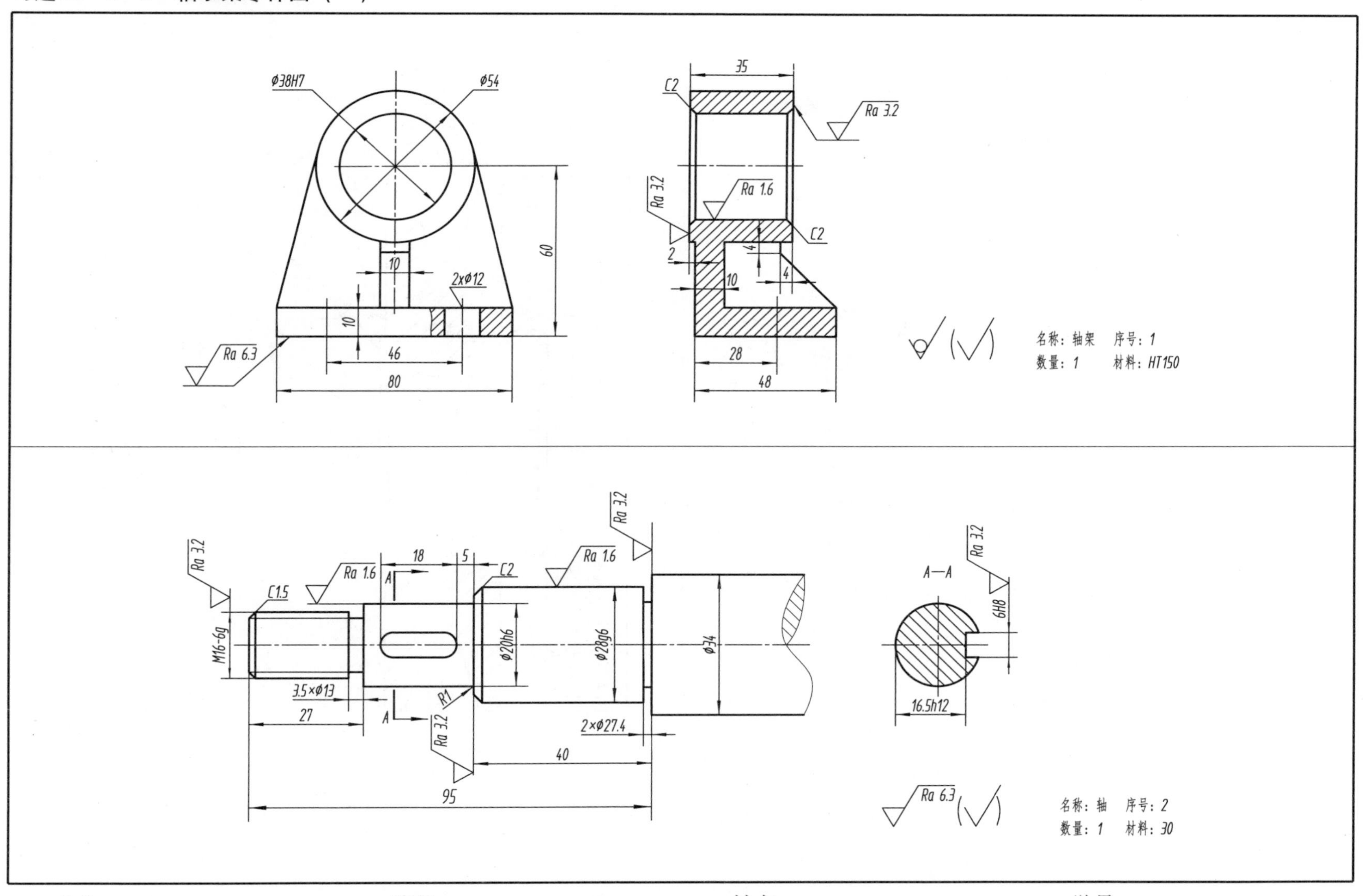

专业：　　　　班级：　　　　姓名：　　　　学号：

习题 11 -1 -4　轴承架零件图（二）

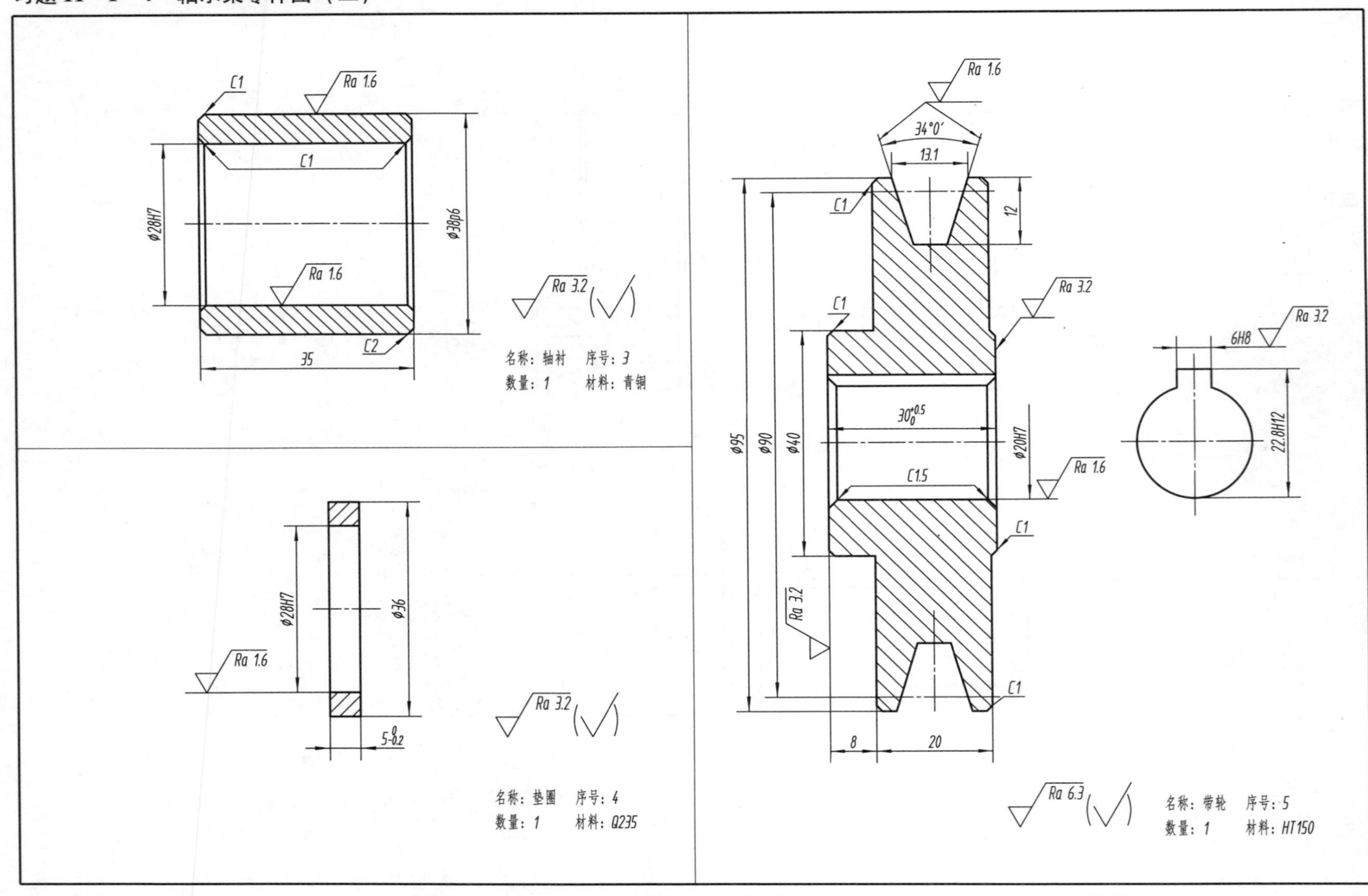

专业：　　班级：　　姓名：　　学号：

习题 11－2－1　由零件图拼画装配图

（1）作业内容。

对拼画的装配图进行错误评析，画出正确视图，并完成装配图的尺寸标注。

（2）绘图准备。

参考千斤顶的装配示意图（右图）、零件图（195、196 页图）和装配模型动画演示，搞清千斤顶工作原理、零件结构及装配连接关系。

（3）错误评析。

参照千斤顶装配示意图和零件图，对拼画的千斤顶装配图的错误视图（194 页左图）进行错误评析，在错误处画圈，拉出指引线并标号，在视图旁按序号说明错误的原因（共 9 个错误）。

（4）拼画正确视图。

修改 194 页左图的错误，在 194 页右图中画出千斤顶正确的视图。

（5）尺寸标注。

在正确的视图（194 页右图）上标注千斤顶的尺寸，并把尺寸分类，填写下面的空格。

性能尺寸：________________。

配合尺寸：________________。

总体尺寸：________________。

安装尺寸：________________。

（6）尺规绘图。

选择合适的绘图比例及图纸幅面，用尺规绘制千斤顶完整装配图。

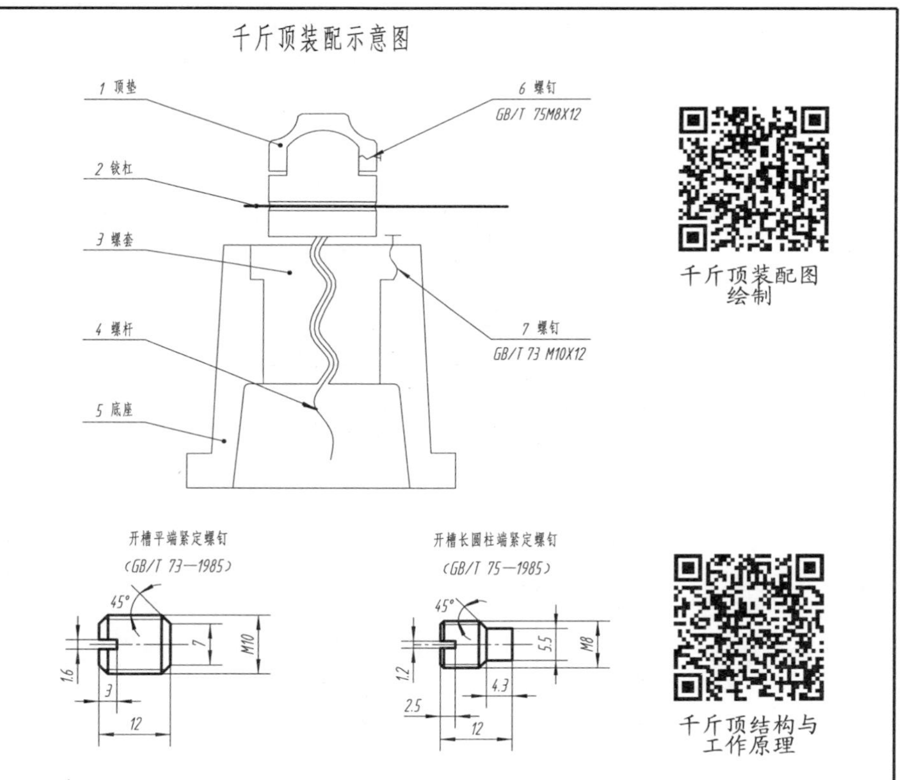

千斤顶是利用螺旋传动起重或顶举的工具。铰杆穿在螺杆的孔中，工作时旋转铰杠，依靠螺旋传动，螺杆在螺套内上下移动，实现顶垫上的重物的顶起或落下。

螺杆顶部呈球面状，外套顶垫。顶垫上部呈平面形状，放置预顶起的重物。顶垫用螺钉与螺杆连接而又不固定，目的是防止顶垫随螺旋杆一起转动时不致脱落。顶垫与螺杆的球面接触，便于顶垫在放置重物时顶面保持水平。

专业：　　　　　　班级：　　　　　　姓名：　　　　　　学号：

习题 11－2－2　由零件图拼画装配图的错误评析、画出正确的图形，并完成尺寸标注

（1）圈出本视图错误的画法，写出错误的原因。

（2）修改左侧图的错误，完成千斤顶装配视图的绘制，并标出尺寸。

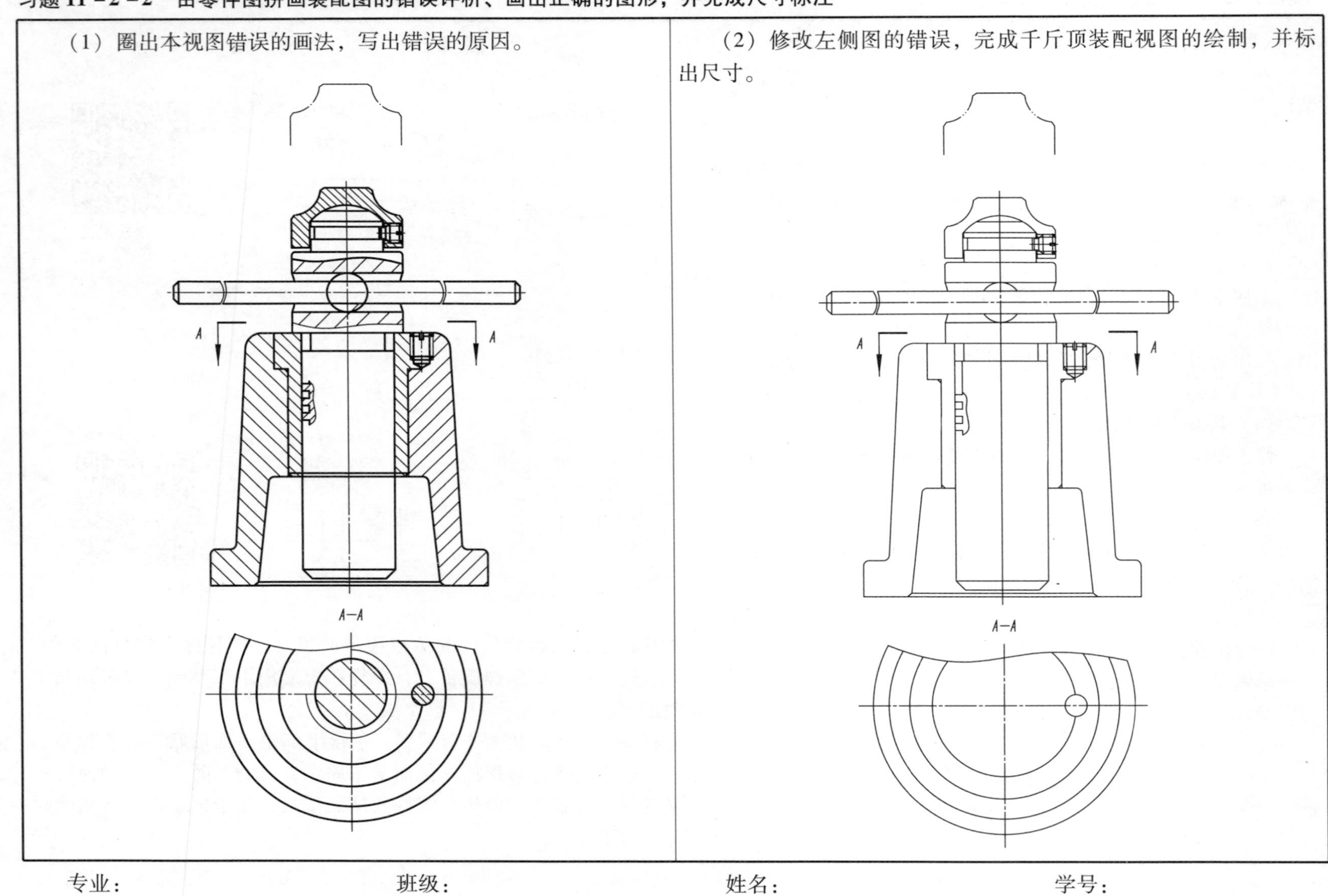

专业：　　　　班级：　　　　姓名：　　　　学号：

习题 11－2－3　千斤顶零件图（一）

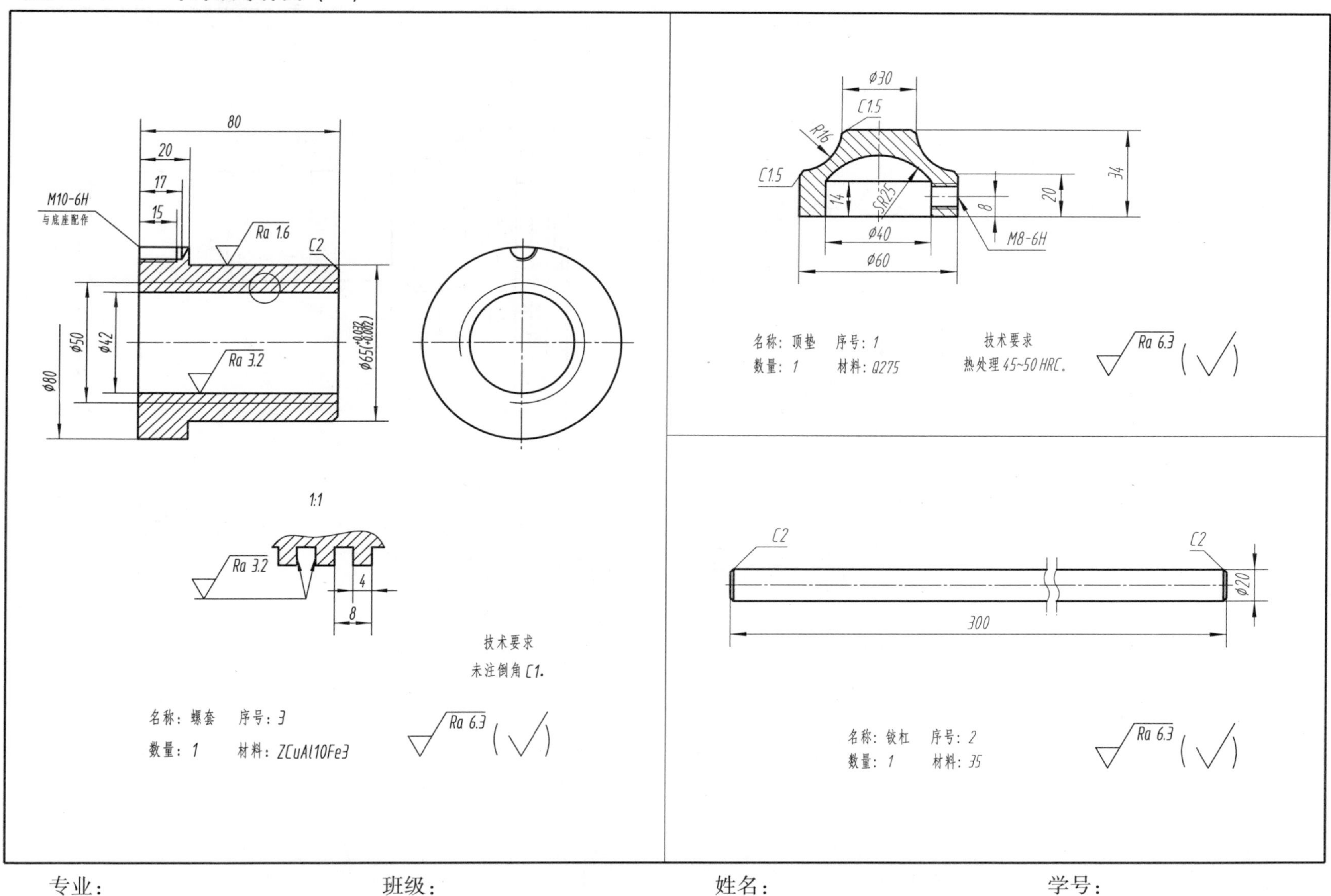

专业：　　　　班级：　　　　姓名：　　　　学号：

习题 11－2－4　千斤顶零件图（二）

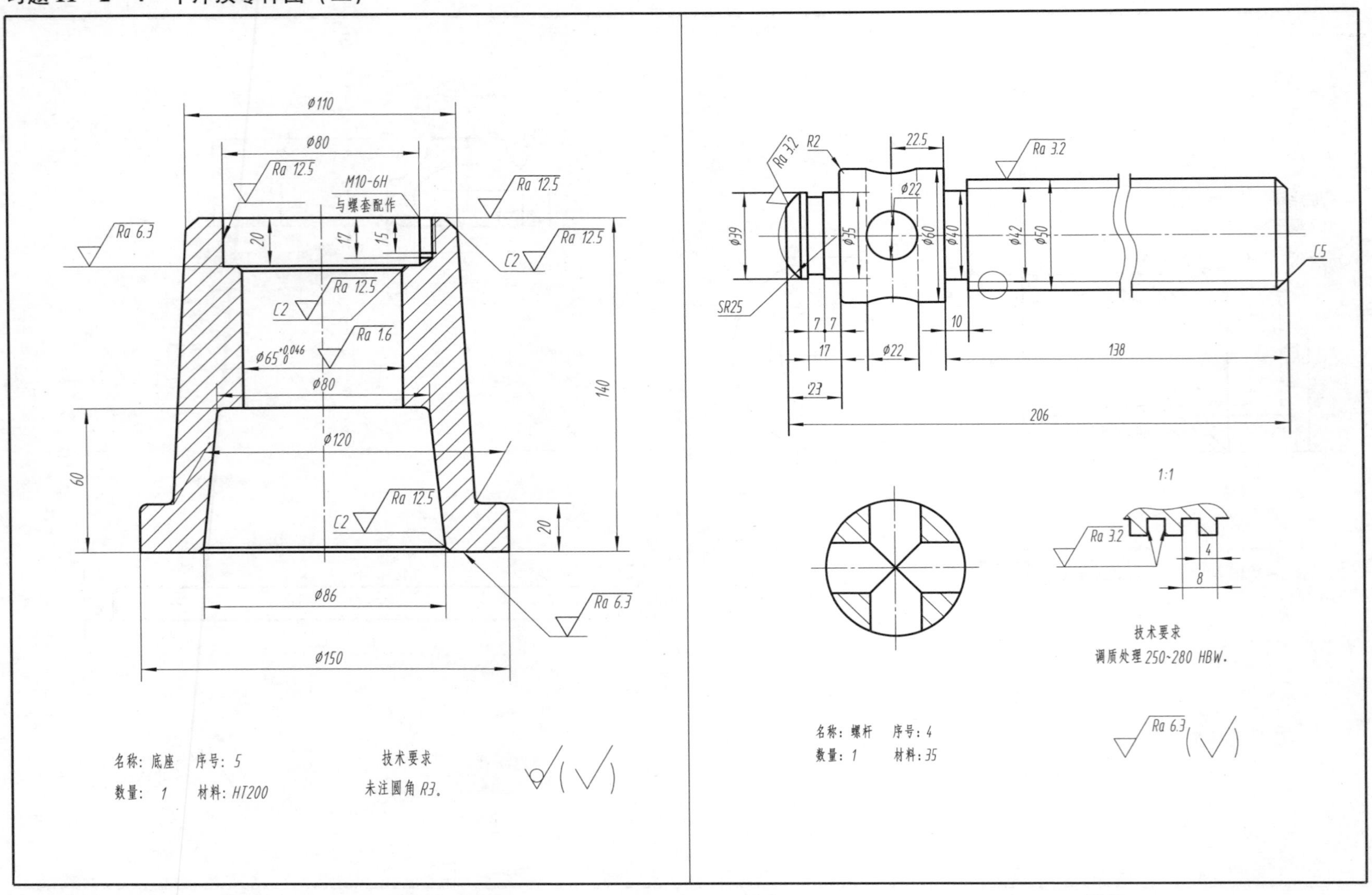

专业：　班级：　姓名：　学号：

习题 11－3－1 由零件图拼画装配图

（1）作业目的。

熟悉装配体中零件的装配关系和装拆顺序，培养由零件图画装配图的能力。

（2）内容与要求。

①根据回油阀零件图上的尺寸，按 1∶1 比例拼画装配图。

②恰当地确定回油阀的表达方案，清晰地表达回油阀的工作原理、装配关系及零件的主要结构形状。

③正确地标注装配图上的尺寸和技术要求。

（3）注意事项。

①仔细阅读每张零件图，想出零件的结构形状；参看回油阀装配示意图，弄清回油阀的工作原理、各零件间的装配关系和零件的作用。

②选定回油阀的表达方案后，要先画主体零件，然后按一定顺序拼画装配图。注意正确运用装配图的规定画法、特殊表达方法和简化画法。

③注意装配结构的合理性以及相关零件间尺寸的协调关系。

④标注必要的尺寸，编写零件序号、填写明细栏、标题栏和技术要求。

⑤标题栏和明细栏按教材绘制。明细栏中的序号应按自下而上顺序排列，并与图上的序号一致。

（4）图例。

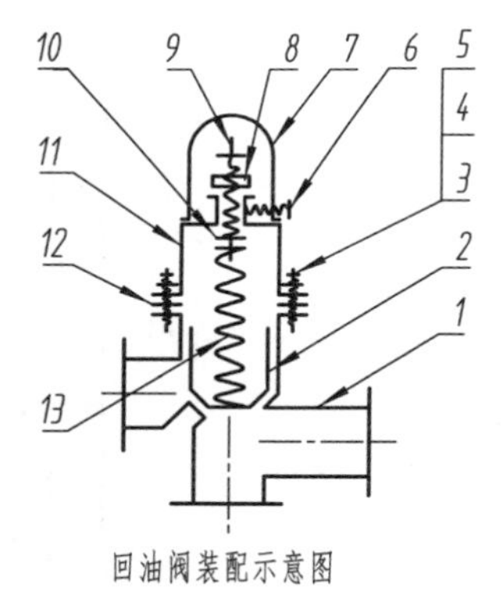

回油阀装配示意图

回油阀结构与工作原理

13	弹簧	1	65Mn	
12	垫片	1	纸板	
11	阀盖	1	ZL102	
10	弹簧垫	1	H62	
9	螺杆	1	35	
8	螺母 M16	1		GB/T 6170—2015
7	罩子	1	ZL102	
6	螺钉 M6x16	1		GB/T 75—1985
5	垫圈 12	4		GB/T 97.1—2002
4	螺母 M12	4		GB/T 6170—2015
3	螺柱 M12x35	4		GB/T 899—1998
2	阀芯	1	H62	
1	阀体	1	ZL102	
序号	名称	数量	材料	备注

回 油 阀			比例	1∶1	
			数量		
制图			质量		共 张 第 张
描图					
审核					

专业： 班级： 姓名： 学号：

习题 11－3－2　回油阀工作原理和零件图（一）

（1）回油阀工作原理。

回油阀是供油管路上的装置。

在正常工作时，阀芯 2 靠弹簧 13 的压力处在关闭位置，此时油从阀体右孔流入，经阀体下部的孔进入导管。

当导管中油压增高超过弹簧压力时，阀芯被顶开，油就顺阀体左端孔经另一导管流回油箱，以保证管路的安全。

弹簧压力的大小靠螺杆 9 来调节。为防止螺杆松动，在螺杆上部用螺母 8 拧紧。罩子 7 用来保护螺杆。阀芯两侧有小圆孔，其作用是使进入阀芯内腔的油流出来。阀芯的内腔底部有螺孔，是供拆卸时用的。阀体 1 与阀盖 11 采用 4 个螺柱连接，中间有垫片 12 以防漏油。

（2）回油阀零件图（一）。

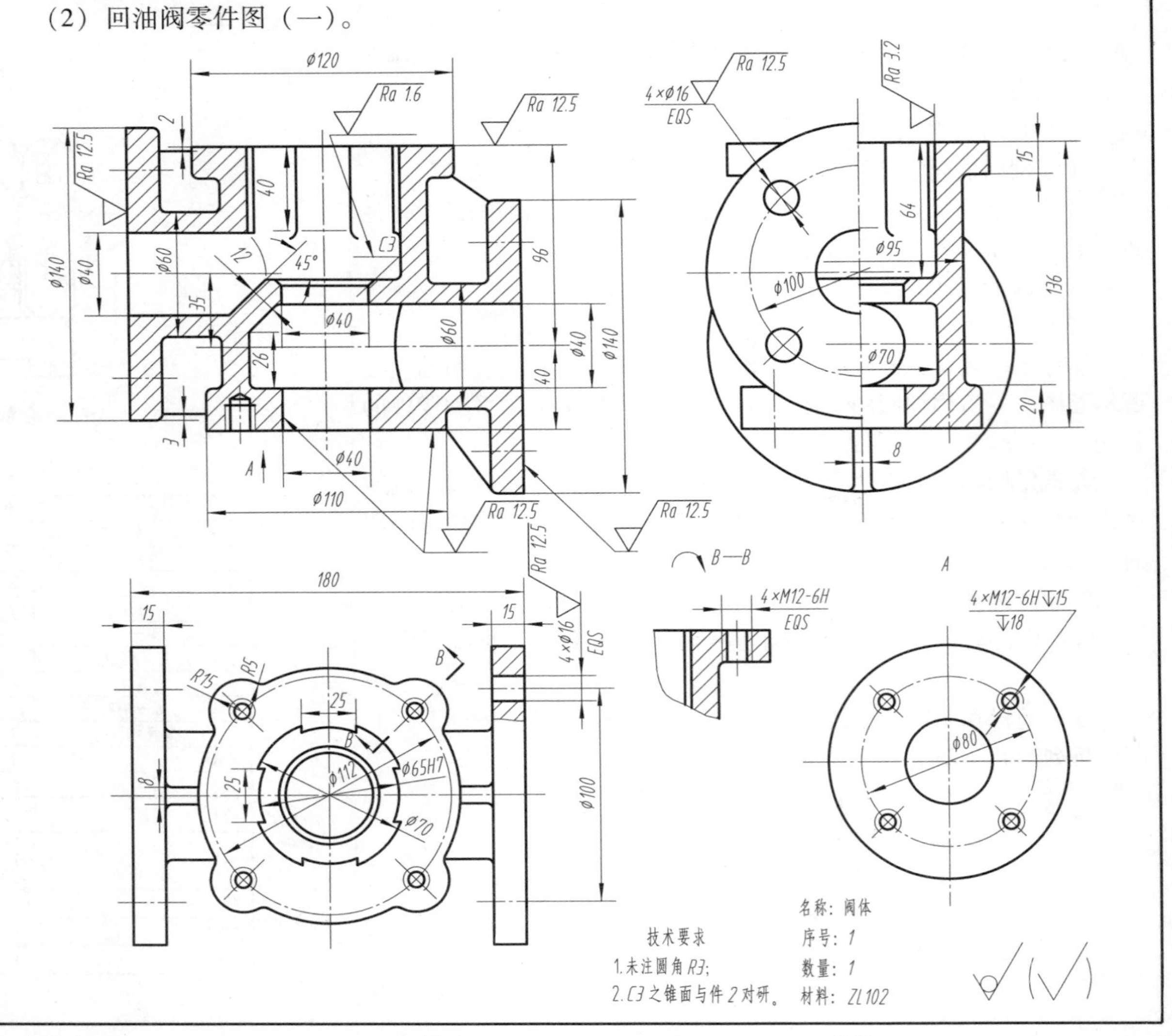

专业：　　　　班级：　　　　姓名：　　　　学号：

习题 11－3－3　回油阀零件图（二）

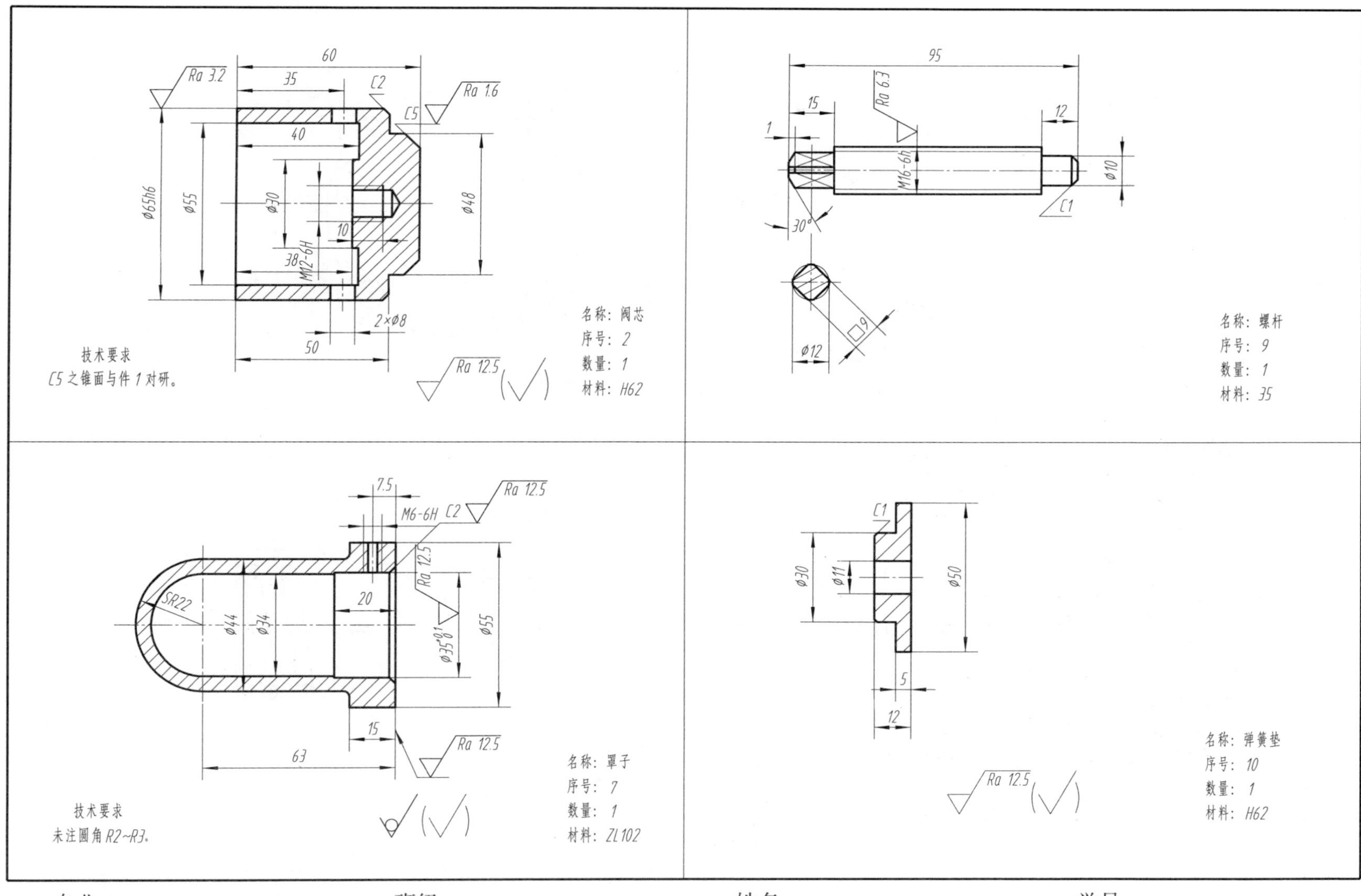

专业：　　班级：　　姓名：　　学号：

习题 11－3－4 回油阀零件图（三）

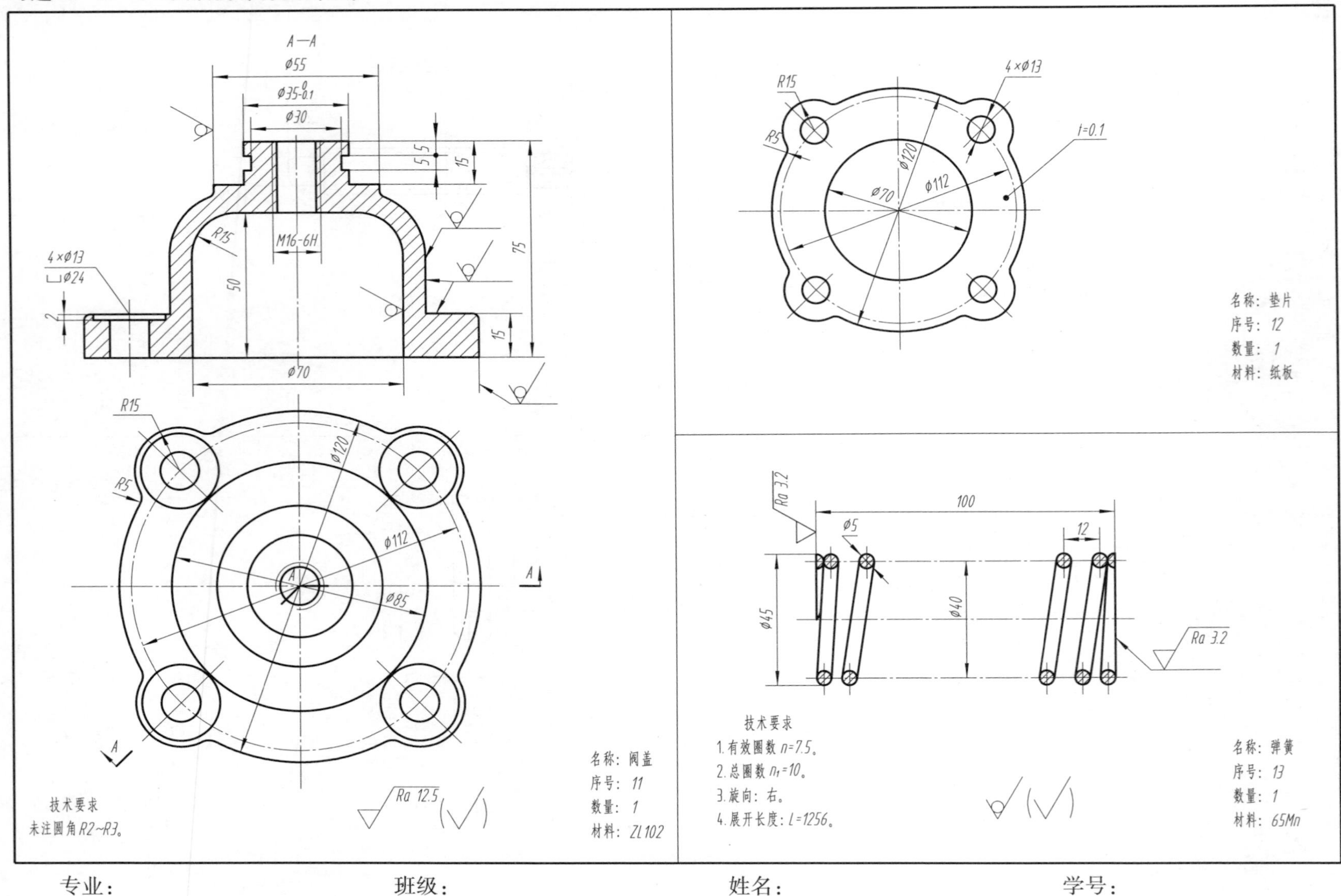

专业：　　　　班级：　　　　姓名：　　　　学号：

习题 11－4－1　看机用平口虎钳装配图（见 202 页图），回答问题

（1）机用平口虎钳由________种零件组成，其中标准件________个。

（2）装配图由________个图形组成。3 个基本视图分别采用了________剖视、________剖视和________剖视。另 3 个图形分别为________图、________图和________画法。

（3）件 9 的中部为________结构，其牙型为________型，大径为________，小径为________，螺距为________。

（4）件 9 右端的断面形状为________形，两组相交的细实线代表其所在线框为________面。

（5）图中的细虚线均为件________的轮廓线。

（6）图中件 9、件 6 与件 5 是________连接。

（7）活动钳身是依靠件________带动而运动的，件 8 是通过件________来固定的。

（8）图中 ϕ20H8/f8 是表示件________与件________为基________制配合，配合性质为________配合。在零件图上标注这一配合要求时，孔的标注方法是____________________，轴的标注方法是____________________。

（9）图中件 3 上两个小孔用于________时。

（10）写出装配图中下列尺寸：

装配尺寸____；

安装尺寸____；

外形尺寸____。

（11）简述机用平口虎钳的拆卸顺序。

（12）拆画固定钳身 1 的零件图。

解题指导

专业：　　　　班级：　　　　姓名：　　　　学号：

习题 11 –4 –2　机用平口虎钳装配图

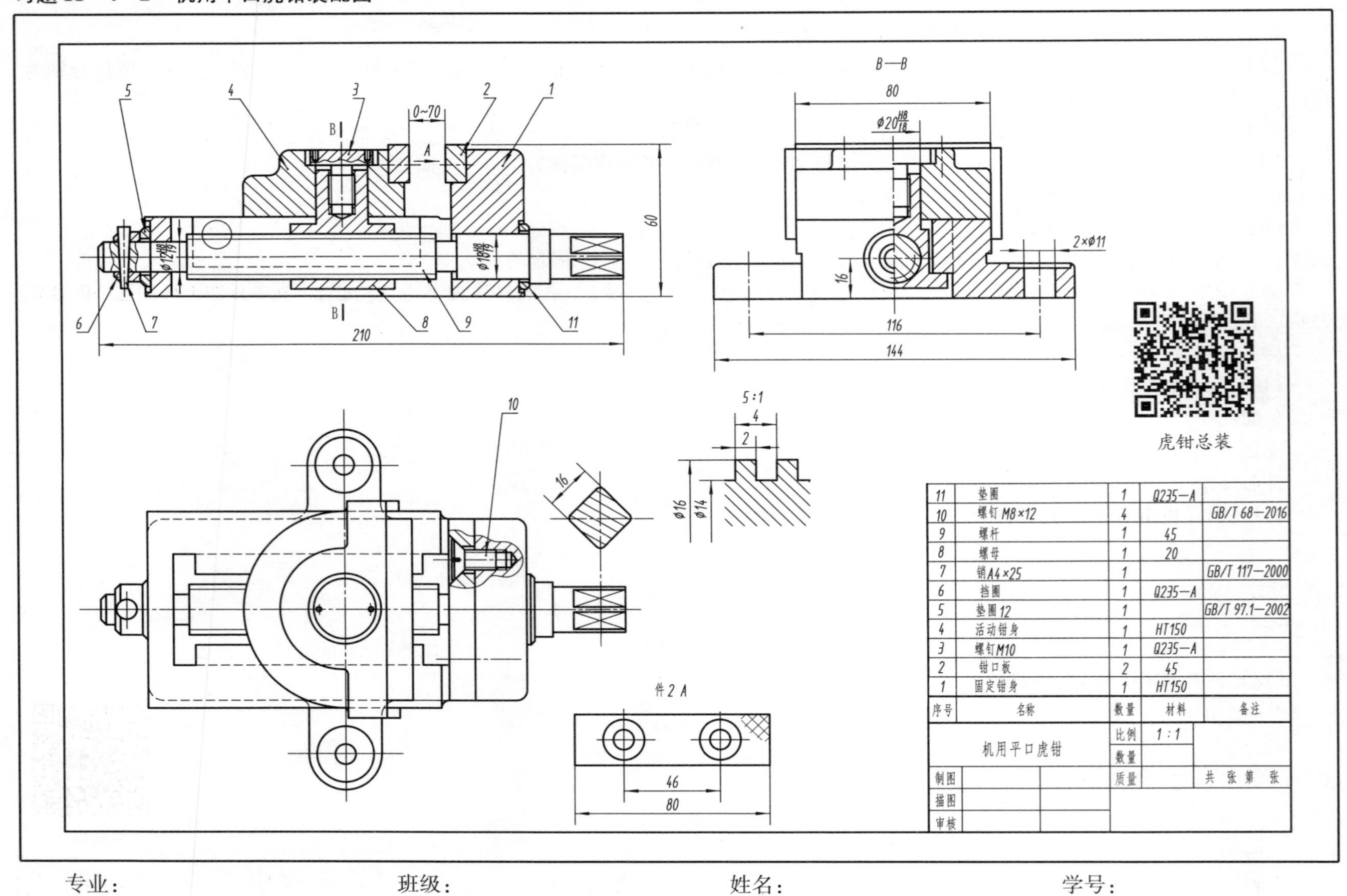

序号	名称	数量	材料	备注
11	垫圈	1	Q235—A	
10	螺钉 M8×12	4		GB/T 68—2016
9	螺杆	1	45	
8	螺母	1	20	
7	销 A4×25	1		GB/T 117—2000
6	挡圈	1	Q235—A	
5	垫圈 12	1		GB/T 97.1—2002
4	活动钳身	1	HT150	
3	螺钉 M10	1	Q235—A	
2	钳口板	2	45	
1	固定钳身	1	HT150	

机用平口虎钳	比例	1:1	
	数量		
制图	质量		共　张 第　张
描图			
审核			

专业：　　　　班级：　　　　姓名：　　　　学号：

习题 11－5－1　看钻模装配图（见 204 页图），回答问题，拆画零件图

钻模工作原理：钻模是用于加工工件（图中用细双点画线表示的部分）的钻孔夹具，把被加工工件放在底座 1 上，装上钻模板 2，钻模板通过圆柱销 8 定位后，再放置开口垫圈 5，并用螺母 6 压紧，钻头通过钻套 3 内孔，准确地在工件上钻孔。

问题：

（1）该钻模由________个零件组成，有________个标准件，标准件分别为____。

（2）装配图由________个基本视图组成，分别为________、________和________。各视图上分别采用了________剖视、________剖视和________视图，采用了________、________装配图的特殊表达画法。

（3）根据视图想零件形状，分析零件类型。

属于轴套类零件的有：________、________、________。

属于盘盖类零件的有：________。

属于箱体类零件的有：________。

（4）件 4 在剖视中按不剖处理，仅画出外形，原因是________。

（5）3 个孔钻完后，先松开件________，再取出件________和件________，工件便可以拆下来。

（6）件 5 为什么设计成开口？____。

（7）件 8 名称是________，其作用是________。

（8）ϕ22H7/k6 是件________与件________的配合尺寸。件 4 的公差带代号为________，件 7 的公差带代号为________。两件之间是________制配合。

（9）ϕ26H7/n6 是件________与件________的________尺寸，是________制配合。

（10）件 4 和件 1 的配合尺寸是________，两件之间是________配合，件 3 和件 2 的配合尺寸是________，两件之间是________配合。

（11）ϕ66h6 是________尺寸，该钻模板的总体尺寸是________。

拆画零件图：

另用图纸画出件 1 的俯视图（只画外形，不画细虚线）。

专业：　　　　　　　　班级：　　　　　　　　姓名：　　　　　　　　学号：

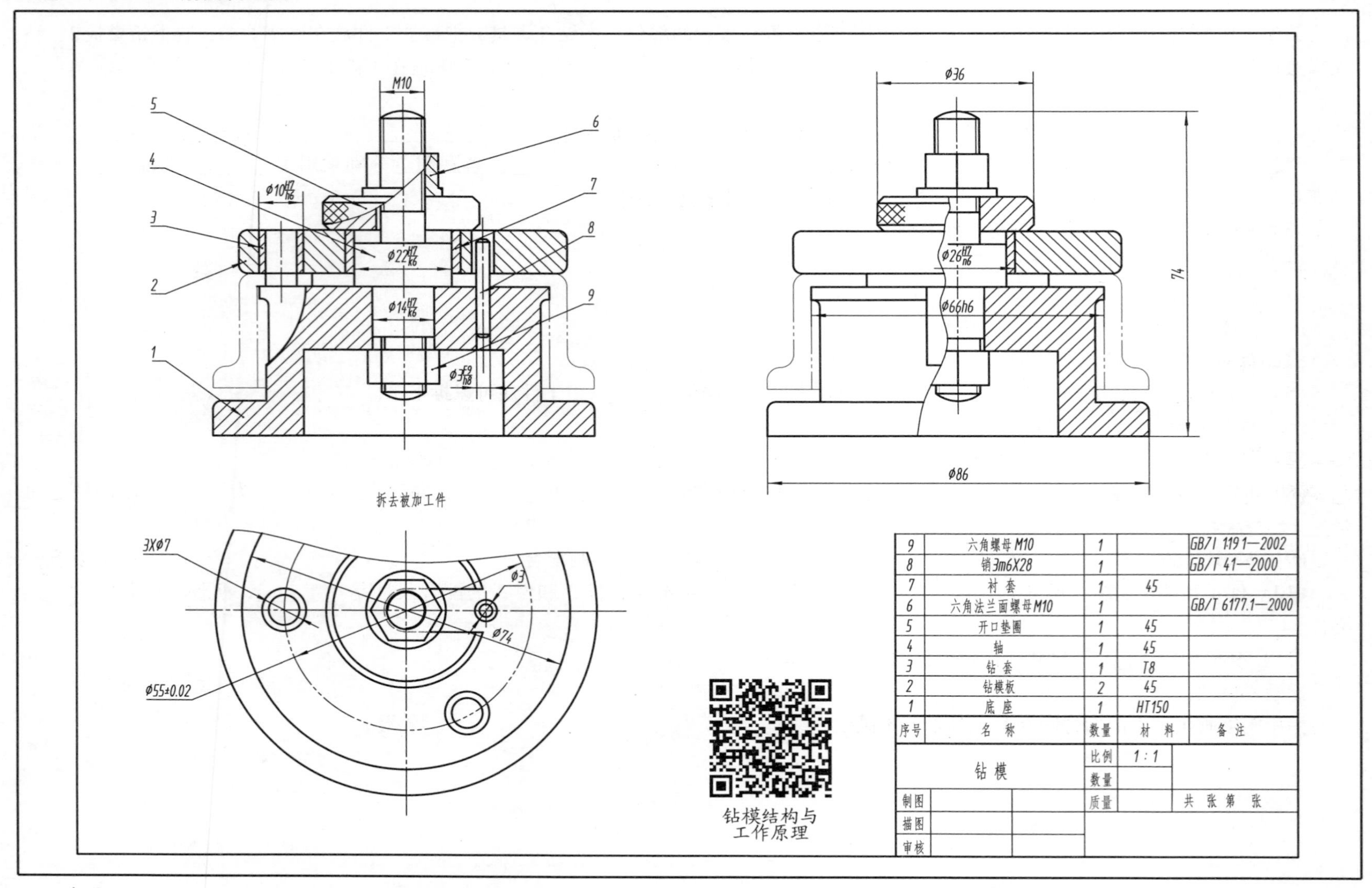

9	六角螺母M10	1		GB7I 1191—2002
8	销3m6X28	1		GB/T 41—2000
7	衬 套	1	45	
6	六角法兰面螺母M10	1		GB/T 6177.1—2000
5	开口垫圈	1	45	
4	轴	1	45	
3	钻 套	1	T8	
2	钻模板	2	45	
1	底 座	1	HT150	
序号	名 称	数量	材 料	备 注

钻 模		比例	1 : 1	
		数量		
制图		质量		共 张 第 张
描图				
审核				

专业:　　　　班级:　　　　姓名:　　　　学号:

习题 11－6－1　读钻床夹具装配图（见 206 页图），回答问题，拆画零件图

钻床夹具的工作原理：

钻床夹具安放在钻床工作台上，用以依次引导钻头和铰刀加工工件上的孔。在钻模板上镶嵌固定衬套 8，是为了防止钻模板磨损而设计的。为保证在被加工孔的位置依次引导钻头、铰刀进行加工，在固定衬套 8 内还装有快换钻套 9，快换钻套 9 的凸肩部制有凹面和圆弧缺口。加工时，凹面与螺钉 7 凸肩的作用：可防止快换钻套 9 随同刀具一起转动，或随刀具的抬起而脱出。而更换钻套时也是如此，钻套装入后，转动一定的角度，使凹面置于紧定螺钉 7 的凸肩之下，即可继续工作。

问题：

（1）钻床夹具由________个零件组成，有________个标准件。

（2）主视图采用的是________剖视图，视图中工件采用了________装配图的特殊表达方法。

（3）俯视图采用的是________视图，俯视图中的细虚线均为________号零件的轮廓线。

（4）*A* 视图是________视图，采用(左、右) 视图，主要表达________结构。

（5）件 12 名称为________，其下端在主视图剖视中没有画剖面线，原因是________________________。

（6）根据视图想零件形状，分析零件类型。

属于轴套类零件的有：________________________；

属于盘盖类零件的有：________________________；

属于箱体类零件的有：________________________。

（7）拆卸工件的顺序：________________________。

（8）件 6 与件 1 靠________定位，靠________固定。

（9）件 5 (是、否) 转动，件 4 的作用________________。

（10）ϕ20H7/k6 是件________与件________的配合尺寸。两件之间是________配合，采用________制配合。

（11）ϕ12H7/h6 是件________与件________的配合尺寸。两件之间是________配合，采用________制配合。

（12）133、102、120 是钻床夹具的________尺寸。

拆画零件图：另用图纸拆画夹具体 1 的零件图。

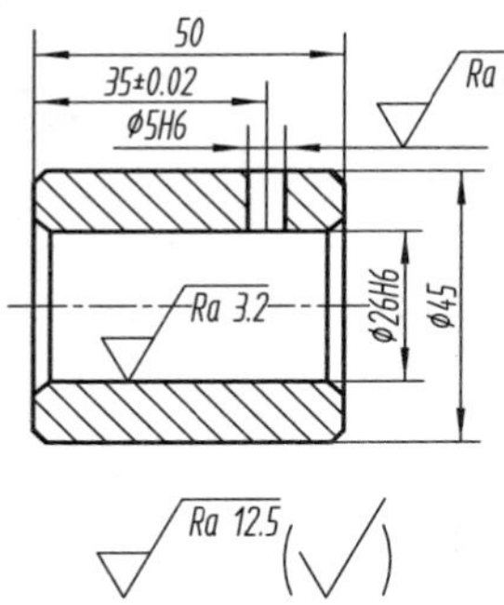

专业：　　　　班级：　　　　姓名：　　　　学号：

习题 11-6-2　钻床夹具装配图

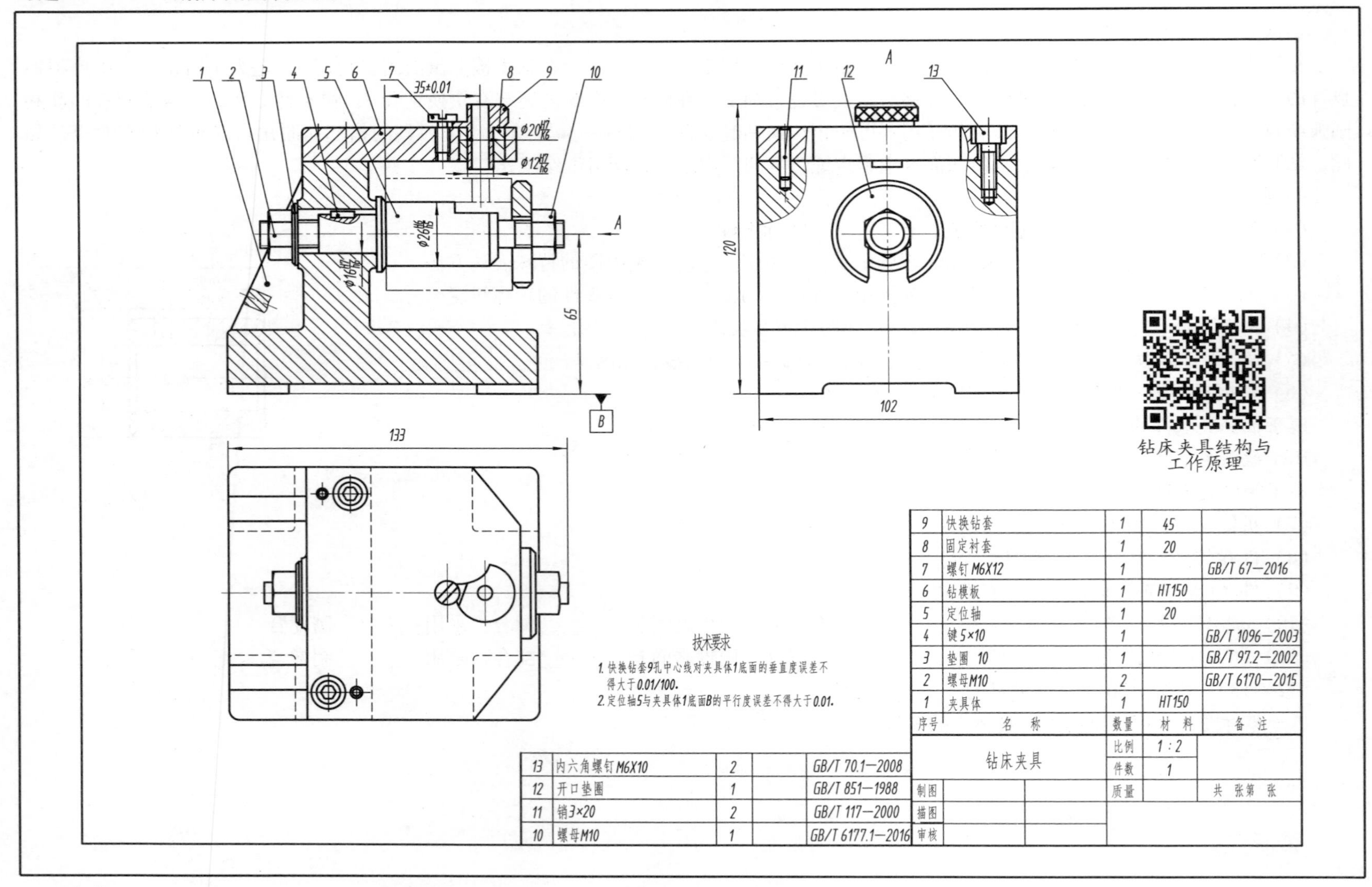

技术要求

1. 快换钻套9孔中心线对夹具体1底面的垂直度误差不得大于0.01/100。
2. 定位轴5与夹具体1底面B的平行度误差不得大于0.01。

序号	名称	数量	材料	备注
13	内六角螺钉 M6X10	2		GB/T 70.1—2008
12	开口垫圈	1		GB/T 851—1988
11	销3×20	2		GB/T 117—2000
10	螺母M10	1		GB/T 6177.1—2016
9	快换钻套	1	45	
8	固定衬套	1	20	
7	螺钉 M6X12	1		GB/T 67—2016
6	钻模板	1	HT150	
5	定位轴	1	20	
4	键 5×10	1		GB/T 1096—2003
3	垫圈 10	1		GB/T 97.2—2002
2	螺母M10	2		GB/T 6170—2015
1	夹具体	1	HT150	

钻床夹具	比例	1:2	
	件数	1	
制图	质量		共　张第　张
描图			
审核			

专业:　　　　班级:　　　　姓名:　　　　学号:

习题 11－7－1　看机油泵装配图（见 209 页图），拆画泵体、泵盖零件图，回答问题

机油泵是机器的润滑系统中的一个部件，其工作原理如下图所示。

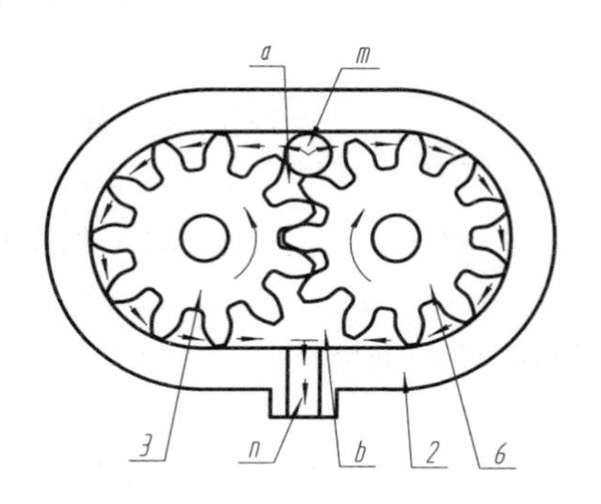

在泵体 2 内装有一对啮合的齿轮 3 和 6，齿轮的齿顶圆柱及侧面均与泵体内壁接触，因此各个齿的槽间均形成密封的工作空间，油泵的内腔被相互啮合的轮齿分为两个互不相通的空腔 a 和 b，分别与进油孔 m 和排油孔 n 相通。当主动齿轮按逆时针方向旋转时，吸油腔 a 处轮齿逐渐分离，工作空间的容积逐渐增大，形成部分真空，因此油箱中的油液在大气压力的作用下，经吸油管从泵体底部的吸油孔 m 进入油泵的低压区——吸油腔 a。进入各个齿槽间的油液在密封的工作空间中随齿轮的旋转，沿箭头方向被带到油泵的高压区——排油腔 b，因为这里的轮齿逐渐啮合，工作空间的容积逐渐缩小，所以齿槽间的油液被挤出，从排油孔 n 经油管输出。

如 209 页图所示，在泵盖中还有一个安全阀，当输出管道中发生堵塞，则高压油可以顶开钢球，使弹簧 14 的压缩，从而阀门打开，油液流回低压区返回油箱，从而起到安全作用。弹簧 14 的压力可用螺钉 11 调节以控制油压，螺钉 11 调节好后，再用螺母 12 锁紧。

（1）作业目的。

在看懂部件装配图的基础上，培养由装配图拆画零件图的能力。

（2）内容与要求。

①根据机油泵装配图（209 页图）上的尺寸，拆画泵体、泵盖的零件图。

②正确确定零件的形状和视图的表达方案。

③正确地标注零件图上的尺寸和技术要求。

（3）注意事项。

①首先参看机油泵原理图和工作原理介绍，仔细阅读装配图，了解机油泵的工作用途、工作原理和零件内间的装配关系，确定所拆零件的结构形状。

②根据零件的结构形状确定视图的表达方案。

③确定零件的尺寸：装配图注出的尺寸，应按尺寸数值注入零件图中，装配图中未注出的尺寸，应根据该零件的作用和加工工艺的要求，结合形体分析和结构分析，选择合适的基准，将尺寸注出。

④根据零件的作用参考有关资料确定表面粗糙度和技术要求。

⑤填写标题栏。

专业：　　　　班级：　　　　姓名：　　　　学号：

习题 11-7-2　看机油泵装配图（见 209 页图），拆画泵体、泵盖零件图，回答问题

（4）问题：

①机油泵由________种零件组成，其中标准件________个，在泵体 2 中装有一对________的齿轮 3 和齿轮 6，两齿轮的中心距为________。

②机油泵中主动齿轮的齿数为________，模数为________，其分度圆直径为________，齿顶圆直径为________。

③主视图采用的是________剖视图，左视图采用的是________剖视图。

④俯视图采用的是________剖视图，采用的装配图特殊表达方法是________，该表达________面不画剖面线，________件必须画剖面线。

⑤A—A 是________剖切方法，采用的装配图特殊表达方法是________；画 A—A 断面图的目的是________。

⑥根据视图想零件形状，分析零件类型。

属于轴套类零件的有：________________；属于盘盖类零件的有：________________；属于箱体类零件的有：________________。

⑦件 3 名称为________，件 1 名称为________，它们之间的配合尺寸 ϕ16JS7/h6，表示两件之间是________配合；件 3 靠件________固定在件 1 上，由件 1 带动旋转。

查教材附表，ϕ16JS7 为________零件的公差代号，其上极限偏差为________，下极限偏差为________。

ϕ16h6 为________零件的公差代号，其上极限偏差为________，下极限偏差为________。

⑧件 1 两端靠件________、件________支承，配合尺寸皆为 ϕ16G7/h6，为________配合，采取________配合制度。

查教材附表，ϕ16G7 为________零件的部位公差代号，其上极限偏差为________，下极限偏差为________。

⑨件 7 名称为________，件 2 名称为________，它们之间的配合尺寸是 ϕ16P7/h6，采用的是________配合，件 7（是、否）转动。

查教材附表，ϕ16P7 为件________零件的公差代号，其上极限偏差为________，下极限偏差为________。

⑩件 7 名称为________，件 6 名称为________件，它们之间的配合尺寸是________，采用的是________配合，件 6（是、否）转动。

⑪件 4 名称为________，件 2 名称为________，它们之间靠件________和件________连接，并装有件________防止漏油。

⑫在机油泵泵盖中有个安全阀，当输出管道发生堵塞时，高压油可以顶开件________，使件________压缩，从而使油液流回低压区返回油箱，从而起到安全作用。

⑬机油泵的总体尺寸是________________________________，机油泵与相邻件的安装尺寸是________________________________。

专业：　　　　班级：　　　　姓名：　　　　学号：

习题 11－7－3　机油泵装配图

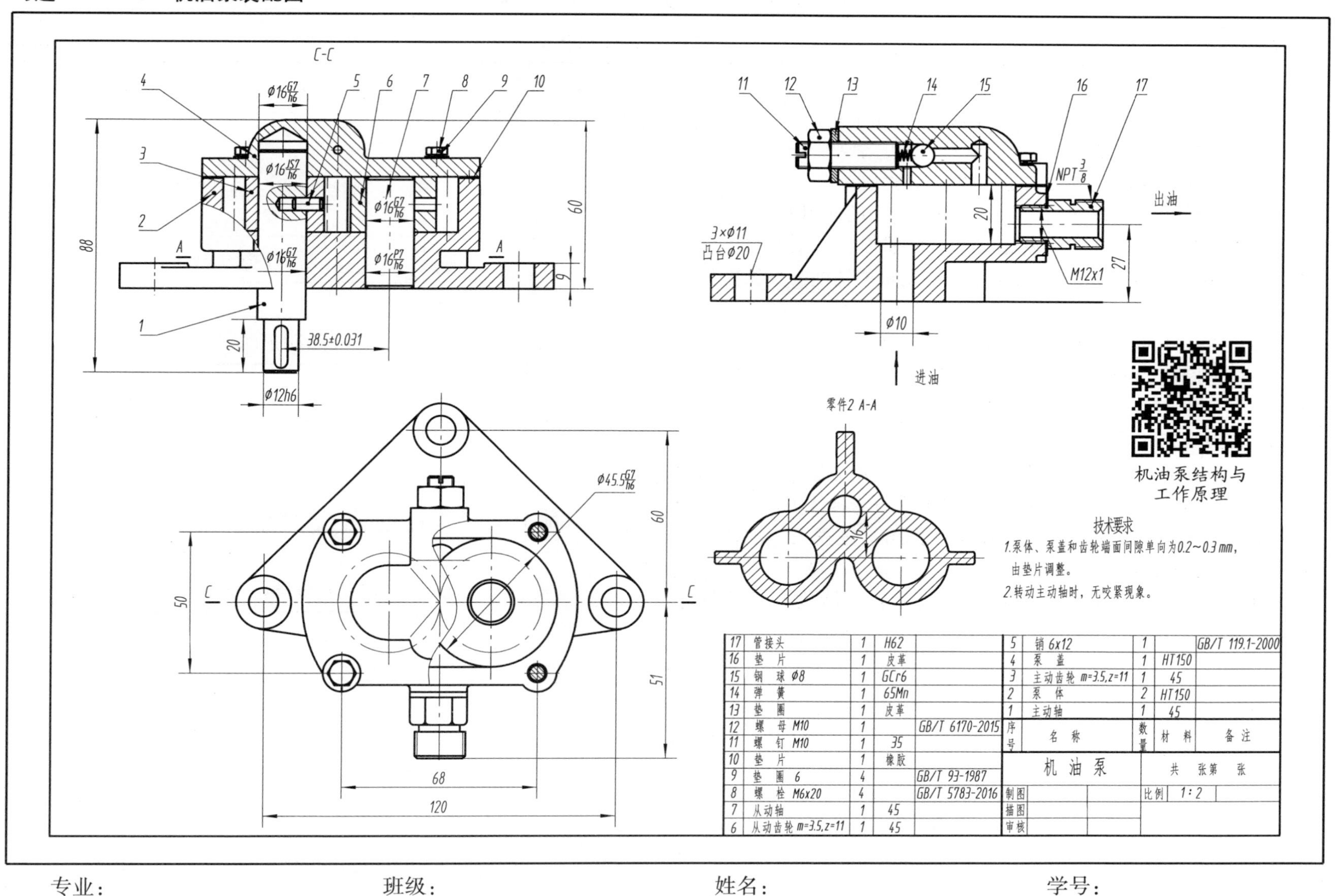

17	管接头	1	H62		5	销 6x12	1		GB/T 119.1-2000
16	垫 片	1	皮革		4	泵 盖	1	HT150	
15	钢 球 ϕ8	1	GCr6		3	主动齿轮 m=3.5,z=11	1	45	
14	弹 簧	1	65Mn		2	泵 体	2	HT150	
13	垫 圈	1	皮革		1	主动轴	1	45	
12	螺 母 M10	1		GB/T 6170-2015	序号	名 称	数量	材 料	备 注
11	螺 钉 M10	1	35		机 油 泵			共 张第 张	
10	垫 片	1	橡胶						
9	垫 圈 6	4		GB/T 93-1987					
8	螺 栓 M6x20	4		GB/T 5783-2016	制图			比例	1:2
7	从动轴	1	45		描图				
6	从动齿轮 m=3.5,z=11	1	45		审核				

专业：　　　　班级：　　　　姓名：　　　　学号：

第 12 章　计算机绘图基础

一、内容概要

1. 目的要求

计算机绘图就是应用计算机绘图软件，如本章所学习的 AutoCAD 软件绘制各种工程图形。通过本章内容的学习，学生应：

（1）掌握 AutoCAD 中点的坐标的输入方式。

（2）掌握 AutoCAD 常用的绘图及编辑命令的使用方法。

（3）掌握 AutoCAD 常用的正交、对象捕捉、对象追踪、极轴追踪等辅助绘图工具的用法，并能灵活应用这些辅助工具绘制各种图形。

（4）掌握 AutoCAD 文字标注及尺寸标注的设置与标注方法。

（5）掌握在 AutoCAD 绘图环境下绘制平面图形、三视图、剖视图、轴测图及零件图的方法和技巧。

2. 重点难点

（1）AutoCAD 常用的绘图及编辑命令的使用方法。

（2）AutoCAD 文字标注及尺寸标注的设置与标注方法。

（3）AutoCAD 绘图环境下绘制平面图形、三视图、剖视图及零件图的方法和技巧。

（4）零件图的尺寸公差、几何公差及表面结构符号的标注方法。

二、题目类型

本章仅列少量的练习题，读者可以选择前几章的习题进行计算机绘图的练习。

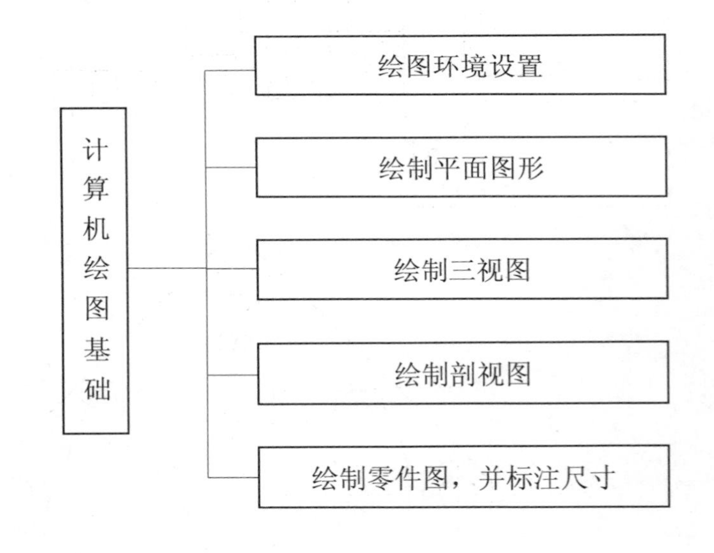

三、习题　习题 **12－1**　利用点的绝对或相对坐标及正交、极轴追踪等辅助绘图工具绘制下面 **6** 个图形，不标注尺寸

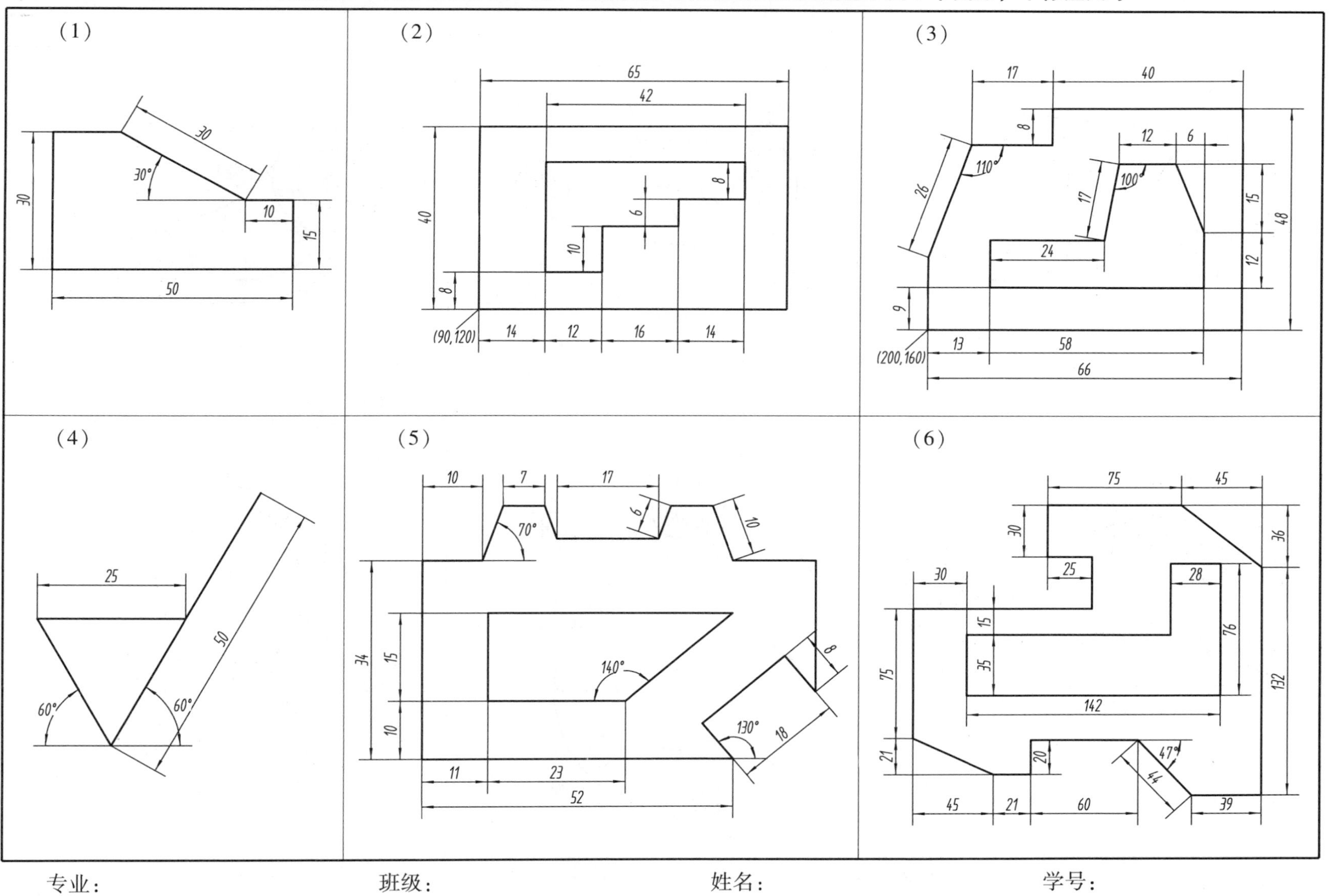

专业：　　　　班级：　　　　姓名：　　　　学号：

习题 12－2　运用圆弧连接画法按尺寸绘制如下的平面图形，不标注尺寸

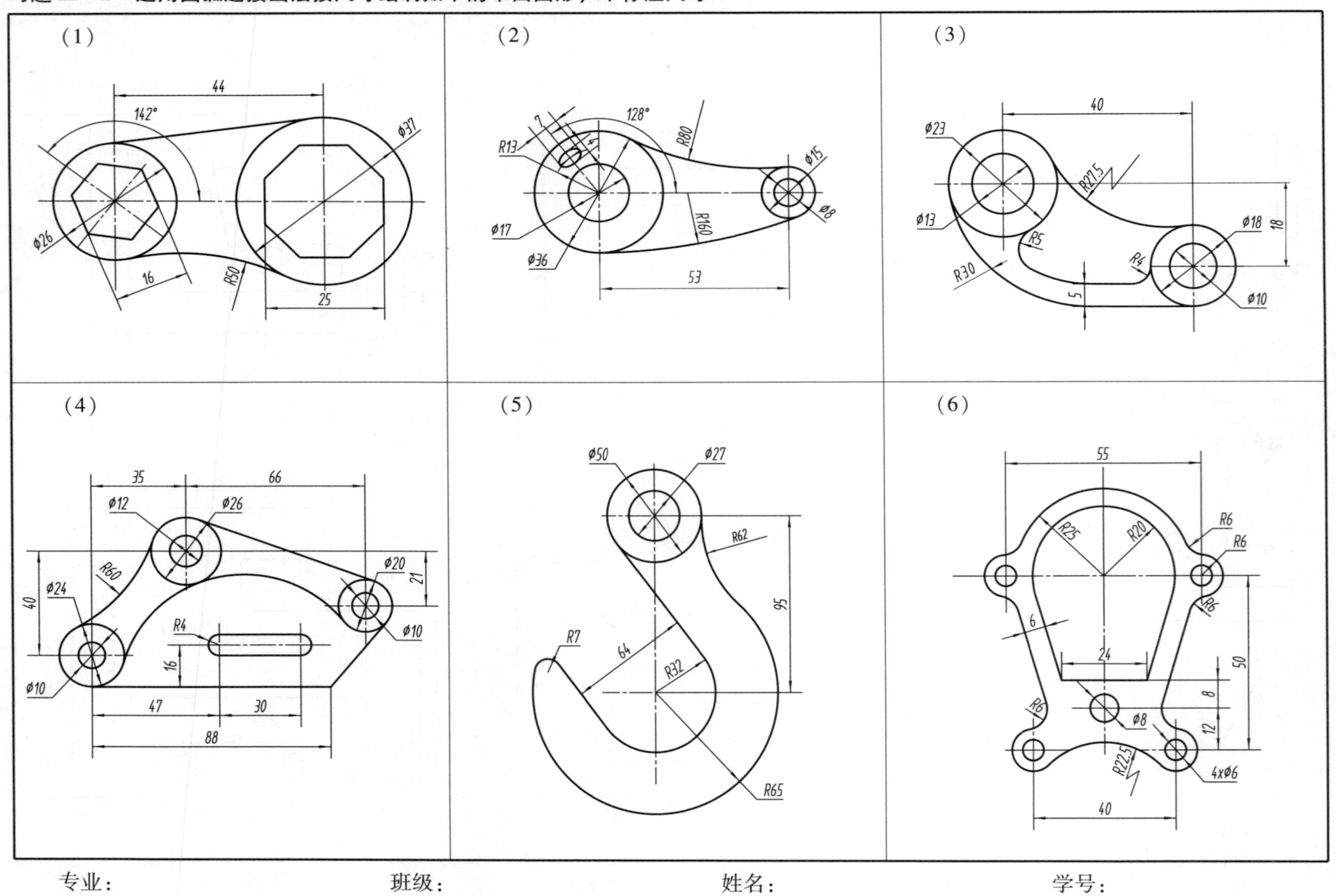

专业：　　　　　　班级：　　　　　　姓名：　　　　　　学号：

习题 **12－3**　运用圆弧连接画法按尺寸绘制如下的平面图形，不标注尺寸

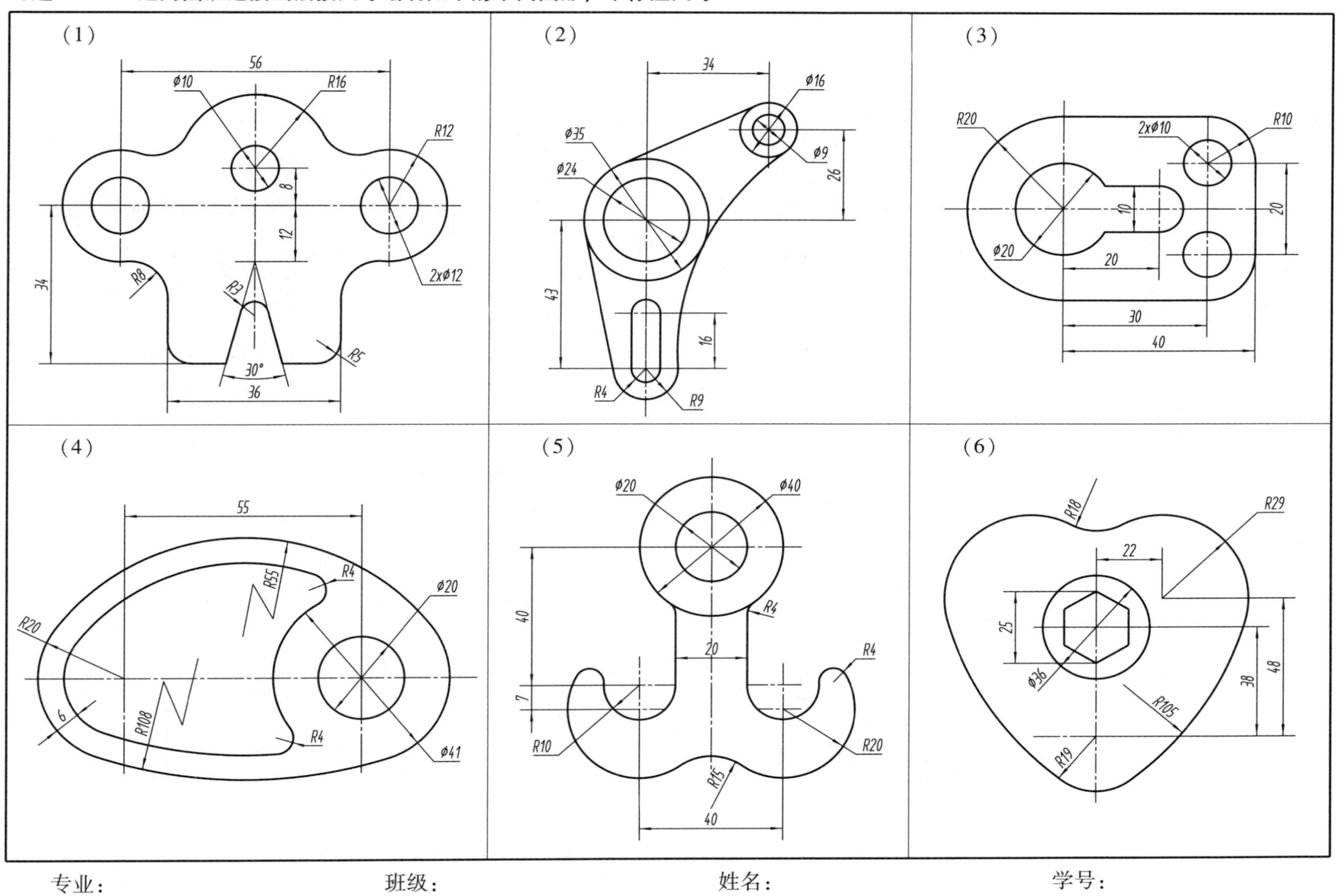

专业：　　　　　　班级：　　　　　　姓名：　　　　　　学号：

习题 12－4　运用阵列方法按尺寸绘制如下的平面图形，不标注尺寸

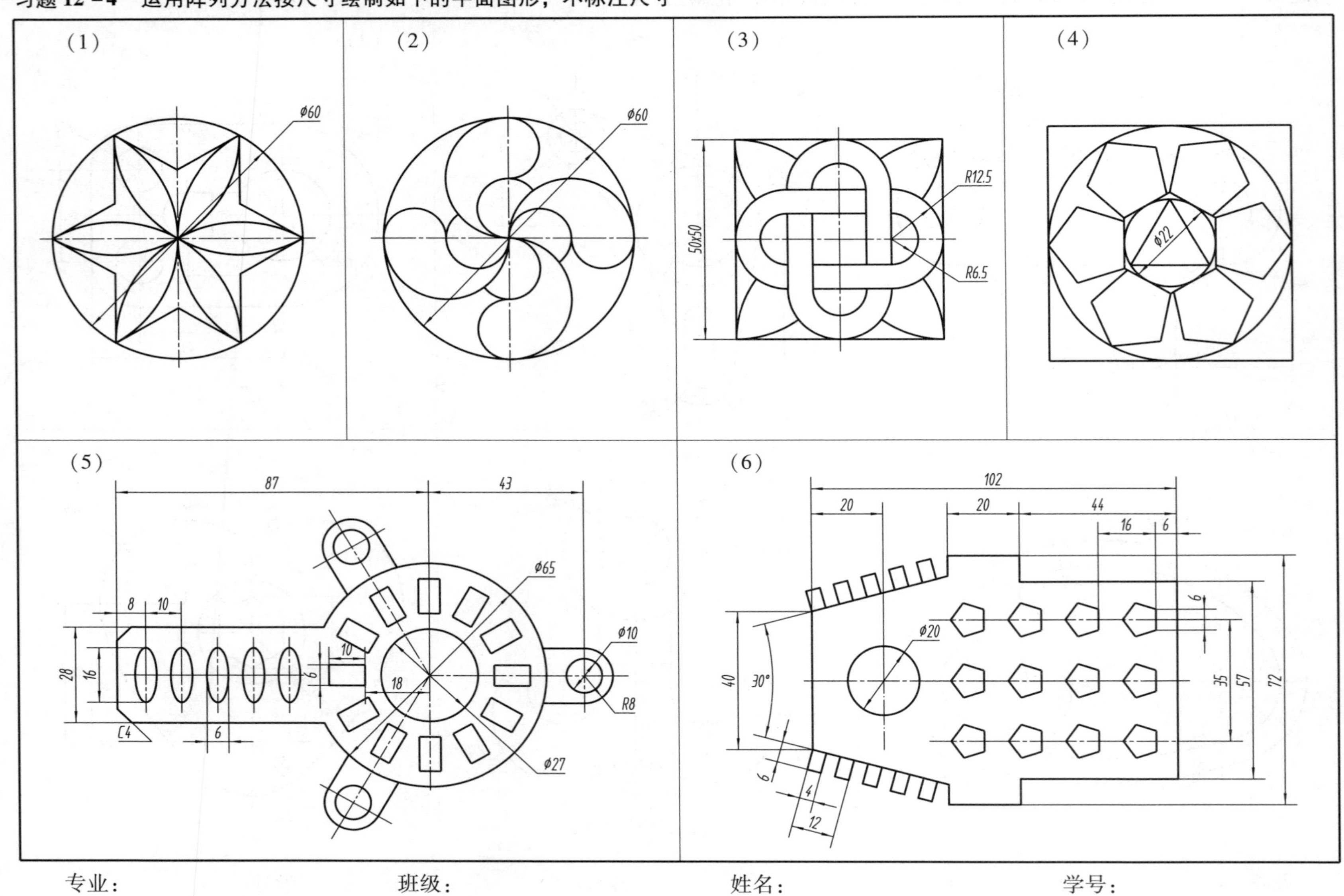

专业：　　　　　　　　班级：　　　　　　　　姓名：　　　　　　　　学号：

习题 12－5　按尺寸绘制如下三视图，不标注尺寸

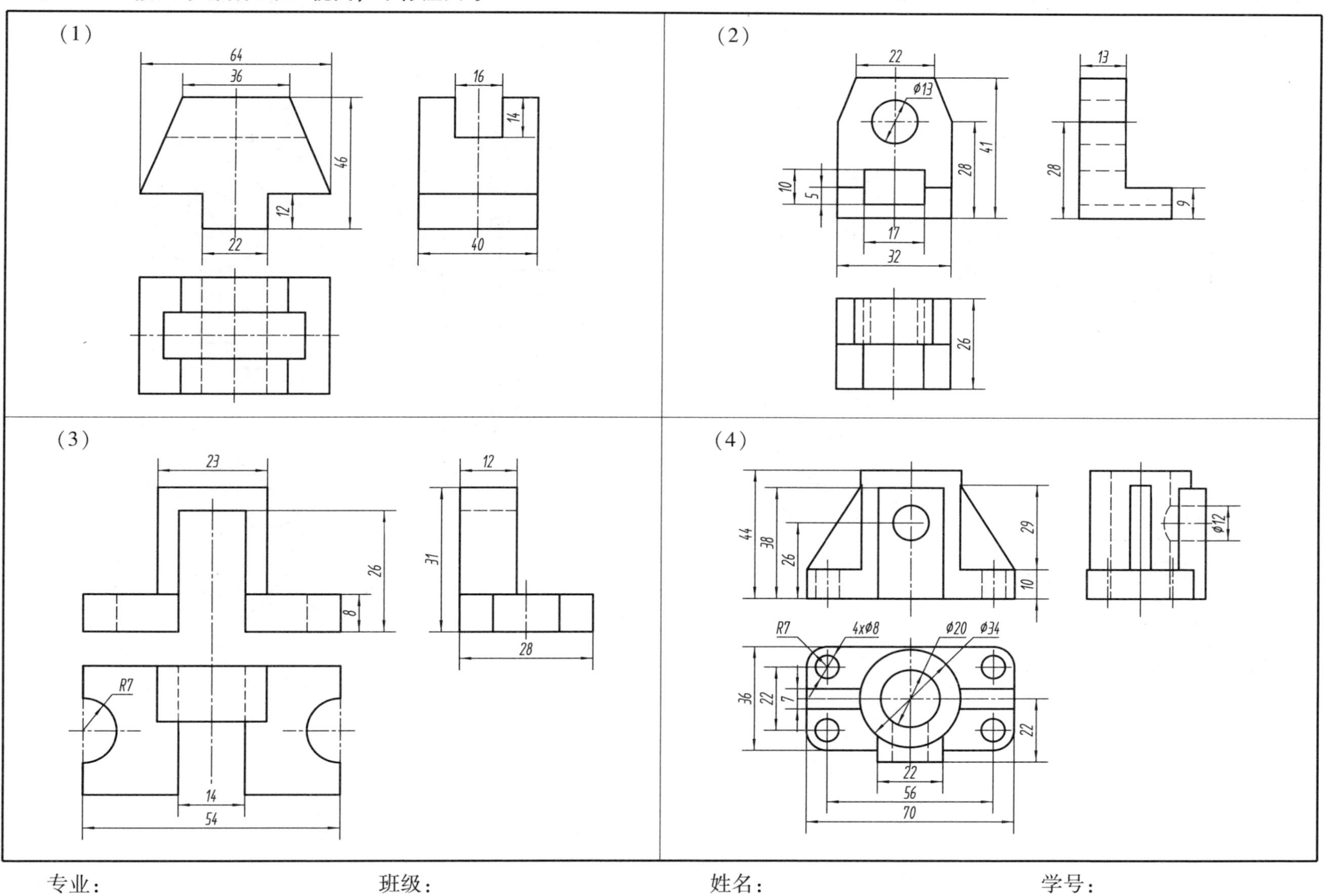

专业：　　　　班级：　　　　姓名：　　　　学号：

习题 12 -6　按尺寸绘制如下三视图，不标注尺寸

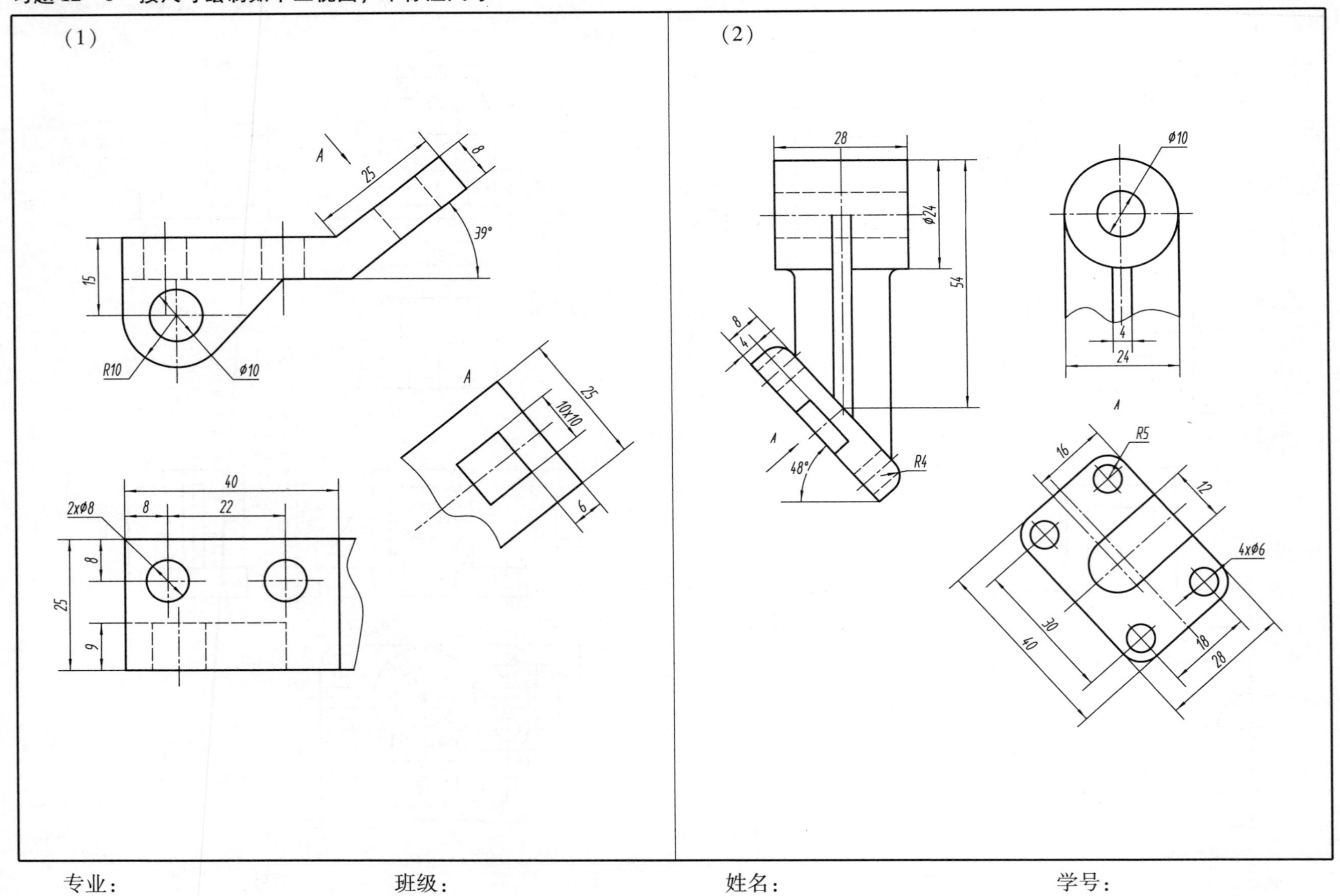

专业：　　　　班级：　　　　姓名：　　　　学号：

习题 12－7　按尺寸绘制如下剖视图

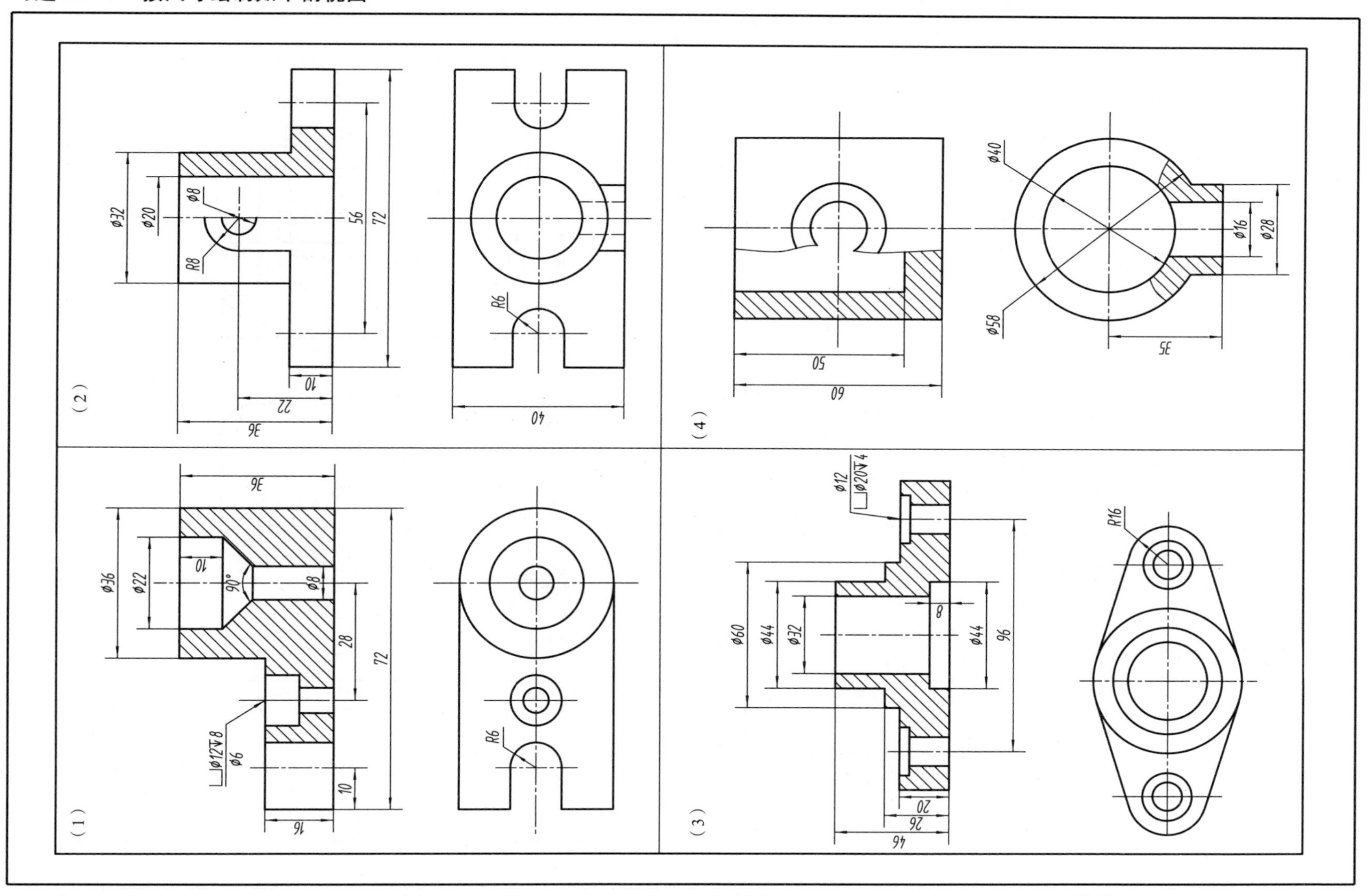

专业：　　　　　　班级：　　　　　　姓名：　　　　　　学号：

习题 12－8　按尺寸绘制如下零件图，并标注尺寸和技术要求

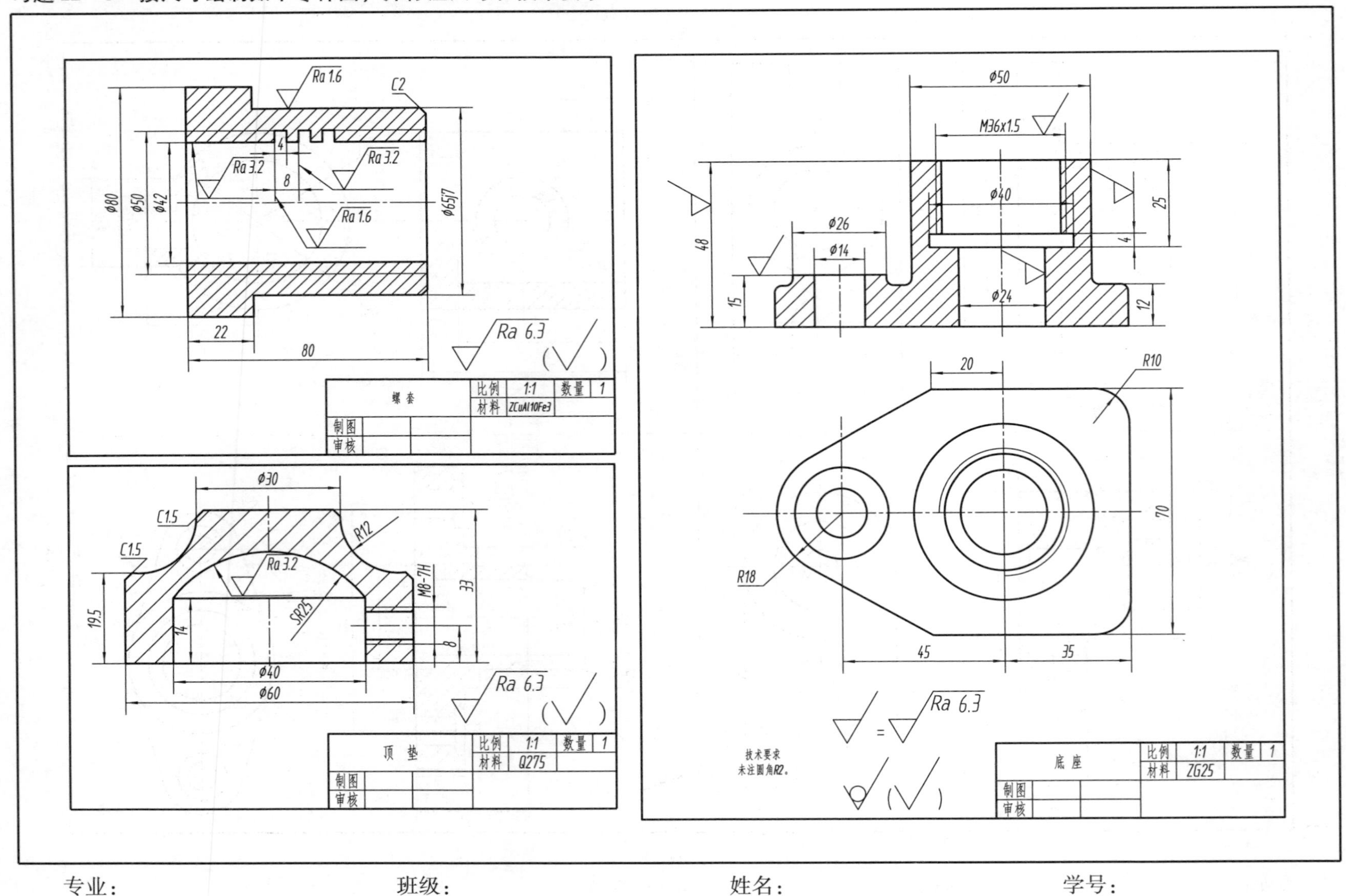

专业：　　　　班级：　　　　姓名：　　　　学号：

习题 12－9　按尺寸绘制如下零件图，并标注尺寸和技术要求

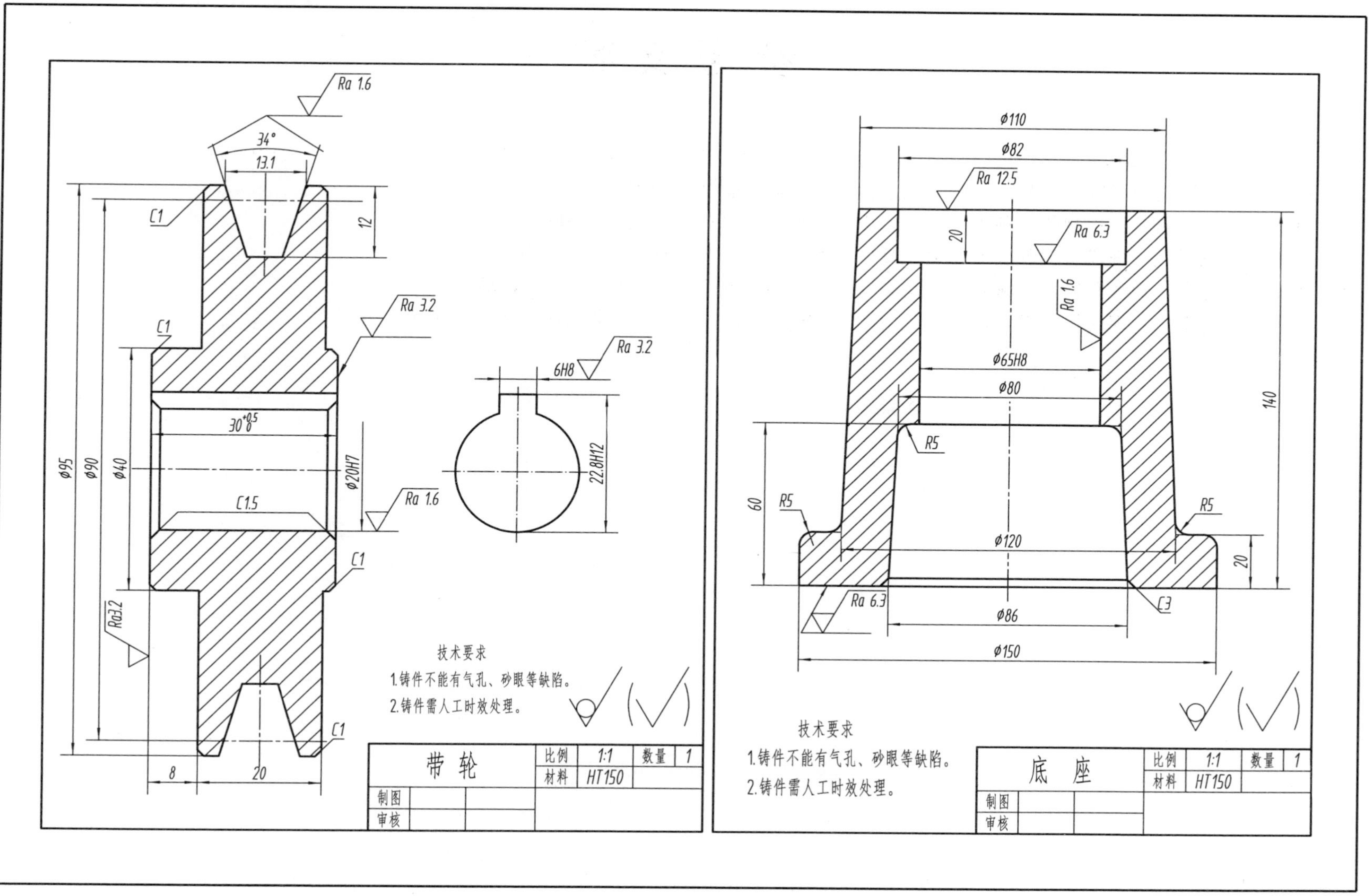

专业：　　　　班级：　　　　姓名：　　　　学号：

参考文献

[1] 王兰美，殷昌贵．画法几何与机械制图习题集［M］．北京：机械工业出版社，2011.
[2] 胡建生．机械制图习题集［M］．4 版．北京：机械工业出版社，2020.
[3] 刘小年，王菊魁．工程制图习题集［M］．2 版．北京：高等教育出版社，2009.
[4] 王丹虹，王雪飞．现代工程制图习题集［M］．2 版．北京：高等教育出版社，2016.
[5] 焦永和，林宏．画法几何及机械制图习题集［M］．2 版．北京：北京理工大学出版社，2011.
[6] 秦大同，谢里阳．现代机械设计手册（第 1 卷）［M］．2 版．北京：化学工业出版社，2019.